◎ 长江设计文库

地下核电厂概论

INTRODUCTION TO UNDERGROUND NUCLEAR POWER PLANT

钮新强　罗　琦　等　著

中国原子能出版社

图书在版编目 (CIP) 数据

地下核电厂概论／钮新强等著．
—北京：中国原子能出版社，2016.7
ISBN 978-7-5022-7408-5

Ⅰ．①地… Ⅱ．①钮… Ⅲ．①地下－核电厂
Ⅳ．① TM623

中国版本图书馆 CIP 数据核字 (2016) 第 165963 号

内 容 简 介

本书作者在总结国内外小型地下核电厂实验堆设计、建造技术以及大型地下工程设计、建设经验的基础上，充分利用我国自主设计建造的 600 MW 级核电厂成熟技术，以国内最新投产的某核电厂反应堆为基础，对地下核电厂建设关键技术进行了大量的设计和研究工作，针对当前国内外尚缺乏地下核电方面系统专著的情况，撰写了本书。其目的是系统论述地下核电厂成套技术，使其能得到广泛应用。

本书从地下核电厂选址、总体布置、系统及设备、核岛洞室群稳定性分析、安全分析与评价、严重事故对策分析、辐射防护与环境管理、消防及人工环境、施工技术、概念设计及经济性初步分析等方面系统地介绍了地下核电厂关键技术，首次推出了我国具有完全自主知识产权的地下核电厂三代新机型 CUP600 技术方案；在此基础上，研究论证了将百万千瓦级大型核电机组置入地下也是可行的；书中同时指出了发展大型地下核电面临的挑战，对水电核电组合进行了初步分析与探讨。希望本书能对地下核电厂的后续研究和工程实践提供有益借鉴。

地下核电厂概论

出版发行	中国原子能出版社（北京市海淀区阜成路 43 号　100048）
责任编辑	孙凤春
装帧设计	崔　彤
责任校对	冯莲凤
责任印制	潘玉玲
印　　刷	保定市中画美凯印刷有限公司
经　　销	全国新华书店
开　　刷	787mm×1092mm　1/16
印　　张	22.5
字　　数	587 千字　　　　彩　插　8
版　　次	2016 年 7 月第一版　2016 年 7 月第一次印刷
书　　号	ISBN 978-7-5022-7408-5　　定　价：118.00 元

网址：http://www.aep.com.cn　　　　E-mail:atomep123@126.com
发行电话：010-68452845　　　　　　版权所有　侵权必究

各章撰稿人名单

第 1 章

钮新强　罗　琦　赵　鑫　张文其

李　庆　喻　飞　苏　毅　张　涛

第 2 章

赵　鑫　钮新强　张　涛　苏　毅　李　翔　李满昌

第 3 章

吴永锋　杨启贵　李茂华　喻　飞　肖　华

第 4 章

钮新强　赵　鑫　周述达　唐涌涛

刘海波　喻　飞　韩前龙　肖韵菲

第 5 章

罗　琦　李　庆　隋海明　沈云海　杨启贵

苏　毅　瓮松峰　刘海波　赖建永　喻　飞

李　娜　韩前龙　苟　拓

第 6 章

钮新强　周述达　张志国

各章撰稿人名单

第 7 章

张文其　李　翔　周铃岚　刘定明　李　峰　党高健

第 8 章

李　庆　李　翔　孔祥程　陈　彬　邓纯锐

第 9 章

杨启贵　刘海波　马兴均　万艳雷　张　涛　徐成剑

施华堂　李洪斌　吕焕文　肖　华　景福廷　高　峰

第 10 章

钮新强　江宏文　查显顺　刘海波

第 11 章

杨启贵　刘立新　苏利军　李　锋

第 12 章

钮新强　赵　鑫　李　翔　刘海波　李满昌

喻　飞　华　夏　李文俊　张　涛

第 13 章

赵　鑫　钮新强　李建华　李文俊

序一①

　　能源是人类进化、社会进步和经济发展的物质基础和动力。在全球工业化的进程中，大量使用煤炭等化石能源严重地污染了大气环境，形成的温室效应导致全球气候变暖，已经引起了世界各国的高度重视。清洁能源的利用过程不排放废气废物等污染物，是绿色低碳的能源。控制和减少化石能源消耗，大力发展清洁能源，已经成为全球共识。

　　清洁能源包括水能、风能、太阳能、核能、生物质能等。然而，水能资源总量有限，风能、太阳能等能源受到自然环境等因素的影响，能量密度低，也不稳定。

　　核能的能量密度高、能量释放稳定可控，是优质的、可大规模替代化石能源的清洁能源。半个多世纪以来，全世界已建成400多座核电站，核电在全球能源消费中的比重近4.5%。核电的蓬勃发展，为人类持续提供着安全稳定的电力能源。然而，1986年的切尔诺贝利核事故和2011年的福岛核事故，造成了严重的核放射物的泄漏，给人类和自然环境带来了严重灾害，增加了社会公众对核电的恐惧。面对这一形势，科学家和工程师正千方百计地提高核电站的核心——核反应堆及安全壳的安全度和可靠性。

　　由于当今水电站的厂房大部分置于地下，因此联想到地下核电厂的概念，即把核电站的反应堆置于地下。水电机组的单机容量达70～100万kW，水电厂房的尺寸可以容纳第三代核电机组；因岩体和钢筋混凝土是良好的抗辐射介质，相当于为核反应堆增加了一道天然的安全屏障；即使发生核泄漏，也可以将其封闭在地下洞室内，起到防止核泄漏扩散的目的。

　　三峡工程右岸地下厂房布置有6台70万kW总计420万kW的发电机组，地下厂房最大跨度32.6 m，长度311.3 m，开挖高度87.24 m，地下建筑物的总体积达88.54万m^3。溪洛渡水电站拥有当今世界上规模

---

①中国工程院院士陆佑楣2016年6月为本书作序。

最大的地下厂房，其左右岸地下厂房各布置有 9 台 77 万 kW 发电机组，总装机规模达 1 386 万 kW，主厂房最大宽度 31.9 m，最大长度 443.34 m，总洞挖方量达 791 万 m³。无数实践证明，地下厂房是安全可行的技术方案。当前我国沿海核电厂址基本已开发完毕，在内陆核电厂址资源有限的情况下，地下核电厂则是核电发展可取的选择。

为研究地下核电厂的可行性，长江勘测规划设计研究院和中国核动力研究设计院于 2011 年联合成立了地下核电创新研发团队，组织地下工程与核能领域的专家，跨行业合作，在国内率先启动了地下核电自主创新研究，初步论证了地下核电厂的可行性。

依托两院，中国工程院于 2013—2014 年开展了《核电站反应堆及带放射性的辅助厂房置于地下的可行性研究》重点咨询项目研究。在本项目的研究过程中，两院进行了大量的现场勘察和数值模拟计算及分析，提出了地下核电厂示范性概念设计，为该项目的研究做出了重要贡献。项目结论意见认为：地下核电厂在技术上是可行的；工程造价略有增加，处于可以接受的范围，经济上是可行的；在严重事故工况下，对防止核泄漏和放射性物质扩散有更高的可控性；同时，有效利用了山地资源，远离了人口密集地区，扩大了内陆核电站厂址选择资源，同时可提高公众对核电安全的信心；适应我国山多、人多、平地少的国情，是核电发展方式的可取选择。

两家单位在上述自主创新研究和工程院立项研究的基础上，编撰了《地下核电厂概论》一书。这是一本具有创新精神的著作，为推动地下核电厂研究和我国核电开发具有积极意义和指导作用。

陆佑楣

2016 年 6 月

序二②

  核电是安全清洁的能源，发展核电对能源结构改进，节能减排有重大意义。但切尔诺贝利和福岛核事故使人们对核电产生疑虑，担心核事故后果带来严重、长期的环境影响。福岛核事故后，国际原子能机构提出"从设计上实际消除大规模放射性释放"，以消除核事故给环境带来的影响。为达到这一目标，除加强严重事故预防和缓解的安全措施外，要提高最后一道放射性屏障——安全壳的可靠性。切尔诺贝利核电厂由于没有安全壳，事故时大量放射性释放到周围环境，甚至随风飘到临近地区；事故后为了防止剩余放射性继续释放，在厂房外建设了一个屏蔽外壳——俗称"石棺"；福岛核电厂三道屏障不完整，相当一部分放射性穿过钢安全壳泄漏到环境。

  近年来我国成功开发建设了大型地下水电工程。汶川地震表明：地下水电工程的发电装置受地震的影响小于地面，抗震性能好。采取"水核共建，因地制宜"的方针，将核电厂建设在临近水电工程的地下洞内，充分利用水电工程的基础设施，如道路、输电设施等，有利于降低核电建设的投资；天然山体或岩体可作为放射性的又一道天然屏障，防止核电事故时放射性外逸，大量的施工导洞可临时贮存放射性气体和液体，减缓以致基本上排除场外应急；天然山体或岩体还可防止外部事件，如爆炸或飞机撞击的袭击或损害；水电站的水库和水力发电装置可作为核电厂的应急水源和应急电源，极大地提高了核电厂应对极端事故的能力。此外，水力发电受季节影响较大，核电厂不受季节影响，负荷因子较高，发电能力互补，有利于提高供电的稳定性。

  20 世纪 70 年代我国就有设计建造大型地下核工程的经验，为更好地利用地下资源和我国已有的地下工程设计建造技术与经验，中国工程院于 2013—2014 年开展了《核电站反应堆及带放射性辅助厂房置于地下的可行性研究》重点咨询项目研究，两家项目承担单位在此基础上编著了《地

下核电厂概论》一书。该书从厂址选择、总体布置（包括洞体内厂房布置）、工艺系统与设备、洞室群稳定分析、安全分析与评价、严重事故对策分析、辐射防护与环境保护、消防与运行维护人员环境、施工技术等方面对地下核电厂的设计建设进行了全面研究和系统论证。总体上说，地下核电厂技术上是可行的，有关地下核电厂设计建造、运行维护的特殊问题是可以解决的。最具挑战性的是建设成本，该书对两个厂址进行了初步概念设计和经济分析，分析表明：地下工程所增加的投资在可接受范围。相信只要合理选择厂址，充分利用水电工程的基础设施，地下核电厂的经济性是可望的。

  地下核电厂的建设为我国核电厂址选择多了一条途径，该书出版为核电和大型工程建设的科技工作者提供了一个新的思路，相信在"创新驱动，科技引领"方针的指引下，我国广大的科技人员会作出新的科技成就。

2016 年 6 月

前　言

　　20世纪六七十年代，欧洲、美洲、苏联等地区和国家为度过"能源危机"，开始大规模建设核电厂。但受限当时大型地下工程技术，考虑经济性，地面核电厂成为主流；仅挪威、瑞典、瑞士、苏联、法国等建设了具有发电功能的小型地下实验反应堆。苏联切尔诺贝利和美国三哩岛核事故后，基于提高核电安全性的考虑，美国、加拿大等国家开始研究商用地下核电厂的选址、布置方案等，但目前尚处于概念设计阶段。

　　日本福岛核事故揭示：核电极端事故概率极低，但后果十分严重；故人们重新审视核能的利用与发展，公众十分关注核电安全。在此背景下，借鉴水电地下工程的经验，中国工程院陆佑楣院士提出了将反应堆等涉核设施置于地下洞室，发展地下核电的设想。作者响应这一设想，考虑建设中大型商用地下核电厂更有意义，提出并组建研发团队对中大型地下核电厂建设可行性和关键技术进行系统性研究。

　　本书作者在总结国内外小型地下核电厂实验堆设计、建造技术以及大型地下工程设计、建设经验的基础上，充分利用我国自主设计建造的600 MW级核电厂成熟技术，以海南昌江核电厂反应堆为基础，对地下核电厂建设关键技术进行了大量的设计和研究工作，针对当前国内外尚缺乏地下核电方面系统专著的情况，撰写了本书。其目的是系统论述地下核电厂成套技术，使其能得到广泛应用。

　　本书从地下核电厂选址、总体布置、系统及设备、核岛洞室群稳定性分析、安全分析与评价、辐射防护与环境管理、严重事故对策分析、消防及人工环境、施工技术、概念设计及经济性初步分析等方面系统地介绍了地下核电厂关键技术，首次推出了我国具有完全自主知识产权的地下核电厂三代新机型CUP600技术方案；并在此基础上，研究论证了将百万千瓦级大型核电机组置入地下也是可行的；书中同时指出了发展大型地下核电面临的挑战，对水电核电组合进行了初步分析与探讨。希望本书对地下核电厂的后续研究和工程实践提供有益借鉴。

本书是许多同志集体劳动的成果，依托长江勘测规划设计研究院和中国核动力研究设计院，组织有经验的专家和骨干力量完成全书的编写。钮新强和罗琦牵头进行了全书的编著，并完成对全书的统编和审定。其中钮新强、罗琦等完成了第 1 章的编写，钮新强、赵鑫等完成了第 2、4、12、13 章的编写，吴永锋、杨启贵等完成了第 3 章的编写，罗琦、李庆等完成了第 5 章的编写，钮新强、周述达等完成了第 6 章的编写，张文其、李翔等完成了第 7 章的编写，李庆、李翔等完成了第 8 章的编写，杨启贵、刘海波等完成了第 9 章的编写，钮新强、江宏文等完成了第 10 章的编写，杨启贵、刘立新等完成了第 11 章的编写。在本书撰写过程中，得到了陆佑楣院士、叶奇蓁院士、江亿院士的指导，长江勘测规划设计研究院李光华、李庆航、李书飞、刘小飞、金乾、袁博、张顺等，中国核动力研究设计院明哲东、罗英、黄伟、杨平、苏应斌、王帅、张航、邹志强、彭倩等，清华大学刘晓华、刘烨、张野等，中国长江三峡集团尚存良等专家和各专业有关人员的大力支持和帮助，在此谨向他们表示衷心的感谢。

由于时间仓促，水平有限，书中定有诸多不足，恳请读者批评指正。

著　者

2016 年 6 月 30 日

Preface

During 1960s—1970s, regions and countries such as Europe, America and the former Soviet Union struck up large-scale construction of nuclear power plants in order to overcome "energy crisis". But at that time, due to the restriction of large-scale underground engineering technology, ground nuclear power plants were dominant in consideration of economy, and small-scale underground experimental reactors with power generation function were constructed only in Norway, Sweden, Switzerland, the former Soviet Union, France and so on. After nuclear accidents of the Chernobyl in the former Soviet Union and the Three Mile Island in America, for the purpose of improving nuclear power security, America, Canada and other countries began researching commercial underground nuclear power plants in site selection and plants layout, etc. , but these are still in concept design stage by now.

The Fukushima Daiichi nuclear disaster in Japan revealed that extreme accident of nuclear power would result in extremely serious consequence although its probability is rather low. Thereafter, the utilization and development of nuclear energy was reviewed, and the general public attached great importance on nuclear power security. Under this background, by referring to underground engineering practice of hydropower, Academician Lu Youmei from the Chinese Academy of Engineering proposed to develop underground nuclear power by placing the nuclear facilities such as reactors into underground caverns. The authors responded this proposal and considered that it would be more meaningful to construct medium and large-sized commercial underground nuclear power plants, then proposed and established a research team to conduct systematic researches on feasibility and key technologies of construction of medium and large–sized underground nuclear power plants.

After summarizing domestic and foreign design and construction technology of small-scale underground nuclear power experimental reactors as well as design and construction experience of large-scale underground engineering and based on the reactor of Hainan Changjiang Nuclear Power Plant, authors have taken full advantage of mature technology of 600 MW nuclear power plant independently designed and manufactured in China, and conducted massive design and research for key techniques of underground nuclear power plant construction, and compiled this book to fill up the blank of systematic treatises about underground nuclear power both in China and abroad, thus systematically expounding complete technology of the underground nuclear power plant and enabling it to be used extensively.

This book has given a systematic illustration of the underground nuclear power plant's key technology in the aspects of site selection, overall arrangement, system and equipment, stability analysis of nuclear island's underground caverns, safety analysis and assessment, radiation protection and environmental management, severe accidents countermeasure analysis, fire control and artificial environment, construction technology, conceptual design and preliminary economic analysis, etc. In this book, the technical scheme of the third-generation new-type CUP600 with completely independent intellectual property rights of the underground nuclear power plant was introduced for the first time, and accordingly the feasibility of placing mega-kilowatt level large nuclear power units into underground caverns was researched and demonstrated as well. In addition, the challenge for development of large underground nuclear power plants was indicated, and preliminary analysis and discussion for combination of hydropower and nuclear power was implemented. This book is expected to be an enlightenment to follow-up study and engineering practice of underground nuclear power plants.

This book is completed by a lot of experienced experts and backbones of Changjiang Institute of Survey, Planning, Design and Research and Nuclear Power Institute of China. Among them Niu Xinqiang and Luo Qi led to compile this book and complete its compilation for universal use and examination. In this book, Chapter One is done by Niu Xinqiang, Luo Qi, etc.; Chapter Two, Chapter Four, Chapter Twelve and Chapter Thirteen by Niu Xinqiang, Zhao Xin, etc.; Chapter Three by Wu Yongfeng, Yang Qigui, etc.; Chapter Five by Luo Qi, Li Qing, etc.; Chapter 6 by Niu Xinqiang, Zhou Shuda, etc.; Chapter Seven by Zhang Wenqi, Li Xiang, etc.; Chapter Eight by Li Qing, Li Xiang, etc.; Chapter Nine by Yang Qigui, Liu Haibo, etc.; Chapter Ten by Niu Xinqiang, Jiang Hongwen, etc.; and Chapter Eleven by Yang Qigui, Liu Lixin, etc. In the process of this book's writing, we received strong support and help of experts and professional staff including Academicians Lu Youmei, Ye Qizhen and Jiang Yi; Li Guanghua, Li Qinghang, Li Shufei, Liu Xiaofei, Jin Qian ,Yuan Bo and Zhang Shun from Changjiang Institute of Survey, Planning, Design and Research; Ming Zhedong, Luo Ying, Huang Wei, Yang Ping, Su Yingbin, Wang Shuai, Zhang Hang, Zou Zhiqiang and Peng Qian from Nuclear Power Institute of China; Liu Xiaohua, Liu Ye and Zhang Ye from Tsinghua University; and Shang Cunliang from China Three Gorges Corporation. We hereby express our sincere gratitude to them.

Because of the limit of compilation time and relevant knowledge, defects of this book are inevitable which are waiting to be criticized and corrected by its readers.

Authors
June 30, 2016

2013 年 2 月中国工程院地下核电项目启动会

2014 年 6 月中国工程院地下核电项目结题审查会

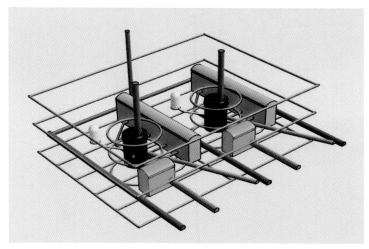

地下核岛 L 形布置方案

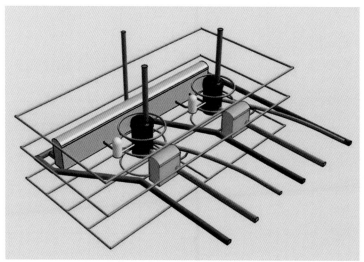

地下核岛长廊形布置方案

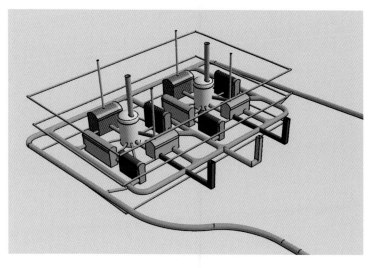

地下核岛环形布置方案

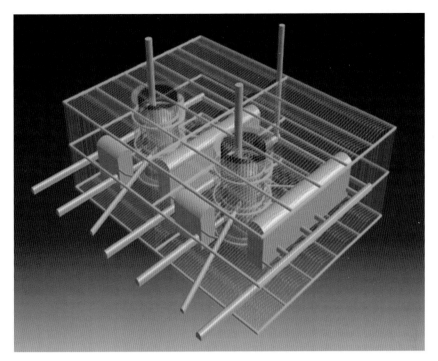

地下核电厂放射性废水防护专利技术

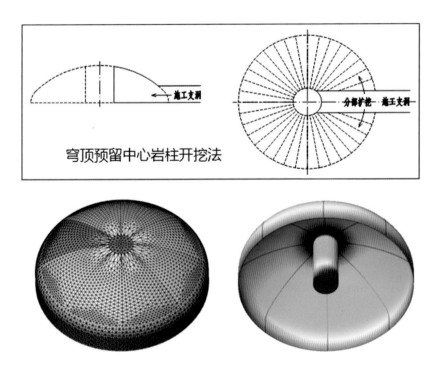

超大跨度穹顶施工开挖专利技术

概念设计厂址三维布置示意图

目　　录

第1章 绪 论

1.1 发展核电的必要性

1.1.1 解决能源紧缺，保障能源安全

能源在促进经济增长和创造新机遇方面发挥着至关重要的作用，而人口增长和经济发展又将推动全球能源需求不断增长，尤其是中国、印度等新兴经济体，这种相互作用更加明显。作为世界经济增长的引擎，这些新兴经济体在高速发展过程中对能源的巨大需求，带动了 2014 年全球各种能源的消耗量再创新高。其中，煤炭、石油、天然气的消耗量在总能源消耗量中的比重较 2013 年有所增长，达到 86.3%；石油占全球能源消耗量的 32.6%，天然气占全球能源消耗量的 23.7%，煤炭占全球能源消耗量的 30%。预计随着经济的发展和人口的增长，世界能源需求在今后数十年里仍会不断增长。

2014 年，全球石油消费增长为 80 万桶/日，增长率为 0.8%。其中中国消费增加量最大，达到 39 万桶/日。产出方面，全球石油产量增长速度是 2.3%，达到 210 万桶/日，其中，美国 160 万桶/日的增速是世界上迄今为止最大的增幅，成为有史以来第一个连续三年保持产量增速高于 100 万桶/日的国家。

2014 年，世界天然气消费增长为 0.4%，其中美国 2.9%、中国 8.6% 和伊朗 6.8% 的增长幅度均为各国的最大涨幅。生产方面，全球天然气生产增长 1.6%，其中美国的增幅最大，达到 6.1%。

2014 年全球煤炭消费增长 0.4%，占全球一次能源消费的比例下降到 30.0%。非经合组织国家消费增速为 1.1%，是 1998 年以来的最低值，原因主要在于中国消费的疲软，仅增长 0.1%。同时印度 11.1% 的涨幅则创造了历史最大增量记录，这也是全球最大增幅。全球煤炭生产降低 0.7%，其中中国下降 2.6%，这也是全球最大降幅。

在其他能源领域，全球核能发电量增长 1.8%，这是 2009 年以来连续两年增长，也是核电首次扩大全球市场份额。韩国、中国和法国的增长超过日本、比利时和英国的下降。全球水电产出增长 2%，占全球能源总消费的 6.8%。其中中国水电增长 15.7%，贡献了全球产出的全部净增长部分，而西半球和欧洲及欧亚大陆由于干旱导致水电产出有所下降。可再生能源的消费量持续增长，在全球能源消费中的比重达到创纪录的 3%。发电方面，可再生能源发电增长 12%，在全球发电占比中达到 6%，其中中国连续第五年刷新可再生能源发电的最大增量，增速达到 15.1%。

总体来说，煤炭、石油、天然气这三种化石能源仍然是主力能源。经济的发展需要有充足、安全、高效的能源保障，而化石能源的形成是一个漫长的过程，属于不可再生的能源。按照截至 2014 年年底的已探明储量和开采量估算，石油和天然气的可开采量仅有 50 年左右，只有煤炭可供开采 110 年左右，这三大能源的耗尽就在不久的将来。寻找替代能

1

源，积极开发核能等非化石能源，是世界能源安全的重要保障，也是世界能源可持续发展的必由之路。

1.1.2 应对雾霾污染，改善大气环境

煤炭、天然气等一次能源燃烧向环境中排放大量污染物，据统计，全球这些化石能源燃烧每年向环境中释放 320 亿吨二氧化碳、1.2 亿吨二氧化硫及 1 亿吨氮氧化物，这些是造成雾霾、酸雨和气候变化问题的重要原因。当前，以煤等化石能源为主的能源消费已经不能适应当前低碳经济的发展要求。

据世界卫生组织的数据显示，2012 年全世界约有 700 万人死于空气污染相关疾病，其中我国所处的西太平洋区域情况最为严重。雾霾对民众的健康影响是个长期过程，危害巨大，这个状态要尽快改变。

应对雾霾污染，必须减少化石燃料的消耗，控制排放总量，提高能源绿色、低碳、智能发展水平，需要大力发展核电。潘自强院士等曾从能源燃料链出发，对核电燃料链和煤电燃料链做过系统、全面的比较。研究表明，核电燃料链对健康、环境和气候的影响均比煤电燃料链小得多。特别是碳排放方面，核燃料在发电过程中不排放温室气体，不存在碳排放的问题。大力发展核电是全球走出一条清洁、高效、安全、可持续的能源发展之路的有效手段。

1.1.3 优化能源利用结构，提高低碳能源比重

如图 1.1 所示，从 1989—2014 年，能源形式越来越多样化，核能、水能和可再生能源的发电量虽然有所增长，但是在全球能源消费中的比重仍然较小，化石能源仍然是绝对的主要能源。在没有找到更多可开采的一次能源的情况下，优化能源利用结构，提高非化石能源比重是保障全球生态、经济可持续发展的重要前提。

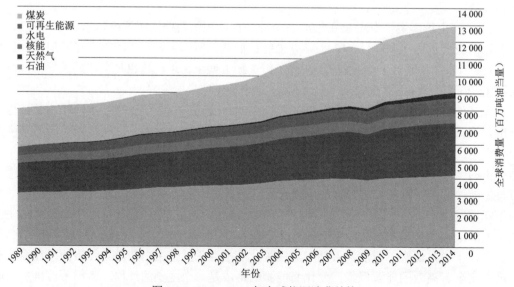

图 1.1　1989—2014 年全球能源消费结构

在非化石能源中，水能受地域条件限制分布不均，每个国家能够利用的水能资源是有限的，不是所有的国家或地区都能够大规模的开发水能；而且水能利用还受丰、枯水期影响，枯水期时发电少不够用，丰水期时又可能用不完。风能、太阳能能量密度低，大规模开发需要占用大量土地，并且年均利用小时数远小于核电；而且由于风力和日照的天然的间歇性特点，风电、光伏发电出力不平稳，短期波动较大，大规模风电和光伏并网有可能造成电网的不稳定。因此，风能和太阳能短期内难以成为骨干能源。核电能量密度高、出力稳定等基本特性决定了核电在调整能源结构的过程中最具有发展潜力，是目前可以实现工业化生产的主要新能源，是替代一次能源的可靠的能源形式。

1.2　安全发展核电新途径

1.2.1　核电发展历史与趋势

核电厂（Nuclear Power Plant）是利用核裂变（Nuclear Fission）或核聚变（Nuclear Fusion）反应所释放的能量使水转变成蒸汽，利用高压蒸汽驱动汽轮机发电。目前商业运行中的核电厂均是利用核裂变反应。核电厂一般分为两部分：利用核裂变释放能量生产蒸汽的核岛和利用蒸汽驱动汽轮机发电的常规岛，使用的燃料一般是含铀和钚的化合物。

核能是一个科学技术要素很多的产业，其安全和规模化的发展带动多方面的科学、技术和工程领域的进步。对国家而言，发展核能是一个争占科技优势制高点的大战略，也是创新型国家的重要标志之一。

自 20 世纪 50 年代中期世界上第一座商业核电厂投产以来，核电发展已历经 60 余年。截至 2014 年 12 月末，全世界正在运行的核动力机组（含实验堆，下同）共有 438 台；在建核动力机组 70 台。2014 年新增并网投运的核动力堆共有 6 座，其中 5 座来自中国，分别是阳江 1 号机组、宁德 2 号机组（PWR，1 018 MW）、红沿河 2 号机组、福清 1 号机组（PWR，1 000 MW）和方家山 1 号（PWR，1 000 MW），另外 1 座是阿根廷的 ATUCHA-2（PHWR，692 MW）。全世界核电分布在 31 个国家和地区；核电占发电总量比例超过 20% 的国家和地区共 13 个，如美、法等发达国家。核能已被公认为现实的可大规模替代常规能源的清洁、经济、安全的现代能源。

核电技术发展的历史变迁如图 1.2 所示。

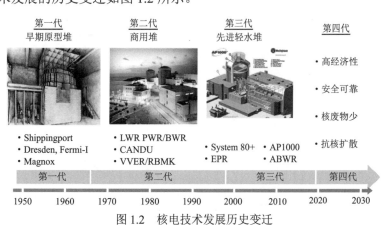

图 1.2　核电技术发展历史变迁

第一代核电厂为自 20 世纪 50—60 年代初期苏联、美国等建造的第一批单机容量 300 MW 的原型核电厂。第二代核电厂为 20 世纪 60—70 年代世界上建造的大批单机容量 600~1 400 MW 的标准核电厂。第三代核电厂即符合美国"用户要求文件"或欧共体"欧洲核电用户要求文件"要求的核电厂。核电发达国家已明确新建核电厂采用第三代技术。第四代核电技术可以大幅度提高核燃料的利用率，大幅度减少核废物的排放，是核电的未来发展方向。

第三代核电厂主要有压水堆和沸水堆两种形式（见表 1.1），我国在建和拟建的第三代核电厂均为压水堆。

表 1.1　第三代核电厂主要型号

第三代核电厂	美国	欧洲	中国
压水堆	System80+，APWR1000，AP1000	EPR，EP1000	ACP600，ACP1000，CAP1400，CP1000 华龙一号
沸水堆	ABWR	—	—

我国于 20 世纪 70 年代开始进行核电工程的研究与建设。1991 年第一座核电厂——秦山一期并网发电，截至 2014 年 12 月末，投入商业运行的核电机组已达 23 台，装机容量 1 900 万 kW；在建机组 26 台，装机容量 2 575 万 kW。截至 2014 年年底，我国核电发电量占总发电量的 2.39%，与世界平均水平差距较大，不利于缓解我国能源需求和环境压力。根据国家中长期的核电发展规划，到 2020 年在运核电装机容量达到 5 800 万 kW，在建 3 000 万 kW。

1.2.2　福岛核事故的社会影响

1.2.2.1　国际社会反应

2011 年 3 月福岛核事故后，日本核电厂灾难引发全球对核电安全的担心，促使世界各国重新评估、审视各自的核电厂安全和核能规划以及进一步提高人类对核能发展的认知。表 1.2 总结了国际社会在福岛核事故后的反应。多数国家的基本态度是继续发展，德国、比利时、瑞士等少数国家表示现有核电厂逐步退役，不再发展新的核电厂。

表 1.2　福岛核事故后部分国家对核电的态度（截至 2014 年 12 月末，IAEA 报告）

序号	国家	运行反应堆数量/台	基本态度	政策/措施
1	美国	99	继续发展	新的核电建设仍按原计划进行，对国内的核电厂进行全面评估，尽一切努力确保核设施的安全与可靠
2	法国	58	继续发展	继续坚持发展核电，对所有核电厂进行安全状况检查，并将关闭不能通过欧盟标准测试的核电厂
3	日本	48	利用既有	对核电厂实施新的安全评估，以决定完成定期检修的核电厂是否投入运行，以及运行中的核电厂是否继续运行
4	俄罗斯	34	继续发展	对核电厂的安全进行了额外评估。进行了包括失去外部供电在内的各种紧急情况下稳定性的压力测试，同时积极寻求扩大在本国和国外的核投资

序号	国家	运行反应堆数量/台	基本态度	政策/措施
5	韩国	23	继续发展	维持目前核能政策基调的同时,把保障安全放在首要位置。计划对主要核设施进行安全检查,其中对运行年限 20 年以上的陈旧设施进行集中检查
6	印度	21	继续发展	对所有核设施进行安全检查,对规划中新核电厂提出额外设计建议。核电计划不会受到福岛核危机的影响,将核电发展长期规划
7	英国	16	继续发展	继续发展核电,加强安全管理。由于核电产业正在更新换代时期,正制定关闭及新建核电厂的计划
8	加拿大	19	继续发展	要求 2011 年 4 月 29 日前完成核电厂及核设施的安全大检查,内容包括事故应急反应、严重事故预防措施及发生火灾、水灾、地震时应对措施
9	德国	9	逐步退出	2022 年前关闭本国的所有核电厂
10	瑞典	10	逐步减少	进行核电厂安全检查,逐步减少核能的使用,并大力投资新能源,但在未来 10~20 年还需要核能
11	西班牙	7	利用既有	对所有核电厂进行安全检查,并计划于 2013 年关闭北部 1 座与福岛核事故反应堆同堆型的核电厂
12	比利时	7	逐步退出	2015 年前关闭 3 座老旧核电厂,2025 年全面退出
13	捷克	6	继续发展	对核电厂进行压力测试。计划到 2025 年,核电占全国发电量的比例将由 35%升至 50%左右,到 2060 年达到 80%左右
14	瑞士	5	逐步退出	停止对现有 5 座核电厂的更新改造计划,先于欧盟对 5 座核电厂进行压力测试,计划在 2034 年前逐步关闭境内的全部核电厂
15	芬兰	4	继续发展	对全国所有核电厂反应堆的安全系统进行全面检测。对核电的总体态度不变
16	匈牙利	4	继续发展	对核电厂进行压力测试,表示核能在未来数十年依然将发挥重要作用
17	阿根廷	3	继续发展	2011 年 9 月 28 日,第 3 座核电厂进入试运营阶段,第 4 座核电厂建造在即
18	巴西	2	继续发展	出台福岛核事故后 5 年行动计划,以评估和提高在运核电厂的安全性和可靠性。第 3 座反应堆计划 2016 年投入运行,同时拟再建 4 座核电厂
19	保加利亚	2	继续发展	对国内核电厂进行安全检查,再建新的核电厂
20	罗马尼亚	2	继续发展	2020 年前增加 2 座核电厂,2035 年前再新增 1 座
21	亚美尼亚	1	继续发展	对国内核电厂进行安全检查。计划新建核电厂
22	荷兰	1	继续发展	对国内核电厂进行压力测试。计划新建核电厂

1.2.2.2 国内社会反应

截至 2014 年 12 月末,中国内陆有 23 台商业运营核反应堆,约 26 个在建项目,约 50 个筹建项目。日本核灾难后,中国政府宣布暂停内陆新核电项目的评估和审批。政府对运行、在建和待建的所有核设施进行了全面综合安全检查,制定了《核安全与放射性污染防治"十二五"规划及 2020 年远景目标》,要求新建核电机组必须符合三代安全标准,"十三五"及以后新建核电机组力争实现从设计上实际消除大量放射性物质释放的可能性。

中国内陆核电项目的立项和建设准备工作在福岛核事故之后不久被全面叫停,内陆核电安全也成为公众关注的热点问题之一。与江西彭泽核电项目仅一江之隔的安徽省望江县发出了明确的反对声音,最终演化为舆论对整个内陆核电项目的关切。

福岛核事故后,在待建核电项目冻结后的一年多时间内,水利部、环保部、中国机械工业联合会等单位多次向国务院打报告，陈述核电利害关系。内陆核电项目引起了各方面高度关注。

1.2.2.3 公众态度对核电发展的影响

公众态度对一个国家核能发展的政策、技术、经济性等问题都会产生影响。在政策上，国家决策不仅要考虑经济成本，还要考虑社会成本。如果公众对核能存在较大争议，甚至引发冲突，其所造成的巨大社会成本是政府在进行决策时不得不考虑的主要问题之一。2016年计划提交全国人大讨论的核领域的顶层法律《核安全法》已将保证公众参与核电厂规划和审批写入法律中，这也意味着从法律角度保证了公众意见在核电厂的建设中占有重要地位。

公众与专家对风险的理解存在根本差异。而缺乏核电常识的媒体的报道和评论可能助长更加缺乏核电常识的公众的抵触情绪。专家通过计算得到风险的大小，而公众对风险的看法并不主要取决于风险的技术统计数值，而是受到很多社会、心理因素的影响。为了消除公众对核电安全的疑虑，取得公众对核电发展的信任与支持，实现我国核电的安全高效发展，一方面要在原有技术基础上不断改进，提高核电安全性，另一方面，也需要从技术上进行创新，以提高核电厂抵御极端事故的能力，创造便于公众认可的技术。

1.2.3 地下核电是安全发展核电的新途径

苏联杰出的核物理学家、氢弹之父——Andrei Sakharov 在回忆录中提到："坦率地说，人类既然不能放弃核电建设，那么我们必须寻求新的技术手段来保证核电厂的绝对安全性。其中一个我赞成的解决办法是将反应堆建在足够深度的地下，这样即使在发生最坏的意外事件，放射性物质也不会进入大气中"。美国杰出的核物理学家、氢弹之父——Edward Teller 指出："针对核事故中防止核泄漏，我的建议是将核反应堆放置在 300～1 000 英尺（编者注：1 英尺=0.304 8 m）的地下……我认为，将核电厂布置在地下，可以明显地纠正公众对核电风险的误解……"。

日本福岛核事故后，人类重新审视核能的利用与发展，公众担心核电安全。中国工程院陆佑楣院士借鉴水电站大规模的地下厂房建设经验，提出了将核反应堆置于地下洞室，发展地下核电的设想。

本书作者对国内外地下核电研究现状进行了分析，初步研究表明：地下核电安全性更高，易于抵挡极端自然灾害和外部人为事件等危险，能够实现从设计上实际消除大量放射性物质释放的可能性，公众可接受度更高，并且地下核电还可拓展我国内陆核电的厂址选址空间，是核电安全、可持续、创新发展的新途径。

结合作者在三峡地下电站等大型地下工程建设领域的经验，指出当前的地下工程施工技术不再是大型地下核电厂建设的限制条件；考虑建设大型地下核电厂工程实践更有意义，提出并组建研发团队对大型地下核电厂的建设可行性和关键技术进行系统性研究。

第 2 章 地下核电概述

地下核电厂是指将核反应堆、反应堆冷却剂系统及核岛主要辅助系统置于地下,汽轮发电机系统及其他辅助系统置于地下或地面的利用核能生产电能的电厂。

2.1 地下核电研究现状

2.1.1 国外地下核电发展

2.1.1.1 国外地下核电工程

20 世纪 60—70 年代,欧洲、美洲、苏联等地区及国家为度过"能源危机",开始大规模发展核电厂。出于当时的技术水平、核能安全认知水平、建设成本及建设周期等方面的考虑,地面核电厂成为主流。仅挪威、瑞典、瑞士、苏联、法国等国家进行了小型地下核反应堆建设。三哩岛核事故和切尔诺贝利核事故后,世界反核浪潮兴起,核电建设进入低潮。同时,从核安全角度考虑,美国、加拿大等国家开始研究将大型商业核电厂布置于地下的可行性及工程方案。总体来看,国外地下核电厂的发展分为两个阶段:第一阶段是 20世纪 60—70 年代,各国建设用于实验的小型地下核电工程;第二阶段是 20 世纪 70 年代末,美国等发达国家对大型地下商业核电厂的前期研究。

世界首座地下核电工程建设始于 1958 年,位于苏联西伯利亚中部叶尼塞(Yenisey)河旁。该地下核电厂采用全埋方式,将核反应堆及汽轮发电机等整体布置于地下。核反应堆采用石墨气冷堆,引 Yenisey 河水循环冷却。1964 年投产运行,给热列兹诺戈尔斯克(Zheleznogorsk)市提供热气和电力(资料来自 Los Alamos 国家实验室 Wes Myers 和 Ned Elkins 在 2004 年 10 月 25 日在第二届 SuperGrid 会议上的讲话)。世界上现有地下核电工程(或核设施)见表 2.1,图 2.1~图 2.5 是部分地下核电工程的资料图片。

表 2.1 世界现有地下核电工程(不完全统计)

电站名称	国家	功率/MW	用途	安全壳条件		反应堆厂房/m（长×高×宽）	投入运行时期
				汽轮发电机	反应堆		
热列兹诺戈尔斯克 Zheleznogorsk	苏联	—	发电、产热	地下	地下	—	1958
哈尔登(Halden)	挪威	25	实验	—	地下	20×25×10	1959
阿杰斯塔(Agesta)	瑞典	125	发电、产热	地上	地下	27×20×16	1964
林哈尔斯 1 号（R–1）	瑞典	1	实验	—	地下	—	1964
舒兹(Chooz)	法国	305	发电	地上	地下	42×44.5×21	1967
卢森斯(Lncens)	瑞士	30	实验、发电	地下	地下	—	1965（1974 关闭）

图 2.1　Zheleznogorsk 施工现场

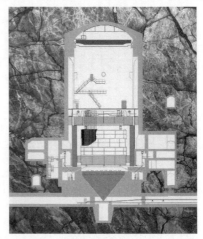

图 2.2　Zheleznogorsk 反应堆结构

图 2.3　Zheleznogorsk 总体布置

图 2.4　Zheleznogorsk 反应堆厂房

图 2.5　Zheleznogorsk 汽轮机厂房

　　1960 年挪威建设 Halden 地下核电厂用于实验研究。该地下核电厂采用半埋方式,仅将反应堆部分埋设于地下。反应堆采用 25 MW 的重水反应堆。目前该核电厂作为欧洲核安全研究的一部分，仍在运行；随后瑞典建设林哈尔斯 1 号实验地下核电厂和阿杰斯塔商业地下核电厂用于发电、供热。阿杰斯塔核电厂装机 125 MW，核岛部分布置于地下，常规岛等布置于地上。反应堆洞室尺寸 27 m×20 m×16 m（长×宽×高）。

瑞士 1965 年在 Lausanne 和 Bern 市之间建设了卢森斯（Lucens）地下核电厂用于实验和发电，图 2.6 是该地下核电厂的典型剖面图。该核电厂整体埋设于地下，装机 30 MW。1969 年年初，该核电厂发生过堆芯熔毁的严重事故，由于压力管过热破裂导致冷却剂泄漏，最终造成堆芯部分熔毁。尽管地下洞室被放射性严重污染，但由于反应堆位于地下洞室内，地下岩体的包容和保护使本次事故没有对公众和外界自然环境产生危害。

1966 年法国建成舒兹（Chooz A）地下核电厂，装机 305 MW。反应堆和核辅助设施位于两个分别开挖的、200 m 深的地下洞室内，通过地下廊道连接。该核电厂 1961 年开工建设，1967 年发电，1991 年停止发电。目前该核电厂已进入退役流程。反应堆洞室尺寸 42 m×44.5 m×21 m（长×高×宽）。汽轮机、发电机等常规岛部分布置在地面上。

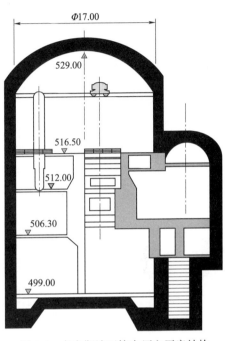

图 2.6　卢森斯地下核电厂主厂房结构

2.1.1.2　国外地下核电研究

美国、加拿大等发达国家研究地下核电厂较早，除了少部分国家建设了实验性质的地下核电厂外，大部分国家主要进行选址可行性、布置方案等方面的研究，但这些研究多处于概念设计阶段。20 世纪 80 年代至 20 世纪末地下核电的研究成果较少，但进入 21 世纪后，随着公众对核安全的重视，国际上再次关注地下核电的研究。

（1）美国

美国对商业地下核电厂的研究始于 1972 年，其早期的地下核电厂选址研究只是初步尝试，提供了粗略但宽泛的地下选址可行性评估。核电厂的概念性设计只局限于核电厂的总体布置，而核电厂安全和经济情况在很大程度上都是定性的。不过，此类早期报告的乐观基调也引起了其他机构进一步详细研究该理念的兴趣。

1977 年，桑迪亚实验室根据与美国核管理委员会（NRC）签订的合同，进行了涉及核电厂地下选址潜在利益和损失的技术评估。该研究着眼于群洞式（mined-cavern）和单洞式（berm-contained）地下核电厂两个理念，并将此类选址方案与传统的地面选址进行了四个主要方面的比较：① 放射性核素的抑制；② 地下水污染；③ 地震易损性；④ 厂址可用性。该研究还强调了核电厂保护和安全、施工可行性、时间表和成本以及运行注意事项。但是它在成本效益分析中使用的地下核电厂设计是非常初步的，只包含了很少的实际布置和设计细节。

特别重要的是，在抑制放射性核素方面，该研究结论指出：如果出现严重的堆芯熔化事故，假设能够维持所有穿透地面的密封，那么任意一个地下选址理念都能明显减少放射性核素的大气排放量。

　　早期地下核电厂选址的技术和经济影响方面最广泛、最周密的研究当属 1977—1978 年在加州能源委员会（CEC）的赞助下进行的研究，产生了单洞式地下核电厂和群洞式核电厂两种详细的概念性设计。基于此类地下核电厂设计和参考地面设计，进行了第三次研究，以分析和比较非常严重的（同时也极不可能）反应堆事故的相关影响。

　　另外一项研究则评估了地震频发的加利福尼亚地区地下核电厂的地震影响。美国航空航天公司和加州能源委员会对加利福尼亚地下选址选项进行了整体评估，认为地下选址可以将几乎所有反应堆极端事故的公众影响降低到微不足道的水平。

　　两种地下设计理念得出了上述的结论，以下给出这两种理念的概要描述。单洞式设计（图 2.7）的特点是带有一个穹顶，包围着主要反应堆安全壳结构。穹顶的结构形状设计可以有效抵抗表土重量或地震运动所产生的泥土载荷。为降低地震引发结构差动位移的可能性，内部安全壳和外部结构均使用常见的底板基础结构。采用 1 300 MW 压水堆的单洞式地下核电厂，系统和设备布置所需的尺度为：安全壳内径 150 ft（45.7 m），外围圆筒形内径 306 ft（93.2 m），基础底板顶部到外穹顶顶部高差 234 ft（71.3 m）。

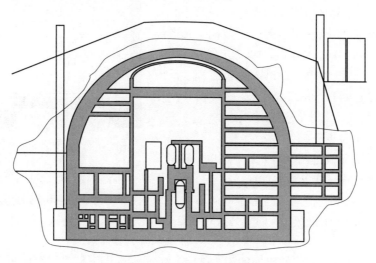

图 2.7　单洞式核电厂横断面

　　群洞式设计（图 2.8）的特点是具有多洞室布局和相互连接的隧洞。三个大型洞室平行朝向岩石内假定的构造应力场，容纳主要的核电厂系统（反应堆洞室，汽轮机洞室和辅助洞室）。基准情况下（1 300 MW 压水堆 PWR），反应堆洞室是最大的洞室，跨度为 31 m，高度为 65 m，长度为 58 m。该洞室衬有 1 m 厚的混凝土和钢衬套，可以满足核管理委员会对于安全壳结构的许可要求。与单洞式理念相反，岩石本身（大型穹顶除外）可以用做主要反应堆安全壳结构。为山坡厂址设计了一座基准核电厂，反应堆洞室在地面下方大约 90 m 处。各大型洞室与相邻洞室隔开，相隔距离几乎等于最大相邻洞室的跨度（大约为 30 m）。

　　1997 年，Charles W. Forsberg 指出，地下核电厂利用矿洞建设，可以避免回填矿洞的成本；地下核电厂可以有效防止地震对核电厂的威胁；20 世纪 70 年代论证的地下核电，随着技术的发展，建设的可能性不断增强。2004 年，Ralph W. Moir 和被誉为"氢弹之父"的核物理专家 Edward Teller 建议将所有的放射性物体安置在至少 10 m 深的地下，所有裂变反应在此处进行，同时将发电机置于开放场所，由热的非放射性液体驱动。

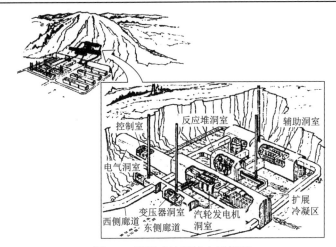

图 2.8　群洞式地下核电厂剖面

美国洛斯阿拉莫斯国家实验室对地下核电相当关注。实验室的 Carl W. Myers 等人首先提出了地下核能联合体（Underground Nuclear Park，UNP）的概念。在更为深入的研究地下核能联合体后指出：与传统的反应堆布置以及核废物处置设施相比，核反应堆地下组合布置以及支持反应堆正常运行的核废物处置设施，地下核能联合体具有许多优势：降低反应堆投资与运营成本，降低核废物管理成本，提高人身安全与运营安全裕度。此外，在环境影响、人员健康、设施事故概率、废物运输、人为破坏、恐怖袭击等方面，UNP 也具有先天优势。地下核反应堆就地退役可以降低成本，提高安全性，减少废物处置与对环境的影响。因此，UNP 更容易被公众接受。2010 年 11 月，Carl W. Myers 等人就地下核能联合体的建设成本、安全与环境问题以及核设施和放射性废物贮存处的退役等方面进行了全面分析，针对地下与地面核电的经济性进行了大概的预算比较。图 2.9 描述了一个地下核能联合体可以容纳 12 座核电厂，名义上类似目前的第三代轻水堆核电厂。可以采用隧道掘进机进行挖掘，这些隧道的额外挖掘可以通过常规的钻爆技术实现。从地面入口通过几个通道进入地下洞室，洞室最大的直径可达 15 m。该图显示了一个四回路压水堆的典型布局。

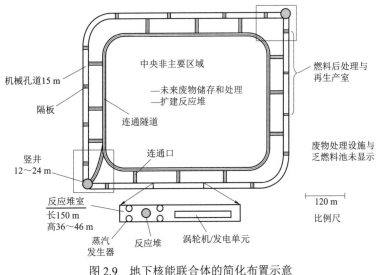

图 2.9　地下核能联合体的简化布置示意

2012 年美国洛斯阿拉莫斯国家实验室已完成地下核能联合体的概念设计,并提交美国核管会(NRC)审批。

(2)加拿大

加拿大安大略电力公司 1979 年基于四台 850 MW 核反应堆进行地下核电厂选址及布置研究。概念设计阶段,确定了四个直列式大型反应堆洞室,洞室尺寸 35 m×60 m×100 m(宽×高×长),洞间距 20 m(图 2.10)。拟定厂址洞室群埋深 450 m,岩体为花岗质片麻岩。

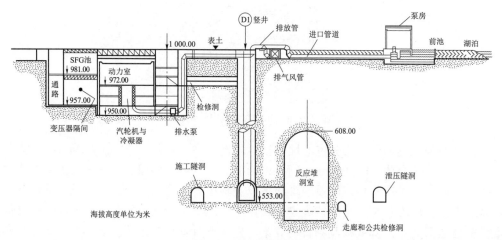

图 2.10　洞室群纵剖面

矿洞的整个地下网络包括两个容纳公共服务设施和乏燃料池的小型洞室。核电厂通道以及与掩埋深度较浅的汽轮发电机大厅进行通信都是通过若干竖井内的服务设施(电源和仪表电缆、水和水蒸气管道以及电梯)进行。

地下 CANDU 设计的特点是带有一套安全壳系统,就某些方面而言,该系统与加州能源委员会研究中推荐的事故缓解系统类似。允许来自经受失水事故影响的反应堆洞室的热蒸汽通过泄压隧洞膨胀后排入附近的反应堆洞室,从而扩大安全壳容积。所有反应堆洞室均通过岩层、气闸和密封装置与环境隔离开来。

安大略电力公司研究的一个独特之处在于开发详细施工方法和设备装卸技术,而此类方法和技术用于确定所推荐的地下设计理念是可行的。研究表明投入单洞式设计的精力要明显少得多,所分配的成本损失为 18%~20%。尽管在反应堆设计、核电厂布置以及埋深方面有着重大的区别,但是我们有趣地看到这与加州能源委员会的成本估算(群洞式和单洞式理念的成本损失分别为 25%和 14%)比较接近。

(3)俄罗斯

1986 年,前苏联切尔诺贝利核电厂发生事故以后,核电厂设计专家们为提高核电厂的安全性,进行了深入的调查研究。其中有一个研究方向是探讨地下核电厂的可行性。圣彼得堡"Malakhit"机械制造海事设计局发起了地下核电厂的一系列设计和研究工作。"Malakhit"携手联合企业开发的设计显示,圣彼得堡地铁中"Sportivnaya"类型车站的地下空间可以容纳一座船舶类型的 220 MW 核电厂。

推荐的地下核电厂位于地下空间中。该空间总长约 250 m,高度为 24 m,宽度为 22 m,其设计与地铁站"Sportivnaya"的设计类似,稍有修改。电站的深度取决于寒武纪黏土的深度。一条直径为 10 m 的倾斜隧洞通向地下空间，而核电厂的主要设备通过专用运货车厢从该隧洞进行搬运。该空间使用坚固的大型屏障来划分两个隔间：反应堆隔间（SGS）和汽轮发电机隔间（TGS）。隔间顶部包括一个带外框金属半壳的穹顶，可以用于承载桥式起重机。

20 世纪 90 年代中期，俄罗斯动力工程研究开发院针对 Zheleznogorsk 市的能源供应问题提出了在该市建造地下核电厂的建议。Zheleznogorsk 市位于叶尼塞河上克拉斯诺亚尔斯克区域中部附近，该市依靠产热能力为 430 MJ/h 的 ADEh-2 反应堆热电联产装置（NCGP），向化工联合企业和城镇提供大部分的热量和 73%的电力。高峰的时候部分热量还要依靠燃煤备用锅炉供热。

由于 ADEh-2 反应堆计划在 2000 年退役，因此，由反应堆提供的城镇和工业企业所需的电力和热能出现了问题。作为后续能源供给，应考虑在同一厂址建造核电厂，经分析论证地下核电厂是最可行的选择方案。

（4）德国

1978 年在于利希（Julich）的核研究中心参考 1 300 MW 压水堆完成了一项单洞式地下核电厂的广泛研究。与群洞式理念相比，单洞式设计似乎与西德高度工业化地区的地质条件更加兼容。

为设计一座能够迅速获得许可的核电厂，于利希研究中心避免了对参考地面核电厂进行较大的改动，保留了所有的现有安全特性。他们研究了全埋置（反应堆厂房顶点在地坪处）和半埋置（反应堆厂房一般高度处在地坪处）两种情况。在两种情况下，安全壳设计均与美国加州研究中所推荐的类似，只是缺少直接通向周围护道的超压泄压管。一次安全壳也是通过内部反应堆厂房壳体提供。

于利希研究的一个主要动机是地下选址能够为核电厂重要部件提供更强的防飞机撞击和军事袭击的可能性。8～13 m 的土壤覆盖层足以提供最可能出现事件的保护。就地震保护而言，由于埋置的原因，反应堆厂房结构和内部设备的地震应力都有一定的减小。

尽管研究发现施工期延长了 17 个月，但研究人员没有发现任何主要的施工困难。而施工期延长的时间主要用于深坑的挖掘和稳固。全埋置的施工总成本增加（包括利息费用）为 16%～19%，而半埋置为 13%～15%。

1981 年德国政府主办了一个主题为"建设地下核电厂"的会议。来自 12 个国家的 240 位专家在汉诺威参加了该会议。会议一致认为建设地下核电具备以下几个方面的优点：更好的保护电站及周围的人群，增加核电厂址资源，同时在部分经济及技术方面同样具备一定的优势。

（5）瑞典

在 20 世纪 70 年代，瑞典已经完成了数次核电厂地下选址的研究。早期研究的主要目的是为核电厂提供战争和阴谋破坏方面的保护，而后期研究还考虑了反应堆安全和可能提高对堆芯熔化的防护。瑞典原子通用公司和 VBB 两家瑞典公司还将此类研究的结果用于它们为加州能源委员会开展的工作中（1978 年）。

基于地面核电厂的系统和布置基本上可以转移到地下环境这一假设，瑞典国家动力局研究（1977 年）开展了技术设计。尽管这一原则有一定的运作优势，但却苦于需要修建非常巨大的岩石洞室来适应未经改进的地面设计。所需要的洞室跨度大约为 45 m，当时只有在采矿作业中才达到过这一尺寸，如果岩石质量足够好，那么这一跨度在技术上是可行的。

但是，当时的研究并没有实际验证洞室的稳定性。

研究将带有标准反应堆安全壳的 BWR 类型反应堆修建在巨大的洞室中，洞室带有紧固的混凝土衬套。排放系统位于该衬套和岩墙之间以及位于周围岩石中，用于捕获从混凝土衬套泄漏到岩体中的逸出气体和溢出液体。

该研究的安全评估显示，选址在洞室中的核电厂相对于地面核电厂的优势在于严重事故的概率低。洞室选址的其他优势包括战时核电厂安全性得到提高，以及外部干扰和外部破坏敏感性得到降低。

当然，该研究也指出地下选址的一个公认缺点是火灾更难控制，人员撤离路线会更长。而且，还必须采取措施防止核电厂遭到淹没。地下核电厂分布在一个比地面核电厂稍微大一些的区域内，部分原因是一些设施是垂直间隔的。因此，地下核电厂的运营和维护会更加困难，也更加昂贵。

（6）新加坡

新加坡由于国土面积较小，仅有 700 km^2 左右，地面核电厂的选址难以实现。因此 Hooman Peimani 首先提出了将小型核反应堆埋在浅层基岩之下的设想，反应堆深大约在 30～50 m。研究指出，如果核电厂出现任何意外情况，花岗岩将形成天然的安全壳；同时将水泥灌入从地上通往核电厂的所有入口，就能够防止大量放射性物质的外泄。

2010 年，Seeram Ramakishna 等人讨论了建立核电厂的限制条件应该如何解决，然后考虑不同的厂址条件，包括地下和海上建立核电厂的可能性。一个初步的结论是，选择地下核电厂是最值得关注的。安全性是支持该选择的重要因素。2011 年，Hooman Peimani 在经济性上对地下反应堆和地上常规反应堆进行了比较，认为地下核电厂虽然会增加建设成本，但地下设施的风化影响较小，可能会降低维修成本。

此外，瑞士、挪威、法国等国家也对大型地下商业核电厂进行了前期研究。国外的研究表明，地下核电厂可以提高严重假想事故和极端外部事故的防护等级，可有效缓解和控制事故后果，经济技术可行。

20 世纪 50—80 年代，国际社会虽然对地下核电厂进行了研究并建设了少量实验性质的小型地下核电设施，但是由于电力需求减少、化石燃料和新能源的发展以及政治因素等影响，核电的发展比较缓慢，再加上地下施工技术的制约，到目前为止，并没有大型商业化的地下核电厂问世，其研究步伐也逐渐放缓。进入 21 世纪后，随着公众对核电安全性的要求越来越高，地下核电厂的研究又逐渐获得研究者的关注。

2.1.2 国内地下核电发展

2.1.2.1 国内涉核地下工程实例

鉴于中国核工业的保密现状，从迄今解密的资料中，重庆涪陵的 816 地下核工程最具代表性。该工程位于重庆涪陵白涛镇、乌江右岸的山体中，处于武陵山区高山向丘陵盆地过渡的交汇地带，水运交通便利，可通 500 t 级船舶，是中国 20 世纪 70—80 年代修建的国内最大规模的涉核地下工程，主要用于民用级核燃料生产及高放核废物的处理。

工程于 1966 年 9 月开始选址、立项，1967 年开工建设。前期由工程兵进行地下洞室开挖施工，1975 年后由 816 工厂建设队伍进行厂房建设，建设期动用人力 6 万多人。至 20 世纪 80 年代中期，由于国际形势变化和国民经济战略调整需要，该工程于 1984 年停工。

当时，洞体已完成建筑工程量的 85%，安装工程量的 60%，总工期历时约 17 年，总投资达 7.4 亿元人民币。工程于 2002 年 4 月解密。

该工程的核反应堆为 200 MW 石墨水冷反应堆，用于核燃料生产及发电。除核岛反应堆厂房外，还设有核废物处理厂房，可进行废水、废燃料棒等核污染废物的处理。

厂房洞室群的水平埋深约 400 m、顶部覆盖层厚度最大约 200 m，核岛洞室的最小覆盖厚度约 150 m，可以抵御 100 万吨当量的氢弹空中爆炸冲击和 1 000 lb（1 lb=0.453 6 kg）炸弹的直接命中攻击，抗 8 级地震。地下工程的洞室群高于乌江河床数十米。

地下工程有大小洞室 18 个，其中最大的反应堆主厂房洞室，下部开挖跨度 25.2 m，拱顶跨度为 31.2 m，高 69 m，总面积 1.3 万 m²。各类地下洞室累计总长 21 km，洞室挖方总计 151 万 m³。对外设有人员出入通道、汽车运输洞、排风洞、排水洞等 19 个洞口。

该地下工程的技术水平及工程规模在当时是国内最先进的，也是迄今为止中国最大的地下核工程（已解密资料）。其核岛厂房的反应堆洞室至今仍是处于国内大型地下洞室工程规模的前列，洞室围岩采用喷锚支护技术。

受当时施工能力及技术水平的限制，估计采用了多工作面的人海战术，以人工为主进行地下洞室的开挖；其中，在垂直高差方面为洞室群开挖布置的施工支洞达 9 层，因此建设期参与人力多达 6 万人、工期历时 17 年，这也反映了当时的施工及工程技术水平。图 2.11、图 2.12 为现在 816 地下核工程解密后的工程照片。

图 2.11　地下核工程反应堆大厅

图 2.12　地下核工程反应堆大燃料池

2.1.2.2　国内地下核电研究

2011 年福岛核事故后，长江勘测规划设计研究院（简称长江设计院）联合中国核动力研究设计院（简称中国核动力院）开始对地下核电厂开展了专题研究，内容包括：地下核电厂国内外发展现状调研、地下核电厂厂址选择研究、地下核电厂堆型及容量选择论证、地下核电厂总体布置和主要系统布置设计研究、地下核电厂事故分析及风险评价、地下核电厂退役策略研究、地下核电厂施工方案与施工技术研究、地下核电厂建设可行性分析等。通过分析论证，提出了 600 MW 级中国地下核电厂总体技术方案（CUP600）。

2012 年 9 月，长江设计院与核动力院联合在武汉召开地下工程方面的专家咨询会。包括 9 位院士的专家组一致认为，现有的地下洞室工程实践和技术水平完全可以满足大型地下核电建设的需要；大型地下核电厂的建设符合中国国情，公众可接受度高。

2012 年 11 月，长江设计院与核动力院联合在北京召开核电专家评审会。包括 7 位院士的专家组一致认为将大型核电厂核岛部分布置在地下是可行的；地下核电厂增加了洞室围岩实体屏障，由于岩层对核素的包容和屏蔽效果好，从设计上消除了大量放射性释放的可能性，符合国务院发布的《核电安全规划（2011—2020 年）》对于核电厂的最新要求，可进一步提高核电的安全性，增强公众对核电厂安全的信心。

2013 年 1 月，依托长江勘测规划设计研究院和中国核动力研究设计院申请的中国工程院重点咨询研究项目"核电厂反应堆及带放射性的辅助厂房置于地下的可行性研究"立项。

2013 年 2 月，"核电厂反应堆及带放射性的辅助厂房置于地下的可行性研究"在北京召开启动会。2013 年 6 月，第一次阶段成果汇报会在北京召开。2013 年 12 月，第二次阶段成果汇报会在北京召开。两次阶段成果讨论会专家组一致肯定了两院在本项目上所做的工作和取得的成果，认为地下核岛环型、L 型和长廊型布置均是可行的。同时专家组给出了具体的指导意见并指明了工作重点。2014 年 6 月，结题审查会在北京召开，专家组肯定了本项目的研究成果。

2.2　地下核电的优势

2.2.1　地下核电安全性更高

将核岛建于地下，利用洞室围岩，在反应堆四道放射性屏障的基础上，又增加一道实体屏障，较大幅度地提高了核电安全性，主要体现在：严重事故工况下，利用地下洞室的包容性，更利于放射性物质扩散的防控，从设计上实现实际消除大量放射性物质释放的可能性；有效抵御极端外部人为事件（恐怖袭击、飞射物等），核安保相对简单有效；提高抵御极端自然灾害的能力、显著提高抗震性能（超基准地震、洪水、冰灾、泥石流等灾害）；可简化场外应急计划，具备取消场外应急响应区的技术可能性；有利于改进乏燃料管理策略。

2.2.1.1　更容易从设计上实现实际消除大量放射性物质释放的可能性

地下核电厂将核岛等涉核建筑物建造在地下岩体内，有效地实现了核岛与外界环境的实体隔离，更容易从设计上实现实际消除大量放射性物质释放的可能性。即使严重事故发生，核电厂安全壳完整性丧失，放射性物质从安全壳中泄漏出，地下核电厂仍然能通过预设的安全措施和工程设施，在地下洞室内有效地实现放射性物质的可贮存、可封堵、可处理和可隔离。

历史上曾出现过地下核反应堆发生严重事故，但由于其地下布置的特点，避免了放射性物质向外界环境大量释放。1965 年，瑞士在洛桑市（Lausanne）东北 30 km 处的 Lucens 建立了实验用小型地下核电厂。该实验反应堆热功率为 30 MW，输出电功率为 8.5 MW，采用重水（氘）慢化，二氧化碳气体冷却。1969 年 1 月 21 日，二氧化碳冷却剂的流失造成反应堆堆芯热量不能有效排出，堆芯部分熔毁。熔毁的核燃料严重污染反应堆所在地下洞室。地下洞室内放射性水平迅速升高，同时，地下洞室迅速密闭，阻止放射性物质向外界扩散。事故发生 4 天后，洞室内短寿命放射性核素的衰变使洞室内放射性活度浓度降低，专设的过滤排放系统启动，过滤排放地下洞室内带放射性的空气。由于事故发生初期地下洞室第一时间的密闭包容作用以及事故后期专设过滤排放系统的投入，本次严重事故向外界环境排放的放射性活度微乎其微，没有对公众和自然环境产生危害。国外早期的地下核电厂实践和事故证明，地下核电厂能有效防止放射性物质向外界环境扩散，更有利于对严重事故中反应堆释放的放射性物质的控制，更容易从设计上实现实际消除大量放射性物质释放的可能性。

2.2.1.2　有效抵御极端外部人为事件

核电厂在通过链式反应产生能量的同时还会产生大量的放射性核素，通常这些放射性核素都被封闭在燃料棒中，不会向环境泄漏。此外，核电厂还设置有一系列安全设施，防止放射性核素向外界泄漏。但是在极端外部人为事件中（如恐怖袭击、飞射物撞击等），有可能造成核电厂的放射性核素向环境泄漏，危害公众健康。特别是核电厂反应堆及乏燃料池在受到恐怖袭击后，很可能带来放射性物质向环境扩散的后果。

为防止极端外部人为事件对核电厂造成危害，从而引发更严重的放射性物质泄漏，美、法等核电大国均加强了核电厂的安全警戒。美国"9·11"事件发生后，美国当局在得到有进一步恐怖袭击的警报后颁布了一项长达一星期的禁令，禁止任何飞行器在其境内 80 座核设施附近的 20 km 范围内飞行，此后也仅被允许在这些设施 5 500 m 以上高空飞过；法国当局申明任何威胁反应堆安全的客机将可能被击落，并在一些核设施附近布置了防空导弹系统。为抵御极端外部事件，核电厂必须增加额外投入，如为满足美国核管会提出的加强安全的要求，美国每座核电厂每年都要增加 500 万～600 万美元的投入。

地下核电厂核岛置于地下岩体内，能有效降低极端外部人为事件的影响。地下核岛上方几十至几百米的岩体层可确保即使被常规武器直接命中，仍能保证地下核岛的安全。

2.2.1.3　提高抵御极端自然灾害的能力

地下核电厂核岛位于地下，极端外部自然灾害（包括冰冻、地震、暴雨、台风等）对其产生的不利影响小于地面核电厂。

将核电厂建于地下，有助于提高核电厂抵御极端冰冻灾害的能力。地面上最冷的时候，土层深处温暖宜人，地下 10 m 以下就是恒温层，到了地下 100 m 以后，温度逐渐升高。因此，地下洞室中的水池、工艺系统中的水难以结冰，保证了核电厂的正常运行。

理论和实测结果证明，地下地震震动随深度的增加呈逐渐减小趋势，我国《水工建筑物抗震设计规范》规定，地下结构的抗震计算中，基岩面下 50 m 及其以下部位的设计地震加速度代表值与地面相比减半。地下洞室在地震中的安全稳定性高于地面厂房，核电厂建于地下，有利于提高核电厂抵御严重地震灾害的能力，降低核设施倒塌、受损的风险。

除了冰冻灾害、地震外，建设地下核电厂也有利于降低洪水、台风、暴雨等外部灾难的威胁。地下核电厂只有有限的对外通道，通过快速封闭通道等措施，能有效提高其抵御洪水、暴雨、龙卷风等极端自然灾害的能力。

2.2.1.4　核安保简单有效

核电厂在正常运行、检修及退役等各阶段都要涉及大量的放射性材料。为防止、侦查和应对涉及核材料和其他放射性物质或相关设施的偷窃、蓄意破坏、未经授权的接触、非法转让或其他恶意行为，地面核电厂通常要制定复杂的核安保措施。一方面，实行分区管理，根据重要性的不同和纵深防御的原则，划分为观察区、控制区、保护区和要害区，分别配置不同的技术防范手段和采取相应的保护措施；另一方面，对核材料实行分类管理，根据其性质和数量的不同，划分为Ⅰ、Ⅱ、Ⅲ类，分别规定其生产、储存、使用、运输等方面的实物保护级别。并且，随着技术的发展，原有的技术防范标准偏低的保护系统也要求升级改造，提高核材料安全保卫的水平。

地下核电厂涉核部分位于地下，地下岩体构成天然的实体屏障，将涉核设施与外界隔离开。涉核设施与外界仅有有限的几个出入口，其核安保只需要在这几个有限的出入口附近做好警卫与守护即可极大地提高整个核电厂的核安保能力。地下涉核设施内部的核安保措施也可根据情况简化或取消，节省核安保投入。

2.2.2　提高公众对核电的接受度

核电厂及核与辐射技术应用产业是安全的、环境友好的产业。但由于我国核产业长期的封闭性以及社会公众不会分辨核武器爆炸和核事故等诸多因素，公众对核与辐射安全的了解和认知程度差，稍有风吹草动，即便还不构成核或辐射事故，也会造成公众的过激反应。如2009年6月7日，河南杞县利民辐射厂发生卡源事件。放射源被卡住，不能正常退回到水井中的安全位置。该事件对环境的影响与该放射源正常辐照货物时相同，基本不会对环境造成危害，但即便如此，这一事件竟引起周围数万人的逃亡。特别是与放射性联系紧密的核电厂更容易牵动公众的敏感神经。如2010年6月14日，大亚湾核电厂燃料棒包壳出现微小裂纹，尽管是属于设计允许的范围内，并不会对外界环境造成危害，但仍然在香港、深圳两地引起了不小的恐慌情绪。由于广大公众、传媒对辐射危害高度敏感，因此提高公众对核电的接受度及对核与辐射事件的认识，避免核恐慌，关系到我国的社会稳定及和谐社会的构建。

提高公众对核电的接受度，一方面要靠加强公众对核电、放射性的宣传和科普，消除公众对核电安全的疑虑；另一方面要从设计上入手，提高核电安全性，增加公众对核电安全的直观感受。地下核电厂将涉核建筑置于地下岩体内，远离社会公众的视野，弱化了公众心理恐慌情绪。同时，地下核电厂安全性更高，有助于减弱核事故对公众的刺激，提高公众对核电的可接受度。即使发生严重事故，也能有效地防止放射性物质向外界环境扩散。具备取消场外应急响应区的条件，避免严重事故中采取针对公众的大范围场外应急措施，如组织核电厂附近居民服用碘片、隐蔽、撤离等。

2.2.3　适应我国国情，符合国家发展战略

2014 年我国核电装机约占全国电力装机的 1.46%，规划 2020 年运行机组容量达到 5 800 万 kW，也只占全国 3% 左右，当前全球平均水平约为 15%。我国核电装机容量占比不到全球平均水平的 1/5，发展潜力巨大。随着经济的发展和能源利用结构的优化，未来核电装机规模必将有极大的提高。

核电厂选址条件苛刻，其中《核动力厂环境辐射防护规定》（GB 6249—2011）要求在评价核电厂址的适宜性时，必须综合考虑厂址所在区域的地质、地震、水文、气象、交通运输、土地和水的利用、厂址周围人口密度及分布等厂址周围的环境特征。综合考虑以上诸多因素，我国可供选择的核电厂址资源贫乏，已有核电厂址成为稀缺资源，为此，2015 年 7 月，我国环保部专门下发《关于加强核电厂址保护和规范前期施工准备工作的通知》，要求各地加强核电厂址的保护工作。按照我国核能发展战略目标，到 2030 年，核电装机要达到 2 亿 kW，2050 年达 4 亿 kW。我国现有核电厂厂址资源难以满足我国未来核电发展的需要。

随着人类社会、经济的不断发展，地上空间越来越紧张，开发地下空间资源成为未来发展的重要趋势。我国人口众多，人口密度大，充分挖掘土地资源，探索地下空间综合利用途径是我国经济社会可持续发展的必然选择。

我国山区的面积占全国陆地面积的 2/3，建设地下核电厂可拓展核电厂址资源，适应我国“山多、人多、地少”国情，符合国家将地下空间作为新的土地资源加以利用的发展战略，能缓解征地移民引发的社会矛盾，节省征地成本。

2.2.4　有利于水电核电统筹规划，探索水核共建机制

核电出力稳定，机组不宜频繁变负荷运行，是重要的基荷电源；水电丰枯出力变化大，机组设备运行灵活，启动迅速，宜用作调峰调频电源；建设大型水电核电清洁能源基地，有利于改善能源基地的供电品质，提高能源利用效率。大型水电站多建于高山峡谷区，在其附近建设地下核电厂可实现水电核电电源互为备用，保障电站安全稳定运行。同时，水电站水库可作为核电应急水源，提高核电厂严重事故应对能力。水电核电联建，还可以共享工程建设和线路送出资源，提高能源基地的经济性。

发展地下核电有利于水电核电统筹规划和探索水核共建机制；有利于建成高效、优质、经济的大型水电核电清洁能源基地。

2.2.5　地下核电是实施创新驱动发展战略的重要举措

根据《能源发展战略行动计划（2014—2020 年）》的战略部署，树立科技决定能源未来、科技创造未来能源的理念，坚持追赶与跨越并重，适时启动地下核电厂的创新研究，发挥国内资源、技术、装备和人才优势，加强能源科技创新体系建设，建设能源科技强国，使我国跻身核电技术发展前沿，符合习近平主席"把创新驱动发展战略作为国家重大战略"的讲话精神。

核电是高科技战略性产业，事关国家安全；必须坚持安全发展、创新发展。美丽中国需要安全核电，自主创新是摆脱核电核心技术受制于人的关键。地下核电是实现核电安全

发展和实施创新驱动发展战略的重要举措。应尽快启动国家层面地下核电创新研究，形成具有完全自主知识产权的地下核电技术品牌。

2.3　发展地下核电的挑战

发展地下核电，符合我国人多地少的基本国情和合理利用每一寸土地资源的基本国策。利用我国丰富的山地资源建设大型地下核电厂及核电群，形成大型地下核电厂产业基地和能源基地，是安全发展核电、保障能源安全、改善环境的一条重要途径。但同时我们也要清醒的认识到，地下核电的发展尚有以下几个方面的技术难点需要攻克。

2.3.1　基础前沿研究

（1）洞室群稳定风险评价。地下核电厂的部分洞室跨度大，洞室高，而且单位空间内洞室密度大，因此洞室群稳定是地下核电厂建设的先决条件。要研究洞室围岩开挖扰动机理、地下工程地震灾变演化机理、结构与围岩相互作用机制，提出地下洞室群围岩稳定量化指标，建立围岩群稳定概率风险评价理论体系。

（2）裂隙岩体核素迁移机理及多场多相耦合理论研究。地下核电厂是利用岩体包容严重事故中的放射性核素，必须研究放射性核素在地下核电厂厂址裂隙岩体、人工防护中的迁移机理，提出核素迁移扩散分析的多场多相耦合理论，量化研究地下核电厂在运行状态、事故工况及退役后产生的放射性核素迁移过程。

（3）地下洞室密闭空间气载放射性泄漏机理研究。研究地下洞室密闭空间气载放射性泄漏机理，建立泄漏模型，量化分析设计基准工况和严重事故工况下地下洞室内气载放射性污染水平，为降低设计基准工况下气载放射性泄漏率所采取的技术措施和严重事故后的洞室空气污染后果评价及事故后处理处置提供理论支撑。

（4）地下核电厂水安全问题。地下核电涉及的水安全问题主要包括三个方面，即防洪安全、供水安全和排放安全。和地面核电类似，地下核电厂同样面临洪水防护的问题。虽然地下洞室不会因为降水造成积涝，但要预防洪水的倒灌等问题。地下核电厂始终需要外部水源供水，如何保证有足够充足的供水数量和质量，是核电选址和规划设计中的核心问题。严重事故条件下地下洞室会积累大量高、低放废水，如何确保地下洞室密闭，不让洞室内的水渗透出去，也不让洞室外的水渗透进来，都是需要研究的问题。有必要开展流域及区域水资源应急机制、地下核电布局对流域及区域水资源配置影响评价、地下核电堰塞湖灾害风险评价标准等方面的研究。

2.3.2　重大共性关键技术开发

（1）地下核电厂新机型研发。地下核电厂和地面核电厂的厂房格局是不同的，需要结合地下洞室群分布特点进行布置，因此地下核电厂的反应堆机型需要根据总体布局进行研究，根据地面核电厂的机型进行适应性调整，这是地下核电厂工艺的一个重点。

（2）地下核电厂选址标准及技术。根据地下核电厂工程岩体分类标准和厂址核素迁移评估准则，需要考虑工程地质、水文地质、地震、气象、辐射防护、生态环境、外部事件、人口分布、中低放废物处置等因素进行地下核电厂的选址。

（3）洞室围岩稳定控制技术。根据地下核电厂的洞室大小，分析地下洞室围岩稳定概率风险，并提出地下核电厂洞室群开挖支护及抗震措施。

（4）地下核电厂布置技术。基于地下核电厂相应的厂址地形地质特点，对核燃料长距离传输装卸装置、非能动高位水池等关键设备进行设计研究，并对严重事故后地下厂房可达性、洞群稳定、施工技术等进行深入研究论证，形成地下核电厂总体布置原则及地下核岛建筑物典型布局。最终掌握大型地下核电厂总体布置原则和地下核岛建筑物典型布局及模块化布置技术。

（5）地下核电厂全生命周期安全与风险评价研究。从地下核电厂设计阶段、建造阶段、运行阶段、退役阶段等开展全生命周期安全与风险评价研究，量化大量放射性释放频率（LRF）、堆芯损坏频率（CDF）指标，分析地下核电厂安全性水平。

（6）地下核电厂的严重事故预防、缓解措施及对策研究。基于地下核电厂洞室及安全系统设计特点，对地下核电厂严重事故行为特点进行研究，主要包括：研究地下核电非能动安全特性及其对严重事故的预防、缓解能力；研究洞室对包括氢气风险等在内严重事故现象的影响及应对措施、策略；研究如何充分利用洞室的包容特性，防止放射性废水的地下迁移及放射性产物向环境的扩散；研究如何配置现场的应急设备、措施，应对极端自然灾害或破坏等。

（7）地下核电厂应急计划与准备研究。在放射性核素外部扩散量化计算分析的基础上，研究地下核电厂应急计划与准备以及应急计划区边界确定。

（8）放射性废液近零排放处理技术研究。研究新型放射性废液处理技术，使液态流出物活度浓度极低，保证地下核电厂运行时公众和环境的安全。

（9）地下核电厂消防安全及人工环境营造技术研究。基于地下核电厂典型布置，重点研究全方位、高灵敏度的火灾自动报警及控制系统以及迅捷可靠的疏散设施，确保消防安全。并研究将新材料、新工艺应用其中的智能化高效节能的通风空调系统，营造安全舒适高品质的"低能耗"人工环境。

第3章　地下核电厂厂址选择

厂址选择是所有建设工程项目推进的首要工作，一个合适的厂址是项目顺利建设、正常营运的必要条件。核电厂是关乎国计民生的大型工程，一般具有投资大、建设周期长、安全营运标准高等特点，对厂址的适宜性要求高，影响场址适宜性评价的因素多、涉及面广，厂址选择直接关系建设项目的成败。

我国核电建设从 1985 年起步，至今已在浙江、广东、江苏、福建、辽宁、广西、海南等沿海地区建成了 26 台核电机组。2006 年国务院通过《核电中长期发展规划（2005—2020 年）》后，核电进入一个快速发展的阶段，江西、湖北、湖南等长江流域的内陆地区相继成为我国第一批内陆核电站建设选址的所在地，核电厂建设开始由沿海向内陆地区推进。

经过近几十年来核电发展的工程实践，我国在沿海、内陆地面核电厂的选址方面已积累了相当多的经验，形成了一系列成熟的具有可操作性的工作程序和工作方法，国家核安全局先后颁发并实行了一系列法规、导则和标准，选定了一批地面核电厂址；而大型商用地下核电厂建设至今未有先例，其选址尚无成熟经验，具有一定的探索性。

按核安全法规体系的规定，我国对核电厂监督管理实行核安全许可证制度。为实施对核电厂的选址、建造、调试、运行和退役五个主要阶段的核安全监督管理，国家核安全局颁发相应的安全许可证件，并规定相应的许可活动及必须遵守的条件。对于核电厂厂址选择，国家核安全局负责审查所选厂址的适宜性、厂址环境相关的设计基准以及实施应急计划的可行性，国家环境保护部负责审查涉及环境保护的有关内容，经审查合格后，分别由国家核安全局和国家环境保护部颁发《核电厂厂址选择审查意见书》及《核电厂环境影响报告批准书》。

地下核电厂主要特点是将核电站反应堆及带放射性的辅助厂房等涉核部分置于地下洞室之内，属适用我国核安全法规监管的核设施，其建设、营运等必须遵循国家核安全法规。

由于地下核电厂将反应堆等设施置于地下洞室之中，因此地下核电厂址选择与评价会在某些方面与地面核电厂有所差异。但是在考虑安全和非安全方面的因素，无论核电厂的核岛等设施置于什么地方，核电厂选址评价的基本要求都是一致的，只是在选址评价中所关注的影响因素以及所使用的评价方法会有所不同。

基于对核安全管理体系中有关厂址选择需遵循的法规、导则和工作标准等的理解，本章拟在介绍地面核电厂厂址选择安全评价基本内容、适宜性评价要考虑的基本原则、选址工作应执行的法规、导则、规范、标准，核安全有关厂址特征及判别准则等方面的基础上，同时对大型地下工程特点，结合沿海、内陆地面核电厂选址的工程经验，探讨地下核电厂选址工作的有关问题，初步分析地下核电厂厂址应具备的特征，并对地下核电厂厂址选择技术作简要的分析介绍。

3.1　地面核电厂厂址选择

依据我国核安全管理体制和基本建设程序，核电厂选址划分为初步可行性研究厂址查勘、可行性研究厂址评价两个阶段工作。

厂址查勘阶段，在考虑技术、安全和环境及经济方面的问题之后，确定两个或若干优先候选厂址。对拟建核电厂地区（大区域）的研究与调查后，否定不可接受的地区，对其余可接受地区内的厂址进行筛选、选择和比较，推荐出若干个优选厂址。

厂址评价阶段，对初步可行性研究报告审查批准的一个或若干个优选厂址进行研究与调查，论证各优选厂址在技术、安全、环境和经济特别是安全可靠性和环境相容性方面的可接受性，确定和评价推荐厂址可接受性有关的设计基准，最终选定推荐厂址。

厂址选择中应考虑的因素、厂址评价与确定设计基准的准则等，在核安全监督管理体系中都有明确的要求与规定。选址工作应执行的法规、导则、规范、标准，核安全有关厂址特征及判别准则等如下。

3.1.1　有关核电厂选址遵循的法规、导则、规范、标准

（1）法规、导则

《核电厂厂址选择安全规定》（HAF 101）

《核动力厂设计安全规定》（HAF 102）

《核电厂质量保证安全规定》（HAF 003）

《核电厂厂址选择中的地震问题》（HAD 101/01）

《核电厂厂址选择的大气弥散问题》（HAD 101/02）

《核电厂厂址选择及评价的人口分布问题》（HAD 101/03）

《核电厂厂址选择的外部人为事件》（HAD 101/04）

《核电厂厂址选择中的放射性物质水力弥散》（HAD 101/05）

《核电厂厂址选择与水文地质的关系》（HAD 101/06）

《核电厂厂址勘察》（HAD 101/07）

《滨河核电厂厂址设计基准洪水的确定》（HAD 101/08）

《滨海核电厂厂址设计基准洪水的确定》（HAD 101/09）

《核电厂厂址选择的极端气象现象》（HAD 101/10）

《核电厂设计基准热带气旋》（HAD 101/11）

《核电厂的地基安全问题》（HAD 101/12）

其他相关法规：《中华人民共和国放射性污染防治法》（2003 年）

《建设项目环境保护管理条例》（1998 年）

（2）有关国家标准与规范

《核动力厂环境辐射防护规定》（GB 6249—2011）

《岩土工程勘察规范》（GB50021—2001）

《核电厂总平面及运输设计规范》（GB/T 50294—2014）

《海洋调查规范》（GB/T l2763—2007）等相关的标准与规范

（3）核电行业标准

《核电厂工程建设项目初步可行性研究和可行性研究内容深度规定（试行）》（电力工业部 1996）

《核电站建设工程项目经济评价实施细则（试行第二版）》（EJ-T 1127—2001）1995 年

《核电厂厂址选择基本程序》（NB/T 20293—2014）

《核电厂工程勘测技术规程》（DL/T 5409—2010）

《核电厂环境影响报告的格式和内容》（NEPA—RG）等核电行业标准

《火力发电厂设计技术规程》（DL 5000—2000）

《海港水文规范》（JTS 145—2013）等其他相关行业标准

3.1.2 厂址选择安全评价基本内容与适宜性评价的要求

在厂址选择安全评价基本内容，厂址适宜性评价中需要满足核安全和环境保护要求，也是厂址选择工作开始至最终选定推荐厂址的全过程中都必须考虑和论证的基本因素。

（1）厂址选择安全评价基本内容

根据核安全局《核电厂厂址选择安全规定》（HAF 101），以及国内、外核电厂选址有关法规要求，在核电厂选址中均需要评价三个方面的基本内容：

1）厂址外部环境对核电厂安全可能产生的影响，包括外部自然和人为事件；

2）核电厂对厂址周围区域环境可能产生的影响，其中包括自然环境和社会环境；

3）实施应急计划的可行性，即在假定核电厂发生需要采取应急事故的工况下，厂址周围区域特征对实施应急计划的影响。

对于一个特定厂址，如果在上述三个方面不存在影响厂址可接受性的因素或者能够通过采取工程措施解决可能存在的不利因素，那么该厂址就具备建设核电厂的厂址条件。

（2）适宜性评价中需要满足核安全和环境保护要求

在核电厂厂址适宜性评价中，主要考虑以下基本原则：

1）在厂址所在区域内发生的外部事件（包括外部自然事件和人为事件）的影响。如地震、恶劣气象、洪水、土工等主要外部自然事件，以及飞机坠毁、化学品爆炸等外部人为事件。

2）可能影响释放出的放射性物质向人体和环境转移的厂址特征及其环境特征。核电厂对区域潜在影响及相关的厂址特征，包括放射性物质的大气弥散、放射性物质在地表水和地下水体的弥散、人口分布、水土利用和环境的放射性本底等。

3）与实施应急措施的可能性及个人和群体风险评价必要性有关的外围地带的人口密度、人口分布及其他特征。这些特征包括应急通道、不转移的群体、交通和通信能力等。

（3）核电厂厂址中需要满足的数值规定

在《核动力厂环境辐射防护规定》（GB 6249—2011）中有原则要求和数值规定。如核电厂周围应设置非居住区、居住区外设限制区以及距 10 万人口以上的城镇和百万人口以上大城市的市区发展边界，应分别保持适当的直线距离。具体规定了以反应堆为中心，非居住区半径不得少于 0.5 km，限制区半径不得少于 5 km。在厂址选择的工作工程中，提出限制发展区内最好没有万人以上的城镇，距 10 万人口城市直线距离不小于 10 km，距百万人口以上城市直线距离不小于 30 km 的内部控制值。

同样，GB 6249（2011）规定，滨海核电厂槽式排放口处的放射性流出物中除氚和碳−14 外，其他放射性核素浓度不超过 1 000 Bq/L；内陆核电厂槽式排放口处的放射性流出物中除氚和碳−14 外，其他放射性核素浓度不超过 100 Bq/L，并保证排放口下游 1 km 处受纳水体中总 β 放射性不超过 1 Bq/L，氚浓度不超过 100 Bq/L。

在发生选址假想事故时，考虑保守大气弥散条件，非居住区边界上的任何个人在事故发生后的任意 2 h 内通过烟云浸没外照射和吸入内照射途径所接受的有效剂量不得大于 0.25 Sv；规划限制区边界上的任何个人在事故的整个持续期间内（可取 30 d）通过上述两条照射途径所接受的有效剂量不得大于 0.25 Sv；在事故的整个持续期间内，厂址半径 80 km 范围内公众群体通过上述两条照射途径接受的集体有效剂量应小于 2×10^4 人·Sv。

3.1.3　厂址选择安全相关厂址特征及判别准则

3.1.3.1　地表断裂

地表断裂影响具有"一票否决"的作用。凡靠近已知能动断层的、距离不满足安全要求的在筛选和选择厂址时应予以否定。距可疑能动断层的距离是筛选和选择厂址的一个重要因素。

（1）在区域分析以查明可能厂址时，要收集区域地质图（包括地层资料的图件）、构造图、区域地球物理图（标明重力异常、磁力异常）和卫星照片。

否定准则：否定在给定距离内有已知能动断层通过的地区，而这个距离又取决于断层的类型以及与断层相关的最大潜在的地震的震级水平。

（2）在筛选可能厂址时，要收集航测照片、地质图、地球物理资料和初步地质勘察的成果。

否定准则：在较详尽的资料基础上，对距已知的能动断层某一给定距离内的厂址应予否定。对距可疑能动断层在一给定距离内的厂址，要用适宜性因子给该厂址一个低的等级。

（3）在比较候选厂址时，还要收集更多的资料，包括厂址地质勘查成果、环境地质调查成果、厂址区地震安全性评价结果、大比例航测照片的判断结果等。

比较准则：根据详细资料和考虑主要能动断层的实际分支断裂，否定部分厂址。

3.1.3.2　地震活动性

地震活动性相对高的地区，在区域分析时通常予以否定。在一般地震区，根据可能影响每个厂址的地震烈度来筛选可能厂址，在此基础上筛选和比较候选厂址。

（1）进行区域分析时收集：卫星照片、区域地质图、区域构造图、区域地球物理图，地震区划图、历史地震等震线、历史地震目录等资料。

否定准则：凡历史上发生过超过在技术判断基础上选定的某一烈度值的地震地区应予否定。

（2）进行筛选可能厂址时，要收集厂址地质勘查报告及在厂址上所作野外工作成果，航测照片判评，判评基准地面运动所需资料，以及初评在核电厂寿期内预计地面运动所需的资料。

否定准则：受到非常严重的地面运动的厂址应予否定。

在实际工作中，尽量避开强地震地区，对中等地震区、可用简化方法估计在核电厂全寿命期的一段时间内发生的地面运动，进行筛选。

3.1.3.3　地基的适宜性

通常在候选厂址阶段，只对作地基的岩土层做适宜性比较。

在选择候选厂址时，在厂址踏勘基础上，由专家们按厂址具有适宜地基特性的概率提出半定量判断。进一步工作，则是利用适宜性因子进行详细比较。

3.1.3.4　火山活动

在火山活动区域，以及紧邻可能有火山活动的地区，在区域分析时常予以否定。

在区域分析时，主要根据区域内历史上火山现象目录资料，区域内火山活动规模的资料进行判断。凡离活火山或可能活火山某一保守距离内的厂址应予以否定。

3.1.3.5　洪水泛滥

（1）在区域分析时否定受高洪水位影响严重的地区。可根据受洪水影响的严重程度筛选厂址，优先选用受洪水影响较小的厂址。

对于滨海厂址，在进行区域分析时，要收集海洋水文资料、水文资料、各种原因引起的沿海洪水的历史资料、海啸资料（包括震源）、航测照片及地形资料和卫星照片等。

否定准则：根据历史资料的包络线，或以风区和风速作为变量的经验公式，粗略估算由风暴潮和波浪形成的整个海岸线的洪水水位，海啸引起的洪水水位则按与区域类似海岸进行比较估算。处于由波浪、风暴潮、海啸、假潮和水情作用引起的非常高洪水水位的地区，应予以否定。

（2）在进行筛选厂址时，还要收集邻近地区有关风暴潮和海啸的历史资料（包括震源资料）以及历史上热带气旋的系统资料和波浪的统计资料。

否定准则：可用参考洪水水位与适宜性因子进行筛选，可能要与工程措施相关联，优先选择那些较低的设计准则洪水水位的厂址。

（3）对于滨河厂址，进行区域分析时要收集有关洪水、降水量和河道变迁的历史资料、地区航测照片、卫星照片，以及挡水构筑物的资料。

否定准则：利用洪水等高线，通常假定上游堤坝溃坝。对高洪水水位地区一般应予否定。

（4）筛选厂址时，还要进一步收集可能厂址的地形和挡水构筑物的资料，以及河道断面形状和流域气象资料。

否定准则：同样按适宜性因子，根据更详细的资料，对高洪水水位影响的厂址应予否定。

3.1.3.6　极端气象条件

在极端气象条件，如热带气旋、龙卷风等有所发生并且非常严重的区域，可否定某些受影响的地区。

（1）进行区域分析时，要收集表明给定重现期的龙卷风或（和）热带气旋的强度图、区域气候资料及历史龙卷风和热点气旋目录。

否定准则：与核电厂寿期具有同量级的重现期或热带气旋，且遭受非常严重的龙卷风或热带气旋冲击的地区应予以否定。

（2）筛选厂址时，依据更详细的历史资料，使用适宜性因子，特别对每一厂址估算具有给定重现期的风速，以风速尺度来筛选厂址。

3.1.3.7　人为事件

作为区域分析时，应否定那些紧邻大型危险设施，大型机场或有大量危险品运输路线的地区，并根据离这些设施的距离和伴生影响来筛选厂址。

（1）进行区域分析时，有关人为事件潜在源的资料，包括化学品、炸药生产厂、炼油厂、油和天然气储存设施等，还包括输送易燃气体或其他危险品的管线、海上或内陆水道等。

否定准则：离这些设施某一适当距离之内的地区应予以否定。

（2）在筛选厂址时，必须对危险源品种、性质和数量进行初步估算，对筛选距离之内的厂址应予否定。

3.1.3.8　飞机坠毁

进行区域分析时，要收集民用、军用机场的数量和位置。以机场为中心，以筛选距离值为半径范围内的地区应予否定。

筛选厂址时，还要收集每个机场飞机的起落次数、机型以及在核电厂寿期内的发展，收集机场的位置特征和跑道的走向。

应注意收集资料的正确性，对有可能受到飞机坠毁影响的厂址，则用概率论法估算对厂址影响的严重性，并在此基础上进行筛选厂址。

3.1.3.9　人口分析

（1）在区域分析时，要考虑否定人口非常稠密的地区。要收集有关区域内每个人口中心居民的数量、人口密度和核电厂寿期内预计人口增长的资料。

否定准则：靠近主要人口中心的地区和人口密度相对高的地区应予否定。

（2）筛选厂址时，还要收集厂址周围人口分布和预计人口增长的资料。在进行厂址比较时，还要收集厂址处的大气弥散特征及主导风向，在应急情况下难于撤离的居民组位置和数量，以及适应应急计划的道路系统等。

3.1.3.10　大气弥散

在区域分析时，应否定可能长期出现不利的大气弥散特征和人口分布相当稠密的地区。可根据风向和大气弥散因子筛选和比较可能厂址和候选厂址。

3.1.3.11　水弥散

如果某一地区有广阔而重要的、为公众所用或计划未来供公众使用的地下或地表饮用水水源，则可在区域分析时予以否定。筛选厂址时，可将距水源的距离作为一个比较因素，优先选用那些饮用水源受事故污染可能性低的厂址。

3.1.3.12　冷却水的可用性

从保证安全而言，充足的冷却水源的可用性是绝对需要的。它牵涉到最终热阱。但水量的要求取决于采用的冷却方式，如直流冷却、冷却塔、冷却池再循环冷却等，此外，还取决于核电厂输出热功率和环境条件，如夏季的进水温度影响凝汽器的温降，从而就控制着所需水量和热效率。

收集水源资料，包括河流、水库、海洋等的供水潜力，各种用途和供水可靠性。远离厂址的水源输水投资大，而且可能影响供水可靠性。供水的水质是重要的因素，水中含砂量及其随季节的变化以及粒度分布资料尤为重要。

冷却水源的利用，不仅关系到安全，就经济性而言也是重要因素。关系到抽水费用、初始投资和运行费用，在确定厂址过程中，在确保安全前提下，要进行综合分析比较，择优选取。

3.1.3.13　土地利用

区域内的土地利用可能影响厂址的选择，从保护环境角度，土地利用在选择适用的厂址中可能起主要作用。核电厂的建造和运行可能对环境中的水生物造成影响。如卷吸、冲击以及温度、盐度变化的影响。如果采用冷却塔方式运行，需要考虑周围地区气候和小气候的影响（湿度、云雾、结冰、可见度、弥散特征等），因此气象条件对冷却塔运行的影响是厂址查勘的重要因素。此外，还要考虑未来发展农田利用、风景区、休养场所、旅游等。

3.1.3.14　运输线路和应急计划

运输线路必须适于运输核电厂重大件设备的要求。要解决现有改造和拟建海、陆、空运输线路都需投入相对的费用。

应急计划要考虑的因素，包括通信、出入口、撤离和运输的可能性。应急撤离、运输等与气象条件密切相关。因此，在出入口的选择上，相对核电厂中心，要在两个交叉的象限内。

3.1.3.15　其他厂址特征

包括地形、地貌、地面塌陷、滑坡，还包括社会经济方面的因素。在厂址查勘过程中都应注意收集资料，对个别的但影响不大的要素也要进行分析评价。例如：

（1）电力需求，厂址是否靠近负荷中心。

（2）取排水方案不同，特别是取水距离长短及对长期运行影响的费用，也是不可忽略的。

（3）是否占用良田，征地移民，也需要从政策面加以考虑。

3.1.4　厂址选择主要因素调查与评估工作

3.1.4.1　厂址的地震地质调查和评估

地震地质问题在核电厂厂址选择中具有举足轻重的作用。所以，在厂址选择过程中远离高发强震地区，回避那些在厂址地域存在潜在永久性地面变形地区是最好的选择。

对此，通常要求对每一个厂址都必须调查地面形变、地表断裂、地震引起的波浪和地震有关的永久性地面变形现象以及有关的地质现象，必须开展厂址区域地质、地球物理和地震特性的调查。

调查和收集资料的范围和详细程度应对于确定设计基准地面运动、鉴定厂址或厂址附近的断裂特征、确定地震引起洪水的可能性，满足判断、评价及相关估算输入参数的要求。其中，区域调查的半径一般为 150 km 或更大些，将资料有代表性地表示在比例尺不小于 1:1 000 000 的图上；近区调查半径 25 km，将资料有代表性地表示在比例尺 1:100 000 的图上；厂址附近调查半径为 5 km，将资料有代表性地表示在 1:25 000 的图上；厂址区即核电厂所在地 1 km^2 或更大的范围，要做更详细的调查，特别增加有关潜在永久性地面变形的资料，将资料有代表性地表示在比例尺不小于 1:2 000 的图上。

（1）地震引起的波浪（海啸、湖涌）和溃坝

核电厂选址的设计基准必须包括对地震引起的波浪的现实评定，必须估计由地震引起的波浪而产生洪水的可能性。

1）海啸：海啸的影响对我国内陆核电厂选址不存在问题。

2）湖涌：我国核电厂厂址选择尚未遇到该问题，暂无经验。

3）水坝溃坝：核电厂都需要淡水水源，在没有足够的天然径流河道和湖泊的情况下，均需要建水源水库。因此，在核电厂选择过程中应重视溃坝的影响。

（2）与地震和地质现象有关的潜在永久性地面变形

1）振动液化

估计厂址任何基土沉积物液化的可能性，是整个地震危险性评定的重要部分，对有强液化可能性的厂址，不宜接受。

2）斜坡不稳定性

对严重斜坡不稳定性，或者可供选择的工程措施受限的厂址，不宜接受。

3）沉降和塌陷

如果厂址下伏厚层的蓄水层，在厂址附近抽取地下水或进行采矿活动时有产生沉降的可能性。如果不能采用工程措施减轻潜在沉降后果，则该厂址不宜接受。

进一步调查，包括在核电厂运行寿期内可能发生的地下水位总下降量和穿过厂区可能发生的地下水位差，以及有关蓄水层的物理参数等。

由于地质/地球化学过程和人类活动，可能造成影响核安全的塌陷条件，如果没有适当的工程解决措施，该厂址不宜接受。

3.1.4.2　厂址的水文地质调查和评估

水文地质与厂址选择的关系，主要需研究和评价核电厂事故释放的放射性物质入渗地下直接污染地下水的可能性、影响程度；此外，也需考虑地下水可能间接地受事故释放到大气或地表水的放射性物质的污染的情况。通过上述两种途径，被污染的地下水可能流到取水点，从而导致公众受到照射。

地下核电厂址水文地质调查和评估的重点是调查、了解研究区水文地质条件和地下水排泄补给途径，对放射性物质在地下水中的弥散、吸附和在各种类型水文地质单元中放射性核素的输运进行研究与评估。

（1）水文地质特征

主要用水文地质系统水文地质单元（指相对水层，含水层或弱透水层）的水力特性（流场、水力坡降、流速）及其弥散、滞留特性来表征。例如，水文地质单元内渗透系数，在不同的厂址可能相差很大，甚至高达数万倍。因此，在某些场地放射性物质可能长期被滞留在某个（或许是几百米）范围内。

从水文地质观点看，对厂址的可接受性在总体上不存在精确的定量标准，即可接受性与不可接受性只有在极端情况下才是分明的。

（2）水文地质调查

以水文地质被否定的核电厂厂址为例，当厂址所在地的地下水源（蓄水层）对该地区有重要意义，并且可能迅速被污染到不可接受的水平。加上核电厂厂址处蓄水层埋藏浅，当遇到核电厂事故释放时就很可能对地下水源造成污染。因此，远离这种地域为好。

3.1.4.3　厂址的气象调查和评估

大气是把核电厂释放出来的放射性物质输运到环境中去，从而到达人体的重要途径。为了估算核电厂释放的放射性物质弥散到区域居民区的程度，并以此评价对人的辐射影响，必须充分掌握有关的大气资料。除了掌握一般的大气资料，厂址气象调查和评估需重点关注极端气象条件。

极端气象参数是表征气象环境参数（气温和风速）的极值；极端气象时间是偶尔发生的极端事件，通常依据其强度来度量，例如破坏性和最大风速等。对龙卷风、最大风速是估算的。

极端气象条件包括暴风雪、尘暴、干旱和雷电、冰雹、龙卷风以及热带气旋等。

（1）极端气象参数的收集

1）极端风

选择厂址及其附近有代表性的气象站的数据。最好有 30 年或更长气候时段的数据，记录最大风速，例如最大 3 s 阵风风速，最大 60 s 持续风速。

2）极端降水

3）极端积雪

4）极端温度

（2）极端气象条件

评价关于极端气象条件的设计基准参数，对于龙卷风是最大风速、压力降和飞射物碰撞；对于热带气旋是最大风力和风压场；对可能最大洪水的气象数据则包括整个水体流域的历史降水量、暴雨记录（降水深度、降水面积、降水持续时间），以及影响严重的历史暴雨等雨量图。

1）设计基准龙卷风

陆上龙卷风被描绘成强烈旋转的空气柱，常伴有风暴。海龙卷则是在大的水体上面生成的。在厂址选择过程中，常按最大风速及破坏情况分类。

2）设计基准热带气旋

热带气旋是一种巨大且旋转着的热湿空气团，其直径为 100 km 或更大，其中心和边缘之间有着明显的压力差。热带气旋常常在海面生成，海上水汽冷凝而形成降雨。因此，热带气旋可能造成的危害是大雨和（或）涌浪引起的洪水及狂风的冲击。滨海厂址在规划和设计核电厂防护措施时，必须获得关于气旋引起的极端风和降水的数据。在确定最大风速时，最重要的气象因素是气旋风眼的中心压力或最低压力。该压力和气旋边远处海面压力之差常常用作表示气旋强度或风的猛烈程度和特征。

3）可能最大洪水

评价可能最大降水取决于各种因素：① 引起任何特定厂址大量降水的气象特性；② 气象数据数量、质量和类型；③ 地形特点以及这些因素综合对持续降水和选择关键排水的影响。上述条件，对每一个厂址实际上都是独有的。所以对评价可能最大降水量来说，没有唯一的、详细的和步骤分明的通用方法，需要熟悉极端暴雨气候的气象工作人员进行必要的研究解决。

3.1.4.4　厂址的人口分布调查和评估

人是环境条件中最敏感的要素。人口分布是核电厂厂址选择过程中需要给予高度重视的因素。我国核电厂建设起步阶段的选址政策：第一，建在缺煤炭资源、经济比较发达的沿海地带；第二，尽可能远离人口稠密的地区，等等。江苏省苏南核电厂选址在长山，距张家港不足数公里；浙江省在乍浦附近选核电厂址，皆因人口中心距（核电厂到万人以上的城镇边界距离）太小而搁浅。当然，随着核电厂的安全性、可靠性技术的进步，经验的积累，以及防御措施的加强，将厂址选择在离人口中心较近、且具有较高人口密度的区域也是有可能的。

整个选址过程中所必需收集的最低限度的人口资料，应考虑核电厂的存在对周围人口增长，以及对有关规划政策的影响，预计核电厂整个寿期内的人口资料。所收集的资料应满足厂址筛选和推荐、正常释放和事故释放的潜在放射性影响评估，以及制订应急计划的要求。

（1）人口资料

1）现有人口

现有人口包括常住人口和暂住人口。

2）常住人口

必须获得相当详细的核电厂周围区域常住人口的分布资料。

3）暂住人口

暂住人口包括短期和长期流动性人口。

4）规划人口

规划期间至少是核电厂整个寿期（40～60 年）。可以分为预期电厂调试年份，以及寿期内 10 年、20 年等的年份。规划人口应以该区人口增长率、迁移趋势和发展规划为依据，通过人口增长模式预估得到。

（2）其他资料

为了进行放射性影响评估，还需要气象资料、水文和水文地质资料及附加资料。

（3）资料的处理

对所收集的人口资料，应按常住人口和暂住人口分别进行整理。通常的格式是，以厂址为圆心构成同心圆环和这些环中由扇形半径画成为扇面来处理。

3.1.4.5 厂址的外部事件调查和评估

外部事件包括自然事件和人为事件。

（1）资料收集和潜在危险源的确认

收集资料时，首先分清是固定源如化工厂、炸药库等，还是移动源如海陆空运输工具等；其次在选址初期只需收集那些可能对核电厂造成影响和后果的可能的潜在源资料。

（2）对外部人为事件影响的评估

在初步筛选中没有被排除的每一类相互影响的事件都应进行评估。必要时，要选择设计基准事件。

尽管有影响事件和潜在源各不一样，归纳起来，评估主要针对以下三种类型：飞机坠毁，化学品爆炸，易燃、易爆、有毒气液释放。

除上述主要人为事件外，对某一特定厂址有可能需要考虑其他事件的影响。

3.2 地下核电厂厂址选择

3.2.1 厂址选择须遵循的其他规范和标准

基于我国现行的核安全监督管理体制，地下核电厂建设、营运等必须遵循国家核安全法规。其厂址选择的工作程序、选址中应考虑的因素、厂址评价与确定设计基准的准则等，仍须满足核安全监督管理体系中的要求与规定，工作中应执行的法规、导则、规范、标准，核安全有关厂址特征及判别准则等方面基本与地面核电厂一致。

地下核电厂厂址多位于山地、丘陵地带，并具备建造大型地下洞室群所需的地形地质条件。相比于地面核电厂，地下核电厂增加了大型地下洞室群、大规模地下防渗系统，其厂区内或有大量的人工边坡分布。

因此，地下核电厂厂址选择还需满足大型地下洞室群、边坡、地灾防治、水文地质等方面相关的规程、规范，或行业标准。如：

《建筑边坡工程技术规范》（GB 50330—2002）

《地下工程防水技术规范》（GB 50108—2008）

《水工隧洞设计规范》（SL 279—2002）

《水利水电工程混凝土防渗墙施工技术规范》（SL 174—96）

《水工建筑物地下开挖工程施工规范》（SL 378—2007）

《水电水利工程边坡工程地质勘察技术规程》（DLT 5337—2006）

《地质灾害防治工程勘察规范》（DB 50/143—2003）等

其原则是：优先遵循核电行业已有的相关规程、规范和行业标准，针对地下核电厂地下工程等暂无或缺少具体要求的，则遵循国标或相似工程行业的规程、规范和标准。

3.2.2 厂址选择的特点和基本要求

3.2.2.1 厂址选择的特点

通过研究地面核电厂选址和国内外地下涉核工程的经验，结合地下工程的技术特点，按照核电厂选址安全规定中的三个基本要素分析，地下核电厂特点如下：

（1）安全影响水平将有较大改善

安全影响因素是指外部环境对核电厂设施可能产生安全影响的因素，包括外部自然事件和人为事件。其中外部自然事件主要有地质、地震、水文和气象等因素；外部人为事件则是指与人类活动有关的危险因素，如工业、交通、军事设施等。在核电厂选址中，要对这些外部事件因素可能产生的影响以极低的发生概率水平或者是极端状态进行安全评价，以确定厂址的适宜性和工程的设计基准。

对比我国已选定和预选的内陆地区厂址特征分析，来自外部事件的安全影响水平地下核电厂将显著改善，如地下工程的防震抗震能力要强于地面工程。在水文和气象条件方面，无论是地下核电还是地面常规厂址，只要是处在内陆地区则均需主要考虑由降雨产生的径流洪水以及上游溃坝等因素的影响。对于外部人为因素对厂址的安全影响，地下工程则具有可人为封闭、更易于防控的特点，因而其安全更有保障。

（2）环境影响因素有改善

在核电厂选址中，核电厂对其所在区域产生影响的因素主要为放射性物质的传播途径，其中包括大气扩散和水体扩散条件、人口分布以及厂址周围区域的土地和水体的利用。滨海和内陆地区核电厂厂址选择的研究表明，在核电厂对其所在区域产生影响因素方面，我国内陆核电厂选址所面临的问题远比滨海地区复杂。

由于地下工程可人为封闭、更易于防控的特点，可以采取适当的工程措施减缓甚至阻塞放射性物质在大气和水体（地表水、地下水）中的传播、扩散途径，以改善内陆地面核电厂建设厂址选择中所面临的环境影响评价因素要比滨海厂址复杂的局面。

基于上述地下工程的特点，地下核电厂对其所在区域产生的影响因素，如在人口分布问题、土地和水体利用方面，亦可改善我国内陆常规核电厂选址所面临的问题要比滨海地区复杂的局面。

（3）应急计划实施可行性的影响因素

应急计划实施可行性是核电厂选址需要考虑的重要因素之一。从厂址环境特征考虑，涉及应急计划实施可行性的因素主要包括厂址周围应急计划区内的人口分布特征，特别是厂址附近地区特殊居民组的状况，以及交通、通信、气象等社会与自然环境特征。基于目前核电厂选址评价的相关规定，内陆地面核电厂和地下核电厂的厂址在应急计划实施可行性方面不存在大的差异。

（4）其他影响因素

2006 年 2 月国家环境保护总局颁布了《环境影响评价公众参与暂行办法》。对于核电厂的环境影响评价，社会关注度远远高于其他工程，特别是日本"3·11"地震福岛核事故后，核电工程建设的核安全问题更受到全社会的高度关注。

有关研究表明，我国内陆核电厂址所涉及的社会因素明显比滨海厂址复杂；在相关内陆核电厂选址公众参与的调查中，最关心的问题之一就是核电厂建设对水体可能产生的影响，此外也包括由于对核电的核安全缺乏了解而产生的社会心理影响。基于我国核电选址评价的实际状况，地下核电厂与地面常规核电厂所需考虑的社会影响因素方面应无大的差异。

3.2.2.2　厂址选择的基本要求

一个合适的地下核电厂址，必须符合和满足核安全要求以及相应的评价准则，其涉及的各种因素都必须满足适宜性评价要求。

地下核电厂厂址选择条件苛刻、制约因素多而繁杂。为方便选址的实际工作，有必要就选址评价中所需关注的问题，梳理出选址技术要点，以宏观原则为指导，化繁为简，以便明晰选址工作方向，突出选址工作的重点。

基于对国家核安全法规应用的理解和借鉴地面常规核电厂选址经验，地下核电厂选址评价中需关注的主要问题如电力市场、水文、气象、交通、环保等方面基本与地面核电厂选址的要求相同，两者差异在于，地下核电厂需寻找到一个适宜的、能布置下涉核厂房所需的大型地下洞室群的地点。

地下核电厂址选择的宏观原则和技术要点如下：

（1）选址的地区和方向，宜靠近负荷中心或主要的电力输送通道，如大城市近邻、西电东送通道附近地区；

（2）宜尽量靠近或位于水量充沛、取水方便的，且不易受洪水、海啸影响致灾的地段，如海湾，流量大而平稳的河流，湖泊，大型水库周边，或可以通过引水解决并提供可靠水源的区域；

（3）大气扩散条件好，台风、严寒等极端性灾害气候少的区域，城市、人口密集区下风口等地段；

（4）宜尽量靠近或位于重大件运输方便的地区，如邻近铁路、高等级公路、水运通道的地区；

（5）尽量与环境影响敏感区保持合适的距离；

（6）有合适布置大型地下洞室群的地形地质条件的地区，选址的方向以山地、丘陵地区为宜，或由侵入岩或喷出岩的岩株、岩墙所形成的垅岗、台地状地形。

经研究，地下核电厂布置大型地下洞室群的工程地质与水文地质条件，主要要求有：

1）应有适宜的地形地貌条件

布置核岛厂房地下洞室的山体雄厚，形态以长条形为宜，山体高度宜不小于地下洞室最大跨度的 3～5 倍、山体长度宜不小于 $2X$ m（X 为单台地下核电机组厂房所需场地宽度）、山体宽度宜不小于 400 m。

山体斜坡宜有陡坡与缓坡或平台相接的地形，缓坡或平台部位的面积应满足地下核电厂地面设施的布置要求。陡坡利于地下洞室进口的布置，缓坡或平台利于冷却塔等地面建筑物的布置。必要时，可考虑对现有地形进行改造。

有由侵入岩或喷出岩的岩株、岩墙所形成的垅岗、台地状地形条件时，可考虑采用（阶地下埋）地下核电厂布置方式（参见图 4.5）。垅岗、台地地表要相对平坦，其面积应能满足布置核电厂地面设施的布置要求。岩浆岩岩株、岩墙的岩体应完整，空间尺寸应满足布置大型地下洞室群的要求。

2）应无影响厂址安全的地质灾害

在厂址及周边，不应存在有影响地下核电厂建设、运营安全的地质灾害，即厂址及其周边地带应无崩塌、滑坡、泥石流等不良地质现象危害。地面建筑、建设施工、水源、输变电、对外交通等区域应避开有大的地质灾害危害或无法采取工程措施处理消除地质灾害危害的地段。

厂址区内应无不稳定的山体边坡，山前缓坡或平台部位以基岩直接出露或覆盖层浅较好，岸坡结构以逆向坡为宜、斜逆向坡次之。

3）应具有良好的成洞、进洞地质条件

地下核电厂将有规模巨大的地下洞室群存在，岩体成洞条件与施工和运行安全、投资等关系密切。

地下核电厂选址应尽量选择山体雄厚、岩体质量好、完整性好的地段，通常以火成岩（如花岗岩）、厚层状沉积岩（如厚层灰岩、厚层长石石英砂岩）和部分坚硬的变质岩（如花岗片麻岩、大理岩）为好，洞室围岩类别宜在Ⅲ类以上。

避开诸如山体单薄、岩体质量差、高地应力、高地温等有地质缺陷的地段，避开规模大、性状差的断层，应尽量避开有毒有害气体、放射性岩体、矿产资源覆压等问题地段。

4）具有较简单的水文地质条件

地下核电厂的优势在于地下工程的可封闭、易于防控的特点，选址时应尽量避开岩溶发育程度高、区域地下水富集区、地下水运移或交换速率快、地下水具腐蚀性等水文地质条件差的地段。

在地下水环境评价工作的基础上，查明其所属地下水系统的排泄补给途径、埋藏条件、地下水位、水量、水质、水温等基本情况，避开有腐蚀性、高热温泉区；远离重要的、为公众所用或计划将来供公众使用的地下或地表饮用水水源；厂址地下水位应较深，其流向宜朝无人区或地下水不被公众利用的地区。

5）充分考虑诸如岩石导热性能、防辐射、岩石耐热性能以及其他可能影响地下核电厂施工与安全运行的因素。

3.2.3　厂址的水安全调查和评估

3.2.3.1　地下核电厂防洪安全

（1）核电厂的防洪标准

我国核电厂防洪设计及其防护措施主要遵循的现行国家标准和核安全法规是《防洪标准》（GB 50201—2014）、《核电厂工程水文技术规范》（GB/T 50663—2011）、《核电厂厂址选择安全规定》（HAF 0100—91）、《核电厂工程勘测技术规程第 3 部分：水文气象》（DL/T 5409.3—2010）、《滨河核电厂厂址设计基准洪水的确定》（HAD 101/08）、《滨海核电厂厂址设计基准洪水的确定》（HAD 101/09）。

我国国家标准《防洪标准》（GB 50201—2014）中对核电厂防洪标准规定如下：

标准 6.2.1 条：核电厂与核安全相关物项的防洪标准应为设计基准洪水，设计基准洪水应根据可能影响厂址安全的各种严重洪水事件及其可能的不利组合，并结合厂址特征综合分析确定。

标准 6.2.2 条：可能影响核电厂厂址安全的严重洪水事件，应包括天文潮高潮位、海平面异常、风暴潮增水、假潮增水、海啸或湖涌增水、径流洪水、溃坝洪水、波浪，以及其他因素引起的洪水等。

标准 6.2.3 条：对于滨海、滨河和河口核电厂，应根据厂址的自然条件，分别确定可能影响厂址安全的严重洪水事件，并应按相关规定进行组合，应选择最大值作为设计基准洪水位。

标准 6.2.4 条：最终确定的核电厂设计基准洪水位不应低于有水文记录或历史上的最高洪水位。

标准条文说明：与核安全无关设施的防洪标准应执行现行行业标准《火力发电厂设计技术规程》（DL 5000—2000）的有关规定。

1）与核安全相关物项的防洪标准（设计基准洪水位）

核电厂厂址的设计基准洪水是一个核电厂设计应经受的洪水。对于滨海厂址，应考虑可能最大风暴潮、可能最大海啸及可能最大假潮等这些严重事件，经分析后组合所引起的洪水。对于滨河厂址，应考虑降雨、融雪；由地震、水文因素或运行失误引起的溃坝；滑坡、冰凌、漂木、碎石等导致的河道阻塞，经分析后组合所引起的洪水。鉴于厂区洪水泛滥会影响到核电厂安全，因此设计基准洪水总是选用非常低的年超越概率，并在此低概率水平下核电厂足以抵御和经受的所有严重洪水事件，包括某些严重洪水事件的合理组合引起的洪水。

对于滨海、河口和滨河核电厂厂址，设计基准洪水应分析下列独立事件和事件组合的影响：天文潮高潮位、海平面异常、风暴增水、假潮增水、海啸或湖涌增水、径流洪水、溃坝洪水、波浪影响、其他因素引起的洪水。

《核电厂工程水文技术规范》（GB/T 50663—2011）对核电厂址设计基准洪水位的确定有如下内容。

滨海厂址

滨海厂址的设计基准洪水位可按下列方式组合：

① 10%超越概率天文高潮位+可能最大风暴增水+海平面异常；

② 10%超越概率天文高潮位+可能最大风暴增水+海平面异常+0.6H1%（注：H1%为设计基准洪水位情况下，可能最大台风浪产生的百分之一大波，单位：m）。

滨海厂址尚应分析陆域洪水的可能影响。

滨河厂址

对于滨河核电厂址，应结合厂址特性，分析 10 种独立事件和组合事件及其相应的外界条件，选择其最大值作为厂址设计基准洪水位。

① 由降雨产生的可能最大洪水；

② 可能最大洪水引起的上游水库溃坝；

③ 可能最大洪水引起的上游水库溃坝和可能最大降雨引起的区间洪水遭遇；

④ 可能最大积雪与频率 1%的雪季降雨相遇；

⑤ 频率 1%的积雪与雪季的可能最大降雨相遇；

⑥ 由相当运行基准地震震动引起的上游水库溃坝与区间 1/2 可能最大降雨引起的洪峰相遇；

⑦ 由相当安全停堆地震震动引起的上游水库溃坝与区间频率 4%的洪峰相遇；

⑧ 频率 1%的冰堵与相应季节的可能最大洪水相遇；

⑨ 上游水坝因操作失误开启所有闸门与由 1/2 可能最大降雨引起的洪峰相遇；

⑩ 上游水坝因操作失误开启所有泄水底孔与区间由 1/2 可能最大降雨引起的洪峰相遇。

2）与核安全无关设施的防洪标准

《火力发电厂设计技术规程》（DL 5000—2000）：厂址场地标高应考虑与发电厂等级相对应的防洪标准（见表 3.1）。如低于表 3.1 要求的标准时，厂区须有防洪围堤或其他可靠的防洪设施。

表 3.1　发电厂的等级和防洪标准

发电厂等级	规划容量/MW	防洪标准（重现期）
I	>2 400	≥100 年、200 年 [1) 一遇的高水（潮）位
II	400～2 400	≥100 年一遇的高水（潮）位
III	<400	≥50 年一遇的高水（潮）位

注：本表指标强制。1）对于风暴潮严重地区的特大型的海滨发电厂取 200 年。

对位于海滨的发电厂，其防洪堤（或防浪堤）的堤顶标高应按照表 3.1 防洪标准（重现期）的要求，重现期为 50 年累积频率 1%的浪爬高和 0.5 m 的安全超高确定。对位于江、河、湖旁的发电厂，其防洪堤的堤顶标高应高于频率为 1%的高水位 0.5 m；当受风、浪、潮影响较大时，尚应再加重现期为 50 年的浪爬高。防洪堤的设计尚应征得当地水利部门的同意。

在有内涝的地区建厂时，防涝围堤堤顶标高应按百年一遇的设计内涝水位（当难以确定时，可采用历史最高内涝水位）加 0.5 m 的安全超高确定。如有排涝设施时，则按设计内涝水位加 0.5 m 的安全超高确定。

对位于山区的发电厂，应考虑山洪和排山洪的措施，防排设施应按频率为 1%的山洪设计。

围堤或防排设施宜在初期工程中按规划的规模一次建成。

（2）地下核电厂防洪安全

地下核电厂厂房分为地下厂房和地面厂房两部分。其中，与核安全密切相关的反应堆冷却剂系统、专设安全系统、核辅助系统、"三废"处理系统及反应堆换料操作和乏燃料贮存系统等核岛重要设施均布置于地下相应厂房构筑物中，将汽轮机系统、冷却塔系统及运行服务系统等常规岛系统及配套设施（BOP）部分布置于地面厂房。另外，部分更宜布置在地面的核岛设施，如应急柴油发电机设施、核岛消防站设施及非能动高位水池等也布置于地面。

地下厂房布置于地下洞室，仅留有少数设备运输和人员交通通道与外界联通，通道最大尺寸为 10 m×10 m（宽×高），在遭遇洪水威胁时可封闭外界通道抵御洪水，因此其洞室高程可低于设计基准洪水位。

地面厂房同时布置有核岛部分设施和常规岛设施，其厂坪高程也应遵循"干厂址"的原则，地面建筑物均置于设计基准洪水位高程以上。

3.2.3.2 地下核电厂水供给安全

地下核电厂水源的选取是地下核电厂选址工作的一项重要内容，主要包括：估算核电厂用水量，初步选定可满足核电厂用水要求又能被各利益攸关方及水资源主管部门接受的水源；完成各水源供水方案的拟定、比选和确定。满足核电厂用水要求的水源是指水量、水质和供水保证率均能满足核电厂要求的水源。

在《核电厂设计安全规定》（HAF 0200（91））中提出的一项重要设计准则为，必须设置具有极高可靠性的传热系统，向最终热阱输送来自安全重要构筑物、系统和部件的余热。根据该规定提出的定义，"最终热阱"是指"接受核电厂所排出余热的大气或水体，或两者的组合。"也就是说最终热阱存在的形式有水体和大气两种形式。

根据《核电厂最终热阱及其直接有关的输热系统》（HAF 0206）确定的设计原则，最终热阱采用水体形式时，可以是江、河、湖、海、水库、地下水或其他贮水设施，通常厂址在滨河或滨海的核电厂最终热阱是靠近核电厂的水量充沛的水体——江河或大海，一般来说，采用如海洋、大湖、大河等用之不竭的天然水源，要比容量有限的人工水源更为可取。

对滨海核电厂而言，用水量最大的循环冷却水和用量较小但属于核电厂安全相关系统的重要厂用水一般都直接取用海水，对水质要求较高的生产、生活、消防用水等，一般是以厂址附近的河溪、湖泊、水库等淡水水体作为供水水源，因为这部分水源对核电厂安全不会产生直接影响，所以核安全法规及导则中不包含对用作生产、生活用水的淡水水源的要求，因此这部分水源只需要满足生活、生产用水的要求即可。

我国滨海核电厂均采用一次循环冷却方式，即选取海洋（水体）作为最终热阱，无比宽阔的海洋完全有能力吸纳核电厂所排出的余热。对我国内陆核电厂（滨河核电厂）来说，其循环冷却水和安全厂用水都需要使用当地的淡水资源。国家核安全局在《核动力厂温排水环境影响评审原则》（征求意见稿）中明确：凡利用河流、湖泊和水库进行冷却的，应采用"二次循环冷却"方式，否则应当进行科学的论证。采用"一次循环冷却"方式的温排水不得直接排入水库等封闭的水体。目前国内已选的内陆核电厂址中，绝大多数考虑采用二次循环冷却方式。

核电厂供水保证率是指每年水源可满足核电厂用水水量要求的概率，是核电厂重要的规划和设计参数。供水保证率选取是否合理，直接关系到厂址能否成立和核电厂能否安全、经济运行，关系到核电厂所在地的社会、经济发展。随着越来越多的核电厂规划、建设，供水保证率选取的合理性问题将会受到核电厂投资方、规划设计部门、核电厂所在地政府和水资源主管部门的高度关注。

《核电厂可行性研究报告内容深度规定》（NB/T 20034—2010）规定：与核安全无关的设施供水标准应按保证率 97%计算。对于核安全有关供水，则应按《核电厂最终热阱及其直接有关的输热系统》（HAF 0206）要求确定设计标准，以保证反应堆在任何条件下均能连续 30 天维持安全停堆所需水量。把供水分为安全级和非安全级两部分，体现了核电工程的特点，提高了可操作性，减少了超阶段和超深度工作的可能性。山东核电厂（滨海）淡水供水水源执行了这个新的规定要求，按 97%设计，99%校核。

根据《火力发电厂水工设计规范》（DL/T 5339—2006）的规定，当从水库取水时，按供水保证率 97%的枯水年考虑。根据《室外给水设计规范》（GB 50013—2006）的规定，特大城市的供水保证率通常取 97%。从核电厂特点、重要性和供水不保证时的经济损失等角度，地下核电厂供水保证率宜高于火电厂和城市供水保证率，宜在 97%～99%范围内选取，根据核电厂所在地水资源状况、水源工程条件，综合考虑各有关方面的意见后确定：在水资源较丰富、水源工程条件好的厂址，宜取上限；在水资源欠丰富、水源工程条件较差的厂址，宜取下限；在除水源条件较差外，其他建厂条件均较好的厂址，可考虑适当降低供水保证率。

3.3 地下核电厂厂址选择初步实践

为检验地下核电厂选址有关基本原则与技术要点的可操作性、实用性，在遵循和依照国家核安全系列（HAF）法规和导则，相应的国家与行业标准、规范等法规和技术文件的基础上，通过室内分析与实地查勘，对地下核电厂有关选址技术进行了实践性研究。

（1）室内分析

在收集和分析了四川、云南、贵州、重庆市、湖北、湖南、江西、安徽等山地、丘陵地貌发育省市的区域地质、地形地貌资料后，利用 Google 地球、百度地图等手段开展室内作业，综合考虑地理位置、地形地貌、区域构造、地层岩性、水文气象、交通条件及其周边人口与城镇分布情况因素后，否定了不可能的建厂区域，初步圈定了 60 余处潜在研究区。

（2）现场查勘

按有关核电厂选址的相关技术要求，地下核电选址研究人员对室内已圈定的地下核电厂址潜在研究区进行外业查勘，实地验证地下核电厂选址技术要点是否具可操作性、是否便于地下核电厂外业选址工作。

查勘人员先后查勘了近 60 余个室内圈定潜在研究区，实地了解每个潜在研究区的地理位置、地形地貌、区域构造、地层岩性、水文气象、交通及其周边人口与城镇分布等条件。

综合分析各室内圈定潜在研究区的现场条件后，认为有近 40 余处研究区，由于有诸如周边人口密集、场地已占用、地形破碎、山体单薄、地层岩性较软弱、邻近河流水量小、交通不便利、建设代价特别大等缺陷，不宜作为地下核电厂址。

初步认为有近 20 余研究区，具有山体及周边地形地貌条件较适宜，无影响安全的地质灾害，基岩岩性较坚硬，成洞、进洞地质条件较好，水文地质条件较简单等特点，水源、气象、交通、周边人口分布等方面也无明显制约条件，具备作为潜在地下核电厂址的条件。

通过室内分析与实地查勘，对地下核电厂有关选址技术进行的实践性研究表明，地下核电厂选址有关基本原则、技术要点等具有较强的可操作性，在实际工作中使用较方便，可以应用于地下核电厂厂址选择的前期筛选工作。

2015 年世界气候变化巴黎大会上，习近平主席承诺，将于 2030 年左右使非化石能源占一次能源消费比重达到 20%左右。为实现这一目标，最好的选择之一就是大大提高我国核电装机比例。随着我国经济的发展，在未来能源发展中，国内 60 多个潜在地面核电厂址肯定是不够的。因此应进一步加强地下核电选址技术的实践和总结，并形成规范；同时采取相应的措施，做好地下核电厂厂址的规划和保护工作。

第4章　总体布置

4.1　概　述

核电厂单机组由核岛、常规岛和电站辅助设施（BOP）三部分组成。核岛主要由反应堆厂房、燃料厂房、连接厂房、安全厂房、核辅助厂房、核废物厂房、应急柴油机厂房、运行服务厂房、核岛消防泵房、电气厂房、应急空压机房组成；常规岛主要由汽轮机厂房及其辅助厂房、冷却塔组成；此外还有若干配套设施（BOP）支持整个机组的生产运行。

从工程安全及经济合理的角度分析，地下核电厂应尽量减小地下洞室规模。因此，从功能及安全级别方面分析将核电厂建筑物划分为地下与地面两部分。经研究，核电厂中涉核建筑物与核安全直接相关，安全级别高，应布置在地下；常规岛及其他辅助厂房为非涉核建筑物，不直接影响核安全，安全级别相对要低，且汽轮发电机组、冷却塔等建筑物的尺寸较大，超出现今地下工程常规开挖尺寸，宜布置在地面。

充分利用我国自主设计建造的60万千瓦级核电站成熟技术，以海南昌江核电厂的反应堆及系统为基础，增设非能动安全系统等，对核岛系统进行优化和适应性改进设计，首次研发并提出了地下核电厂CUP600。地下核电厂CUP600采用单堆布置方案，以减少机组间的相互影响，便于核电厂运行和维护，同时单堆布置在厂址选择、电力需求、投资成本等条件上更具灵活性和适应性。

结合不同厂址的地形地貌条件，研究提出了地下核电厂在空间上的四种总体布置形式、三种核岛洞室群布置形式以及地面厂房布置特点。

4.2　布置原则

地下核电厂的布置应在国内外地面核电厂成熟技术的基础上，根据地下核电厂洞室稳定需要与运行环境的变化，对地面核电厂的布置及工艺流程进行适应性调整后，综合厂址地形、地质条件等确定。经研究初步拟定地下核电厂总体布置原则如下：

（1）采用单堆布置，有利于设计的标准化以及采用更先进的三废处理工艺，减少机组间的相互影响，便于核电厂运行和维护。

（2）建筑物的布置要满足核电厂各系统功能的要求，实现实体隔离，防范假设始发事件的发生，确保尽量减少外部极端事故对安全相关物项的效应，确保能承受设计基准事故和超设计基准事故所产生的效应，满足可建造性、可运行性和可维护性要求。

（3）各个系统和设备按照不同的安全功能分区，确保安全功能的实现；厂房合理地划分放射性区和非放射性区，保证辐射防护功能的实现。

（4）核岛中涉核建筑物及设备应布置在地下；非涉核建筑物可布置在地面，以减少地下建筑物的规模。利用地下建筑物的空间特性，充分实现非能动功能。

（5）地下建筑物在洞室间距满足围岩稳定的要求下，尽可能紧凑布置。

（6）地下反应堆厂房与地面汽轮机厂房间距不宜过长。

（7）宜选用二次循环冷却系统，以减少对循环水量以及水安全等方面的要求及影响；缺水地区，宜采用干式冷却。

（8）对反应堆厂房洞室周边进行封闭隔离，防止可能产生的放射性废水污染地下水。

（9）与反应堆厂房洞室相连接的通道内需设置可承压的气密门，以便实现隔离和封闭。

地下核电厂主厂房布置除了遵循以上总体布置原则以及相关规范标准外，还应重点考虑以下几个方面的因素：

（1）强防护区的建造应尽可能紧凑，并且设置尽可能少的出入口。

（2）执行安全注入和安全壳喷淋功能的系统应尽可能靠近反应堆厂房。

（3）燃料厂房应正对着燃料输送通道。

（4）电气厂房（主控室）位于反应堆厂房和汽轮机厂房之间，以便于连接汽轮机厂房、反应堆厂房和辅助厂房。

（5）反应堆厂房与电气厂房之间的连接区应足以布置电气贯穿件。

（6）布置上应避免主控室及其他厂房被汽轮发电机组的飞射物直接击中。

（7）核岛、汽轮机厂房和厂区基准地坪的相对标高是预先确定的；对核岛来说，反应堆厂房和燃料厂房的相对标高是按下述原则确定的，即反应堆厂房（反应堆堆坑下的基础底板）稍低于地下洞室地坪标高，乏燃料贮水池底面高于地下洞室地坪标高。

（8）地下各厂房的设备运输和人员交通通道、疏散通道及逃生路线、通风系统设计等都应结合核电工程和地下工程的特点，按规范要求合理设置。

4.3 总体布置

4.3.1 主要厂房

根据布置位置不同，地下核电厂分为地面建筑物和地下建筑物两类，地下与地面建筑物划分见表 4.1。

表 4.1 地下核电厂地下与地面建筑物划分

	类型	建筑物名称
核岛	地下厂房	反应堆厂房、燃料厂房、连接厂房、安全厂房、核辅助厂房、电气厂房（地下）、核废物厂房
	地面厂房	运行服务厂房、应急柴油机厂房、核岛消防泵房、应急空压机房、电气厂房（地面）、地面高位水池
常规岛	地面厂房	汽轮机厂房及辅助厂房、冷却塔
POP 系统	地面厂房	地下核电厂配套设施

根据 CUP600 核岛厂房尺寸及公开文献获得的典型的三代百万级核电机组资料，结合洞室围岩稳定需要，地下建筑物各主要厂房尺寸见表 4.2。

表 4.2 CUP600 及典型的三代百万级核电机组核岛厂房洞室尺寸统计表　　　　m

建筑物	CUP600			典型的三代百万级核电机组			备注
	宽/直径	长	高	宽/直径	长	高	
反应堆厂房洞室	46		87	48		90	圆筒形
核辅助厂房洞室	38	72	60	27	90	57	城门洞形
核燃料厂房洞室	19	70	67	22	67	60	城门洞形
核废物厂房洞室	38	44	38.5	22	86	40	城门洞形
连接厂房洞室	30	69	46	27	166	72	城门洞形
安全厂房洞室	19	95	54				城门洞形
电气厂房（地下）	16	67	44				城门洞形

注：典型的三代百万级核电机组各厂房尺寸系根据公共出版物中地面厂房尺寸估计。

地面建筑物各主要厂房尺寸见表 4.3。

表 4.3 CUP600 单机组地面建筑物尺寸表　　　　m

建筑物	数量	建筑物尺寸			备注
		长/直径	宽	高	
汽轮机厂房	1	115	60	50	
运行服务厂房	1	37	32	23	
电气厂房（地面）	1	23	16	10	
应急空压机房	1	18	12	21	
应急柴油机厂房	2	21	12	16	
核岛消防泵房	1	26	12	23	
地面高位水池	3	25		10	圆形
烟囱	1	8		80	圆形
冷却塔	1	160		230	圆形

从表 4.2 中可以看出，核岛厂房中反应堆厂房洞室的尺寸是最大的。其中，CUP600 的反应堆厂房直径 38.8 m、高 65.7 m，综合考虑反应堆厂房安全壳施工、顶部环形桥机安装需要及必要的衬砌厚度，拟定反应堆厂房洞室开挖直径 46 m、洞高 87 m，为圆筒形。AP1000 的反应堆厂房直径 39.6 m、高 65.6 m，拟定反应堆厂房洞室开挖直径 48 m、洞高 90 m。上述圆筒形洞室与国内已建的锦屏一级水电站尾水圆筒形调压室，拟建的白鹤滩、乌东德水电站圆筒形、半圆筒形尾水调压室洞室规模处于同一水平，工程实践和科研上均有经验可供借鉴。

CUP600 核辅助厂房与核废物厂房洞室跨度均为 38 m、高度分别为 60 m 和 38.5 m，断面为城门洞形，属大断面的地下洞室，核岛厂房其他洞室的规模则相对小些。在我国水电工程中，跨度超过 30 m、高度超过 80 m、长度超过 200 m 的大型城门洞形地下厂房有较成熟的设计及施工经验。

由于 AP1000 有模块化施工要求，其核岛地下厂房的布置与 CUP600 有所不同，需在地下厂房洞室顶部设吊物竖井与外部平台连通，或在厂内设卸货间，后期对各竖井进行混凝土回填封闭。AP1000 反应堆厂房洞室尺寸略大于 CUP600 各厂房洞室尺寸见表 4.2，国内具有很多同等规模洞室的成熟设计及施工经验，因此，CUP600 与 AP1000 的洞室规模均不会成为建设地下核电厂的制约因素。

4.3.2　总体布置基本形式

地下核电厂布置方案需合理规划地下厂房与地面厂房各建筑物的位置，协调好运行、检修、交通等功能要求，并考虑施工通道布置需要。地下核电厂布置与厂址地形、地质条件直接相关，不同地形条件下的地下厂房与地面厂房有不同的组合方案。

地下厂房洞室底部距地表距离约 200 m，要求厂址处山体的高度至少为 200 m。对于平原地区，在没有山体地形或者山体规模太小的条件下，布置地下洞室需采用深挖的方式，此方案施工及交通运输难度大，造价高，且地下洞室高程低，厂房防洪难度大，地下水排放困难，因此，对于平原地区，不宜布置地下核电厂。地下核电厂宜选择在丘陵地区或山地地区，且厂址处至少有中等规模的山体。

通过分析丘陵和山地地区地形的一般特点，对于山坡外部是否有宽阔场地、山体上部是否有合适阶地或平台等条件，以 CUP600 为基础，总结了以下几种地下核电厂布置方案。

（1）坡式平埋方案

1）方案布置

本方案针对丘陵地区中等或大型山体的地形条件设计，该地形在山坡外侧能较容易形成宽平台，平台高程满足防洪要求，有足够大的面积供地面厂房布置。地质条件方面要求岩体质量好，洞室围岩在Ⅲ类以上，岩体完整，软弱夹层少，厂址地震基本烈度不大于Ⅶ度。厂址附近有可靠的水源，方便作为核电厂冷却水源。

地下核电厂将涉核建筑物布置在山体内，常规岛及辅助厂房布置在边坡外侧平台，地下厂房与地面厂房布置在同一高程面。

地下厂房单台机组主要有 6 个大型洞室，以反应堆厂房为中心，连接厂房、燃料厂房、核辅助厂房、安全厂房和电气厂房（地下）环绕布置。反应堆厂房洞室为圆筒形，上方布置设备卸货洞室，二者间设吊物竖井，供施工期反应堆厂房内安全壳结构及相关设备的吊装运输，后期用混凝土回填封闭。卸货洞室后期改造为"高位水池"，作为反应堆厂房冷却系统水源，另设有交通通风洞与山坡上的公路连通。连接厂房洞室由主蒸汽/主给水（阀门间）、卸压洞、设备检修场组成，布置在山体内靠外侧，与反应堆厂房间距 50 m。核辅助厂房布置在山体内靠里侧，与反应堆厂房间距 50 m，顶部布置竖井，与地表烟囱相接。燃料厂房与安全厂房分别布置在反应堆厂房左右两侧，与反应堆厂房间距均为 50 m，核燃料通过水平对外通道进行运输。电气厂房布置靠安全厂房侧，与安全厂房间距 31 m，与反应堆厂房间距 100 m。各洞室之间布置电缆道、通风道等以满足各厂房间电缆、工艺管道的连接。

核废物厂房与反应堆厂房洞室群间的相对位置无特殊要求，布置在地下核电厂洞室群附近合适的山体内。

地下厂房洞室群对外通道采用"U"形布置，在地表有两个进（出）口，分别由地下洞室群左右侧进入山体内，在山体内最里侧贯通，对外通道沿程经过电气厂房、安全厂房、核辅助厂房和燃料厂房，各厂房洞室分别设支洞与对外通道连接。连接厂房布置两条独立的水平对外通道，分别为主蒸汽/主给水通道和设备运输及人员通道，由地表入口直接连至连接厂房。单个反应堆地下洞室所占平面面积为 251 m×184 m（长×宽）。

地下洞室群周边设三层排水洞，洞室底板下岩体内设一层排水洞，排水洞与主洞室间距 50 m，排水洞间采用排水孔相互搭接，形成"U"形兜底式排水幕防护地下洞室。此外，在距离反应堆厂房洞室外 25 m 处设置三层帷幕排水洞，洞内钻设相互搭接的帷幕及排水幕，帷幕在外侧，排水在内侧，以对核岛形成加强防护。为减少可能的核废水渗漏，在反应堆厂房洞室开挖后，对洞壁壁面敷设坎缝防渗层。

此外，根据各厂房功能要求，综合规划各个洞室的交通廊道、通风廊道、排烟廊道和消防逃生通道等布置。

地面厂房布置在边坡外侧平台，包括核岛的电气厂房（主控室部分）、运行服务厂房、应急柴油发电机厂房、应急空压机厂房和常规岛的汽轮发电机厂房、辅助厂房、冷却塔等建筑物，根据各厂房的功能、特点及与地下厂房的关系等，合理选择各厂房的布置方式。冷却塔按单塔设计，初拟单个塔直径 160 m，高度 230 m。

布置如图 4.1 和图 4.2 所示。

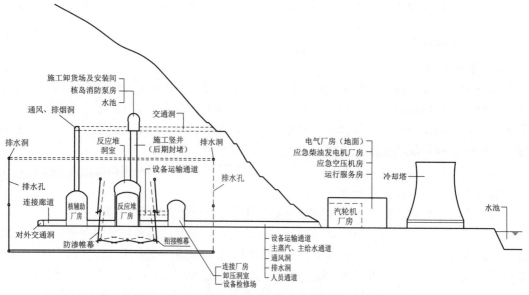

图 4.1　坡式平埋形式单台机组布置剖面

地下核电厂布置初步拟定 4 台机组，各机组采用并列平行布置，考虑防渗帷幕布置、洞室间距、对外交通衔接等因素，将各机组间反应堆厂房中心的间距设计为 234 m，相应两机组间最小洞室间距约 90 m。

2）方案特点

地下厂房与地面厂房同高程布置，厂区交通以水平交通廊道为主，汽车等交通工具可由厂外直接行驶至地下厂房内部，类似地面核电厂交通方式，并可视功能要求，根据实际地形条件，在地下洞室顶部或合适高程处设逃生通道，构成立体多向交通网络，交通条件总体较好；由于地面与地下同高程布置设计，主蒸汽输送管路为水平布置形式，与地面核电厂类似，仅增加了部分管道的长度。

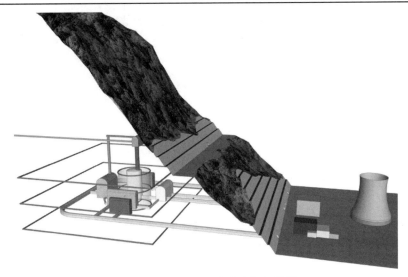

图 4.2　坡式平埋形式单台机组效果

施工安装主要由纵向交通通道或设备通道将设备运至各厂房，其中，安全壳的吊装是一关键技术。地面核电厂的安全壳穹顶是整体吊装，但地下核电厂若仍采取整体吊装方案，由于安全壳穹顶尺寸大，相应卸货厂房洞室开挖尺寸也大，使围岩稳定难度大，所以安全壳穹顶在洞内整体运输吊装基本不可行。经研究，安全壳穹顶采用分块安装也能保证质量，故采用分块吊装方案。

（2）阶地平埋方案

1）方案布置

本方案针对丘陵地区中等规模山体的地形条件设计，该地形在山坡外侧能较容易形成宽平台，平台高程满足防洪要求，有足够大的面积布置常规岛，同时，反应堆厂房洞室顶部亦可形成一定宽度的平台，供布置施工卸货场地和部分地面厂房。地质条件方面要求岩体质量好，洞室围岩在Ⅲ类以上，岩体完整，软弱夹层少，厂址地震基本烈度不大于Ⅶ度。厂址附近有可靠的水源，方便作为核电厂冷却水源。

地下核电厂将涉核建筑物布置在山体内，常规岛及辅助厂房布置在边坡外侧平台，地下厂房与地面厂房布置在同一高程面。地下厂房及地面厂房布置与坡式平埋方案基本相同，主要区别在于反应堆厂房洞室上方地表处，能形成较宽的平台，可布置施工卸货场地。在反应堆厂房洞室顶部布置吊物竖井连接至地表，供施工期反应堆厂房内安全壳结构及相关设备的吊装运输，核电厂运行前，利用混凝土回填封闭，并在施工卸货平台上布置"高位水池"、核岛消防泵房等建筑物。

布置如图 4.3 和图 4.4 所示。

地下核电厂布置初步拟定 4 台机组，各机组间反应堆厂房中心的间距为 234 m，两机组间最小洞室间距为 90 m。

2）方案特点

方案特点与坡式平埋方案基本相同，主要区别为本方案反应堆厂房洞室上方可布置地面卸货平台，在吊装、运输、检修方面有较大优势。施工期间通风、场地布置及安装检修将更方便、灵活；此外，在适应安全壳整体吊装方面，可考虑通过设置大断面吊物竖井的方式解决。

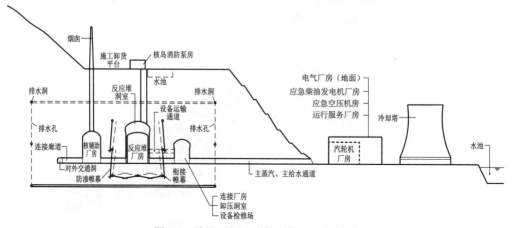

图 4.3 阶地平埋形式单台机组布置剖面

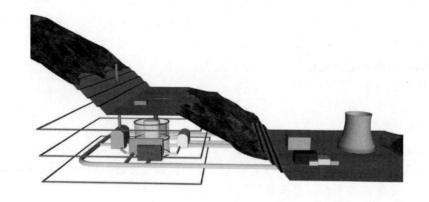

图 4.4 阶地平埋形式单台机组效果

由于地表布置卸货安装平台，边坡开挖及支护工程量将有一定增加。

（3）阶地下埋方案

1）方案布置

本方案针对丘陵地区中等规模山体的地形条件设计，该地形在山坡下部外侧没有合适的平台供布置地面厂房，但山坡中上部有合适的阶地或平台，平台范围较大，可供布置地面厂房。平台高程较高，能满足防洪要求，且平台下方山体内布置地下洞室群，地下洞室也能满足防洪要求。地质条件方面要求岩体质量好，洞室围岩在Ⅲ类以上，岩体完整，软弱夹层少，厂址地震基本烈度不大于Ⅶ度。厂址附近有可靠的水源，方便作为核电厂冷却水源。

常规岛等地面厂房布置在山坡中上部阶地或平台上，地下厂房布置在阶地或平台下方的山体内，立面上，地面厂房位于地下厂房上方。

地下厂房布置与坡式平埋方案基本相同，反应堆厂房为中心，洞室顶部布置吊物竖井连接至地表，地表处布置施工安装平台，供施工期间安全壳结构及相关设备的吊装运输，电厂运行前利用混凝土回填封闭吊物竖井。连接厂房、燃料厂房、核辅助厂房、安全厂房和电气厂房环绕反应堆厂房布置，连接厂房布置在山体内靠外侧，核辅助厂房布置在山体内靠里侧，燃料厂房与安全厂房分别布置在反应堆厂房左右两侧，各厂房与反应堆厂房间距均为 50 m。电气厂房布置靠安全厂房侧，与安全厂房间距 28 m。各洞室之间布置电缆道、通风道等以满足各厂房间电缆、工艺管道的连接。

地下厂房对外通道采用"U"形布置，沿程经过电气厂房、安全厂房、核辅助厂房和燃料厂房，各厂房洞室分别设支洞与对外通道连接。连接厂房布置两条独立的水平对外通道。单个反应堆地下洞室所占平面面积为 244 m×286 m（长×宽）。

地下洞室群周边设三层排水洞，洞室底板下岩体内设一层排水洞，排水洞与主洞室间距 50 m，排水洞间采用排水孔相互搭接，形成"U"形兜底式排水幕防护地下洞室。此外，在距离反应堆厂房洞室外 25 m 处设置三层帷幕排水洞，洞内钻设相互搭接的帷幕及排水幕，帷幕在外侧，排水在内侧，以对核岛形成加强防护。为减少可能的核废水渗漏，在反应堆厂房洞室开挖后，对洞壁壁面敷设嵌缝防渗层。

此外，根据各厂房功能要求，综合规划各个洞室的交通廊道、通风廊道、排烟廊道和消防逃生通道等布置。

地面厂房布置在地下厂房上方的阶地或平台上，包括核岛的电气厂房（主控室部分）、运行服务厂房、地面高位水池、应急柴油发电机厂房、应急空压机房、应急消防泵房和常规岛的汽轮发电机厂房、辅助厂房、冷却塔等，根据各厂房的功能、特点、与地下厂房的关系等，合理选择各厂房的布置方式。地面厂房与地下厂房主要采用竖井连接，连接厂房顶部布置 3 条竖井，分别作为主蒸汽管道、主供水管道和人员通道；燃料厂房顶部布置竖井，作为燃料运输通道，核辅助厂房布置竖井与地表烟囱相接。冷却塔按单塔设计，初拟单个塔直径 160 m，高度 230 m。

布置如图 4.5 和图 4.6 所示。

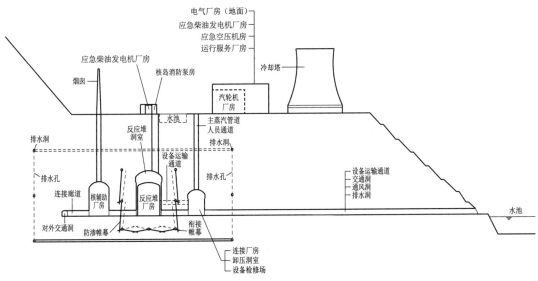

图 4.5　阶地下埋形式单台机组布置剖面

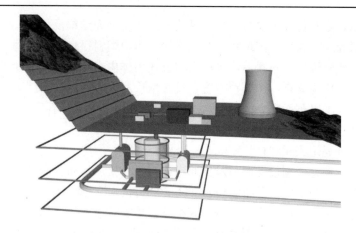

图 4.6 阶地下埋形式单台机组效果

地下核电厂布置初步拟定 4 台机组，各机组间反应堆厂房中心的间距为 234 m，两机组间最小洞室间距为 90 m。

2）方案特点

地下厂房洞室群布置在地面厂房的下方，与地面建筑物之间存在 180 m 的垂直高差。这种高差将给核电厂系统带来适应性调整，其中对"二回路"管道系统有一定影响。由于主蒸汽管道改为竖向布置，需向上克服重力输送饱和蒸汽，对蒸汽质量有一定影响。

地下与地面厂房之间主要以竖向交通为主，结合地形条件设置的水平交通廊道可由厂外连接至地下厂房，交通通道选择较灵活，但因为地下与地面高差较大，竖井通道约 180 m，竖井通道距离较长，同样，地面至地下的水平通道距离也较长，交通不方便。

施工方面由于阶地平台布置了施工安装检修平台，增加了组装场地及吊装手段，施工条件较好，此外，也可通过布置大断面吊物竖井，满足安全壳整体吊装的要求。

（4）山地全埋方案

1）方案布置

本方案针对山地地区高山峡谷类的地形条件设计，由于山高坡陡，边坡外没有合适的平台或阶地布置地面厂房，因此，将常规岛部分的厂房也布置在山体内。地质条件方面要求岩体质量好，洞室围岩在Ⅲ类以上，岩体完整，软弱夹层少，厂址地震基本烈度不大于Ⅶ度。厂址附近有水量充沛的水源以及大面积水面散热条件，有较好的引水条件。

地下核电厂所有建筑物均布置在山体内，核岛厂房布置靠里侧，常规岛及附属厂房布置在靠外侧。地下核岛厂房布置与坡式平埋方案相同，核岛其他厂房包括电气厂房、柴油发电机厂房、运行服务厂房、空压机厂房和消防泵房，常规岛主要为汽轮机厂房、冷却塔。经分析，将这 6 个厂房合并布置在两个尺寸较大的洞室内，其中汽轮机厂房与运行服务厂房布置在一个厂房洞室内，尺寸为 137 m×33 m×58 m（长×宽×高），布置在靠山体内侧，与连接厂房洞室间距为 70 m，电气厂房与柴油发电机厂房布置在一个厂房洞室内，尺寸为 77 m×30 m×52 m（长×宽×高），与汽轮机厂房洞室平行布置，两厂房洞室间距为 50 m。

地下厂房洞室群对外通道采用"U"形布置，在地表有两个进（出）口，分别由地下洞室群左右侧进入山体内，在山体内最里侧贯通，对外通道沿程经过电气厂房、汽轮机厂房、安全厂房、核辅助厂房和核燃料厂房，各厂房洞室分别设支洞与对外通道连接。连接厂房布置一条独立的水平对外通道，作为设备运输及人员通道，可由地表入口直接进入连接厂房，沿程设支洞分别与汽轮机厂房、电气厂房相接，作为汽轮机厂房、电气厂房的备用对外通道，连接厂房布置一条主蒸汽通道与汽轮机厂房相接。单个反应堆地下洞室所占平面面积为 450 m×330 m（长×宽）。

地下洞室群周边设三层排水洞，洞室底板下岩体内设一层排水洞，排水洞与主洞室间距 50 m，排水洞间采用排水孔相互搭接，形成"U"形兜底式排水幕防护地下洞室。此外，在距离反应堆厂房洞室外 25 m 处设置三层帷幕排水洞，洞内钻设相互搭接的帷幕及排水幕，帷幕在外侧，排水在内侧，以对核岛形成加强防护。为减少可能的核废水渗漏，在反应堆厂房洞室开挖后，对洞壁壁面敷设崁缝防渗层。

此外，根据各厂房功能要求，综合规划各个洞室的交通廊道、通风廊道、排烟廊道和消防逃生通道等布置。

因二次冷却方式中的冷却塔结构尺寸巨大，不宜布置在山体内，本方案采用一次冷却方式，直接由附近水源引水冷却，不设冷却塔。布置如图 4.7 和图 4.8 所示。

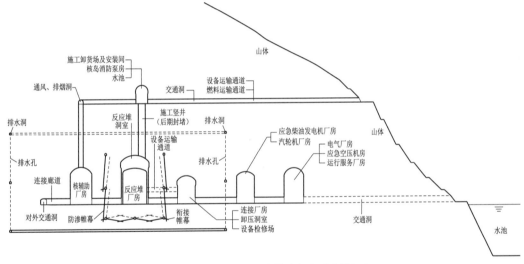

图 4.7　山地全埋形式单台机组布置剖面

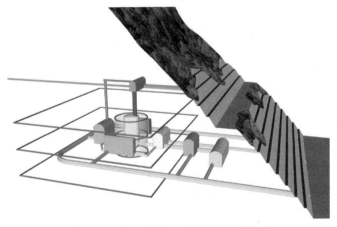

图 4.8　山地全埋形式单台机组布置效果

地下核电厂布置初步拟定 4 台机组，各机组间反应堆厂房中心的间距为 234 m，两机组间最小洞室间距约 90 m。

2）方案特点

首先，是冷却方式的改变。由于冷却塔结构尺寸巨大（直径约 160 m、高度约 230 m），以现有地下工程经验的认知，难以在地下开挖如此巨大的人工洞室，因此需将"二次循环冷却"中的冷却塔方式改为渠道或大面积水面散热的形式，将核电厂"三回路"的散热装置与山体外的人工渠道及大水面水体相联通，形成最终热阱。

其次，常规岛的汽轮机厂房需根据地下工程的特点进行适应性修改。现有的核电厂汽轮机厂房均根据地面厂房的特点而设计，有平面尺寸较宽的特点。根据 CUP600 资料，汽轮机厂房的尺寸为 115 m×60 m×50 m（长×宽×高），对于跨度达 60 m 的城门洞型洞室，围岩稳定问题较为突出，因此汽轮机厂房的布置需进行适应性调整；针对 CUP600 的地下汽轮机厂房，可通过增加洞室长度以满足其汽轮发电机的检修场地要求，进而将洞室跨度调整为 33 m 以减少洞室稳定的难度。

此外，该布置方案的施工、通风、对外交通及运输条件不如前述方案，但隐蔽性更好。

4.4　核岛洞室群布置

4.4.1　洞室群布置形式

（1）环形布置

地面核电厂通常将反应堆厂房与核辅助厂房、燃料厂房、安全厂房等紧靠布置，设计方案成熟可靠、工程经验丰富；基于地面布置特点，提出地下核电厂环形布置方案。其主要思路为，地下洞室群布置主要参照已有的地面布置方式，尽量减少核岛各厂房内部布置与相互连接，结合地下工程的特点，将反应堆厂房与周边布置的厂房间距加大，均匀分散在山体围岩中，具体布置方案如下。

反应堆厂房为地下建筑群中心，核辅助厂房、燃料厂房、连接厂房、安全厂房和电气厂房均环绕其布置，反应堆厂房洞室顶部设吊物竖井，连接至地表或卸货洞室，施工期间作为安全壳及相关设备吊装通道，核电厂运行前采用混凝土回填封闭吊物竖井。反应堆厂房洞室上方设高位水池，作为反应堆厂房冷却系统水源。连接厂房洞室由连接厂房、卸压洞、设备检修场组成，与地面厂房联系较多，布置在山体内靠外侧，与反应堆厂房间距 50 m，连接厂房布置两条水平对外通道，分别作为主蒸汽与主给水通道、设备运输与人员通道，连接厂房内设备检修区布置通往反应堆厂房的设备通道，距厂房底部高度为 20 m。核辅助厂房、反应堆厂房、连接厂房均属尺寸较大的地下洞室，为减少连接厂房一侧岩体的挖空率，将核辅助厂房布置在山体内靠里侧，与反应堆厂房间距 50 m，核辅助厂房顶部布置竖井，与地表烟囱相接。燃料厂房、安全厂房分别布置在反应堆厂房左右两侧，与反应堆厂房间距均为 50 m，核燃料通过水平对外通道进行运输。电气厂房与安全厂房联系更紧密，布置靠安全厂房侧，与安全厂房间距 31 m，距反应堆厂房 100 m。上述 6 个厂房组成地下核电厂的主要地下洞室，各洞室之间布置电缆道、通风道等以满足各厂房间电缆、工艺管道的连接。

核电厂产生的放射性废物，通过处理固化后，通过汽车等设备运输至核废物厂房进行暂存，因此核废物厂房与反应堆厂房洞室群间的相对位置无特殊要求，布置相对较灵活，可依据厂址地质条件，布置在地下核电厂洞室群附近合适的山体内。

地下厂房对外交通主要由对外通道和设备运输通道组成，对外通道采用"U"形布置，在地表有两个进（出）口，分别由地下洞室群左右侧进入山体内，在山体内最里侧贯通，对外通道沿程经过电气厂房、安全厂房、核辅助厂房和燃料厂房，各厂房洞室分别设两条支洞与对外通道连接，以满足各厂房洞室的交通及消防通道要求。对外通道尺寸为 10 m×10 m（宽×高），主支洞尺寸为 7 m×7 m（宽×高），消防支洞尺寸为 3 m×3 m（宽×高）。设备运输通道由地表入口直接连至连接厂房，作为连接厂房的设备运输及对外通道，尺寸为 10 m×10 m（宽×高）。

地下核素迁移的主要通道及载体是地下水。为防止核素随地下水迁移及可能产生的地下水污染及其扩散，参照水电站工程中的渗流控制设计思路设置地下核素迁移防护系统。一是在地下核电洞室群的四周（暂定距离 25 m）、底部及顶部布置全封闭式自流排水幕，排水幕由多层排水洞及洞内钻设的相互搭接的排水孔组成，排水孔间距暂定 2 m。二是针对反应堆厂房洞室重点加强防护，防护措施分四个层次：① 高性能洞壁防护区，即在反应堆厂房洞室内壁设高防渗性钢筋混凝衬砌层兼起封闭作用，衬砌混凝土厚度初定 0.5 m，抗渗标号 W12，渗透系数约 1.3×10^{-9} cm/s。同时，对反应堆厂房洞壁所有围岩裂隙采用高防渗材料嵌缝封闭。② 高密度固结灌浆裂隙封闭区，即对反应堆厂房洞壁围岩采取高密度固结灌浆，进一步提高洞壁围岩的整体性、防渗性，固结灌浆孔排距暂定为 1.5 m×1.5 m，处理深度 8～12 m。封闭区岩体的综合防渗性能达 5×10^{-6} cm/s。③ 高效疏排区，在反应堆厂房洞室四周（暂定距离 25 m）、底部及顶部布置全封闭式高效自流排水幕，排水幕由多层排水洞及洞内钻设的上下相互搭接的排水孔组成，排水孔间距暂定 2 m。④ 隔水帷幕区，在排水幕外围再布置一道全封闭式隔水帷幕。帷幕由多层灌浆平洞（排水洞兼）及洞内钻设的上下相互搭接的帷幕组成。帷幕标准按目前灌浆工艺最高水平 0.5 Lu 控制，渗透系数约 5×10^{-6} cm/s。隔水帷幕暂定为单排布置，孔距 2 m。

单个反应堆地下洞室所占平面面积为 244 m×286 m（长×宽）。地下核岛厂房洞室群布置如图 4.9 和图 4.10 所示。

（2）L 形布置

考虑到环形布置方案地下洞室数量多，占地面积大等不利条件，提出地下核电厂 L 形布置方案。其主要思路为，在环形布置方案的基础上，将核岛厂房尽量集中布置，以减少洞室数量，简化总体布置，具体布置方案如下。

反应堆厂房为地下建筑群中心，其他厂房呈 L 形布置在周边，反应堆厂房顶部设吊物竖井，连接至地表或卸货洞室，施工期间作为安全壳及相关设备吊装通道，核电厂运行前采用混凝土回填封闭吊物竖井。反应堆厂房洞室上方设事故冷却水高位水池，作为反应堆厂房冷却系统水源。组合厂房洞室由核辅助厂房、燃料厂房、两个安全厂房、安装场等组成，各部分经适当工艺布置调整后布置在一个洞室内。组合厂房尺寸为 226 m×30 m×70.35 m（长×宽×高），布置在反应堆厂房右侧，与反应堆厂房间距 50 m，组合厂房内燃料厂房位置与反应堆厂房中心对应，以满足核燃料的换料要求。两个安全厂房分别布置在燃料厂房两

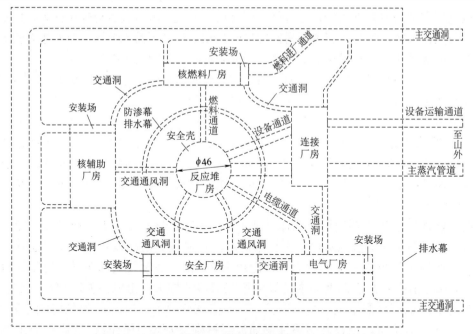

图 4.9　环形布置平面

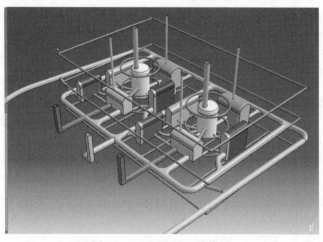

图 4.10　环形布置三维模型

端，核辅助厂房布置在山体内侧安全厂房的端部，组合厂房洞室在山体内侧端部以及燃料厂房右侧各设一个安装场，以满足提供设备安装检修场地。核辅助厂房和两个安全厂房与反应堆厂房间各设一条人行通道，燃料厂房与反应堆厂房间设一条燃料输送通道。电气厂房布置在靠山体外侧，尺寸为 60 m×30 m×59.3 m（长×宽×高），与反应堆厂房间距 50 m，电气厂房洞室内右侧为主蒸汽阀室，设主蒸汽管道与反应堆厂房连接，左侧为电气控制室。取消连接厂房洞室，设备运行通过隧洞由地面运至反应堆厂房内。卸压洞布置在靠山体内侧，采用圆筒形，直径 20 m，高 42 m，与反应堆厂房间距 50 m。

核废物厂房作为放射性废物的暂存地，根据厂址地质条件，布置在地下核电厂洞室群附近合适的山体内。

　　地下厂房对外通道采用"U"形布置,在地表有两个进(出)口,分别由地下洞室群左右侧进入山体内,在山体内最里侧贯通,对外通道沿程经过组合厂房洞室内的安全厂房、核燃料厂房、核辅助厂房和电气厂房,各厂房分别设两条支洞与对外通道连接,以满足各厂房洞室的交通及消防通道要求。对外通道尺寸为 10 m×10 m(宽×高),主支洞尺寸为7 m×7 m(宽×高),消防支洞尺寸为 3 m×3 m(宽×高)。设备运输通道由地表入口经隧洞直接连至反应堆厂房,尺寸为 10 m×10 m(宽×高)。

　　地下含核素废水迁移防护系统同环形布置。

　　单个反应堆地下洞室所占平面面积为 214 m×288 m(长×宽)。地下核岛厂房洞室群布置如图 4.11 和图 4.12 所示。

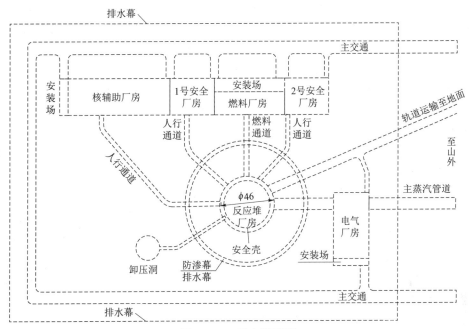

图 4.11　L 形布置平面

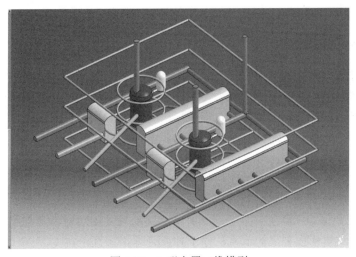

图 4.12　L 形布置三维模型

（3）长廊形布置

以 L 形布置方案为基础，针对组合厂房布置位置调整，以及多堆方案时组合厂房采用合并布置的思路，提出了地下核电厂长廊形布置方案。其主要思路为，将核岛厂房尽量集中布置，以减少洞室数量，简化总体布置，具体布置方案如下。

反应堆厂房为地下核电厂中心，其他主要洞室呈长廊形布置在山体里侧。反应堆厂房采用圆筒形，直径 46 m，高 87 m，厂房顶部设吊物竖井，连接至地表或卸货洞室，施工期间作为安全壳及相关设备吊装通道，核电厂运行前采用混凝土回填封闭吊物竖井。反应堆厂房洞室上方设事故冷却水高位水池，作为反应堆厂房冷却系统水源。组合厂房洞室由核辅助厂房、燃料厂房、两个安全厂房、安装场等组成，尺寸为 226 m×30 m×70.35 m（长×宽×高），布置在山体里侧，与反应堆厂房间距 50 m。组合厂房内各厂房及支洞布置与 L 形布置方案一致，工程多堆布置时，各堆的组合厂房合并布置成一个大型的长廊形厂房洞室，以便于运行管理。电气厂房布置在靠山体外侧，尺寸为 60 m×30 m×59.3 m（长×宽×高），与反应堆厂房间距 50 m。电气厂房洞室内右侧为主蒸汽阀室，左侧为电气控制室。取消连接厂房洞室，设备运行通过隧洞由地面运至反应堆厂房内。卸压洞布置在反应堆厂房左侧，采用圆筒形，直径 20 m，高 42 m，与反应堆厂房间距 50 m。

核废物厂房作为放射性废物的暂存地，根据厂址地质条件，布置在地下核电厂洞室群附近合适的山体内。

地下厂房对外通道采用"U"形布置，在地表有两个进（出）口，分别由地下洞室群左右侧进入山体内，在山体内最里侧贯通，对外通道沿程经过组合厂房洞室内的安全厂房、燃料厂房、核辅助厂房和电气厂房，各厂房分别设两条支洞与对外通道连接，以满足各厂房洞室的交通及消防通道要求。对外通道尺寸为 10 m×10 m（宽×高），主支洞尺寸为 7 m×7 m（宽×高），消防支洞尺寸为 3 m×3 m（宽×高）。设备运输通道由地表入口经隧洞直接连至反应堆厂房，尺寸为 10 m×10 m（宽×高）。

地下含核素废水迁移防护系统同环形布置。

单个反应堆地下洞室所占平面面积为 266 m×236 m（长×宽）。地下核岛厂房洞室群布置如图 4.13 和图 4.14 所示。

4.4.2 布置形式特点分析

地下洞室群三种布置方案均为将主要的涉核建筑物布置在山体中，利用山体围岩的屏蔽防护作用提高核电厂的安全防护能力，地下核电厂的工艺系统与地面核电厂基本一致，主要区别在于核辅助厂房、燃料厂房、安全厂房等与反应堆厂房间相对位置的改变，对工程的设计、施工、运行等方面产生的不同影响，三种方案优缺点如下。

（1）环形布置

主要优点有：核岛各厂房间的相对位置与地面核电厂基本一致，主要差别为厂房之间的距离加大，对地面核电厂已有的方案改动量最小，设计方案相对简单，技术较为成熟；地下核电厂各厂房均匀分散在山体中，厂房单个洞室尺寸相对要小，有利于地下洞室群的围岩稳定；单堆布置形成独立的单元，便于独立管理，相互干扰少。

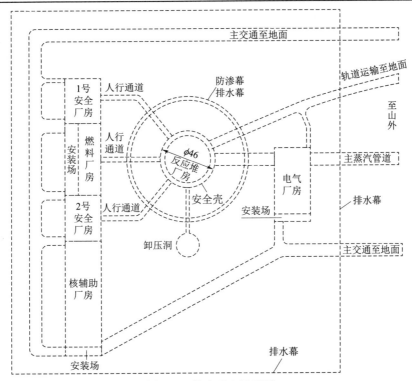

图 4.13　长廊形布置平面

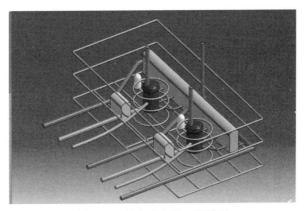

图 4.14　长廊形布置三维模型

主要缺点有：地下洞室数量多，单堆 6 个主洞室，布置分散，各厂房间均有交通洞、管线洞等连接，支洞数量繁多，洞室群复杂，布置不简洁；地下洞室数量多，厂房开挖需布置数量较多的施工支洞，施工布置复杂；厂房数量多，分布范围大，地下核电厂日常的运行维护费用较高；因山体岩层好坏分布的不均匀性，以及山体中常见的溶洞、断层等地质缺陷，环形布置洞室群占地面积大，洞室分散的特点，使其不易避开较差地层或地质缺陷，对大型的地下厂房围岩稳定带来不利影响；多堆布置时洞室群占地面积更大，而选址时既要考虑较好的地质条件，又要有足够的空间位置，使选址的难度增加。

（2）L 形布置

主要优点有：核辅助厂房、燃料厂房和两个安全厂房布置在一个地下厂房洞室，单堆

3 个主洞室，地下洞室数量精简，布置方案较为简洁；地下核电厂各厂房均匀分散在山体中，洞室尺寸属已建地下工程范畴，地下洞室群的围岩稳定性较好；地下洞室群数量少，布置较为紧凑，可节省地下空间资源，有利于减小地下核电厂的选址难度，尤其对多堆布置时适应性较好；单堆布置形成独立的单元，便于独立管理，相互干扰少。

主要缺点有：地下核电厂主要工艺技术与地面核电厂一致，其技术也是成熟可靠的，但各厂房间的相对位置变化较大，且较多厂房外部尺寸发生变化，其厂内布置设计，以及各厂房间的连接均需重新设计，方案较地面核电厂变化较大，设计难度加大。

（3）长廊形布置

主要优点有：核辅助厂房、燃料厂房和两个安全厂房布置在一个地下厂房洞室，单堆 3 个主洞室，地下洞室数量精简，布置方案较为简洁；洞室尺寸属已建地下工程范畴，能够满足地下洞室群的围岩稳定性；多堆布置时，各堆的组合厂房集中布置，便于提高施工安装设备利用率。

主要缺点有：地下核电厂主要工艺技术与地面核电厂一致，其技术也是成熟可靠的，但各厂房间的相对位置变化较大，且较多厂房外部尺寸发生变化，其厂内布置设计，以及各厂房间的连接均需重新设计，方案较地面核电厂变化较大，设计难度加大。多堆布置时，组合厂房洞室规模太长，洞室布置不易避开较差的地层或地质缺陷，选址难度加大；多堆布置时，需协调相邻堆的施工安装进度，以避免相互干扰。

三种布置形式综合比较如下：

（1）堆芯间距及对选址的影响

环形布置方案：多堆布置时堆与堆相对独立，但堆芯间距达 234 m；

L 形布置方案：堆芯间距仅 184 m，且多堆布置时堆与堆相对独立；

长廊布置方案：堆芯间距为 227 m，多堆布置时组合洞室需连通，单洞规模太大。

L 形布置堆芯间距比环形布置小 50 m，多堆布置时，占地范围小，有利于选址。

（2）主洞室布置、连接与施工条件

环形布置方案：主洞室数量多（双堆 12 个），施工支洞、交通管线洞多（双堆 77 条）；

L 形布置方案：主洞室数量少（双堆 6 个），施工支洞、交通管线洞相对少（双堆 48 条）；

长廊布置方案：主洞室数量少（双堆 6 个），施工支洞、交通管线洞相对少（双堆 48 条）。

L 形、长廊形方案布置相对简单，洞室开挖施工相互干扰更小。

（3）洞室群工程量及造价

三种布置方案单堆地下工程造价见表 4.4，环形布置方案地下工程造价略高，L 形和长廊形方案相当，但总体差别不大。

表 4.4　三种布置形式单堆地下工程造价对比表

方案	洞挖/万 m³	混凝土/万 m³	钢筋/t	锚杆/万根	锚索/万根	喷混凝土/万 m²	固结灌浆/万 m	防渗帷幕/万 m	排水孔/万 m	造价/亿元
环形	84.0	1.9	2 669	5.3	0.37	1.8	7.0	3.8	15.4	4.79
L 形	90.9	1.82	2 551	4.9	0.34	1.66	7.0	3.8	14.4	4.55
长廊形	90.9	1.82	2 551	4.9	0.34	1.66	7.0	3.8	14.7	4.54

（4）其他方面

三种地下核岛布置方案，核岛经适应性调整后，均可满足地下核电厂安全、稳定运行要求；地下洞室群围岩稳定与抗震安全均有保证；经合理布置消防分区、疏散通道、消防与通风设施，均可满足核电厂消防要求；在地下核素迁移与大气弥散防护方面，利用地下洞室的包容性，通过工程措施，均可达到可封堵、可隔离、可储存、可处理的目标。

综上所述，三种地下核岛布置方案在技术上均可行，投资总体相当；在有利于厂址选择、简化地下工程布置及连接、改善洞室开挖施工条件、减小施工干扰等方面，L 形布置略优。

4.5　地面厂房布置

地面厂房主要布置核岛地面厂房、汽轮机厂房、冷却塔、厂区高压配电装置以及其他辅助生产设施。其中核岛地面厂房包括电气厂房（地面）、应急柴油发电机厂房、运行服务厂房、应急空压机房、核岛消防泵房、高位水池。

结合厂址不同的地形地貌特点，地下核电厂总体布置有四种基本形式：坡式平埋、阶地平埋、阶地下埋、山地全埋。可根据厂址特点选择适宜的地下核电厂总体布置形式。

坡式平埋布置中坡外一侧易形成一宽阔的平台，除涉核建筑物布置在地下外，其他核岛厂房、常规岛和 BOP 均可参照总体布置原则和相关规程规范要求，按功能分区布置在地面平台上。其中核岛地面厂房、汽轮发电机厂房就近布置在主蒸汽管道出口外侧。高位水池等布置在反应堆洞室上部覆盖层的适宜高度处。

阶地平埋布置中核岛洞室群顶部和坡外一侧均易形成大小适中的地面平台，按功能将地面核岛厂房，包括：高位水池、消防泵房等布置在地下核岛洞室群顶部地面平台（第二阶平台），常规岛、BOP 厂房等布置在核岛洞室群坡外一侧平台（第一阶平台）。第二阶平台地面厂房的布置应有利于地面核岛厂房与地下核岛厂房之间的工艺连接和运行管理，高位水池宜布置在反应堆洞室群正上方；第一阶平台上汽轮发电机厂房就近布置在主蒸汽管道出口外侧，冷却塔靠近水源布置。

阶地下埋布置中核岛洞室群顶部可形成足够大的宽阔地面平台，但地面平台底高程一般较高，提水扬程高，离水源距离也较远。因此，在满足基准洪水位要求的前提下，在水源侧处就近开挖形成大小适中的取水建筑物平台，将循环水补水泵房、重要厂用水补水泵房等布置在取水建筑物平台。其他地面核岛厂房、常规岛和 BOP 均可参照总体布置原则和相关规程规范要求，按功能分区布置在核岛洞室群顶部的地面平台上。其中，汽轮发电机厂房在主蒸汽管道垂直出口处就近布置。

山地全埋布置中核岛、常规岛和 BOP 全部或绝大部分厂房均布置在地下，根据厂址地形地貌特点，少量的辅助设施可适当布置在山体外部地面上。

四种总体布置的地面平台或地面设施的厂坪标高应综合考虑地形地质条件、基准洪水位、土石方开挖工程量和循环水补水年运行费用等因素后确定。

第5章　地下核电厂系统及设备

5.1　概　述

中国核动力研究设计院和长江勘测规划设计研究院在大量分析论证的基础上，结合水电地下工程技术经验、同时借鉴国外相关技术研究成果和实践经验，提出了具有自主知识产权的中国地下核电厂CUP600，完成了初步的技术可行性分析和相关的概念设计工作。

5.1.1　总体技术要求

中国核动力研究设计院和长江勘测规划设计研究院从 2011 年就开展了地下核电厂自主设计研究工作，积累了一定的技术基础，并参考国外相关研究成果和设想，提出了地下核电厂研发总体技术要求。

5.1.1.1　总体技术原则

（1）在安全性方面以实际消除大量放射性物质释放为目标；

（2）在经济性方面与地面第三代核电系统相当；

（3）考虑与水电站联合运行的技术经济优势；

（4）分析论证中充分考虑技术方案的可行性；

（5）充分考虑地下核电厂技术特点，利用先进核电技术，并在此基础上创新。

5.1.1.2　主要技术经济指标

研发的主要技术经济指标见表 5.1，全面满足第三代核电技术要求，安全性指标优于第三代要求。

表 5.1　主要技术经济指标

序号	项目	数值	简要说明
1	堆芯损坏频率	低于第三代先进压水堆	可通过总体布置优化非能动安全系统等
2	早期大量放射性释放频率	低于第三代先进压水堆	地下岩体天然的包容性可极大降低大量放射性释放的可能性
3	堆芯热工裕量	≥15%	第三代先进核电技术要求
4	核电厂输出电功率	100～1 300 MW	根据地下工程特点和经济性等因素论证
5	核电厂热效率	约35%	国内外第三代地面核电厂的数据
6	换料周期	12～18 个月	国内外第三代地面核电厂的数据
7	可利用率	>87%	国内外地面核电厂的数据
8	设计寿命	60 年	国内外第三代地面核电厂的数据
9	核燃料富集度	<5%	国内外地面核电厂的数据
10	建造周期	约 50 个月	地下工程需增加建造时间
11	总体建造成本	与第三代先进压水堆相当	考虑水核综合利用的经济效益等因素

5.1.2　总体技术路线和主要技术参数

（1）研发工作总体技术路线

利用我国自主设计建造的 60 万千瓦级核电厂成熟技术，以海南昌江核电厂反应堆及核岛系统为基础，增设非能动安全系统，对反应堆和部分核岛系统进行优化或适应性改进设计，使之能够满足前述总体技术要求，并能适应地下洞室（厂房）布置。CUP600 主要技术参数见表 5.2。

表 5.2　CUP600 主要技术参数

序号	技术参数	单位	数值
1	核电厂名义电功率	MW	650
2	堆芯额定热功率	MW	1 930
3	反应堆冷却剂系统环路数	条	2
4	反应堆冷却剂系统设计压力	MPa	17.2
5	反应堆冷却剂系统运行压力	MPa	15.5
6	反应堆冷却剂系统设计温度	℃	343
7	反应堆冷却剂入口/出口温度（额定工况）	℃	292.8 /327.2
8	反应堆冷却剂平均温度（额定工况）	℃	310.0
9	反应堆冷却剂热工设计总流量	m³/h	46 640
10	反应堆冷却剂最佳估算总流量	m³/h	48 580
11	堆芯高度	mm	3 657.6（冷态）
12	堆芯等效直径	mm	2 670（冷态）
13	蒸汽发生器主蒸汽出口压力	MPa	6.86
14	汽轮发电机额定出力	MW	642
15	安全壳内径	m	37
16	安全壳内部净高度	m	59.4
17	反应堆厂房洞室直径	m	46
18	反应堆厂房洞室高	m	87

（2）系统组成

CUP600 主要由地下（或山体内）厂房及系统和地面厂房及系统两部分组成。

通过综合对比分析，认为采用将核电厂带核厂房和相关系统置于地下或山体中的方式可以有效防止外部事件对核反应堆的影响，并最大限度地包容放射性物质，以防止大量放射性物质释放到外部环境，同时在地下工程建造成本方面得到优化平衡。

目前确定放入地下洞室的核电厂厂房及其相关系统主要包括：反应堆厂房、核辅助厂房、放射性废物厂房（部分）、附属厂房等。

汽轮发电机和其他常规岛系统、主控室、部分三废处理设施等都布置在地面，大大降低了地下工程建造工作量和成本。

5.2 核岛主要系统及主设备

5.2.1 反应堆冷却剂系统

CUP600 的反应堆冷却剂系统工艺设计要求及系统配置要求与传统地面核电厂的反应堆冷却剂系统基本一致。

系统的主要功能如下：

（1）传热：在反应堆正常运行期间，反应堆冷却剂系统把堆芯核裂变产生的热量由冷却剂经蒸汽发生器传递给二回路的水，使其产生供汽轮机发电用的饱和蒸汽。

（2）控制压力：在反应堆正常运行期间，通过稳压器控制冷却剂系统的压力，使其保持稳定。瞬态时，限制压力的变化范围，使其保持在允许的范围内。一旦反应堆冷却剂系统的压力达到安全阀的整定值，通过稳压器的安全阀和卸压阀就将蒸汽排放到卸压箱来防止反应堆冷却剂系统的超压。严重事故下，通过快速卸压阀降低一回路的压力，以避免发生高压熔堆。

（3）控制反应性：反应堆冷却剂系统除具有传热功能外，还起慢化剂和反射层的作用。同时作为硼酸的溶剂，除了控制棒之外，还为反应性的控制提供了另一种独立的控制手段。

（4）第二道屏障：反应堆冷却剂系统的流体环路构成了防止放射性产物释放的第二道屏障。

（5）事故排气：反应堆压力容器高位排气系统用于在事故下排出聚积在反应堆压力容器顶部的气泡，以避免不凝结气体对系统传热造成不利的影响。

反应堆冷却剂系统的构成如图 5.1 所示，主要参数见表 5.3。反应堆冷却剂系统的配置与传统的地面核电厂设计基本相同，由并联到反应堆压力容器的两条相同的传热环路组成。每条环路包括一台蒸汽发生器和一台反应堆冷却剂泵。在一条环路的热段设置一台稳压器。反应堆冷却剂系统全部布置在位于地下 180 m 深的反应堆厂房内。

表 5.3　反应堆冷却剂系统主要参数

NSSS 额定热功率	1 936 MW
环路数	2
运行压力（绝对）	15.5 MPa
每条环路流量	24 290 m³/h
设计压力（绝对）	17.2 MPa
设计温度	343 ℃

反应堆冷却剂系统的具体流程如图 5.2 所示。在核电厂正常运行期间，反应堆冷却剂进入反应堆压力容器，与反应堆堆芯进行热量交换，吸收核燃料所产生的热量并升至相应的温度后，从反应堆压力容器出口流出，通过主管道热管段进入蒸汽发生器一次侧，将热量传递给二回路给水，使其蒸发产生相应的动力蒸汽。经过换热后冷却的反应堆冷却剂由蒸汽发生器一次侧出口流出，经由主管道过渡段进入反应堆冷却剂泵（以下简称主泵）入口，经主泵升压后再返回到反应堆压力容器内重新吸收反应堆热量，完成换热循环。

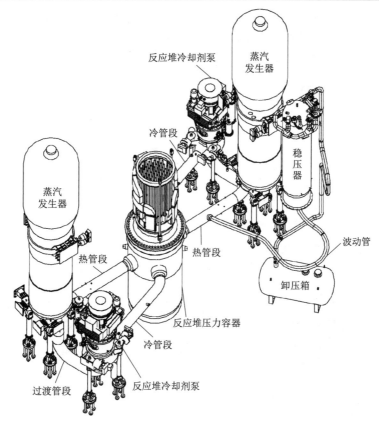

图 5.1　CUP600 反应堆冷却剂系统构成示意

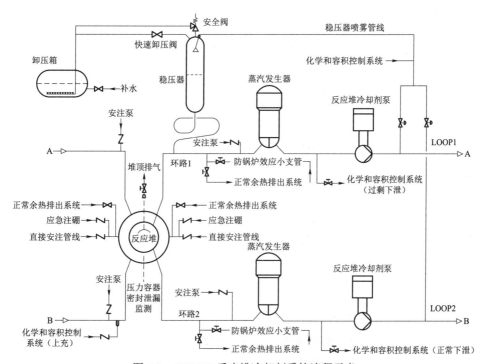

图 5.2　CUP600 反应堆冷却剂系统流程示意

61

CUP600 的反应堆冷却剂系统的总体布局设计主要参照了典型的 600 MW 地面核电厂的设计，系统全部布置于反应堆厂房内，其蒸汽发生器、稳压器和主泵等关键设备均通过专门的设备隔间和隔墙进行分隔布置。具体如图 5.3 所示。

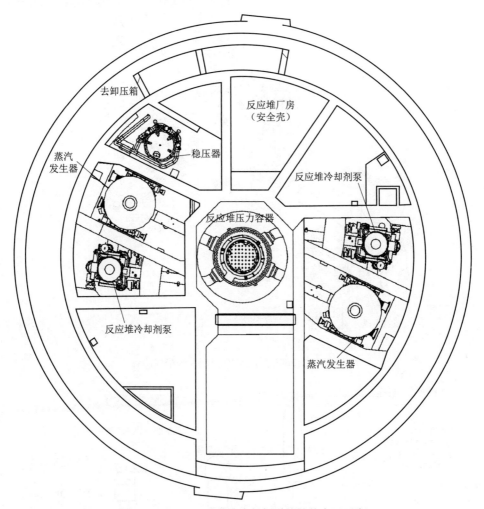

图 5.3 CUP600 反应堆冷却剂系统总体布局示意

CUP600 的反应堆冷却剂系统，在系统配置和工艺设计方面充分借鉴了海南昌江核电厂等传统地面核电厂的相关设计经验，并在堆顶排气和快速卸压等方面采用了与目前第三代核电厂相类似的设计。因此 CUP600 的反应堆冷却剂系统在保证较高技术成熟度的同时，也具有与地面第三代核电厂相当的技术先进性。

5.2.2 专设安全系统

5.2.2.1 安全注入系统

CUP600 的安全注入系统（以下简称安注系统）的工艺技术要求与传统地面核电厂的安注系统要求基本相当。其主要区别在于"地下配置"的相关工艺设计。

CUP600 的安全注入系统主要功能为：

（1）在失水事故（LOCA）及主蒸汽管道破裂事故工况下，安注系统能为堆芯提供应急的和持续的冷却，以防止燃料包壳熔化并保证堆芯的几何形状和完整性。

（2）本系统的部分承压边界作为安全壳的延伸，起安全壳屏障作用。

安全注入系统流程示意图如图 5.4 所示，主要设备参数见表 5.4。系统包括中压安注、低压安注和安注箱注入三个子系统。每个子系统均包括两个系列（A/B 列），单独一个系列就能完成安注系统功能。系统的主要设备包括：2 台低压安注泵、2 台中压安注泵及 2 台安注箱。系统的 4 台安注泵均接有应急电源。

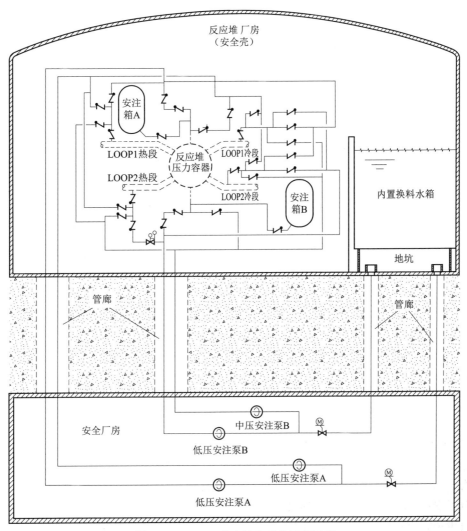

图 5.4　CUP600 安全注入系统流程示意

中压和低压安注子系统从安全壳内置换料水箱取水，经中/低压安注泵后向反应堆冷却剂系统及压力容器直接注入。每个系列均可从主系统的两个环路的冷段和热段注入，也可从压力容器的直接注入管嘴注入。在 LOCA 后的长期冷却阶段，安注系统将从冷段（及反应堆压力容器）注入改为冷热段同时注入，以防止堆芯区域硼的积累。2 台安注箱分为两列直接向反应堆压力容器注入。

表 5.4 CUP600 的安注系统的主要设备参数

安注箱	
数量	2 台
设计压力（绝对）	4.93 MPa
设计温度	50 ℃
事故工况下的最高外部温度	150 ℃
运行温度	40 ℃
额定运行压力（绝对）	4.335～4.47 MPa
硼浓度	≥2 300 μg/g
总容积（单台）	65.5 m³
水容积（单台）	45.5 m³
中压安注泵	
数量	2 台
设计压力（绝对）	12 MPa
设计温度	120 ℃
额定流量	155 m³/h
额定压头	630 mH₂O
低压安注泵	
数量	2 台
设计压力（绝对）	2.36 MPa
设计温度	120 ℃
额定流量	850 m³/h
额定压头	92～102 mH₂O

在失水事故（LOCA）前期，反应堆冷却剂系统压力不断下降，中压安注系统，安注箱及低压安注系统相继投入，补充冷却剂的丧失并再淹没堆芯。堆芯完全淹没后，低压安注系统持续向堆芯注水，保持堆芯在事故后长期冷却。

CUP600 的安注箱子系统布置于反应堆厂房，中压安注子系统和低压安注子系统的安注泵等设备均位于的安全厂房内。根据地下核岛的布置设计，反应堆厂房与安全厂房之间存在约 50 m 的岩土间隔，该岩土结构中设置有连接反应堆厂房和安全厂房的"管廊"结构区，中压安注管线、低压安注管线及相应的吸水管线均通过该"管廊"进入反应堆厂房。

CUP600 的安全注入系统，采用了与目前第三代核电厂相类似的设计。因此 CUP600 的安全注入系统技术水平与地面第三代核电厂相当。

5.2.2.2 应急注硼系统

CUP600 的应急注硼系统的工艺技术要求与目前第三代地面核电厂的应急注硼系统要求基本相当。其主要区别在于"地下配置"的相关工艺设计。

应急硼注入系统用来在一些事故瞬态下向反应堆冷却剂系统注入浓硼溶液，以保证堆芯的次临界度。系统的主要功能有：

（1）在发生未停堆的预期瞬态事故（ATWS）工况下，应急硼注入系统的投入能确保反应堆安全停闭。

（2）在发生任何要求停堆事件且其他硼化水源（内置换料水箱、化容系统）不可用时，应急硼注入系统可被用来实现堆芯补水和硼化。

CUP600 的应急注硼系统流程示意图如图 5.5 所示，主要设备参数见表 5.5。系统包括 100% 冗余的两个独立的系列，每个系列包含：1 台注硼泵、1 台注硼箱以及相应的硼注入管线和硼酸再循环管线等。系统的 2 台注硼泵均接有应急电源。

两列硼注入管线分别通过直接注入管线（DVI 管线）直接接入反应堆压力容器。在一个系列出现故障时，另一系列仍能保证 100% 的注入能力。硼酸再循环管线用以定期循环注硼箱内的硼酸溶液，以确保注硼箱内的化学平衡。硼酸注入箱设置冗余的电加热元件，以保证箱内溶液的温度不低于硼的结晶温度。注硼箱上设有用于取样、补水和补充硼酸溶液的管线及阀门。

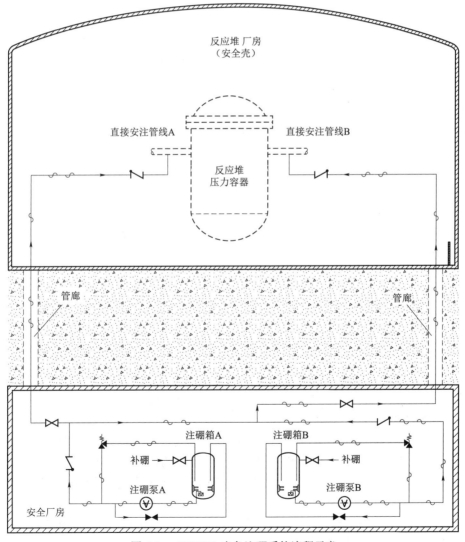

图 5.5　CUP600 应急注硼系统流程示意

表 5.5　应急注硼系统的主要设备参数

硼酸注入箱	
数量	2 台
设计压力（绝对）	0.2 MPa
设计温度	60 ℃
运行温度	40～50 ℃
硼浓度	≥7 000 μg/g
总容积（单台）	60 m³
最小水容积（单台）	50 m³
注硼泵	
数量	2 台
设计压力（绝对）	26 MPa
设计温度	60 ℃
设计流量	12 m³/h
注入压头	>2 200 mH₂O

核电厂正常运行期间，硼注系统处于备用状态。再循环管线隔离阀随注硼泵的定期试验运行而开启，以保证注硼箱内的硼溶液的均匀。当注硼箱内的硼浓度超出规范限值时，可通过向注硼箱补水或补充浓硼溶液的方法使硼浓度重新回到规范限值以内。注硼箱上的电加热器维持硼溶液温度在规范限值之内。

应急硼注入系统在接到启动信号时自动启动投入运行。此时系统自动关闭再循环管线隔离阀并开启注硼管线相关阀门，启动注硼泵，系统将注硼箱内的浓硼溶液注入反应堆冷却剂系统中。当注硼箱内的硼酸溶液用完时，系统自动停止运行。操纵员也可以根据实际的硼化效果随时停运硼注泵，从而停止注硼。

CUP600 的应急注硼系统主要设备均位于安全厂房内。根据地下核岛的布置设计，反应堆厂房与安全厂房之间存在约 50 m 的岩土间隔，该岩土结构中设置有连接反应堆厂房和安全厂房的"管廊"结构区，系统的注硼管线通过该"管廊"进入反应堆厂房。

CUP600 的应急注硼系统，采用了与目前第三代核电厂基本相类似的设计。因此 CUP600 的应急注硼系统技术水平与地面第三代核电厂相当。

5.2.2.3　安全壳喷淋系统

CUP600 的安全壳喷淋系统（以下简称安喷系统）的工艺技术要求与传统地面核电厂的安喷系统要求基本相当。其主要区别在于"地下配置"的相关工艺设计。

系统的主要功能如下：

（1）在发生反应堆冷却剂系统失水事故或安全壳内主蒸汽管道破裂事故时，安全壳喷淋系统的运行可将安全壳内的温度和压力保持在可接受的范围内。

（2）在发生失水事故（LOCA）时，安喷系统用来降低安全壳内大气的放射性水平（其中主要是吸收放射性碘）。

（3）在核电厂运行期间，反应堆冷停堆时，安全壳喷淋系统还具有消防功能，以防止安全壳内火灾的蔓延。在冷停堆期间，如果反应堆换料水箱的水温超过某一定值，还可以用安全壳喷淋系统对它进行冷却。

　　安全壳喷淋系统流程示意图如图 5.6 所示，主要设备参数见表 5.6。系统由 A/B 两个相同且独立的系列组成。每一系列配有 1 台安全壳喷淋泵、1 台喷射器、1 台热交换器以及布置在安全壳穹顶不同高度的环形喷淋集管。另外，系统还设置有 1 台化学添加剂箱及相应的化学添加管线。系统的 2 台安全壳喷淋泵均接有应急电源。

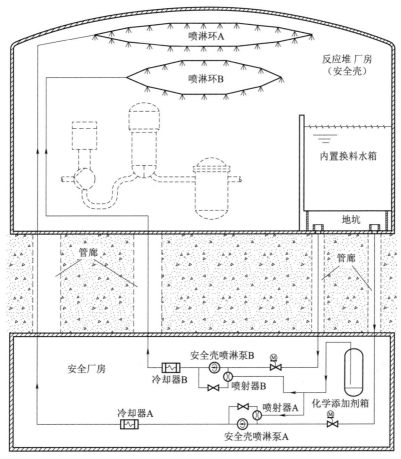

图 5.6　CUP600 安全壳喷淋系统流程示意

表 5.6　安全壳喷淋系统的主要设备参数

化学添加剂箱	
数量	1 台
设计压力（绝对）	0.15 MPa
设计温度	40 ℃
运行压力	大气压
运行温度	40 ℃
总容积	11 m³
有效容积	10 m³

安全壳喷淋泵	
数量	2 台
额定流量	850～1 050 m³/h
额定扬程	131～119 mH₂O
冷却器	
喷淋水最高入口温度	120 ℃
冷却水最高入口温度	45 ℃
额定传热功率	33.9 MW
喷射器	
设计温度	120 ℃
设计压力（绝对）	2.35 MPa
动力介质流量	36 t/h
引入介质流量	14 t/h

在发生反应堆冷却剂系统管道破裂（LOCA）或二回路管道破裂（主蒸汽管断裂）使安全壳压力升高、出现安全壳喷淋信号时，安全壳喷淋系统投入运行。事故发生后，系统将来自内置换料水箱的水喷入安全壳。在喷淋开始一段时间后通过喷射器将化学试剂添加到喷淋水中。安全壳喷淋泵将喷淋水打入冷却器中，冷却后喷淋到安全壳内。

CUP600 的安全壳喷淋系统主要设备（包括泵、阀、水箱和冷却器等）均位于安全厂房内，系统的喷淋环管及其相应喷头均布置于反应堆厂房的穹顶内。根据地下核岛的布置设计，反应堆厂房与安全厂房之间存在约 50 m 的岩土间隔，该岩土结构中设置有连接反应堆厂房和安全厂房的"管廊"结构区，安全壳喷淋管线及相应的吸水管线均通过该"管廊"进入反应堆厂房。

CUP600 的安全壳喷淋系统采用了与目前在运行的传统地面压水堆核电厂基本相类似的设计。因此系统的技术水平与目前地面在运行的核电厂相当。

5.2.2.4 蒸汽发生器辅助给水系统

CUP600 的蒸汽发生器辅助给水系统（以下简称辅给水系统）的工艺技术要求与传统地面核电厂的辅给水系统要求基本相当。其主要区别在于"地下配置"的相关工艺设计。

辅给水系统的主要功能是作为备用给水系统，在丧失二回路给水时，向蒸汽发生器二次侧提供给水并维持其水位，以保证蒸汽发生器能够导出堆芯余热，直到反应堆冷却剂系统达到余热排出系统可投入运行的工况。

CUP600 的辅给水系统流程示意图如图 5.7 所示，主要设备参数见表 5.7。系统包括两部分：安全相关部分和非安全相关的除氧部分。安全部分有两个冗余的供水系列，每个系列包括一台 100%容量的电动泵，一台 100%容量的汽动泵，以及与泵吸入管和排出管有关的阀门等。辅助给水泵从辅助给水箱（装有除盐除氧水）中吸水，如有必要，还可用除氧系统给辅助给水箱供水。汽动泵组的汽轮机由蒸汽发生器主蒸汽隔离阀上游的主蒸汽管线供汽。2 台电动辅助给水泵均接有应急电源。

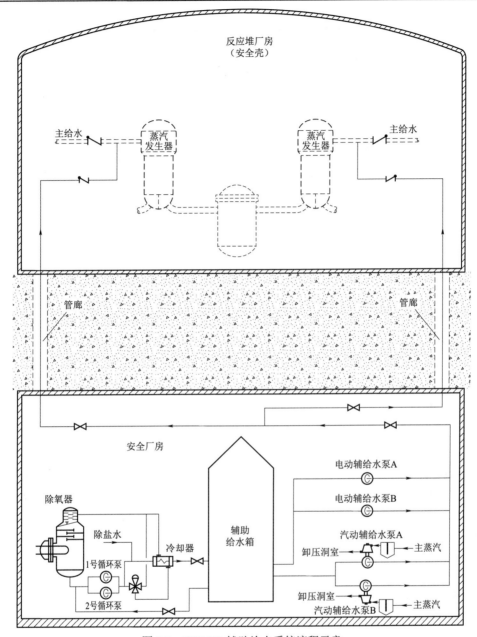

图 5.7　CUP600 辅助给水系统流程示意

表 5.7　辅助给水系统的主要设备参数

辅助给水箱	
数量	1 台
设计压力（绝对）	0.15 MPa
设计温度	60 ℃
运行压力（绝对）	0.112 MPa
运行温度	7～50 ℃

续表

辅助给水箱	
总容积	690 m³
有效容积	600 m³
辅助给水电动泵	
数量	2 台
额定流量	90 m³/h
额定扬程	1 100 mH₂O
辅助给水汽动泵	
数量	2 台
额定流量	90 m³/h
额定扬程	1 100 mH₂O
除氧器	
入口温度	81 ℃
出口温度	105 ℃
流量	60 t/h
设计温度	160 ℃
设计压力（绝对）	0.7 MPa
出口含氧量	0.01 μg/g
除氧因子	800

在电厂正常运行期间（反应堆正常运行、汽轮发电机并网），辅助给水系统关闭并处于备用状态，或进行短期试验。在事故工况下，主给水设备不能工作时，辅助给水系统的四列辅助给水泵同时启动，将辅助给水箱中的除盐水补充至蒸汽发生器二次侧，以导出反应堆内的余热。

CUP600 的辅给水系统主要设备（包括泵、阀、水箱、除氧器和冷却器等）均位于的安全厂房内。根据地下核岛的布置设计，反应堆厂房与安全厂房之间存在约 50 m 的岩土间隔，该岩土结构中设置有连接反应堆厂房和安全厂房的"管廊"结构区，辅助给水管线通过该"管廊"进入反应堆厂房。

CUP600 的蒸汽发生器辅助给水系统采用了与目前在运行的传统地面压水堆核电厂基本相同的工艺设计。因此系统的技术水平与目前地面在运行的核电厂相当。

5.2.2.5　二次侧非能动余热排出系统

CUP600 的二次侧非能动余热排出系统的工艺技术要求与目前第三代地面核电厂的二次侧非能动余热排出系统要求基本相当。其主要区别在于"地下配置"的相关工艺设计。

二次侧非能动余热排出系统的主要功能为：在发生全厂断电事故且辅助给水系统汽动泵系列失效工况下，系统投入运行，在不超过冷却剂压力边界设计条件的前提下，通过蒸汽发生器导出堆芯余热及反应堆冷却剂系统各设备的储热，在 72 小时内将反应堆维持在安全的停堆状态，并具备长期运行的能力。

二次侧非能动余热排出系统主要由应急冷却水池 I、应急余热排出冷却器及应急补水箱等设备组成。其中，应急冷却水池 I 位于反应堆厂房正上方的地面处，与反应堆厂房存在约 180 m 的位差。CUP600 的每个环路的蒸汽发生器二次侧都设置一个非能动余热排出系列。每个系列包括 1 台应急余热排出冷却器、1 台应急补水箱以及必要的阀门、管道和仪表。对于每个非能动余热排出系列，蒸汽管线一端与主蒸汽系统管道相连，通过一台常开的电动隔离阀后穿安全壳，连接浸没于应急冷却水池的应急余热排出冷却器的入口封头的接管嘴。应急余热排出冷却器布置在应急冷却水池 I 的底部。要求在整个运行期间，应急余热排出冷却器都浸泡在水中，不允许裸露。冷凝水管道连接应急余热排出冷却器下封头接管嘴，通过岩土管廊通道及安全壳贯穿件返回到安全壳内，与蒸汽发生器的给水管道相连，并在管道上设置一台止回阀，以防止机组正常运行期间，蒸汽发生器给水通过凝水管道旁流。应急补水箱用以补偿二次侧非能动余热排出系统运行期间蒸汽发生器二次侧水位的下降。系统的具体流程如图 5.8 所示，主要设备参数见表 5.8。

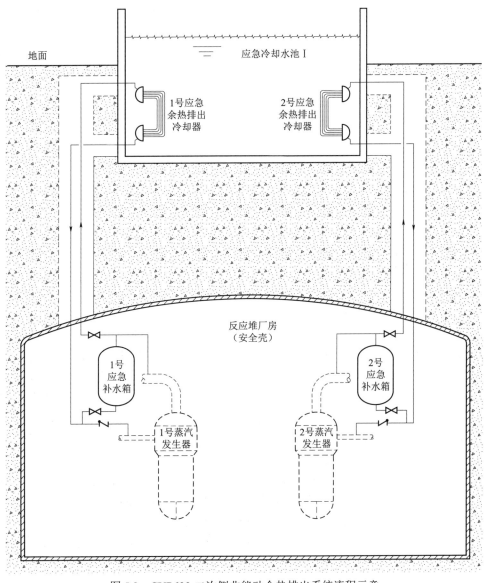

图 5.8　CUP600 二次侧非能动余热排出系统流程示意

表 5.8　二次侧非能动余热排出系统的主要设备参数

应急余热排出冷却器	
设计热负荷（单台）	15.3 MW
工作介质	
管内	蒸汽、水或汽水混合物
管外	换热水箱中的水
设计压力（绝对）	
管内	8.6 MPa
管外	0.3 MPa
管内设计温度	316 ℃
应急补水箱	
设计压力（绝对）	8.6 MPa
设计温度	316 ℃
容积（单台）	18 m³
应急冷却水池 I	
有效容积	>3 000 m³
初始温度	<50 ℃

CUP600 的二次侧非能动余热排出系统，采用了与目前第三代核电厂基本相类似的设计。但由于 CUP600 地下核岛布置的特殊性，使得系统的非能动闭式循环回路的热端（蒸汽发生器）和冷端（应急余热排出冷却器和应急冷却水池 I）存在约 180 m 的超高重位差，从而其自然循环的驱动能力得到了非常大的提升。因此 CUP600 的二次侧非能动余热排出系统技术水平与地面第三代核电厂相当，系统的运行性能将较地面核电厂更加具有优势。

5.2.2.6　非能动安全壳冷却系统

CUP600 的非能动安全壳冷却系统的工艺技术要求与目前第三代地面核电厂的非能动安全壳冷却系统要求基本相当。其主要区别在于"地下配置"的相关工艺设计。

非能动安全壳冷却系统的主要功能是在超设计基准事故工况下安全壳的长期排热，包括与全厂断电和喷淋系统故障相关的事故。非能动安全壳冷却系统也用于严重事故工况（如果超设计基准事故发展到堆芯明显恶化的严重事故），因此本系统作为严重事故对策。在地下核电厂发生超设计基准事故（包括严重事故）工况时，将安全壳压力和温度降低至可接受的水平，以保持安全壳的完整性。系统采用非能动技术，发生全厂断电时，系统自动投入运行，利用自然循环实现安全壳的长期排热。

本系统由三个相互独立的系列组成。系统设计采用非能动设计理念，利用内置于安全壳内的换热器组与安全壳的高温空气对流换热和辐射传热，通过换热器管内水的流动，连续不断地将地下安全壳内的热量带到安全壳外，在安全壳外正上方的地面上设置应急冷却水池 Ⅱ，并在该水池内安装汽水分离器，引走从换热器组导出的安全壳内热量，利用水的温度差导致的密度差实现非能动安全壳热量排出。系统的具体流程如图 5.9 所示，主要设备参数见表 5.9。

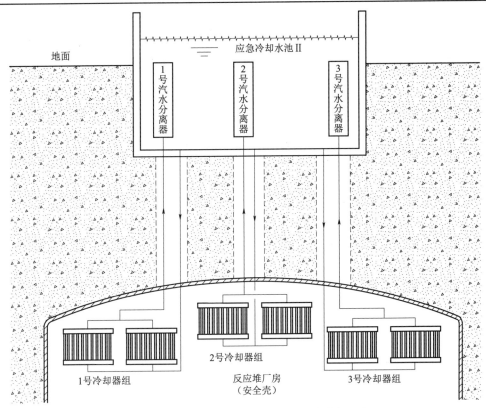

图 5.9 CUP600 非能动安全壳冷却系统流程示意

表 5.9 非能动安全壳冷却系统的主要设备参数

冷却器组	
设计热负荷（单组）	15.3 MW
工作介质	
管内	蒸汽、水或汽水混合物
管外	水蒸气、安全壳内大气
设计压力（绝对）	
管内	3 MPa
管外	0.6 MPa
管内设计温度	120 ℃
应急冷却水池 II	
有效容积	>3 000 m³
初始温度	<50 ℃

　　CUP600 的非能动安全壳冷却系统，采用了与目前第三代核电厂基本相类似的设计。但由于 CUP600 地下核岛布置的特殊性，使得系统的非能动闭式循环回路的热端（冷却器组）和冷端（应急冷却水池 II）存在约 180 m 的超高重位差，从而其自然循环的驱动能力得到了非常大的提升。因此 CUP600 的非能动安全壳冷却系统技术水平与地面第三代核电厂相当，系统的运行性能将较地面核电厂更加具有优势。

5.2.2.7　非能动堆腔注水系统

CUP600 的非能动堆腔注水系统的工艺技术要求与目前第三代地面核电厂的堆腔注水系统要求基本相当。其主要区别在于"地下配置"的相关工艺设计。

非能动堆腔注水系统的功能为：在严重事故下，当堆芯熔化不可避免时，通过非能动的方式淹没反应堆堆腔、冷却反应堆压力容器外壁，保持反应堆压力容器下封头的完整性，从而将堆芯熔融物滞留在反应堆压力容器内。

系统由安全壳内注水列和安全壳外注水列两部分组成。安全壳内注水列主要通过在内置换料水箱底部与反应堆堆腔之间设置注水管线。通过开启该管线上的相关阀门，能够将内置换料水箱中的蓄水注入反应堆堆腔并将其淹没；安全壳外注水列主要设备为在安全壳上方的地面位置设置的 1 台高位注水箱。水箱底部通过注入管线与堆腔注水管线相连。高位注水箱与反应堆堆腔存在将近 200 m 的位差，因此该注入列具有足够的重力压头，使得系统可以在安全壳达到其设计压力时，依然能够使冷却水有效注入堆腔，以保证对反应堆压力容器（RPV）外壁面足够的冷却效果。

系统的具体流程如图 5.10 所示，主要设备参数见表 5.10。在严重事故发生时，通过开

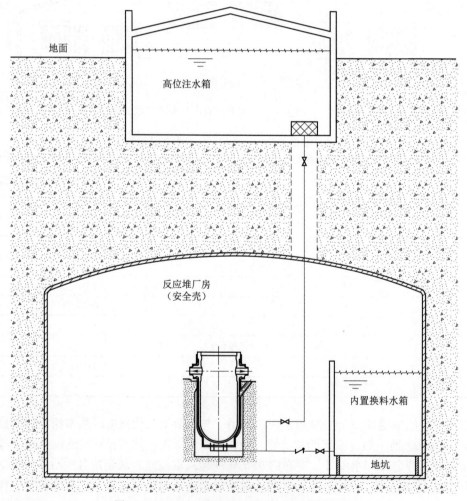

图 5.10　CUP600 非能动堆腔注水系统流程示意

启相应注水管线上的隔离阀，系统将冷却水注入反应堆压力容器与保温层之间的环形流道，实现"非能动"的冷却。

表 5.10　非能动堆腔注水系统的主要设备参数

高位注水箱	
有效容积	>2 000 m³
初始温度	<50 ℃

　　CUP600 的非能动堆腔注水系统，采用了与目前第三代核电厂基本相类似的设计。但由于 CUP600 地下核岛布置的特殊性，高位注水箱与反应堆堆腔存在将近 200 m 的位差，从而其非能动注水驱动能力得到了足够的保障。因此 CUP600 的非能动堆腔注水系统技术水平与地面第三代核电厂相当，系统的运行可靠性较地面核电厂更加具有优势。

5.2.2.8　安全壳卸压排放系统

　　当发生严重事故后，如果安全壳内的压力升高，并超过了安全壳的承载能力，会造成安全壳的完整性被破坏，使大量放射性物质外泄。为了使安全壳内压力在严重事故后不超过安全壳的承载能力，保证安全壳的完整性，CUP600 地下核电设置了安全壳卸压排放系统。

　　安全壳卸压排放系统的主要功能是通过主动卸压，将安全壳内的气体排放到本系统的过滤单元中，含有放射性物质的气体经过过滤单元的过滤，最终排放到卸压洞室中，从而保证了安全壳的完整性，并且限制了放射性物质向环境中的释放。

　　安全壳卸压排放系统主要由安全壳隔离阀、文丘里水洗器、金属纤维过滤器、爆破盘，以及必需的管道和阀门组成，另外，深埋设置于山体岩土层内的卸压洞室厂房也是该系统的重要组成部分。

　　系统的具体流程如图 5.11 所示。严重事故后，当安全壳内的压力值高于其设计压力时，可通过手动开启安全壳隔离阀启动本系统。而本系统启动时机由现场应急指挥中心来决定。

　　从安全壳内引出的气体首先进入装有文丘里喷管的文丘里水洗器内，在该容器内可以去除排放气体中大部分的气溶胶和碘；气体离开文丘里水洗器后进入其下游的金属过滤器进行下一步的过滤，金属过滤器可以去除过滤后气体中仍然存留的气溶胶，同时还可以去除由于化学溶液表面气泡破裂而产生的极小粒径水滴。金属过滤器作为第二级滞留措施，能够保证整个系统在长期阶段内的高滞留率及高效液滴分离性能。

　　通过两级过滤，文丘里水洗器及金属过滤器能够提供约为 99.995% 的气溶胶滞留率。这种滞留能力也适用于小于 0.5 μm 的小粒径气溶胶。因此，气溶胶粒径的变化不会降低本系统的滞留效率。在所有运行条件包括超压运行条件下，系统对碘分子的滞留率可大于99.5%，有机碘的滞留率也可达到 80%。

　　由于大量的放射性物质（气溶胶及碘）滞留在文丘里水洗器的溶液中，积聚的放射性物质的衰变热将随着混合液的蒸发被导出文丘里水洗器。蒸汽继续经过金属纤维过滤器（液滴分离）由排放管排向卸压洞室水池内。通过蒸汽的排放及冷却，衰变热以被动方式从安全壳卸压排放系统得以释放。

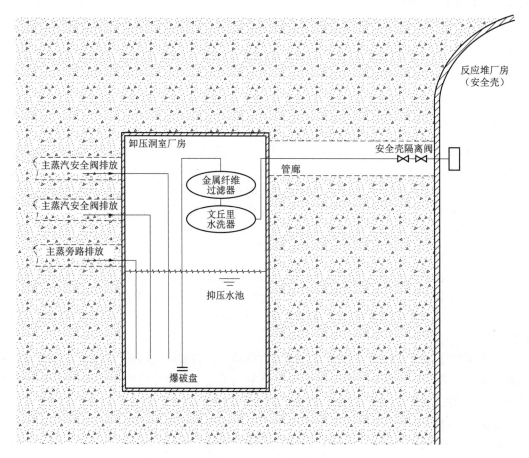

图 5.11　CUP600 安全壳卸压排放系统流程示意

　　安全壳卸压排放系统在备用期间通过安全壳隔离阀和爆破阀的关闭，使其成为密闭系统。当安全壳卸压排放系统投运后，安全壳内气体被引入系统内，当系统压力达到爆破阀的整定值时，爆破阀的阀瓣破裂，使系统与卸压洞室连通，最终将净化后的气体排入卸压洞室。

　　通过安全壳卸压排放系统的过滤排放，安全壳内的压力将会降低，在得到应急指挥组织的关闭指令后，运行人员通过手动关闭安全壳隔离阀来停闭本系统。

　　CUP600 安全壳卸压排放系统的设计与某些地面核电厂的安全壳过滤排放系统相类似，地面核电厂由于地面核岛的固有限制，其安全壳内超压气体经过各级设备过滤后只能排放至周围大气环境中，因此其系统的启用条件非常受限和事故后系统的启用决策也较难确定。CUP600 的安全壳卸压排放系统由于其特有的卸压洞室设计，使得该系统的运行性能和运行可靠性得到了较高的提升，进一步提高了地下核电厂的安全性。

5.2.2.9　非能动氢气复合系统

　　CUP600 的非能动氢气复合系统工艺设计要求及系统配置要求与目前地面第三代核电厂的安全壳氢气控制系统基本一致。

　　非能动氢气复合系统的主要功能是在事故后，利用布置于反应堆厂房各关键位置的非能动氢气复合器，对事故后反应堆厂房内产生的氢气进行复合，从而保证事故后安全壳内的总体氢浓度处于较低水平，避免大量氢气的局部聚集和爆燃，以保证反应堆厂房内的系统设备安全。

　　非能动氢气复合器利用催化剂使氢气和氧气在浓度低于可燃阈值时就发生氢氧化合反应，反应过程会释放热量，在催化剂表面产生自然对流，从而使反应能够持续。非能动氢气复合器在氢气浓度达到 2% 时就可以工作，从而消除了安全壳里的氢气。含氢气空气在催化剂表面反应放出热量，加热局部空气，使热空气密度减小而上升，冷的含氢气体从复合器下部补充，从而形成气体的对流，氢气不断消耗，减小了安全壳内的氢气含量。

　　氢气复合器的布置方案见表 5.11。氢气复合器的工作特性见表 5.12。

表 5.11　氢气复合器布置方案

组号	房间号（设备间）	类型	数量
1	稳压器卸压箱间（R248/288）	FR 90/1-1500	1
2	稳压器卸压箱间（R348/388）	FR 90/1-1500	2
3	稳压器波动管（R448/488）	FR 90/1-750T	1
4	稳压器间（R648/688）	FR 90/1-750T	1
5	主冷却剂泵 1（R411/451）	FR 90/1-750T	1
6	主冷却剂泵 2（R421/461）	FR 90/1-750T	1
7	蒸汽发生器 1 低（R312/352）	FR 90/1-1500	1
8	蒸汽发生器 1 中（R512/552）	FR 90/1-1500	1
9	蒸汽发生器 1 上（R322/362）	FR 90/1-1500	1
10	蒸汽发生器 2 低（R322/362）	FR 90/1-1500	1
11	蒸汽发生器 2 中（R522/562）	FR 90/1-1500	1
12	蒸汽发生器 2 上（R722/762）	FR 90/1-1500	1
13	安全壳环形区 1（R310/350）	FR 90/1-750T	1
14	安全壳环形区 1（R410/450）	FR 90/1-750T	1
15	安全壳环形区 2（R320/360）	FR 90/1-750T	1
16	安全壳环形区 2（R420/460）	FR 90/1-750T	1
17	安注箱间（R426/466）	FR 90/1-750T	1
18	安全壳内环型钢平台	FR 90/1-1500	4
PAR 总数			22

表 5.12 氢气复合器工作特性

氢气复合器工作时消耗的氢气量及氧气量可用如下关系式表示：

$$Fm_{H_2} = N \cdot \eta \cdot (k_1 \cdot P + k_2) \cdot v \cdot \tanh(v - v_{H_{2,min}})$$

$$Fm_{O_2} = 8 \cdot Fm_{H_2}$$

Fm_{H_2}：复合消耗的氢气量，g/s；

Fm_{O_2}：复合消耗的氧气量，g/s；

N：复合器数量；

η：复合器效率；

v：氢气体积浓度（v_{H_2}）或氧气体积浓度（v_{O_2}），%体积；

P：总压力，Pa；

k_1：常数，g/（s·Pa）；

k_2：常数，g/s；

$v_{H_{2,min}}$：可复合的氢气最低体积浓度，约为 0.5%体积。

关系式使用的条件：

当氧气充足时，即：$\dfrac{v_{H_2}}{v_{O_2}} \leq 1$ 时：$v = v_{H_2}$，但当 $v_{H_2} > 8\%$ 体积时，$v = 8\%$ 体积；

当氧气缺少时，即：$\dfrac{v_{H_2}}{v_{O_2}} > 1$ 时：$v = 2 \cdot v_{O_2}$，但当 $2 \cdot v_{O_2} > 8$ 体积时，$v = 8\%$ 体积；

当 $v < 0.5\%$ 体积时，$Fm_{H_2} = 0$。

关系式中氢气复合器的效率依赖于氢气体积浓度与氧气体积浓度的关系，保守地定义为：

1）当 $\dfrac{v_{H_2}}{v_{O_2}} \leq 1$ 时：$\eta = 1.0$；

2）当 $\dfrac{v_{H_2}}{v_{O_2}} > 1$ 时：$\eta = 0.6$。

4、关系式中的常数如下：

复合器型号	k_1/ [g/（s·Pa）]	k_2/（g/s）
FR 90/1–750T	0.061×10⁻⁵	0.074
FR 90/1–1500	0.137×10⁻⁵	0.167

CUP600 的非能动氢气复合系统，采用了与目前第三代核电厂基本相类似的设计。因此 CUP600 的非能动氢气复合系统技术水平与地面第三代核电厂相当。

5.2.3 主要核辅助系统

5.2.3.1 化学和容积控制系统

CUP600 的化学和容积控制系统（以下简称化容系统）的工艺技术要求与传统地面核电厂的化容系统要求基本相当。其主要区别在于"地下配置"的相关工艺设计。

系统的主要功能如下：

（1）化学控制

1）与反应堆硼和水补给系统共同完成对反应堆冷却剂中硼浓度的控制，以补偿因温度变化、燃耗和氙毒变化所引起的反应性的变化。

2）去除反应堆冷却剂中的腐蚀产物和裂变产物，以便将反应堆冷却剂中的杂质含量及放射性水平控制在允许的范围内。

3）控制反应堆冷却剂的 pH 值、氧含量和其他溶解气体的浓度。通过向冷却剂中添加腐蚀抑制剂氢和联氨达到除氧的目的；通过添加氢氧化锂调节 pH 值，从而减少冷却剂对结构材料的腐蚀；通过排出溶解的裂变气体以防止裂变气体的累积。

（2）容积控制

化学和容积控制系统通过其上充、下泄的功能维持稳压器在相应功率下的整定液位。

（3）主泵密封水注入

1）向反应堆冷却剂泵轴封提供密封注水；

2）收集反应堆冷却剂泵轴封的引漏水。

（4）其他辅助功能

1）在反应堆停堆冷却期间，当反应堆冷却剂泵停运时，为稳压器提供辅助喷淋。

2）为反应堆冷却剂系统充水、排水和进行水压试验。

3）在稳压器处于满水工况期间，控制反应堆冷却剂系统的压力。

系统主要由再生热交换器、下泄孔板、下泄热交换器、过滤器、除盐装置、容积控制箱、上充泵、过剩下泄热交换器、密封水热交换器及其相应的管道、阀门、仪表等组成。

化容系统流程示意图如图 5.12 所示，主要设备参数见表 5.13。在核电厂正常运行期间，反应堆冷却剂从二环路过渡段引出排至化容系统，流过再生热交换器的壳侧，在此反应堆冷却剂被上充流冷却。接着通过多级降压限流孔板进行减压，然后离开反应堆厂房流过下泄热交换器的管侧，在此其温度进一步降低，然后到达低压下泄阀进行第二次降压。随后反应堆冷却剂经过过滤，流过除盐器（混床/阳床），再过滤并喷入容积控制箱。上充泵从容积控制箱吸取反应堆冷却剂介质向反应堆冷却剂系统上充，经上充泵加压后，上充流进入反应堆厂房，流过再生热交换器的管侧，并被加热到接近反应堆冷却剂温度，然后注入反应堆冷却剂系统。系统在安全壳内的上充管线上还设有一条从再生热交换器出口到稳压器喷淋的管线，一旦反应堆冷却剂泵不能用时，该管线提供辅助喷淋能力。

上充流的一部分流到反应堆冷却剂泵轴密封，以防止轴封温度达到反应堆冷却剂的温度。上充流的这部分在泵轴承和高压密封之间进入泵体，并在此分为两股，一股冷却剂流（称作泄漏流）润滑泵轴，然后通过密封引漏离开泵体，接着通过密封水热交换器到上充泵吸入端集水管；另一股冷却剂流冷却泵的轴承，并通过迷宫式密封和热屏进入反应堆冷却剂系统主回路。这股冷却剂流作为下泄流的一部分，通过正常或过剩下泄流道从反应堆冷却剂系统主回路排出。

在正常下泄通道不能运行的情况下，反应堆冷却剂从一环路过渡段的备用下泄通道（过剩下泄）排出，流经过剩下泄热交换器的管侧，并被冷却。然后进入反应堆冷却剂泵密封引漏总管，并通过密封水热交换器到上充泵吸入端集水管。

在核电厂冷却和启动期间，反应堆冷却剂的下泄由正常余热排出系统完成。反应堆冷却剂从余排泵出口排出，进入下泄热交换器上游的下泄管线。反应堆冷却剂通过热交换器和混床/阳床除盐器到容积控制箱，然后冷却剂通过上充通道返回 RCP 系统。

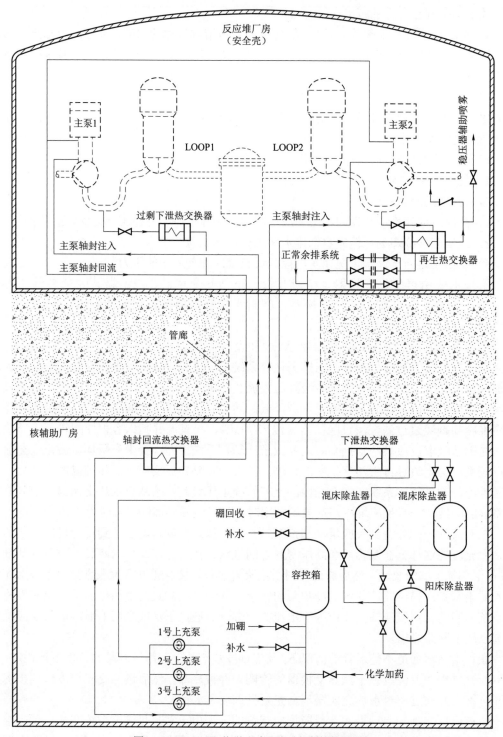

图 5.12　CUP600 化学和容积控制系统流程示意

表 5.13　化容系统的主要设备参数

项目	设备参数	
容控箱		
数量	1 台	
设计压力（绝对）	0.62 MPa	
设计温度	110 ℃	
运行压力（绝对）	0.22 MPa	
运行温度	46 ℃	
总容积	8.9 m³	
有效容积	3.4 m³	
上充泵		
数量	3 台	
设计压力（绝对）	21.2 MPa	
设计温度	120 ℃	
额定流量	34 m³/h	
额定扬程	1 767 mH₂O	
混床除盐器		
设计压力（绝对）	1.48 MPa	
设计温度	110 ℃	
运行压力（绝对）	1.13 MPa	
总容积	1.4 m³	
树脂容积	0.93 m³	
正常工作温度	46 ℃	
正常流量	13.6 m³/h	
去污因子	10	
阳床除盐器		
设计压力（绝对）	1.48 MPa	
设计温度	110 ℃	
运行压力（绝对）	1.13 MPa	
总容积	0.7 m³	
树脂容积	0.46 m³	
正常工作温度	46 ℃	
正常流量	13.6 m³/h	
下泄热交换器	管侧	壳侧
设计压力（绝对）	5 MPa	1.15 MPa
设计温度	204 ℃	93 ℃
运行压力（绝对）	2.8 MPa	0.8 MPa

项目	设备参数	
阳床除盐器		
入口温度	140 ℃	35 ℃
出口温度	46 ℃	78.5 ℃
流量	13 530 kg/h	28 000 kg/h
过剩下泄热交换器	管侧	壳侧
设计压力（绝对）	17.25 MPa	1.15 MPa
设计温度	343 ℃	93 ℃
运行压力（绝对）	16 MPa	0.8 MPa
入口温度	293.3 ℃	35 ℃
出口温度	54 ℃	54 ℃
流量	5 000 kg/h	75 000 kg/h
再生热交换器	管侧	壳侧
设计压力（绝对）	19.5 MPa	17.25 MPa
设计温度	343 ℃	343 ℃
运行压力（绝对）	16.7 MPa	16.6 MPa
入口温度	54 ℃	293.3 ℃
出口温度	268.4 ℃	140 ℃
流量	10 150 kg/h	13 530 kg/h
轴封回流热交换器	管侧	壳侧
设计压力（绝对）	1.15 MPa	1.15 MPa
设计温度	121 ℃	93 ℃
运行压力（绝对）	0.8 MPa	0.8 MPa
入口温度	61.5 ℃	35 ℃
出口温度	47 ℃	46 ℃
流量	19 030 kg/h	24 880 kg/h

CUP600 化容系统的大部分主要设备均位于核辅助厂房内。根据地下核岛的布置设计，反应堆厂房与核辅助厂房之间存在约 50 m 的岩土间隔，该岩土结构中设置有连接反应堆厂房和核辅助厂房的"管廊"结构区，系统的上充和下泄管线通过该"管廊"进入反应堆厂房。

CUP600 的化容系统采用了与目前在运行的传统地面压水堆核电厂基本相类似的设计。因此系统的技术水平与目前地面在运行的核电厂相当。

5.2.3.2　正常余热排出系统

CUP600 的正常余热排出系统的工艺技术要求与传统地面核电厂的正常余热排出系统要求基本相当。

系统的主要功能是在核电厂停堆期间，经蒸汽发生器初步冷却和降压后，即停堆冷却的第二阶段，从堆芯和反应堆冷却剂系统排出热量。另外，在该阶段，系统的安全阀作为反应堆冷却剂系统低温运行期间的超压保护。

正常余热排出系统从反应堆冷却剂系统环路 1 和环路 2 热段引出，通过两条直接安全注入管注入反应堆压力容器。正常余热排出系统流程简图如图 5.13 所示，主要设备参数见表 5.14。

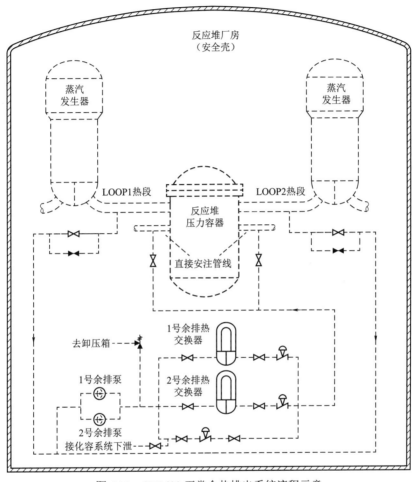

图 5.13　CUP600 正常余热排出系统流程示意

表 5.14　CUP600 正常余热排出系统的主要设备参数

余排泵	参数	
数量	2 台	
设计压力（绝对）	4.75 MPa	
设计温度	180 ℃	
额定流量	610 m^3/h	
额定扬程	77 mH_2O	
余排热交换器	管侧	壳侧
设计压力（绝对）	4.75 MPa	1.15 MPa
设计温度	180 ℃	93 ℃

续表

余排泵	参数	
余排热交换器	管侧	壳侧
最高入口温度	180 ℃	40 ℃
最高入口压力（绝对）	3.75 MPa	0.8 MPa
额定入口温度	60 ℃	35 ℃
额定出口温度	50 ℃	44 ℃
额定流量	610 m³/h	680 m³/h

反应堆冷却剂从热段引出后，分成两条管线，每条管线上设置有电动隔离阀。经一段母管后进入 2 台并联布置的余排泵，每台泵的容量为系统满足地下核电厂停堆要求所需的总流量的一半。在泵的出口母管上设置有安全阀，作为该系统和反应堆冷却剂系统低温运行时超压保护。安全阀的排放管线与稳压器卸压箱相连接。冷却剂从余热排出泵出来后经一段母管再进入 2 台并联布置的余排热交换器，每台热交换器的流量分别由热交换器出口调节阀控制，余热排出系统的总流量由热交换器旁通管线上的调节阀控制。从余热排出热交换器出来后，冷却剂经返回管线返回到反应堆冷却剂系统的直接安全注入管。在余热排出系统与化学和容积控制系统之间设有连接管线，作为下泄的辅助通道。

由于该余热排出系统整体布置于反应堆厂房（安全壳）内，因此其工艺设计和管线的布置情况不受核岛地下布置影响，与传统的地面核电厂完全相同。

CUP600 的正常余热排出系统采用了与目前在运行的传统地面压水堆核电厂基本相类似的设计。因此系统的技术水平与目前地面在运行的核电厂相当。

5.2.3.3 反应堆硼和水补给系统

CUP600 的反应堆硼和水补给系统的工艺技术要求与传统地面核电厂的相关系统要求基本相当。其主要区别在于"地下配置"的相关工艺设计。

系统的主要功能为：

（1）制备并贮存重量比 4%的硼酸溶液（含硼 $7\,000\times10^{-6}$），为浓硼注入系统制备浓硼溶液。

（2）经由化学和容积控制系统向反应堆冷却剂系统输送除盐除氧水和硼酸溶液，以补偿反应堆冷却剂系统的泄漏，并补偿由于瞬态冷却而引起的反应堆冷却剂体积的收缩。

（3）经由化学和容积控制系统调节反应堆冷却剂系统的硼浓度，以控制反应性的变化。

（4）为反应堆冷却剂系统制备并注入联氨溶液，以控制其氧含量；制备并注入氢氧化锂溶液，以控制反应堆冷却剂的 pH 值。除此之外，为保证反应堆安全停堆，并维持反应堆的次临界状态，反应堆硼和水补给系统还需要配合化学和容积控制系统向反应堆冷却剂系统提供硼酸溶液。

反应堆硼和水补给系统由补给水和补给硼酸两部分组成：补给水部分由 2 台除盐除氧水箱、2 台补给水泵以及阀门和管道组成；补给硼酸部分由 2 台硼酸溶液贮存箱、1 台硼酸制备箱、1 台化学药品混合罐、2 台硼酸泵、1 台硼酸过滤器以及阀门和管道组成。

反应堆硼和水补给系统流程简图如图 5.14 所示，主要设备参数见表 5.15。系统的 2 台除盐水泵为并联设置，在机组运行期间，1 台泵运行，另 1 台备用；2 台硼酸泵也为并联设置，在机组运行期间，1 台泵运行，另 1 台备用。硼酸溶液制备箱为硼酸贮存箱配制 4%的硼酸溶液；为应急注硼系统的硼注入箱配制浓硼溶液。

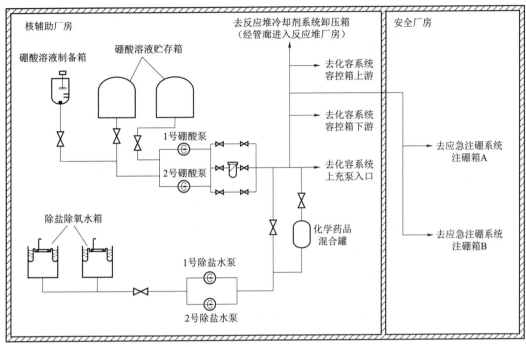

图 5.14　CUP600 反应堆硼和水补给系统流程示意

表 5.15　CUP600 反应堆硼和水补给系统的主要设备参数

除盐除氧水泵	
数量	2 台
额定流量	30 m³/h
额定扬程	129 mH₂O
最高工作温度	50 ℃
硼酸泵	
数量	2 台
额定流量	16.6 m³/h
额定扬程	≥85 mH₂O
最高工作温度	40 ℃
除盐除氧水箱	
有效容积	300 m³
最高工作温度	50 ℃
最高工作压力（绝对）	0.105 MPa
介质含氧量	<0.1 mL/m³
硼浓度	<5 μg/g

硼酸溶液制备箱	
有效容积	3 m³
最高工作温度	80 ℃
工作压力	大气压
硼酸溶液贮存箱	
总容积	82.5 m³
有效容积	81 m³
最高工作温度	40 ℃
最高工作压力（绝对）	0.17 MPa
介质含氧量	<0.1 mL/m³
硼浓度	7 000～7 700 μg/g
化学药品混合罐	
有效容积	0.02 m³
最高工作温度	45 ℃
最高工作压力（绝对）	1.1 MPa

反应堆硼和水补给系统根据化学和容积控制系统的需求，可启动 1 台硼酸泵，经过硼酸过滤器，按要求将硼酸溶液注入化学和容积控制系统。

氢氧化锂和联氨两种化学试剂在化学药品混合罐中配制，配制好的试剂用除盐水泵送到上充泵的吸入侧。

CUP600 反应堆硼和水补给系统的大部分主要设备均位于核辅助厂房内。根据地下核岛的布置设计，反应堆厂房与核辅助厂房之间存在约 50 m 的岩土间隔，该岩土结构中设置有连接反应堆厂房和安全厂房的"管廊"结构区，系统向反应堆冷却剂系统卸压箱冲水的管线通过该"管廊"进入反应堆厂房。

CUP600 的反应堆硼和水补给系统采用了与目前在运行的传统地面压水堆核电厂基本相类似的设计。因此系统的技术水平与目前地面在运行的核电厂相当。

5.2.3.4 主给水流量调节系统

CUP600 的主给水流量调节系统的工艺技术要求与传统地面核电厂的相应系统要求基本相当。其主要区别在于"地下配置"的相关工艺设计。

系统的主要功能是向蒸汽发生器供应与其负荷相匹配的给水。

系统由两列主给水管线组成，每列主给水管线上均配置有主给水隔离阀、主给水流量调节阀、主给水旁路调节阀以及相应的温度、流量测量仪表。

系统流程简图如图 5.15 所示，主要设备参数见表 5.16。在核电厂正常功率运行工况下，通过控制主给水调节阀的开度来保证给水流量控制。此时主给水旁路调节阀不动作，但阀门全开。所有给水隔离阀全部开启。当核电厂在低于 15%满功率的低负荷下运行时，由主给水旁路调节阀控制给水流量，主给水调节阀处于关闭状态。

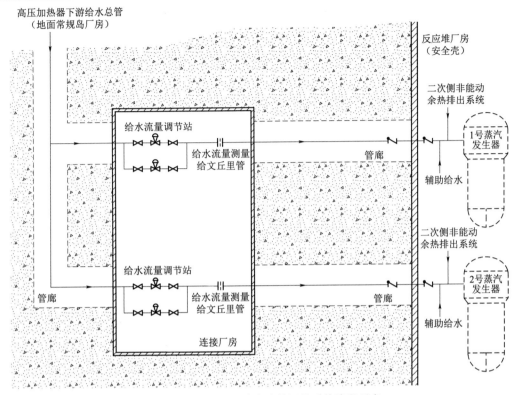

图 5.15　CUP600 主给水流量调节系统流程示意

表 5.16　主给水流量调节系统的主要设备参数

主给水流量调节阀	
数量	2 台
最高运行温度	240 ℃
阀门特性	线性调节
额定流量	1 865 t/h
额定流量下的压降	0.35 MPa
关闭压差	12.2 MPa
调节动作响应时间	20 s
主给水旁路流量调节阀	
数量	2 台
最高运行温度	240 ℃
阀门特性	线性调节
额定流量	295 t/h
额定流量下的压降	0.35～8 MPa
关闭压差	12.2 MPa
调节动作响应时间	20 s

CUP600 主给水流量调节系统的主给水调节阀、隔离阀及流量测量装置等主要设备均配置于地下核岛的连接厂房内。两列主给水管道通过连接厂房与反应堆厂房之间的"管廊"结构，进入安全壳内。系统的上游主给水总管也通过贯通岩土层的"管廊"结构，由地面常规岛进入地下核岛的连接厂房。

CUP600 的主给水流量调节系统采用了与目前在运行的传统地面压水堆核电厂基本相类似的设计。因此系统的技术水平与目前地面在运行的核电厂相当。

5.2.3.5 主蒸汽系统（核岛部分）

CUP600 的主蒸汽系统（核岛部分）的工艺技术要求与传统地面核电厂的相应系统要求基本相当。其主要区别在于"地下配置"的相关工艺设计。

系统的主要功能是在核电厂正常运行期间，将动力蒸汽由蒸汽发生器输送到地面常规岛厂房的主汽轮机组及辅机等设备中。在事故工况下，通过关闭主蒸汽隔离阀等操作，控制地下核岛的蒸汽向地面厂房系统释放，以限制失控蒸汽的排放。

CUP600 的主蒸汽系统由两根主蒸汽管线组成，每根管线分别与一台蒸汽发生器出口接管相连。两根管线分别在各自通过贯穿件穿出反应堆厂房（安全壳），经过各自的地下洞室管廊后，通过设置主蒸汽隔离阀的连接厂房后进入地面的汽轮机厂房内。

CUP600 主蒸汽系统（核岛部分）的主要设备参数见表 5.17。

表 5.17 CUP600 主蒸汽系统（核岛部分）的主要设备参数

主蒸汽管道	
长度	约 400 m/列
设计压力（绝对）	8.6 MPa
设计温度	316 ℃
管道规格	ϕ812.8 mm×46 mm
主蒸汽安全阀	
设计压力（绝对）	8.6 MPa
设计温度	316 ℃
运行温度（满负荷）	283 ℃
运行温度（热停堆）	291.4 ℃
运行压力（满负荷）（绝对）	6.71 MPa
运行压力（热停堆）（绝对）	7.6 MPa
阀门整定压力	8.5 MPa
阀门排量	369~486 t/h
主蒸汽隔离阀	
设计压力（绝对）	8.6 MPa
设计温度	316 ℃
运行温度（满负荷）	283 ℃
运行温度（热停堆）	291.4 ℃
运行压力（满负荷）（绝对）	6.71 MPa

主蒸汽隔离阀	
运行压力（热停堆）（绝对）	7.6 MPa
额定流量	1 936 t/h
快关时间	≤5 s

系统流程简图如图 5.16 所示。每根主蒸汽管线设置 7 台主蒸汽安全阀和 1 台常开的主蒸汽隔离阀。主蒸汽安全阀在超压开启后，向卸压洞室排放蒸汽。主蒸汽隔离阀能在收到主蒸汽管线隔离信号后 5 秒内快速关闭。另外，在主蒸汽隔离阀的上游设置有汽轮机旁排系统（核岛部分）接口，该隔离阀关闭后，蒸汽发生器内产生的蒸汽也可通过汽轮机旁排系统（核岛部分）向卸压洞室进行释放。

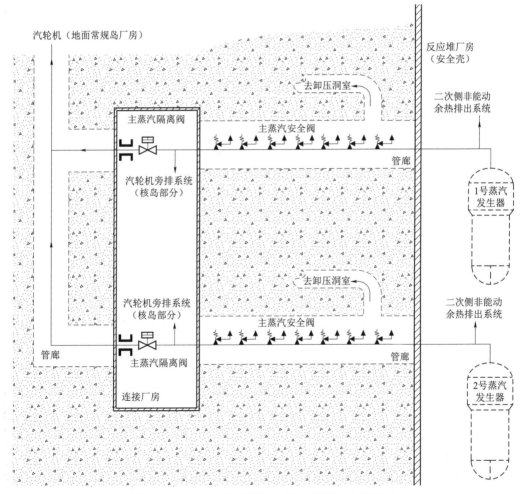

图 5.16　CUP600 主蒸汽系统（核岛部分）流程示意

地下核岛与地面常规岛之间的主蒸汽管道的长度一般会达到几百米，而蒸汽的长距离传输将导致蒸汽的品质有所下降，从而直接影响核电厂的整体经济性水平，因此地下核电厂在设计中必须考虑该项影响，并作相应的设计评估。

根据 CUP600 的总体设计，其主蒸汽管线长度约为 400 m，蒸汽发生器出口蒸汽压力 6.71 MPa，温度 282.8 ℃，相对湿度 0.25%（限流器后）。在考虑蒸汽管线沿程损失及保温相关影响后，经计算，主蒸汽管线末端出口蒸汽压力 6.17 MPa，温度 277.4 ℃，相对湿度 0.53%，与传统地面核电厂相应参数（蒸汽压力 6.63 MPa、温度约 282 ℃、湿度 0.48%）相比较，地下核电厂主蒸汽湿度增加不明显，对汽轮机无特殊设计要求，因此相关影响可以接受。

5.2.3.6　汽轮机旁路排放系统（核岛部分）

CUP600 的汽轮机旁路排放系统（核岛部分）的工艺技术要求与传统地面核电厂的相应系统要求基本相当。其主要区别在于"地下配置"的相关工艺设计。

系统的主要功能是：当反应堆功率与汽轮机负荷不一致时，汽轮机旁路排放系统通过把多余的蒸汽排向冷凝器（GCT-C）和卸压洞室（GCT-A），为反应堆提供一个"人为"的负荷，从而避免核蒸汽供应系统（NSSS）中温度和压力超过保护阀值，确保核电站安全。

系统由 2 根独立的管线组成，在每根主蒸汽管道的主蒸汽隔离阀上游有 1 根排汽的支管，每根支管装有 1 台气动控制排放阀及消音器。每个排放阀配有一个压缩空气罐，以便在空气压缩系统失效后仍可保证排放控制阀工作 6 h。

系统流程简图如图 5.17 所示。当处于地面常规岛厂房内的主蒸汽旁排系统向冷凝器排放操作无法实现时，启动本系统，开启本系统的排放控制阀，蒸汽发生器产生的"过剩"蒸汽通过排放控制阀并经消音器适当降噪后，排入地下核岛的卸压洞室。排放控制阀的开度根据主蒸汽管线压力测量值与整定值的偏差信号经调节器进行控制。该压力整定值在主控室由操作员可以手动给定，也可以由调节器内部设定。

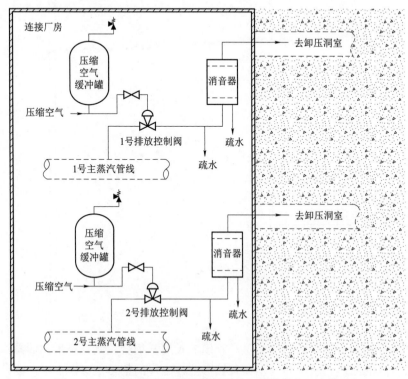

图 5.17　CUP600 汽轮机旁路排放系统（核岛部分）流程示意

CUP600 汽轮机旁路排放系统（核岛部分）的设计与某些地面核电厂的汽轮机旁路排放系统（简称旁排系统）相类似。地面核电厂由于地面核岛的固有限制，其核岛的旁排系统只能实现将二回路产生的"过剩"蒸汽向周围大气环境中排放的操作，因此当发生如蒸汽发生器传热管破损（SGTR）这类放射性由一回路向二回路泄漏的事故时，其旁排系统处于不可用状态。CUP600 的汽轮机旁路排放系统由于其特有的卸压洞室设计，使得系统在SGTR 等事故工况下，依然可以启动本系统，在保证放射性不泄漏的前提下，很好地控制了二回路的系统压力，进一步提高了核电厂的安全性和可靠性。

5.2.3.7　其他核辅助系统

（1）辅助冷却水系统

CUP600 地下核岛的辅助冷却水系统主要包括乏燃料水池冷却处理系统和设备冷却水系统等。

乏燃料水池冷却处理系统的主要功能是冷却乏燃料水池中的燃料元件，导出其剩余释热，并通过净化操作去除乏燃料水池中的裂变产物和腐蚀产物，限制乏燃料水池的放射性水平。

设备冷却水系统的主要功能是向核岛内的热交换器、冷却器及需要冷却的其他设备提供冷却水，并将其热负荷通过核岛以外的其他冷却水系统（如重要厂用水系统）传递到核电厂的最终热阱中。

CUP600 的上述辅助冷却水系统的技术要求和工艺设计与传统的地面核电厂基本相同。其具体工艺流程本文不再赘述。

（2）核岛排气和疏水系统

核岛排气和疏水系统的主要功能是收集由核岛工艺系统产生的全部气体和液体废物，具体包括：

1）正常运行阶段产生的气体和液体废物；

2）换料或维修停机阶段产生的气体和液体废物；

3）机组重新启动阶段产生的气体和液体废物；

4）设备检修产生的气体和液体废物；

5）设备检修前的疏水；

6）事故及事故后泄漏的气体和液体废物；

7）各种瞬态导致机组产生的气体和液体废物。

CUP600 的核岛排气及疏水系统的技术要求和工艺设计与传统的地面核电厂基本相同。其具体工艺流程不再赘述。

（3）硼回收系统

硼回收系统的主要功能是收集来自化学和容积控制系统及核岛排气和疏水的可复用的一回路冷却剂，经净化（过滤和除盐）、除气和硼水分离后，向反应堆硼和水补给系统提供除盐除氧水和硼浓度为 7 000～7 700 μg/g 的硼酸溶液。另外，该系统还用于对化学和容积控制系统下泄流的除硼，以补偿堆芯寿期末的燃耗。

CUP600 的硼回收系统的技术要求和工艺设计与传统的地面核电厂基本相同。其具体工艺流程本文不再赘述。

5.2.4 燃料装卸与贮存系统

燃料装卸与贮存系统是确保核电厂安全可靠运行的辅助系统之一，主要功能如下：新燃料组件的接收、检查与贮存；新燃料组件及已辐照燃料组件的装卸和传输；已辐照燃料组件的检查、贮存；破损燃料组件的贮存；乏燃料组件的贮存、包装和运输。总之，从新燃料组件厂房接收到乏燃料组件运出厂房，燃料装卸与贮存系统为上述活动提供了安全有效的设施、设备和工具。

地下核电厂 CUP600 核岛厂房布置与传统地面核电厂布置形式有较大变化，燃料组件在反应堆厂房和燃料厂房之间传输的距离大大增加，因此 CUP600 燃料装卸与贮存系统的布置、结构、驱动方式和工作原理与传统地面核电厂有较大不同。

地下核电厂燃料装卸与贮存系统布置在反应堆厂房、燃料厂房以及连接两个厂房的燃料传输通道内（如图 5.18 所示）。系统相关的工作区域如下：

（1）燃料组件运输通道

燃料组件运输通道位于燃料厂房，是新燃料组件运入和乏燃料组件运出的通道，乏燃料运输容器是通过该通道中体积和质量最大的设备。

（2）新燃料组件接收区

新燃料组件接收区位于燃料厂房，用于新燃料组件的接收、检查和贮存，配备有开箱及目视检查设施、外形尺寸检查及控制棒组件抽插力试验装置、新燃料组件贮存格架等。

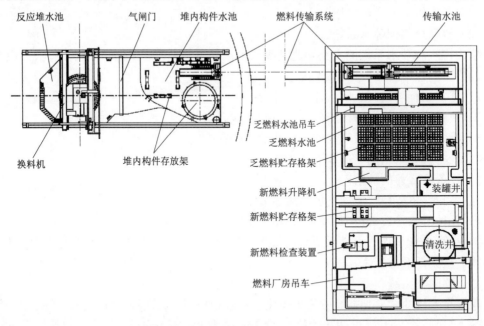

图 5.18　燃料装卸与贮存系统平面布置

（3）乏燃料贮存区

乏燃料水池位于燃料厂房，主要包括以下设施：乏燃料组件贮存格架、破损燃料组件贮存格架、新燃料组件升降机等，还包括燃料及相关组件操作、检查和维修的专用工具及其存放架。在水池上安装有乏燃料水池吊车，用于燃料组件及相关组件的吊运工作，也可用于检修工具的吊运。

（4）乏燃料组件装罐区

乏燃料组件装罐区为乏燃料组件的装罐、清洗和运输提供空间。该区域主要设施有乏燃料组件装罐井、清洗井。其中装罐井与乏燃料水池通过闸门隔开，清洗井用于乏燃料运输容器的去污和清洗。

（5）燃料组件传输区

燃料组件传输区只有在反应堆换料时才使用。反应堆运行期间，传输通道反应堆厂房一侧用专用盲板密封，燃料厂房一侧用闸阀隔离。

（6）反应堆燃料组件装卸料区

反应堆燃料组件装卸料区位于反应堆厂房，包括反应堆水池、堆内构件水池，两个水池之间安装有气闸门，便于在换料期间在堆内构件水池进行设备检修。该区域主要设备是换料机。

5.2.4.1　技术要求

根据《HAF 102 核动力厂设计安全规定》和《HAD 102/15 核动力厂燃料装卸和贮存系统设计》，在运行工况和事故工况下，燃料装卸与贮存系统应能确保：防止意外临界；防止超剂量照射；防止放射性物质释放。为符合上述要求，本系统应满足以下要求：

（1）系统应将燃料组件的跌落或损伤风险降到最低程度，并应避免对燃料组件施加不可接受的载荷；

（2）已辐照燃料组件、乏燃料组件的操作必须在足够的生物防护水层下进行；

（3）系统设备在 OBE（运行基准地震）和 SSE（安全停堆地震）后，经过检查和修理后应能够恢复功能，特殊情况下，能够通过手动方式完成正在进行的燃料操作；

（4）燃料组件贮存必须满足次临界要求、冷却要求；

（5）已辐照燃料组件、乏燃料组件采用湿法贮存，新燃料组件采用干法贮存，贮存时，燃料组件应始终保持竖直状态；

（6）应为破损燃料组件设置专用检查、贮存设施；

（7）必须防止可能损毁燃料贮存设施的重物跌落，不得在乏燃料水池上方操作乏燃料运输容器等重型设备；

（8）需配备必要的屏蔽设施，使操作人员所受到的照射限制在可接受限值内；

（9）必须考虑设备的维修和退役。

5.2.4.2　系统功能

（1）安全功能

燃料装卸与贮存系统不直接参与反应堆运行，但执行以下安全功能：

1）确保装卸和贮存的燃料组件处于次临界状态；

2）已辐照/乏燃料组件衰变余热得到充分释放；

3）确保燃料组件包壳的完整性，防止燃料组件在操作过程中受到机械损伤；

4）在反应堆正常运行期间，穿过安全壳的燃料传输通道应能够保持安全壳压力边界的完整性。

（2）其他功能

1）新燃料的接收、检查和贮存；

2）堆芯换料相关组件的重新配置；

3）已辐照燃料组件和乏燃料组件的贮存；

4）破损燃料组件的贮存；

5）燃料组件及相关组件的检查和修复；

6）乏燃料组件装入乏燃料运输容器，准备向后处理厂发运。

5.2.4.3 系统组成

燃料装卸与贮存系统可以分为三个子系统：反应堆厂房内装卸料系统、燃料厂房内装卸料系统和燃料传输系统（如图 5.18 所示）。

反应堆厂房内装卸料系统主要功能是完成燃料组件装入/卸出反应堆，主要设备是换料机。燃料厂房内装卸料系统完成新燃料组件接收与贮存、乏燃料组件检查、贮存和运输准备等工作，主要设备包括新燃料贮存格架、新燃料升降机、乏燃料贮存格架、破损燃料组件贮存格架、乏燃料水池吊车、离线啜吸装置、燃料组件检查装置、燃料组件及其相关组件操作工具等。燃料传输系统连接反应堆厂房和燃料厂房的燃料装卸系统，实现燃料组件在两个厂房间的转运。

地下核电厂将反应堆厂房和燃料厂房两个安全级别较高的厂房置于地下不同洞室，厂房间距超过 50 m，远大于地面核电厂厂房间距。因此，地下核电厂燃料装卸与贮存系统不同于地面核电厂燃料装卸与贮存系统。

地下核电厂反应堆厂房内装卸料系统和燃料厂房内装卸料系统可借鉴现有三代核电厂成熟设计。但对于燃料传输系统，需要适应地下核电厂布置形式，满足燃料组件在两个厂房间长距离传输要求。

（1）燃料传输系统

燃料传输系统主要功能是在反应堆厂房和燃料厂房之间传输燃料组件；此外，在反应堆运行期间，传输系统还可以隔离反应堆厂房和燃料厂房，确保反应堆安全壳的密封。

地下核电厂燃料传输系统主要包括以下设备：燃料运输容器、运输小车及其导向支撑结构（如轨道等）、传输通道、翻转架及其卷扬系统、传输驱动系统等（如图 5.19 所示）。

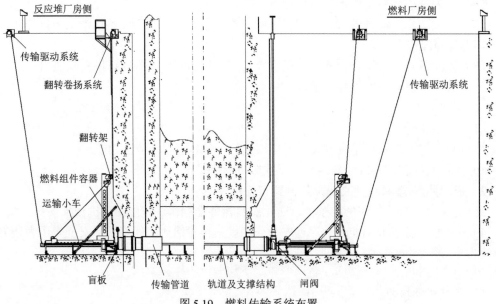

图 5.19　燃料传输系统布置

与地面核电厂相比，地下核电厂燃料传输系统发生显著变化的是传输通道结构和传输驱动方式。

地面核电厂燃料传输通道的传输管道主体由一整段钢管构成，运输小车导轨及其支撑结构安装在传输管道内。地下核电厂因传输通道长度大幅增加，增加了制造和安装难度，也不利于后续检查、维修及更换。因此地下核电厂燃料传输通道采用分段结构：传输通道由两段传输管道和一个检修通道共同组成。

地面核电厂传输驱动采用电机驱动的齿轮齿条传动机构。燃料组件容器放置在运输小车上，运输小车下侧边缘装有齿条，通过齿轮齿条驱动运输小车运动，实现燃料组件在燃料厂房和反应堆厂房之间的传输；通过改变电机旋转方向改变燃料组件传输方向。

地下核电厂若采用齿轮齿条传动，齿条和容纳齿条的传输通道长度都将超过 50 m，从建造、设备制造、安装和维护角度，都不符合经济性要求。因此地下核电厂采用可变主从的双电机双向驱动装置，并通过挠性部件连接，解决燃料组件长距离传输驱动问题。

1）燃料传输通道

地下核电厂燃料传输通道（如图 5.20 所示）主体结构由反应堆厂房侧的传输管道 1、检修通道和燃料厂房侧的传输管道 2 构成，此外在传输管道 1 端部安装了盲板，在传输管道 2 端部安装了手动闸阀，盲板和闸阀可以隔离两个厂房，也可用于传输通道密封检测。

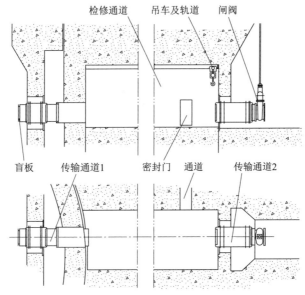

图 5.20　燃料传输通道示意

检修通道用于设备安装和检修，并设置有人员和设备通道。检修通道内侧敷有不锈钢板，安装有泄漏检测装置，检修通道通过密封门与外部空间隔离。为便于设备吊运，在检修通道内安装了可拆卸吊车。在安装和检修期间，检修通道为安装和检修作业提供空间；换料期间，作为燃料传输通道的一部分，检修通道连通反应堆厂房换料水池和燃料厂房燃料贮存水池；反应堆运行期间，该通道排空水后与两个厂房隔离。

2）传输驱动系统

① 系统构成

地下核电厂燃料传输系统采用主从双向驱动技术，即分别在反应堆厂房和燃料厂房设置卷扬装置，采用主从驱动方式并通过主从角色变换改变运动方向，实现燃料组件在厂房间往复运动。

传输驱动系统包括两套卷扬装置，分别布置在反应堆厂房和燃料厂房，每套卷扬装置包括驱动部件、传动部件、卷扬部件、张力检测器件和手动操作机构等。传输驱动系统构成如图 5.21 所示。

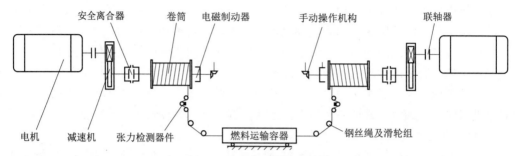

图 5.21　传输驱动系统装置示意

传输驱动系统是一个速度和张力闭环控制系统，一侧厂房的传动钢丝绳作为主动部件，拖动燃料运输容器运动，另一侧厂房的传动钢丝绳作为被动部件，保持钢丝绳张力，克服钢丝绳挠曲，提高系统刚度。钢丝绳张紧程度由张力检测部件检测。反应堆厂房和燃料厂房内电机根据传输方向需要，变换主动电机和从动电机角色，从而实现传输方向变化。

为避免传输驱动系统在运行期间出现卡死情况，可通过张力控制避免过载，此外，安装在减速机和卷筒之间的安全离合器可以在系统过载情况下中断传动。当失电时，电磁制动器失去制动能力，安全离合器脱离，通过手动操作机构转动卷筒，拖动燃料组件容器运动。

② 控制系统构成

传输驱动装置通过控制台操作，在反应堆厂房和燃料厂房分别设置有控制台，用于人机交互，传输驱动系统控制系统以可编程序控制器为控制核心，采用分层分布式的网络结构（如图 5.22 所示）。两台工控机作为操作员工作站，与 PLC（可编程控制器）进行通信，并将数据存入数据库，用于设备状态监视、系统故障诊断、报表数据生成以及操作指导等；PLC 用于完成系统逻辑控制、运动控制、数据处理和通信联网；现场总线负责对系统的伺

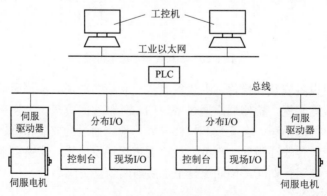

图 5.22　控制系统网络结构

服控制器、分布 I/O 进行管理，包括速度、力矩、位置等参数的命令传送与设置，现场数据采集及设备控制；分布 I/O 将控制台控制信号和现场输入信号进行采集并传送到 PLC，同时执行 PLC 的控制指令，驱动现场设备工作。

③ 控制原理

主从控制技术是指以需要同步驱动的几个驱动单元中的一个驱动单元相关参数作为对象供其他驱动单元跟踪，并达到同步状态。

地下核电厂燃料传输驱动装置采用主从角色可互换的同步驱动方式，主动电机和随动电机根据传动方向而变换；由于采用柔性连接，主从电机可以存在瞬时微量的速度偏差，因此主动电机负责控制系统的位置和速度，而随动电机负责跟随和张力保持。

控制系统的工作原理如图 5.23 所示。主动电机和随动电机均采用位置控制模式，主动电机根据位置反馈调节速度，而随动电机则根据张力反馈调节随动电机速度。

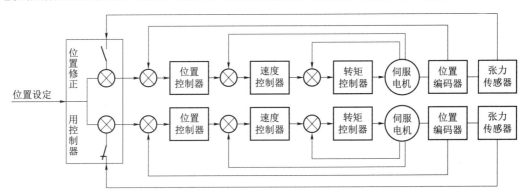

图 5.23 控制系统原理

燃料传输驱动系统的主动电机和随动电机根据传动方向变化而动态变换，控制系统根据燃料组件容器的位置，重新分配主从电机，并同时改变电机旋转方向。

④ 工作步骤

以燃料组件从燃料厂房进入反应堆厂房为例，简要介绍燃料传输系统工作原理。

——此时，运输小车位于燃料厂房，故控制系统将反应堆厂房侧驱动电机设置为主动电机，燃料厂房侧驱动电机作为随动电机。

——反应堆厂房侧驱动电机运动，通过卷筒回转带动运输小车从燃料厂房向反应堆厂房运动，PLC 向两侧驱动电机发出运动指令，随动电机根据张力检测反馈信息修正速度指令，实现速度跟随和张力恒定。

——行程开关指示运输小车到达反应堆厂房翻转位置，两侧电机停止运动，制动器工作，抱紧传动轴，将运输小车锁定在固定位置，翻转架由水平状态翻转为竖直状态，即可进行燃料组件运输容器装料操作，完成后翻转架恢复为水平状态。

燃料组件从反应堆厂房进入到燃料厂房，工作步骤与上述布置类似，只需要将燃料厂房侧驱动电机设置为主动电机，而反应堆厂房侧驱动电机为随动电机。

（2）影响分析

地下核电厂燃料传输系统布置和结构发生了较大变化，这些变化不可避免会对本系统及相关系统产生影响。

1）安装影响

燃料传输系统轴向尺寸的增加，对于设备安装及其安装精度保证带来一定困难，如两个传输管道同轴度保证和轨道平面度、直线度保证。但在地下核电厂燃料传输通道采用了分段式结构，在一定程度上降低了设备安装难度，可以通过现有施工技术予以解决。

2）燃料装卸效率影响

传输通道的增长将会增大燃料组件传输时间，进而会影响燃料装卸效率。实际上，地面核电厂燃料装入或卸出时间较长，而传输时间较短。

运输小车运行速度 15 m/min、翻转架卷扬速度 12 m/min、慢速区运行速度 1 m/min，燃料装入或卸出燃料组件容器的时间为 4～5 min，而燃料传输时间也为 4～5 min（含燃料组件容器倾翻时间）。因此，从"装—运—卸"流水作业角度考虑，燃料传输距离和时间增加对"装—运—卸"运行节拍影响有限，所以地下核电厂燃料装卸效率与地面核电厂燃料装卸效率差距不大。

3）设备检修影响

设置检修通道目的就是为了便于设备安装和检修。检修通道缩短了传输通道 1 和传输通道 2 长度尺寸，使得大部分轨道及其支承结构在检修通道中直接目视检查，检修通道上方的吊车可以进行设备、检修机具的吊运。

运输小车出现机械卡死后，通过设备断电使电磁制动器失去制动功能，安全离合器也会脱离连接，就可以通过手动操作机构反向将运输小车拖出检修。若由于轨道原因导致运输小车卡死，排空传输通道水后即可对轨道进行修复；若是运输小车自身部件故障，则将燃料卸出后就可在检修通道内检修运输小车。

4）对水池冷却处理系统影响

在换料期间，传输通道内需充满硼水，传输通道的增长，初步计算，将会使反应堆及乏燃料水池冷却处理系统水量增加约 300 t。另外，传输通道增长还不利于通道内硼水散热，影响乏燃料组件余热释放。但上述影响可以通过提高换料水箱容积和增加冷却循环系统的方法来解决。

5.2.4.4　主要参数

换料效率：5 组/h；

燃料传输距离：66.5 m。

5.2.4.5　工艺流程

（1）工艺总流程

总的来说，燃料装卸与贮存系统包括新燃料接收、燃料更换及乏燃料运出等主要工作步骤，系统工艺总流程如图 5.24 所示。

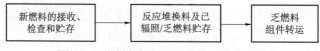

图 5.24　燃料装卸与贮存系统工艺总流程

（2）新燃料的接收、检查和贮存流程（如图 5.25 所示）

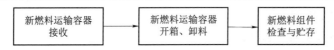

图 5.25　新燃料的接收、检查和贮存流程

新燃料组件通过钢制运输容器运至核电厂，首先将运输容器吊运到燃料厂房内，打开运输容器，使用燃料托架将新燃料组件翻转为竖直状态；再用新燃料组件抓具将组件运至新燃料检查装置上，进行表观检查和控制棒组件抽插力试验等；检查合格后，将新燃料组件运至新燃料贮存格架进行保存，也可将其放入乏燃料水池内格架中贮存。

（3）首次堆芯装料流程

除中子源组件，用于首次堆芯装料的燃料组件都装有控制棒组件、可燃毒物组件或阻力塞组件等，因此首次堆芯装料仅需将新燃料组件装入堆芯。

首次堆芯装料可采用湿法工艺和干法工艺，其主要区别是乏燃料贮存水池是否充水，采用干法工艺应注意设备是否可在空气环境下操作。首次堆芯装料流程如图 5.26 所示。

图 5.26　首次堆芯装料流程

（4）堆芯换料流程

目前国内在役压水堆核电厂多采用"全装全卸，堆外倒料"的换料方式，即将堆芯整体卸出到燃料厂房乏燃料水池，其中不再入堆的乏燃料组件和破损燃料组件及其内插的相关组件放入指定贮存格架内。再根据下个燃料循环的装料计划，在燃料厂房内进行相关组件与燃料组件的配置工作。倒换操作在燃料厂房乏燃料水池内进行，相关组件倒换通过燃料厂房的吊车和工具操作进行。换料操作应遵循《HAF 103 核电厂运行安全规定》和《HAD 103/03 核电厂堆芯和燃料管理》。

总体上，堆芯换料分为卸料和装料两个过程。

（5）反应堆卸料流程

反应堆卸料流程如图 5.27 所示。

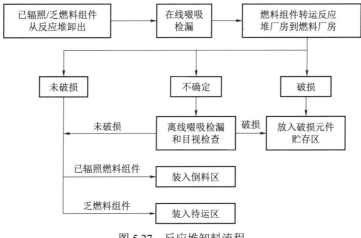

图 5.27　反应堆卸料流程

（6）反应堆装料流程

反应堆装料流程如图 5.28 所示。

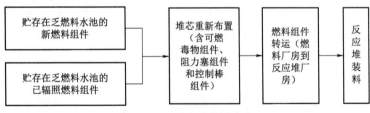

图 5.28　反应堆装料流程

（7）乏燃料组件转运流程

乏燃料组件在核电厂燃料厂房贮存若干年后，剩余衰变热和放射性水平已经大大降低，此时即可将乏燃料组件从核电厂内运出。乏燃料组件转运流程如图 5.29 所示。

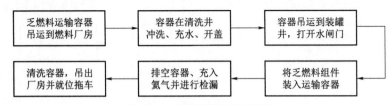

图 5.29　乏燃料组件转运流程

5.2.4.6　设计特点

（1）CUP600 燃料装卸与贮存系统燃料传输距离数倍于地面核电厂燃料传输距离，在传输距离大幅增加的情况下，整个系统的换料效率得到保持。

（2）传输驱动系统采用柔性传动部件主从驱动方式、具有结构紧凑、简单和易于控制的特点，还适应了燃料组件长距离传输的需要。

（3）采用分段结构的传输通道，设置检修通道，解决因传输距离变化带来的安装、调试和检修问题。

5.2.5　反应堆系统

5.2.5.1　反应堆堆芯设计

CUP600 反应堆堆芯设计以目前在役（在建）的地面 600 MW 核电厂堆芯设计为基础，采用先进燃料组件和先进的物理热工设计方法，达到第三代反应堆的设计要求。

CUP600 堆芯功率为 1 930 MW，堆芯装载 121 组我国自主研发的 CF 系列先进燃料组件。换料周期可采用年换料或 18 个月换料方式。

CUP600 堆芯主要设计参数见表 5.18。

表 5.18　CUP600 堆芯主要设计参数

设计参数	单位	数值
堆芯额定热功率	MW	1 930
反应堆冷却剂入口/出口温度（额定工况）	℃	292.8 /327.2
反应堆冷却剂平均温度（额定工况）	℃	310.0

设计参数	单位	数值
反应堆冷却剂热工设计总流量	m³/h	46 640
反应堆冷却剂最佳估算总流量	m³/h	48 580
反应堆冷却剂机械设计总流量	m³/h	50 520
堆芯高度	mm	3 657.6（冷态）
堆芯等效直径	mm	2 670（冷态）
燃料组件总数	组	121
燃料组件形式		CF 系列，17×17
燃料组件中心距	mm	215
每组组件燃料棒根数	根	264
每组组件导向管/通量管根数	根	24/1
燃料棒外径/包壳厚度	mm	ϕ9.5/0.5
燃料材料		UO_2，$UO_2+Gd_2O_3$
包壳材料		锆合金
一次中子源材料		^{252}Cf
二次中子源材料		Sb-Be 芯块
控制棒组件总数	组	33
堆芯平均热流密度	W/cm²	53.9
燃料棒平均线功率密度	W/cm	160

5.2.5.2　反应堆本体

CUP600 的反应堆本体系统主要包括以下设备：反应堆压力容器（RPV）、堆内构件、控制棒驱动机构、一体化堆顶结构、RPV 支承、RPV 保温层等。反应堆本体系统如图 5.30 所示。

CUP600 的反应堆本体设计与传统地面核电厂的反应堆本体基本一致，其主要设计参数见表 5.19。

表 5.19　CUP600 反应堆本体主要设备参数

项　目	设备参数
设计压力（绝对）	17.23 MPa
运行压力（绝对）	15.5 MPa
设计温度	343 ℃
反应堆压力容器环路数	二环路
反应堆压力容器堆芯段筒体内径	ϕ3 840 mm
反应堆压力容器堆芯段筒体壁厚	205 mm
反应堆压力容器堆焊层厚度	6 mm
反应堆压力容器主体材料	16MND5
反应堆压力容器堆焊层材料	309 L+308 L
反应堆压力容器螺栓材料	40NCDV7.03

项　目	设备参数
堆芯吊篮内径	$\phi 3\,080$ mm
上支承柱组件数量	30
堆芯支承板厚度	380 mm
堆内构件上腔室高度	2 126 mm
堆内构件主要零部件材料	奥氏体不锈钢
压紧弹簧材料	马氏体不锈钢
控制棒驱动机构步长	15.875 mm
控制棒驱动机构运行速度	1 143 mm/min
控制棒驱动机构行程	3 618 mm
控制棒驱动机构水压试验压力（绝对）	25.8 MPa
RPV 保温层主体材料	304
RPV 支承内直径	4 632 mm
RPV 支承重量	约 27 t
RPV 支承的通风接口数量	6 个

（1）反应堆压力容器

反应堆压力容器是反应堆冷却剂系统压力边界的重要组成部分，是用于支承和包容反应堆堆芯的承压边界，它与贯穿堆芯的堆内构件一起为冷却剂提供流道并在堆芯周围保持一定量的冷却剂。设计必须保证反应堆压力边界的完整性和安全可靠性。

反应堆压力容器由顶盖组件、容器组件和紧固密封件三部分构成。容器组件堆芯筒体壁厚 205 mm。

容器组件的主要零件为锻件，容器组件上无纵焊缝，堆芯区无环焊缝，这样提高了反应堆压力容器安全可靠性，缩短了在役检查周期。

CUP600 反应堆压力容器有以下特点：

1）取消了反应堆压力容器底封头开孔，提高了安全性；

2）顶盖组件增加了堆内测量密封结构，用以实现堆内测量导向结构穿出反应堆压力容器顶盖后的密封。

（2）堆内构件

堆内构件由上部堆内构件、下部堆内构件、压紧弹簧和 U 形嵌入件等组成。其主要功能是

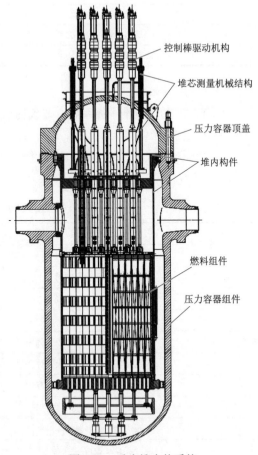

控制棒驱动机构

堆芯测量机械结构

压力容器顶盖

堆内构件

燃料组件

压力容器组件

图 5.30　反应堆本体系统

盛装燃料组件及相关组件，并为其提供定位和压紧；为控制棒组件提供保护和可靠的导向；为冷却剂提供流道；合理分配流量，减少冷却剂无效漏流；屏蔽中子和 γ 射线，减少反应堆压力容器的辐照损伤和热应力；为堆芯测量系统提供支承和导向；支持和定位压力容器辐照监督管。

冷却剂通过反应堆压力容器的两个入口接管进入容器内，向下进入反应堆下降环腔。冷却剂流至反应堆压力容器下封头腔后，改变流动方向，向上流动，通过堆芯支承板进入堆芯。从堆芯流出的冷却剂，通过上堆芯板进入上腔室，经过上部支承柱和控制棒导向筒组件之间的间隙，冷却剂流至吊篮出口管嘴，通过容器出口接管流出反应堆。

CUP600 堆内构件有以下特点：

1）上部堆内构件增加了堆内测量导向结构，用于探测器组件（至少 30 个）在堆内的导向和定位，以及探测器组件在换料操作期间的支承。堆内测量导向结构主要由安装在上支承板上的格架板，以及安装在格架板上的导管支承柱、支承架、导管、双层仪表套管等组成。

2）下部堆内构件取消仪表套管组件，增加流量分配组件。流量分配组件由涡流抑制板以及二次支承柱组成。

（3）控制棒驱动机构

控制棒驱动机构（CRDM）是反应堆控制和保护系统的执行机构。它根据反应堆控制和保护系统发出的信号动作，以实现启堆、调节功率、维持功率运行、正常停堆和在事故工况下紧急停堆。CUP600 控制棒驱动机构的步长为 15.875 mm，最小运行速度为 1 143 mm/min。堆芯吊篮内径 ϕ 3 080 mm。

地下核电厂反应堆采用的控制棒驱动机构，是一种竖直方向步进的磁力提升器。它是由驱动杆组件、钩爪组件、密封壳组件、驱动杆行程套管组件、线圈组件、棒位传感器组件及隔热套组件等零部件组成。

密封壳组件和驱动杆行程套管组件一起称为耐压壳。耐压壳是控制棒驱动机构的承压部件，是反应堆冷却剂系统压力边界的组成部分，同时也起机械支承作用。

（4）一体化堆顶结构

反应堆堆顶结构是反应堆的重要设备之一，其主要功能是为 CRDM 提供冷却和抗震，为反应堆压力容器顶盖及上部结构进行整体吊装提供连接装置，为堆顶引出的电缆提供支承和通道，以及为反应堆进行换料或维修等操作提供支持等。

一体化堆顶结构位于反应堆压力容器顶盖上方，主要由围筒、冷却围板及风管组件、CRDM 抗震板组件、电缆托架及电缆桥组件、顶盖吊具等零部件组成（如图 5.31 所示）。围筒下端法兰通过螺栓与顶盖上的支承台阶连接，从而将整个堆顶结构固定于反应堆压力容器顶盖上；围筒在轴向上从顶

顶盖吊具

电缆托架及电缆桥组件

CRDM抗震组件

围筒组件

压力容器顶盖

图 5.31　反应堆堆顶

盖上的连接台阶面延伸到驱动机构的上端，将驱动机构围住，从而形成冷却风的边界，在围筒上端设有进风口及出风接管口；在围筒内部驱动机构电磁线圈高度位置设置冷却围板，将电磁线圈围住形成均匀的冷却风道；在围筒内部上端设有 CRDM 抗震板组件，在地震情况时，将驱动机构的横向力传递到围筒上；在围筒上方设有顶盖吊具及电缆桥组件，用于起吊堆顶结构及将堆顶电缆引导到土建平台上。

（5）RPV 支承

RPV（反应堆压力容器）支承是反应堆冷却剂系统主设备支承之一；它在反应堆堆坑内缘支承反应堆压力容器；承受反应堆本体及其相关设备和介质的重量，以及所支承的设备在各类工况下产生的载荷，并将这些载荷传递给反应堆堆坑混凝土基座。

RPV 支承由一个直接承受载荷的支承环、安装调整件和锚固件等组成。

（6）RPV 保温层

RPV 保温层设置在反应堆压力容器的外侧，包覆了整个反应堆压力容器，主要包括上封头保温层、顶盖法兰保温层、上部筒体保温层、进出口接管保温层、堆坑筒体保温层和下封头保温层六个部分。

RPV 保温层具有良好的隔热效果，能有效地减少反应堆的热损失。严重事故工况堆芯熔融时，RPV 保温层应能与 RPV 外壁面之间形成稳定的冷却水流道，冷却水能进入该流道充分冷却 RPV 下封头，产生的汽水混合物能从该流道排出。

5.2.6 主设备

5.2.6.1 蒸汽发生器

蒸汽发生器的主要功能是作为换热设备，将一回路冷却剂中的热量传递给二回路给水，使其产生动力蒸汽供给二回路的汽轮发电机等动力设备。

CUP600 的蒸汽发生器具体结构如图 5.32 所示，主要设计参数见表 5.20。该蒸汽发生器由带有内置式汽水分离设备的立式筒体和倒 U 形传热管束构成。

反应堆冷却剂从蒸汽发生器下部半球形封头的入口接管进入蒸汽发生器，流经倒 U 形管束，再从下部半球形封头的出口接管离开。下封头由一块从封头到管板的立式隔板分成进口和出口腔室。为了进入被分隔的封头两侧，各设一个人孔。

由反应堆冷却剂传送的热量通过管束的管壁传给二回路流体。二回路流体被加热和部分地蒸发。汽水混合物向上流动，通过汽水分离器和干燥器，最后通过蒸汽发生器椭

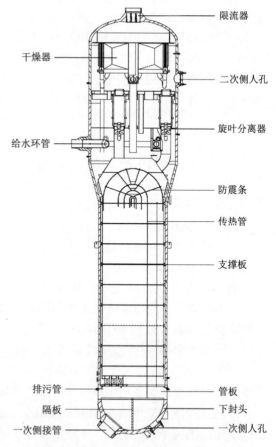

图 5.32 CUP600 蒸汽发生器结构示意

圆封头顶部的出口接管流出。

汽水分离设备收集的水向下流回蒸汽发生器。给水在水位以下通过装在给水环上的 J 形给水管进入蒸汽发生器。给水同汽水分离设备来的含汽水相混合，并在壳体与管束套筒形成的环形腔中向下流动，混合后的水沿径向进入管束下部，在向上沿管束流动过程中被加热和蒸发。

表 5.20　CUP600 蒸汽发生器的主要设计参数

设计参数	单位	数值
设计压力，（绝对）一次侧	MPa	17.23
设计压力，（绝对）二次侧	MPa	8.6
设计压差，一次侧到二次侧	MPa	11.03
设计压差，二次侧到一次侧	MPa	4.6
设计温度，一次侧	℃	343
设计温度，二次侧	℃	316
总传热面积	m²	5 429
出口蒸汽最大湿度（质量分数）	%	0.25
总高度	m	20.975
人孔数量	个	4
人孔内径	mm	406.4
手孔数量	个	2
检查孔数量	个	6
蒸汽出口流量（热工设计流量，零排污）	t/h	1 936
汽水分离器数目	台	16

5.2.6.2　主泵

反应堆冷却剂泵简称主泵。是能在高温和高压下输送大流量反应堆冷却剂的立式、单级、带有可控泄漏轴封装置的离心泵。

CUP600 的主泵结构如图 5.33 所示，主要设计参数见表 5.21。泵主要由水力部件、轴密封组件和电动机三个主要部分组成：

（1）水力部件包括泵壳、热屏法兰、叶轮、导叶装置以及吸入段。

（2）密封部件由串联布置的三级密封组成。第一级密封是控制泄漏的液膜密封；第二级和第三级密封是摩擦面密封。密封系统可防止反应堆冷却剂向环境的泄漏。

（3）电动机是带有立式刚性轴、油润滑双向作用的油润滑推力轴承、上下部油润滑径向导轴承和带飞轮的防滴漏鼠笼式感应电动机。

泵的其他部件有泵轴、泵径向轴承、热屏蔽热交换器、联轴器、中间联轴器和电动机机座等。

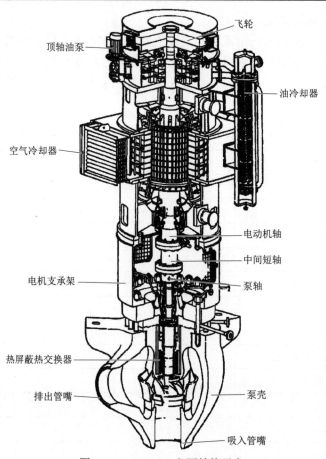

图 5.33　CUP600 主泵结构示意

表 5.21　CUP600 主泵的主要设计参数

设计参数	单位	数值
设计压力（绝对）	MPa	17.23
设计温度	℃	343
设备总高度（近似）	m	8
冷却水流量（热屏）	m³/h	9
最高连续冷却水进口温度	℃	35
流量（最佳估算）	m³/h	24 290
扬程	m	91
入口温度	℃	293
泵排出管嘴，内径	m	0.698
泵吸入管嘴，内径	m	0.787
转速（近似）	r/min	1 488
质量（干）	kg	104 000

5.2.6.3 稳压器

稳压器用于调节因负荷瞬态引起的正波动和负波动。在正波动时，喷淋系统冷凝容器内的蒸汽，防止稳压器压力达到先导式安全阀的整定值。在负波动时，水的闪蒸和电加热元件自动启动产生蒸汽，使压力维持在反应堆紧急停堆整定值以上。

CUP600 的反应堆冷却剂系统稳压器是一个立式圆筒形高温、高压容器，承压壳体是由三段圆柱形筒体与上、下半球形封头组件组焊而成。稳压器具体结构如图 5.34 所示，主要设计参数见表 5.22。

在下封头底部，以同心圆的排列方式、立式安装有直接浸没式的电加热元件。筒体下部设置上、下电加热元件支撑板，用以支撑电加热元件并限制电加热元件的横向振动。在稳压器的最低点，下封头中心设有一个波动管接管嘴，该波动管线的另一端与 1 号反应堆冷却剂环路热段相连接。

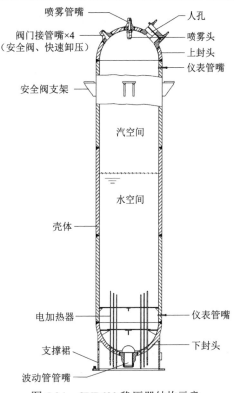

图 5.34　CUP600 稳压器结构示意

在波动接管入口处的正上方，还装设有流体分配罩，用以改善波动水流与稳压器内水的均匀混合，并且防止稳压器内的杂物通过波动管进入反应堆冷却剂系统回路。

上封头装有喷淋管线、卸压管线和安全阀接管。喷淋的冷水通过位于喷淋管线末端的喷雾头到达汽空间。该喷淋管线分别与两条反应堆冷却剂环路的冷段连接。

表 5.22　稳压器的主要设计参数

设计参数	单位	数值
设计压力（绝对）	MPa	17.23
设计温度	℃	360
波动管接管嘴，名义直径	in.（mm）	14（355.6）
满水时仅用电加热元件时稳压器的升温速率	℃/h	28
内部容积（冷态）	m³	36
零/满功率水容积	m³	9.08/22.16

5.2.6.4 主管道

CUP600 的反应堆冷却剂系统由两条环路组成，主管道连接反应堆压力容器、蒸汽发生器和主泵，用来输送高温、高压、放射性介质，形成重要的一回路压力边界。主管道的主要设计参数见表 5.23。

表 5.23　CUP600 反应堆冷却剂系统主管道的主要设计参数

设计参数	单位	数值
反应堆进口管道，内径	in.（mm）	27.5（698.5）
反应堆进口管道，最小壁厚	mm	64
反应堆出口管道，内径	in.（mm）	29（736.6）
反应堆出口管道，最小壁厚	mm	67
冷却剂泵吸入管道，内径	in.（mm）	31（787.4）
冷却剂泵吸入管道，最小壁厚	mm	71
稳压器波动管，名义直径	in.（mm）	14（355.6）
稳压器波动管，名义壁厚	mm	35.7

每条环路的主管道包括下列组件：

（1）热段——连接反应堆压力容器与蒸汽发生器，包括：

1）一根直管段；

2）一个 50°弯头，位于蒸汽发生器入口处。

（2）过渡段——连接蒸汽发生器与主泵，包括：

1）一根垂直的直管段；

2）一个 40°弯头，位于蒸汽发生器出口处；

3）一个 90°弯头，位于过渡段蒸汽发生器侧；

4）一根水平直管段；

5）一个 90°弯头，位于主泵吸入口侧。

（3）冷段——连接主泵与反应堆压力容器，包括：

1）一根直管段；

2）一个 42°18′弯头，位于反应堆压力容器入口处。

5.3　常规岛系统及主要设备

5.3.1　二回路工艺系统

5.3.1.1　系统功能

二回路系统的主要功能是将蒸汽发生器所产生的蒸汽送往汽轮机，推动汽轮机转动，把热能转换成机械能；汽轮机带动发电机发电，又将机械能转换为电能，以此达到核能发电的目的。

在汽轮机内做过功的乏蒸汽排往凝汽器，在其中凝结成水后，由凝结水泵唧送到除盐装置除盐，并经凝结水升压泵送往低压加热器加热，经除氧器加热除氧，由给水泵送往高压加热器加热，然后送回蒸汽发生器，重新吸收一回路热量，产生动力蒸汽。这样，构成二回路主系统的热力循环。

二回路的另一主要功能是尽量保证在各种工况下都能把经一回路输送来的反应堆释热带走，特别是在变工况时带走反应堆多余的热量，在停堆后带走反应堆的衰变热，以保证反应堆处于安全停堆状态。为此，二回路设置了一系列安全设施，如蒸汽发生器辅助给水系统、主蒸汽大气释放阀以及蒸汽旁路排放系统等，以应对各类运行故障事件或设计基准事故。

二回路的第三个功能是探测和控制一回路放射性在蒸汽发生器内的泄漏情况和水平，尽早察觉泄漏，提供要求隔离的警告信号，以便设法制止泄漏的发展和采取抑制泄漏的措施。在发生蒸汽发生器传热管破裂事故时这点尤为重要。

由此可见，二回路在核安全上也发挥着重要功能。核能动力装置是由反应堆、一回路、二回路组成的一个完整体系，它实现着核能→热能→机械能→电能的连续转换过程。体系中的每个系统、设备或部件，与能量转换功能和核安全功能密切联系，形成一个整体，才能保证正确发挥其功能和安全作用。

5.3.1.2　系统流程

压水堆核电厂二回路系统由蒸汽发生器（二次侧）、汽轮发电机组、凝汽器、凝结水给水系统、循环水冷却系统及抽气加热系统等组成。

二回路主要通过工作介质水的相变带出蒸汽发生器的热量，并通过汽轮机做功完成热能向机械能转化，带动发电机转动完成机械能向电能的转化。二回路给水在蒸汽发生器内吸收其一次侧的一回路冷却剂的热量后，转化为满足汽轮机运行要求的动力蒸汽。之后，该蒸汽通过主蒸汽系统依次送入汽轮机的高压、中压和低压缸内，推动汽轮机做功，并由汽轮机带动发电机进行发电，完成热能—机械能—电能的转化。做功后的乏蒸汽品质降低，不再适合继续推动汽轮发电机发电。从汽轮机出来的乏汽被排入凝汽器冷却凝结回液相状态。凝汽器中的冷凝水经低压给水加热器和高压给水加热器等设备初步升温后，又被送入蒸汽发生器吸热，再次形成蒸汽，完成二回路系统的完整的热力循环。

从安全方面考虑，二回路还设置有蒸汽发生器辅助给水系统、主蒸汽旁路排放系统等系统，以应对各类运行故障事件或设计基准事故。

5.3.2　热力系统及设备

热力系统是实现热能、机械能、电能的转换的系统。从热循环的介质观点看，主要是汽水的反复持续转换过程。核岛的蒸汽发生器，把二回路的给水加热变成蒸汽，蒸汽通过汽轮机把热量转换成机械能。排汽经凝汽器转换成水后，再送到核岛的蒸汽发生器，构成汽—水—汽—水的连续不断的反复转换。汽轮发电机组的热力系统由主蒸汽系统和主给水系统两部分组成。

地下核电厂一回路的水在蒸汽发生器内加热二回路的给水，使之成为饱和蒸汽送入汽轮机做功。在满功率运行状态下，蒸汽发生器产生的饱和蒸汽由主蒸汽管道首先送到汽轮机的高压汽室以调节进入高压缸的蒸汽量，从高压汽室出来的蒸汽通过蒸汽管道进入高压缸膨胀做功。在膨胀过程中，从高压缸前后流道抽取部分蒸汽送到高压加热器用于加热给水及送到汽水分离再热器用于加热高压缸排汽。高压缸的排汽一部分送往除氧器，大部分通过再热管道排往位于低压缸两侧的两台汽水分离再热器，在那里进行汽水分离，并由抽汽和新蒸汽对其进行两次再热。从汽水分离再热器出来的过热蒸汽经管道分别送入低压缸内继续膨胀做功。在膨胀过程中，从低压缸各自的前后流道抽取部分蒸汽分别送往低压加热器及复合式低压加热器加热凝结水。

凝汽器热井中的凝结水由凝结水泵抽出升压后经低压加热器加热送到除氧器。除氧器对凝结水加热和除氧，且贮存一定的除氧凝结水。主给水泵从除氧水箱底部吸水，将水升压后经高压加热器进一步加热，最后通过给水流量调节阀进入蒸汽发生器二次侧，吸收反应堆冷却剂热量转变成饱和蒸汽，从而形成一个完整的热力循环。

5.3.2.1 主蒸汽系统

主蒸汽系统将蒸汽发生器产生的新蒸汽输送到汽轮机及其他用汽设备和系统。主蒸汽从核岛的蒸汽发生器经主蒸汽管道进入主蒸汽联箱，从蒸汽联箱经主蒸汽管道送入汽轮机的高压主汽门，并经调节汽门进入高压缸，从高压缸排汽出口经主蒸汽冷段管到汽水分离再热器，经去湿和再热后，由主蒸汽热段管导入低压主汽门和调节汽门，然后经蒸汽管进入低压缸，最后排入凝汽器。

新蒸汽在由主蒸汽联箱直到由低压缸排入凝汽器的过程中，由于能量转换，即由热能转换成机械能，压力降低、温度降低、而比容则急剧增加。

在高压缸内，有三级抽汽分供高压加热器加热给水，其中较高一级抽汽也作为汽水分离再热器的热源。高压缸排出的蒸汽进入汽水分离再热器接受再热。在高压缸排汽中有一部分蒸汽到除氧器供给水除氧加热之用。从汽水分离再热器出口可分出一部分蒸汽用于推动给水泵汽轮机，其排汽可直接排入主凝汽器。在低压缸内，汽轮机低压抽汽分别加热低压加热器中的给水。在汽轮机紧急停机和大量减负荷运行时，新蒸汽通过旁路直接排到凝汽器和除氧器。

常规岛主蒸汽系统将蒸汽发生器产生的新蒸汽输送到下列各个部件和系统：主汽轮机及其辅助设备；汽轮机轴封系统、汽水分离再热器和凝汽器；两台主给水泵汽轮机、辅助蒸汽转换器、除氧器以及通向凝汽器和大气的蒸汽旁路系统。

主蒸汽系统跨及核岛和常规岛，常规岛部分的主蒸汽系统管道是从与核岛的接口处开始，各台蒸汽发生器引出的主汽管分别接入主汽联箱，从主汽联箱上通过各接管分别接往汽轮机的主汽门；从联箱的两端分别接出一根支管接往旁路系统的隔离阀和汽水分离再热器新汽进口隔离阀；从另一根支管分别引往给水除氧器隔离阀、蒸汽转换器进汽隔离阀和汽动给水泵驱动汽轮机的主汽门等。主蒸汽管系一般布置成使各管线都和主蒸汽联箱保持一定的坡度，使管系中产生的疏水能向蒸汽联箱疏排。主蒸汽管在汽轮机房处设置了防甩击装置。

（1）汽水分离再热器系统

汽水分离再热器系统是介于汽轮机高压缸与低压缸之间的一个蒸汽除湿加热系统，此系统主要包括供汽系统、排放系统、疏水系统、压力释放等子系统。

新蒸汽在高压缸内做功后，压力和温度降低，湿度增加。若不采取措施降低湿度，蒸汽会对低压缸末级叶片产生严重的刷蚀，同时也会增加湿气损失。本系统的功能是将蒸汽除去其中约 98%的水分，然后通过再热器提高其温度，再将蒸汽送入汽轮机低压缸继续做功。这样就可使等量的蒸汽做更多的功，从而发出更大的功率，提高汽轮机的热效率，并可减少对低压缸长叶片的刷蚀。使用新蒸汽加热高压缸排汽时，根据朗肯循环理论，用新蒸汽加热压力较低的高压缸排汽会降低循环效率，但由于同时蒸汽湿度也有降低，提高了汽轮机的相对效率，最终效果还是改善了机组的经济性。地下核电核岛与汽轮机位置相对较远，但是经过计算，地下核电厂主蒸汽湿度增加不明显，蒸汽在高压缸阶段品质稍微降低，在低压缸阶段，汽水分离再热器可将蒸汽湿度降低到与地面核电厂一致的程度。

高压缸的排汽经冷再热管导入汽水分离再热器，冷再热管内一般设有水滴捕集器，能除去排汽中的部分水分，捕集的水分靠自重流入冷再热与分离器联合疏水箱。进入分离再热器后，首先由于分离段波形分离板的作用除去其中的水分，而后进入位于分离段上方的一级再热器和二级再热器接受再热，最终从顶部的热再热管道排出，送入汽轮机的低压缸。

一级再热器的加热蒸汽为高压缸抽汽，二级再热器为新蒸汽，它们放出热量凝结成水后依据压力的高低，分别经相应的疏水箱进入有关给水加热器。

为减少再热器管束的过冷度以保证再热器的安全，也为了排除不凝结的气体，在再热器联箱的疏水端均需设有专用排放管。此外各疏水箱之间还设有气平衡管，以利于联箱中的积水顺利地排往疏水箱。

为防止汽水分离再热器超压，设有先导安全阀和防爆膜板等卸压保护装置，它们动作时可直接经管道把排汽引至室外。

（2）蒸汽旁路系统

汽轮机蒸汽旁路系统是在受控方式下，使主蒸汽直接从主蒸汽联箱旁路到主凝汽器和除氧器，从而使反应堆在汽轮机负荷发生大瞬变时保持正常运行，并可使反应堆单独运行。该系统是为了适应机组的启停及事故处理的需要而设置的人为负荷。在汽轮发电机突然减负荷或汽轮机脱扣情况下，排走蒸汽发生器内的过量蒸汽，避免触发蒸汽发生器安全阀动作；在热停堆和最初冷却阶段，排出裂变产物和运转主泵所产生的剩余释热和显热，直至余热排出系统投入。

主蒸汽由联箱上分别引出管道经旁路排放阀后进入主凝汽器或除氧器。蒸汽通过旁路排放阀后的排汽管进入主凝汽器，并通过蒸汽扩散器降压和喷水减温，以使蒸汽的压力和温度降到凝汽器可接受的程度。每根旁路总管道中配备了排放装置，它们可把过量的蒸汽排放出去，从而使管道系统和控制阀在旁路系统工作时维持在一个适当的温度，以免受任何大的热冲击。另外，分别有旁路管与除氧器相连，在汽轮机跳闸或甩负荷时，用以保持除氧器的压力。

（3）凝汽器

凝汽器是二回路热力循环的冷源。其基本功能是接收汽轮机的排汽并将其凝结成水，构成封闭的热力循环。其具体功能有：

1）在循环水系统、汽轮机轴封系统及真空系统的支持下，建立并维持汽轮机所要求的背压，保证汽轮机安全、可靠、经济地运行。

2）接受汽轮机排汽及蒸汽排放系统的蒸汽，并将其凝结成水。

3）接受来自各疏水箱的疏水，经过滤除氧，保持凝结水水质，为二回路存储供应凝结水。

凝汽器主要接收汽轮机低压缸的排汽、旁路排放蒸汽等。这些蒸汽被循环水冷却凝结成水，形成并保持所要求的真空。凝汽器是一个工作在真空条件下的表面式热交换器。汽轮机排汽流过凝汽器传热管外表面时，将热量传递给在管内流动的循环水，蒸汽在传热管外表面凝结。

5.3.2.2 主给水系统

二回路是一个闭合回路。主蒸汽在凝汽器中与三回路的循环冷却水在凝汽器管束中进行热交换，使得低压缸排汽变成凝结水，凝结水泵把凝结水经精处理后再经各级低压加热器加热后打入除氧器。由除氧器水箱引出的给水经给水泵泵入高压加热器，然后进入集水联箱，由集水联箱经给水控制调节系统进入核岛的蒸汽发生器。

（1）凝结水泵

凝结水泵的作用是将凝汽器热井的凝结水抽出、升压，经各级低压加热器后送往给水除氧器。为保证凝结水泵的最小流量，防止凝结水泵发生汽蚀，通过再循环控制阀控制再循环流量，同时，凝汽器水位过低时，通过常规岛除盐水分配系统补水。

凝结水泵的轴封水有两路来源：正常运行时轴封水来自凝结水泵出口母管；另一路来自常规岛除盐水分配系统，用于大修后首次启动。因为启动前泵出口母管压力不足以维持泵的轴密封水压力，泵启动以后就可以由泵出口母管提供轴封水，轴封水回流向凝汽器。

（2）低压给水加热器系统

低压给水加热器系统位于凝结水泵之后除氧器之前，在凝结水泵出口压力下工作。该系统主要利用汽轮机低压缸抽气加热给水，提高机组整体的热力循环效率。

低压给水加热器一般为表面式热交换设备。从汽轮机低压缸抽取的蒸汽进入加热器壳体流经换热管束外表面，加热在管束里流动的水，其本身凝结成疏水经疏水管线排出加热器。为防止不凝结气体在加热器内部积聚导致腐蚀并影响传热效果，加热器壳侧设置有排气点，

凝结水经进口水室流入换热管束被蒸汽加热，经出口水室流出完成加热过程。加热器传热效率与加热器的传热面积、传热管子的清洁度、给水流速、加热蒸汽和给水的温度等因素有关。

（3）给水除氧器系统

给水除氧器系统接收低压给水加热系统供给的初步升温的给水，经本系统加热除氧后送往给水泵，再经过高压加热器给水加热系统，加热达到要求温度后，送往反应堆厂房的蒸汽发生器。在机组正常运行时，该系统所需的加热蒸汽一般由汽轮机高压缸排汽供给。

给水除氧器系统的基本功能是排除给水中的含氧和其他不凝结气体，最大限度地减少蒸汽发生器、汽轮机及热力系统中的一切辅机、辅助设备和管阀的腐蚀。除氧加热汽源包括抽汽（高压缸排汽）和辅助蒸汽。其具体功能如下：

1）向给水泵提供连续的，满足温度、流量和含氧量要求的给水。

2）为给水泵提供满足必需汽蚀余量要求的实际有效净正吸头，以保证给水泵不发生汽蚀，维持给水泵的正常运行。

3）为给水系统储备必要的给水容量，能在蒸汽发生器给水需要量与供水水量短时不满足要求时加以调节。

4）接收以下工作循环中的工质：

①　给水泵出口管再循环；

②　高压加热器的排汽和疏水；

③　用以冷却蒸汽发生器排污后的凝结水；

④　蒸汽转换器放汽及加热蒸汽的凝结水；

⑤　蒸汽旁路系统的一部分排汽；

⑥　低压给水加热器系统送来的给水。

5）平时将不凝结气体排入主凝汽器。在用辅助蒸汽作为热源时，则将不凝结气体排入室外大气中。

6）在系统冲洗、启动或为试验需要时，将除氧器中给水送入主凝汽器进行再循环。

7）反应堆启动时，在闭路中进行再循环，使给水含氧量达到高标准。

（4）汽动和电动给水泵系统

给水泵系统的功能是配合给水流量调节系统，将除氧器中的水抽出、加压，并经过高压给水加热器送到蒸汽发生器，以满足蒸汽发生器对给水流量的需求。此外，电动给水泵还用在汽轮机组启动过程中给蒸汽发生器供水（汽动给水泵投入之前）。

汽动给水泵是一套专用机组，由前置泵、齿轮箱、小汽轮机及压力级泵等串联布置而成。来自除氧器的给水经电动隔离阀、临时滤网和伸缩节进入前置泵，然后经流量孔板和永久滤网进入压力级泵，经压力级泵升压后的给水经逆止阀和电动隔离阀送往高压加热器。

电动给水泵由前置泵、电动机、液力联轴器及压力级泵等串联而成，它能与任意一台启动给水泵并联运行，同时电动给水泵兼做汽动给水泵的备用泵。

（5）高压给水加热系统

高压给水加热系统是一个介于给水泵系统与给水流量控制系统之间的系统，本系统主要由各级高压加热器组成。该系统是利用汽轮机抽汽加热高压给水，保证进入蒸汽发生器的给水温度。另外，各级高压加热器分别接收汽水分离再热器第一级和第二级再热器的疏水及排放蒸汽，回收了热量，并且起到了排放抽汽和排放蒸汽中不凝结气体的作用。

高压给水加热系统是用高压缸的抽汽加热高压给水，一般来说各级高压加热器均由双列组成，每列给水容量为50%，正常运行时双列均应投入运行，特殊条件下也可单列运行。

5.3.3　汽轮机

地下核电厂的汽轮机功能和火电厂中的汽轮机类似，都是将蒸汽的热能转换成机械能，作为原动机带动发电机发电。为了保证汽轮机正常工作，需配置必要的附属设备，如管道、阀门、凝汽器等。

汽轮机中将蒸汽的热能转变为动能，然后再转变为机械能。由于动能转变为机械能的方式不同，便有不同工作原理的汽轮机。

5.3.3.1　汽轮机的总体结构

汽轮机总体布置形式包括汽缸、排汽口（又称"流"）、转轴数量和布置方式。汽轮机总体布置形式取决于汽轮机的新蒸汽参数和汽轮机功率。对于高参数汽轮机，其蒸汽比焓降大，级数多，进汽和排汽比体积相差大，导致高压和低压部分流通截面相差悬殊，因而必须采用双缸或多缸结构。对于大功率汽轮机，低压部分往往采用双缸或多缸，排汽口相应增加。

核电厂大多数都使用饱和汽,为了降低发电成本,单机容量已增加到 1 000 MW 级。在总体配置上,饱和汽轮机组总是设计成高压缸和一组低压缸串级式配置,在进入低压缸前设置有汽水分离再热器,有的设计在汽水分离再热器和低压缸之间设置中压缸或中压段。一般情况下,核电厂大功率汽轮机的所有汽缸都设计成双流的,且两个或更多的低压缸是并联设置。高压缸排汽送入低压缸两侧的两个卧式汽水分离再热器,经除湿再热后从汽水分离再热器的高温再热段出口联箱送入相邻的三个低压缸进汽室。

（1）高压缸

高压缸通流部分采用双分流对称结构。汽缸做成水平对分形式,上、下缸体在水平中分面上用螺栓连接。高压缸的缸体采用双层结构,由高压内缸和高压外缸组成,内外缸均为两半结构,由水平接合面分开。

机组按带基本负荷运行设计。配汽采用节流调节以获得最高的基本负荷热效率。主汽通过 4 条对称布置的导汽管进入高压缸。

（2）低压缸

低压缸也为双分流对称分布。经过汽水分离器的蒸汽先输送到低压缸前的截止阀和调节阀,再送入低压缸。

低压缸为了消除因温度梯度过大而引起的热变形,采用双层结构。内缸包括一个中间进汽分流环并起到支撑所有隔板的作用。外缸则设计成整个内壁承受排汽真空和低温蒸汽。

为防止未级叶片在低负荷下可能产生的自激轴向振动和扭转振动,每个叶片在靠近叶顶一侧装有整圈拉金。

（3）转子（主轴）

转子本身带有整体锻出的联轴节。同时,转子设计成具有足够大的抗挠刚度,使得在正常运转范围内不存在由于转子挠曲而形成的临界转速。

（4）汽封

高、低压缸的隔板汽封采用弹性装配梳齿迷宫式汽封,用板弹簧将自带梳齿的汽封圈嵌装在隔板内孔的 T 形槽内。

低压缸端部轴封嵌装在独立支承、高度对称的薄壁汽封体的 T 形槽内,因此任何可能汽缸失圆或变形都不会影响到外侧两段汽封与转子间的间隙。轴封体与低压外缸之间采用韧性波纹板以保持真空密封。

因高压缸级间压差大、胀差小,端部和隔板汽封均采用高低梳齿汽封,而低压缸则用斜平梳齿汽封。

端部汽封各室均通以干蒸汽以避免汽封或转子受到任何水蚀的侵害。端部轴封的排汽室保持微真空,最外端空气被抽入,以防止蒸汽逸出,污染汽轮机油系统。

（5）轴承与轴承座

所有轴承座均采用球墨铸铁铸成。

转子支承采用球面自位式径向轴承。当轴颈倾斜度改变时,球面轴承体可作相应转动,从而使轴颈和轴瓦的间隙在整个轴瓦长度范围内保持不变。

推力轴承每侧上、下各有两个瓦块装有热电偶以指示瓦块温度。另外,每侧各有两个瓦块装有涡流间隙探测器以指示推力轴承的磨损程度,一旦达到设定值,汽轮机保护系统动作跳闸保护。

（6）汽室与汽门

高压缸汽室成对称布置，每个汽室尽可能布置得靠近汽缸以缩短导汽管长度，并用弹簧支架滑动支承在汽轮机基础上，允许向任何方向自由移动。主汽门和调速汽门水平反向同轴布置，汽室对称性好，壁厚均匀，有效地减少了热应力，从而提高了运行的灵活性。

主汽门和调速汽门为带背座的单座阀，从而获得最佳的关闭严密性。主汽门采用带有预启阀的双重阀结构，以减小阀门开启的提开力。低压截止汽门和低压调节汽门反向布置在热再热管水平段上。

（7）汽轮机低压缸喷水冷却系统

汽轮机低压缸配有排汽喷水冷却系统。为防止末级叶片过热，在排汽导流板出口下部装有环形分段冷却水喷嘴。喷水冷却系统根据排汽温度信号、极低负荷信号或汽轮机跳闸信号将冷却水喷入排汽段，被冷却的再循环汽流由于导叶的形状关系，在末级叶片根部重新进入通流部分。正常条件下，冷却水取自凝结水泵出口。一旦正常供水中断，1 台 100%容量的应急直流电泵将从凝汽器热阱取水并打至双联过滤器的进水段。

5.3.3.2　汽轮机选型

核电汽轮机作为核电厂常规岛最重要的设备，它的参数选择、结构形式等直接影响核电厂的效率、运行安全、成本以及核电厂的投资回报率，所以在核电厂常规岛建设方案中必须将汽轮机的选型工作放在突出的位置。

总体上说，地下核电厂的汽轮机与地面核电厂的汽轮机选型类似，但是需要考虑的是，由于核电厂反应堆及带放射性的辅助厂房置于地下，CUP600 的主蒸汽管线长度较地面核电厂的有明显增加，因此汽轮机的参数需要根据蒸汽回路中的蒸汽的温度、湿度等参数进行部分调整。

（1）汽轮机转速的选择

核电汽轮机分为全转速核电汽轮机和半转速核电汽轮机。在电网频率是 60 Hz 的国家中，大部分采用半转速机组，在电网频率为 50 Hz 的国家中，全转速机组和半转速机组都有使用，在我国已经投运和在建的机组中全转速数量稍多（见表 5.24），但是从世界范围来看还是半转速核电机组数量多些，设计、制造和运行经验丰富些。

表 5.24　国内运行的核电汽轮机

项目	核电厂名称							
	秦山二期（1号、2号）	秦山一期	大亚湾	岭澳一期	秦山三期	岭澳二期	秦山二期（3号、4号）	田湾
铭牌功率/MW	650	300	900	900	728	1 000	650	1 000
转速/(r/min)	3 000	3 000	3 000	3 000	1 500	1 500	3 000	3 000
供货商	哈尔滨	上海	法国	法国/东方	日本	法国/东方	哈尔滨	俄罗斯

一般来讲，相同的功率等级，半转速汽轮机组的重量是全转速机组的 1.3～1.5 倍，因此半转速汽轮机的材料消耗量要比全转速汽轮机多。由于半转速汽轮机的尺寸和重量比全转速汽轮机大，给制造、运输和起吊等方面都带来一定的难度，增大了投资。

半转速汽轮机尺寸和重量的增大，在土建方面可能会要求汽轮机房的尺寸适当增大，汽轮发电机组基础的平面和埋深尺寸增大，汽轮机房屋面标高也可能会加高，使土建方面投资相应加大。

在快速启动及负荷适应性方面，半速机也不及全速机。

全转速汽轮机的设计、制造技术已经非常成熟，国内几个大的制造厂都已经有自己完善的设计和制造体系，在技术上完全可以满足核电设计的要求。全转速汽轮机部件尺寸小、重量轻、便于运输和安装，目前国内制造厂现有设备都可以加工各种部件，国内厂家完全可以保证转子、汽缸等原材料的供应交货进度和质量要求。因此全转速汽轮机具有投资小、建设周期短、回报率快的特点。所以对于单机功率低于 1 000 MW 的核电汽轮机来说，全转速汽轮机是一个比较好的选择。对于地下核电厂 CUP600 堆型，参照秦山二期核电厂，拟选全转速汽轮机。

（2）汽轮机结构形式的选择

汽缸是汽轮机最重要的部件之一，也是汽轮机中重量最大，形状和受力状态最复杂的一个部件。核电汽轮机一般由 1 个双分流的高压缸和 2～3 个双分流的低压缸组成。

大功率机组末级长叶片发出的功率约占机组总功率的十分之一，随着核电汽轮机容量的不断增加，需要更长的末级长叶片来提高整个机组的效率和降低制造成本。对于现在已经运行的全转速核电汽轮机来说，末级叶片普遍不是很长，大亚湾和岭澳一期的末叶片长度为 945 mm，秦山二期的末叶片长度为 977 mm。虽然在火电机组上已经有更长的末叶片在运行，但核电的设计理念与火电有很大不同，安全性要求更高，所以全转速核电汽轮机叶片可选择的范围要小得多。因此，地下核电厂 CUP600 汽轮机结构形式参照秦山二期核电厂，末叶片长度拟取 977 mm。

（3）汽轮机主参数

综合以上对地下核电厂 CUP600 堆型汽轮机转速、汽轮机结构形式和末叶片长度的选取，参照已经运行多年的秦山二期核电厂，地下核电厂 CUP600 示范性概念设计初步拟选汽轮机主参数见表 5.25。

表 5.25　地下核电厂 CUP600 汽轮机主要参数

序号	项　目	单位	规格及主要参数
1	额定出力	MW	642
2	给水温度	℃	230
3	主汽门前蒸汽压力（绝对）	MPa	6.17
4	主汽门前蒸汽温度	℃	277.4
5	主蒸汽流量	t/h	3 696
6	凝汽器设计背压（绝对）	kPa	5.4
7	末级叶片长度	mm	977
8	再热级数	—	2
9	给水级数	—	3 高+1 除氧+3 低
10	汽轮机热耗	kJ/（kW·h）	9 972（最大保证工况）
11	额定工作转速	r/min	3 000

5.3.4　发电机

5.3.4.1　发电机系统组成

发电机及其辅助系统与常规火电厂发电机基本相同，包括发电机、励磁机及其水、氢冷却、供应系统和密封油系统等。发电机主要由转子、内定子、外定子、氢气冷却器等部件组成。定子线圈用水冷却，定子铁芯和转子线圈用氢气冷却。发电机系统组成如下：

（1）氢冷和水冷发电机，其定子铁芯和转子导体由氢冷却，定子导体和端子由水冷却。发电机能在氢气表压 0.3～0.6 MPa 带负荷运行。

（2）气体系统，用于安全地注入和排出冷却剂，并在运行时对冷却剂进行控制。

（3）密封装置和密封油系统，用于保证氢气在机壳内的良好密封度。该系统允许在氢气压力为 0～0.6 MPa（表压）情况下运行。

（4）定子水系统，在氢气压力为 0.3～0.6 MPa（表压）和规定的输出功率时，为发电机定子绕组提供足够的所需冷却水量。该系统可在氢压力和水压力之间维持恒定的压差，其数值在 0.3～0.6 MPa（表压）。在氢气压力为 0.3 MPa（表压）时，允许启动运行。

（5）励磁系统包括带有仪表滑环和电刷的旋转二极管励磁机、副励磁机、自动励磁调节器和带灭磁电阻的主励磁机磁场开关等。

（6）测量仪表及报警装置。

（7）轴接地系统，用于监测轴支承结构的绝缘情况。

5.3.4.2　发电机选型

地下核电厂 CUP600 的发电机组根据分析，采用三相交流隐极式同步发电机。发电机采用整体全封闭、内部氢气循环、定子绕组水冷却、定子铁芯及端部结构件氢气表面冷却、转子绕组气隙取氢气内冷的冷却方式。发电机定、转子绕组均采用 F 级绝缘。配有同轴无刷励磁机组和自动励磁控制系统及发电机氢、油、水控制系统。

CUP600 的发电机主要技术参数见表 5.26。

表 5.26　CUP600 发电机的主要技术参数

序号	项　　目		单位	规格及主要参数	数量
1	发电机	额定容量	MVA	722.222	
		额定功率	MW	650	
		额定电压	kV	20	
		额定转速	r/min	3 000	
		额定频率	Hz	50	
		功率因素		0.9	
		额定氢压（绝对）	MPa	0.5	
		相数		3	
		定子接法		YY	
		绝缘等级		F	
		噪声水平	dB（A）	≤90	

序号	项 目		单位	规格及主要参数	数量
2	发电机氢气冷却系统	氢气额定压力	MPa	0.4	
		冷氢气温度	℃	45	
		氢气纯度	%	98	
		额定漏氢量	m³/24 h	≤11	
		最大漏氢量	m³/24 h	12	
		机内容积	m³	110	
		氢气冷却器数量	台	2	
		冷却器压降	mmH₂O¹⁾	53.5	
		冷却水量	m³/h	732.8	
		冷却水进水温度	℃	38	
		冷却水温升	℃	47.6	
		氢气压力	MPa	0.45	
		气体温升	℃	21.1	
		总散热外表面积	m²	1 418	
3	定子绕组冷却系统	定子水泵		流量：170 m³/h 扬程：0.7 MPa	
		定子冷却器		换热面积：40 m²	2 台
		过滤器		流量：170 m³/h	2 台
4	无刷励磁系统				1 套
5	发电机本体控制系统				1 套

1）1 mmH₂O=9.806 65 Pa。

5.4　仪表与控制系统

地下核电厂采用与地面三代核电厂类似的全数字化仪表与控制系统（以下简称仪控系统），包括核岛、常规岛和全厂配套设施等部分。系统主要功能包括：在正常运行、预计运行事件和事故工况下，监测核电厂参数和各系统的运行状态，为操纵员安全有效地操纵提供各种必要的信息，并能自动地或通过操纵员手动控制将工艺系统或设备的运行参数维持在运行工况规定的限值内；在异常工况和事故工况下，触发保护动作，保护人员、反应堆和系统设备的安全，避免环境受到放射性污染。

5.4.1　设计要求

5.4.1.1　监测和控制方式

地下核电厂控制系统采用手动控制与自动控制相结合的整体控制方案。主要的监测和控制方式有三种。

（1）集中的监测控制：为了便于运行人员对生产过程的监视、控制和事故处理，整个核电厂，包括核岛、常规岛和全厂配套设施采用全厂集中监测控制。通过设置在主控室里的监测和控制设备，可实现核电厂的启动、停闭、正常运行和异常工况或事故工况的处理。只要核电厂计算机信息和控制系统正常，对机组的控制都是通过计算机化的操纵员工作站进行，这包括机组的启动、停堆、正常的功率运行、预期设计瞬态以及各种事故工况。紧急情况下（如正常运行计算机信息和控制系统故障），操纵员可通过后备盘及安全级监控设施或维持机组正常运行 2～4 小时，或将核电厂带入安全停堆状态。在主控室不可用的情况下，在主控室外的适当地点还设有远程停堆站，从这里可实现热停堆，并在就地控制的配合下，实现冷停堆且可长期维持。

（2）分散、成组的监测控制：这类监测控制设备安装在专用的电气房间内，从这里可以对某些生产过程进行就地的集中监测控制。对于满足以下条件的装置或系统可采用就地集中监测控制：与机组总的运行关系不大的、要求操作人员经常在场的以及具有足够的重要性的。在必要情况下，这些就地控制室的某些信息送往主控制室进行显示。

（3）就地监测和控制：这类监控设备是就地设置的，一般与机电设备在同一房间内，从控制台或机柜直接进行监测和操作。就地监测或控制适用于下述情况：其运行与机组总的运行关系不大，并且不需要操作人员频繁干预的设备和系统，只有在机组停闭时才使用或在外部紧急情况下偶尔使用的设备或系统，局部的监控设备，启动前的准备和停机后的处理。

5.4.1.2　系统设计原则

地下核电厂仪控系统设计需遵从以下原则。

（1）单一故障准则：采用四个冗余的保护测量通道，两个冗余的保护逻辑处理系列的结构，满足单一故障准则。对某个执行机构而言，它可能会接受不止一个的控制命令，来自紧急操作设备的控制命令和来自保护系统的自动命令一样，具有最高的安全级别。

（2）纵深防御要求：仪控系统根据核电厂安全性目标设计，满足核电厂纵深防御的策略，即：在正常运行和正常运行瞬态时，由核电厂控制系统进行调节来使核电厂恢复正常运行；当发生预期设计瞬态事件时，由保护系统触发执行安全功能；当发生设计基准事故时，由保护系统触发执行安全功能；当发生严重事故时，考虑严重事故措施以降低堆芯熔化和限制放射性后果。

（3）仪控系统的多样性设计：数字化保护系统采用多样性设计，防止软硬件共模故障造成的影响。当数字化保护系统由于共模故障而导致失效，则由多样化保护系统执行相关的功能。此外，还保留了手动触发停堆和专设动作的系统级命令，该手动触发与自动触发所共用的部件应尽可能少。

（4）可靠性要求：系统误停堆率每年不大于 1 次，系统拒动概率不大于 10^{-5}，全厂数字化系统的设计目标为可利用率大于 99.99%（平均修复时间为 4 小时）。安全级仪控系统满足单一故障准则，保证它的可靠性。非安全级仪控系统，通过功能分组以及冗余、容错等措施，尽量减少单个故障对整个系统的影响。为提高整个仪控系统的可用性，核电厂主要人机接口，即核电厂计算机信息、控制系统配置和供电考虑冗余，任一单一故障不会导致该系统全部功能的丧失。

5.4.1.3 操纵员干预核电厂运行的程度

在反应堆启动过程中，操纵员采用手动控制。

在稳态运行期间，反应堆棒控系统自动调节并维持额定满负荷运行，操纵员主要通过主控室内操纵员站和大屏幕显示器，监视核电厂的运行工况，并可通过操作站对核电厂进行控制，后备盘可作为正常运行核电厂计算机信息和控制系统故障时的后备。

正常停堆由操纵员手动操作来完成。正常停堆是指反应堆从某个功率降至热停堆状态以及由热停堆状态转换到冷停堆状态。

事故情况下，一般由保护系统动作，使反应堆功率降到热停堆状态。各种安全动作是自动完成的，以便在预计运行事件或设计基准事故开始的一段合理的时间内，不需要操纵员的干预。此外，操纵员能够获取足够的信息以监视自动动作的效果。

5.4.2 仪控系统总体结构

5.4.2.1 安全分级

系统分为安全级和非安全级。安全级仪控系统主要包括反应堆保护系统、紧急停堆装置、专设安全设施逻辑控制系统、专设安全设施的支持系统、事故后监测系统。除上述系统或设备之外，其余的仪控系统或设备属于非安全级。在非安全级仪控系统中，有一些系统或设备执行的功能是对安全重要的，因此根据设备的功能和特性，设备的设计、制造、检查和安装应满足某些特殊要求（如抗震）。

5.4.2.2 系统结构

系统的结构按功能分为四层：工艺系统接口层、自动控制和保护层、操作和管理信息层、全厂技术管理层。

工艺系统接口层为与工艺设备的接口设备，主要功能是检测工艺设备的参数，根据自动化系统来的控制指令，控制工艺过程，提供控制工艺设备电源等。本层主要由传感器、执行器及供电和功率放大部件等现场设备组成。

自动控制和保护层主要完成下列功能：数据采集、信号预处理、逻辑处理、控制算法运算、产生自动控制指令、通信等。该层主要由安全级的保护和安全监视系统、非安全级控制和监视系统、专用仪控系统、三废处理控制系统组成。

操作和管理信息层执行的任务包括信息支持、诊断、工艺信息和操纵员动作的记录，以及通过操作设备对机组进行控制。主要包括主控室（包括核电厂计算机信息和控制系统、后备盘、硬接线等）、技术支持中心、远程停堆站等处的人机接口设备。本层提供与全厂管理网，应急指挥中心的通讯接口，信息的传输通常是单方向的。

全厂技术管理层主要负责整个核电厂的营运管理，通过网络接口设备接收核电厂的一些必要的信息，使管理者对核电厂的状况有所了解。全厂技术管理层的一体化操作和信息管理网通过网关与全厂或远程网络等设备相连，把核电机组运行的主要信息提供给厂内、外有关单位或部门，例如：上级管理机关、国家应急中心或有关安全当局、核电厂管理信息系统，用于监督管理机组及全厂设备的运行状况，但不直接控制和操作机组设备。

5.4.2.3 功能分组的原则

仪控系统在设计过程中需要对系统功能进行分区分组。功能分组是根据工作原理和工艺过程进行的，将工艺过程分为六个功能区，每个功能区下再分功能组。功能分组的原则是将完成同样功能的处理分在同一功能组里，以尽量减少通过网上进行交换的数据量，同时各个功能组功能相对独立，可以方便系统的调试、安装，以及机组的启动、停机和正常的功率输出。该功能分组还用于指导过程控制机柜的信号分配和组态，以及主控室人机界面的设计。

5.4.2.4 仪控系统网络

对于安全级的数据通信网，其功能模块的硬、软件必须经过核安全级的鉴定，选用有成熟应用经验的产品。一体化操作和信息管理网、过程控制系统网、三废处理控制系统网以及公用网都是非安全级的网络。但根据它们的不同作用采取不同的技术。对于过程控制系统网络，应满足过程控制实时性的要求；对操作和信息管理网必须满足大量数据传输的特性。在需要电气隔离、抗干扰或远距离传输的环境下，尽量选用光缆。

5.4.3 仪控系统的气源和电源

仪控系统所用气源的可用性与所供系统的可用性要求一致。对于具有冗余度的系统的气源也须具有相应的冗余度，并满足所要求的独立性准则。为确保仪表和控制用压缩空气的可靠性，气源必须经过去油、除水、除尘、干燥等空气净化处理，并应保证持续不断的供气，当正常空气压缩机停运时，核岛还备有应急压缩机，应急压缩机失效时，备有储气罐确保反应堆冷停堆过程中 24 小时的正常运行。

仪控系统主要电源包括正常、应急交流电源以及直流和不间断电源。用电设备的供电设计满足可用性和安全的要求。供电系统由变压器、中压配电装置、应急柴油发电机、配电变压器、低压配电装置、直流电源装置（包括充电器、蓄电池组、配电装置）、不间断电源（UPS）（包括逆变器、旁路调压变压器和配电装置）以及电缆、贯穿件、连接件（包括接线箱和转换箱）等组成。

5.4.4 仪控设备总体布置

仪控设备总体布置设计主要考虑保障运行人员的安全和执行核电厂安全功能设备的安全。仪控系统的总体结构采用数字化的分布式控制系统，通过操作员工作站结合紧急操作装置对机组进行控制。当数字化设备发生故障时，通过后备盘维持 2～4 小时，必要时将核电厂带入安全停堆状态。考虑到火灾等原因造成主控制室不可用的情况，在适当地点设置应急控制室。考虑到人员撤离、防火、通风等条件限制，主控制室、应急控制室放在地面厂房，而不进入山洞布置。三废处理等就地控制室布置在山洞内。由于地下核电厂的厂房布置特点带来信号传输距离变长，对于较弱的仪表信号采用前级放大方式以满足传输距离要求。

为满足上述要求，主要从以下几个方面考虑。

（1）电气隔离和实体隔离：为满足安全级电气设备和电路的独立性准则的要求，在设计时遵循以下原则：A 列与 B 列设备应布置在不同的房间，不同保护通道的设备应布置在不同的房间，安全级与非安全级设备之间应保持足够的距离分隔。

（2）电缆通道和敷设：测量、控制及低压与中压电缆位于不同的托盘，彼此间保持一定的空间距离，避免动力电缆对测量和控制信号产生干扰。光纤电缆可以与控制和测量电缆共用托盘，但尽量采用加隔板的形式，保护光纤电缆免受挤压，遭到机械损伤。四个保护组、事故后监测信号以及 A/B 列电缆都分别敷设在不同的电缆通道内，同时保证冗余通道、A/B 列电缆通道之间是互相隔离的。在无法保证隔离间距的地方，局部采取适当的保护措施，以避免共模灾害的影响。对于连接地面和地下设备的电缆，在电缆桥架设计和电缆敷设方面还应考虑一定的加固和防护措施。

（3）核电厂正常运行和设计基准事故下的环境条件：安装仪控设备的房间正上方或设备周围不应布置有蒸汽和水管道系统或水溶液储罐。如果有通风管道或一些其他管线经过仪控设备上方，应考虑管道保温、隔热、密封、防火等。应控制仪控设备间的环境温度及相对湿度，保持清洁，注意防尘，以满足设备的工作环境条件要求。

（4）设备的可接近性：设备布置设计应使设备容易接近，以便进行预防性维修、计划外维修或保养以及在役检查。人员的流动和设备的运输通道也应予以考虑。设备布置应确保有足够的拆卸包装场地、设备易拆卸、人员易接近设备维修区。

（5）内部及外部灾害所带来的影响：设备布置设计时应考虑内部灾害，如火灾、水淹、温度变化等；外部灾害考虑如管道破裂、飞射物等所带来的影响。采取适当措施，如地理位置上的分隔，实体分隔，或防护罩等，将灾害仅限于一个安全系列。安全级仪控设备及一些有抗震要求的仪控设备必须满足安全停堆地震的要求。

5.5　供排水系统及水工建（构）筑物

地下核电厂将涉核建筑物布置在地下，利用山体围岩的屏蔽作用，提高核电厂应对超基准事故的能力，地下核电厂的工艺原理与地面核电厂没有发生本质的变化，仅因厂房相对位置的调整，进行了适应性的修改设计。工程的供排水系统主要工艺也与常规地面核电厂基本一致。

5.5.1　取水建筑物

取水建筑物主要由取水口、取水隧洞等组成。根据工程总体布置方案、厂址地形地质条件，以及建筑物的特点，布置时考虑如下原则：

（1）工程布置与核电厂总体规划设计要求一致，满足核电厂安全用水和循环冷却用水等要求，结构及使用功能上安全、可靠；

（2）取水口流态应较平稳，防止形成回流或旋涡；

（3）取水口布置应尽量使洞线最短，满足洞内水流条件，且施工方便，便于机械化施工；

（4）应选择地质条件较好区段布置取水口与隧洞，尽可能避开对隧洞不利的工程地质和水文地质条件的区段；

（5）平面布局应紧凑合理，有利于工程施工、设备安装、运行管理等。

取水口底部高程依据河流最枯水位、淤积高程等确定，顶高程依据取水口建筑物检修水位确定。为减小取水口建筑物规模，在不影响建筑物功能和安全的前提下，选择较低的检修水位。取水口建筑物顺水流向依次布置检修闸门和拦污栅，以便于取水建筑物检修，以及防止漂浮物进入隧洞。参考工程经验，闸门孔口流速与过栅流速一般小于 0.5 m/s。取水口交通道路还需与对外交通、厂内交通结合，以方便运行和检修。

取水隧洞由取水口连接至循环水泵房，一般采用圆形断面，隧洞内水流速度一般为 1～2 m/s。

5.5.2 供水泵房

供水泵房主要包括循环水泵房、厂用水泵房等，均布置在地面厂区靠江侧。泵房的设计使用年限为 60 年，根据《核电厂抗震设计规范》，供水泵房为核安全级设计，归为 I 类物项，按规范要求进行抗震设计。

泵房上部地面厂房为独立基础的排架结构，下部泵池采用竖井与取水隧洞连接，在取水隧洞出口布置流道滤网，以及滤网的清洗、检修设备。

5.5.3 冷却塔

地下核电厂如布置在内陆，为节约用水、减少核电厂余热对内陆河流生态的影响，并减少后期运行维护费用，核电厂的循环冷却水系统多采用双曲线型自然通风冷却塔。对于CUP600 机组，单堆一般布置 1 个冷却塔，其底边直径约 160 m，高度约 230 m。

冷却塔由集水池、支柱、塔身和淋水装置组成。集水池布置在地面下 1.5 m 深的圆形水池，运行中根据蒸发量进行连续补水。

斜支柱为通风筒的支撑结构，在空间为双向倾斜，几何形状采用"X"形柱，主要承受自重、风荷载和温度应力，截面采用矩形。基础主要承受斜支柱传来的全部荷载，按其结构形式一般有环形基础和单独基础。

塔身采用钢筋混凝土制造，为双曲线形的薄壁空间结构，不设肋、梁、柱结构，以利于自然通风。冷却塔通风筒包括下环梁、筒壁、塔顶刚性环三部分。下环梁位于通风筒壳体的下端，风筒的自重及所承受的其他荷载都通过下环梁传递给斜支柱，再传到基础。筒壁是冷却塔通风筒的主体部分，为高耸薄壳结构，壳体的形状、壁厚设计，主要考虑承受自重、风荷载、温度荷载，以及结构的屈曲稳定等。塔顶刚性环位于壳体顶端，为筒壳在顶部的加强结构，以加强壳体顶部的刚度和稳定性。

淋水装置是使水蒸发散热的主要设备。运行时，水从配水槽向下流淋滴溅，空气从塔底侧面进入，与水充分接触后带着热量向上排出。冷却过程以蒸发散热为主，小部分为对流散热。

5.5.4 排水建筑物

排水建筑物主要为将厂区的地下水、地表水、生产生活废水等进行系统有序的导截、收集、处理、排放，主要建筑物包括排水洞、排水沟、废液收集池、净化站、污水处理中心等，按部位可分为地下厂房排水和地面厂房排水。

（1）地下厂房排水：核岛地下厂房洞室群的四周布置多层排水洞，各层排水洞之间布置间距 3 m 的排水孔，上下层排水孔相互搭接，形成封闭的排水幕，以排走山体周边渗入的地下水；在反应堆厂房洞室外围及底部布置防渗帷幕及排水幕，帷幕及排水幕由多层帷幕排水洞及洞内钻设的上下相互搭接的帷幕及排水幕组成，防渗帷幕设在外侧，排水幕设置在内侧，以拦截排走反应堆厂房可能渗出的放射性废水；各地下厂房洞室岩壁布置系统排水孔，各排水孔孔口采用排水管进行串行连接，形成洞壁周边的排水管网，以排走厂房洞壁渗出的地下水；针对各地下厂房运行特点，有针对性地设置排水沟、排水管等，将可能产生的废水进行收集。上述四种排水措施，分部位和分高程将可能产生的地下水、废水有序地导入废液收集池，并根据废水是否带有放射性，将废水进行分区收集和处理，处理思路为：无污染的地下水可直接抽出排放；可能被污染的废水，先进行监测判别，确定含放射性的应进行处理，达标后排放；确定收集的为高放射性污水，需单独设置收集池，进行专门的监测及采取专门的处理措施，并由净化站重点处理；对于重度污染水，应处置暂存。

（2）地面厂房排水：在地面厂区周边开挖的边坡外围布置截水沟，以拦截周边汇入的地表水；在地面厂区周边开挖的各级边坡布置坡面排水孔，并在各级边坡的马道布置排水沟，以拦截坡面汇入的雨水以及坡面渗出的地下水；厂区周边布置排水沟，以收集排走雨水；针对各地面厂房运行特点，有针对性地设置排水沟、排水管等，将可能产生的废水进行收集。边坡及地表收集的雨水与地表渗水，为非放射性水，收集后进行监测，对环境无影响则可直接排放，地面厂房生产运行产生的废水，应根据废水特点，对自然环境有影响的，经净化站或污水处理中心，处理达标后排放。

第6章 核岛洞室群稳定分析

6.1 洞室群成洞可行性

三种地下核电洞室群布置方案中，环形布置方案的洞室数量、单洞跨度、洞室规模均是最大的，在工程类比洞室群成洞可行性上具有代表性。

6.1.1 主要影响因素

针对地下核电厂洞室群的布置形式及地形地质条件，结合我国水电站地下厂房洞室群建设中的工程经验，影响地下核电洞室群成洞的主要因素有：

（1）地下核电厂洞室群规模庞大，呈环形集中布置，局部挖空率高。单堆地下洞室群由反应堆厂房洞室等6大主洞室组成。若4台机组平行布置，则由24个主洞室及附属交通、施工、通风等支洞组成，洞室群规模巨大。且各附属洞室环绕核岛洞室群布置，洞群扎堆布置，局部挖空率高。

（2）主洞室尺寸大。采用CUP600堆型，反应堆厂房洞室直径46 m，高87 m，规模大于国内已建的锦屏一级水电站尾水圆筒形调压室（直径 41 m）。核辅助厂房洞室采用城门洞型，跨度37 m，高53 m，跨度大于三峡、向家坝等地下主厂房洞室。

（3）厂址的地质条件。地下洞室开挖中，洞周围岩是应力扰动的主要承载结构，初始地应力场是围岩扰动的主要荷载。因此，洞周岩体的质量和初始地应力场对洞室群的成功开挖有重大影响。

地下核电厂洞室群的建设规模和洞室尺寸均处于我国地下洞室群建设的高水平，需针对上述各影响因素，结合我国水电站地下厂房洞室群的建设实践经验，类比分析其成洞可行性。

6.1.2 洞室群规模对比分析

地下核电厂4台机组布置的洞室群与水电站地下厂房洞室群规模比较，见表6.1。

表6.1 地下核电与水电站地下厂房洞室群规模比较

工程名称	洞室数量	主洞尺寸/m	埋跨比	厚跨比	厚高比	围岩类别	地应力/MPa
地下核电	24	圆筒形，直径46，高87	3.3	1.1	0.57	Ⅲ类以上	约6
水布垭	15	城门洞形，L=168.5，B=23.5/20.1，H=65.47	4.5	—	—	Ⅱ～Ⅳ类	8.5～11
彭水	18	城门洞形，L=252.0，B=30/28.5，H=78.5	3.7	—	—	Ⅱ、Ⅲ类	11.2～12.25

工程名称	洞室数量	主洞尺寸/m	埋跨比	厚跨比	厚高比	围岩类别	地应力/MPa
三峡地电	21	城门洞形，L=311.3，B=32.6/31.0，H=87.3	1.04	—	—	I、II类	11～14
构皮滩	16	城门洞形，L=230.45，B=27/25.3，H=73.32	10.1	1.4	0.4	II类为主	10～13
功果桥	13	城门洞形，L=175，B=27.4/25.2，H=74.45	2.9	1.82	0.54	III类	10～15
鲁地拉	20	城门洞形，L=269，B=29.2/27，H=75.6	4.8	1.9	0.6	III类	19～23
拉西瓦	18	城门洞形，L=311.75，B=30/27.8，H=74.84	7.7	1.68	0.66	III类	6.5～8.3
糯扎渡	20	城门洞形，L=418，B=31/29，H=81.6	5.8	1.83	0.56	II类	16～20
溪洛渡	48	城门洞形，L=443.34，B=31.9/28.4，H=75.6	10.7	1.84	0.63	II类	20～35
二滩	17	城门洞形，L=280.29，B=30.7/25.5，H=65.38	9.7	1.5	0.57	II类	
小浪底	18	城门洞形，L=251.5，B=26.2，H=61.44	2.7	1.6	0.53	II类下	约12
龙滩	26	城门洞形，L=398.5，B=30.7/28.9，H=76.4	3.6	1.7	0.56	II、III类	18～35.7
锦屏一级	18	城门洞形，L=276.4，B=28.9/25.6，H=68.8	5.9	1.87	0.65	III类	25～35
官地	14	城门洞形，L=243.44，B=31.1/29，H=76.3	5.9	1.97	0.64	II、III	11.4～22.2
大岗山	13	城门洞形，L=226.58，B=30.8/27.3，H=73.78	11.7	1.92	0.64	II、III	21.1～27.3
瀑布沟	17	城门洞形，L=294.1，B=30.7/26.8，H=70.1	7.2	1.75	0.63	I、II	约5.62

说明：水电站地下厂房洞室群洞室数量主要包括：主厂房、主变洞、尾调室、母线洞、引水洞、尾水管、尾水洞；埋跨比指洞室最小埋深与最大跨度之比；厚跨比指洞间岩体厚度与平均跨度之比；厚高比指洞间岩体厚度与洞室高度之比。L 为长度，H 为高度，B 为宽度，B=岩锚梁以上/岩锚梁以下。

从洞室数量看，4 台机组平行布置的地下核电洞室群主要由 24 个洞室组成，而水电站地下厂房洞室群一般由 20～30 个洞室及大断面隧洞组成，两者基本处于同一水平；从洞室群的埋跨比看，按照埋深 150 m（100 m 的上覆岩体+50 m 的风化带）估算，地下核电为 3.3，水电站地下厂房洞室群自 1.04～11.7 均有分布；从洞室群的厚高比看，地下核电为 0.57，水电站地下厂房洞室群自 0.4～0.66 均有分布；从洞室群的厚跨比看，地下核电为 1.1，较水电站地下厂房洞室群最小 1.4 略小，这主要受制于核岛工艺性要求，洞室间距不宜过大。但地下核电洞间岩体较薄处位于反应堆厂房与核辅助厂房之间，而反应堆厂房为圆筒形结构,受力条件较好,核辅助厂房高 53 m,长 67 m,较水电站三大洞室小很多。因此,从洞室群规模的各项指标看,地下核电洞室群与水电站地下厂房洞室群基本处于同一量级,地下核电洞室群的建设规模在我国地下洞室群建设的实践范围内。图 6.1 和图 6.2 分别为地下核电厂洞室群和三峡地下厂房洞室群示意图。

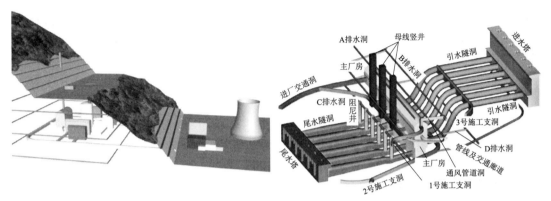

图 6.1　地下核电厂洞室群　　　　　图 6.2　三峡地下厂房洞室群

6.1.3　单洞规模对比分析

从单洞室规模看,地下核电厂洞室群最大单洞为反应堆厂房洞室,采用圆筒形结构,CUP600 机组所需洞径 46 m、高度 87 m。与已开挖完成的锦屏一级圆筒形尾水调压室(洞径 41 m,高度 79.5 m)处于同一规模,比已进行了深入研究的白鹤滩推荐方案圆筒形尾水调压室(洞径 49 m,高度 105 m)、三洞方案圆筒形尾水调压室(洞径 62 m,高度 114 m)规模小,总体上洞室规模处于同一水平,工程实践和理论研究方面均有成熟经验。

核辅助厂房洞室采用城门洞型,跨度 37 m,高 53 m,在我国水电工程中,跨度超过 30 m、高度超过 80 m、长度超过 200 m 的大型城门洞型地下厂房有较成熟的设计及施工经验可供借鉴。与其他领域地下洞室相比,最大 37 m 的洞跨较已建的地下机库(跨度 55 m)、体育馆(跨度 61 m)、矿洞(跨度 70 m)要小。

因此,上述洞室的规模基本在地下工程的实践范围内,不会成为建设地下核电厂的制约因素。部分大型地下洞室的工程实例见表 6.2。

表 6.2　国内外大型地下洞室的主要工程实例汇总

国家	工程名称	洞室用途	开挖跨度/m	开挖高度/m	开挖长度/m	岩性	埋深/m	现状
中国	彭水	主厂房	30	78.5	252	灰岩	130~140	建成
中国	瀑布沟	主厂房	30.7	70.1	294.1	花岗岩	220~360	建成
中国	龙滩	主厂房	30.7	76.4	398.5	砂岩	107~258	建成
中国	大岗山	主厂房	30.8	73.78	226.58	花岗岩	325~400	建成
中国	糯扎渡	主厂房	31	81.6	418	花岗岩	50~120	建成
中国	官地	主厂房	31.1	76.3	243.4	玄武岩	244~420	建成

国家	工程名称	洞室用途	开挖跨度/m	开挖高度/m	开挖长度/m	岩性	埋深/m	现状
中国	溪洛渡	主厂房	31.9	75.6	443	玄武岩	450	建成
中国	三峡地电	主厂房	32.6	87.3	311.3	花岗岩	34	建成
中国	向家坝	主厂房	33.4	85.5	255	砂岩	110~220	建成
中国	白鹤滩	主厂房	34	86.7	438	玄武岩	350~450	可研
中国	锦屏一级电站	圆筒形尾水调压室	D41/D37	79.5	—	大理岩	180~350	建成
中国	白鹤滩（三洞方案）	圆筒形尾水调压室	D56~D62	约114 m	—	玄武岩	295~520	可研
中国	白鹤滩（推荐方案）	圆筒形尾水调压室	D42~D49	约105	—	玄武岩	295~520	可研
挪威	Gjøvik 奥林匹克厅	地下体育场	61	25	—	片麻岩	25~50	建成
芬兰	Vihanti 矿	矿洞	40	525	—	白云岩	656	建成
挪威	Joma 铜矿	矿洞	70	66	—		约300	建成
挪威	Skorovass 铜矿	矿洞	65	45~50	—	绿岩	60~120	建成
美国	Carlsbad 国家地下试验室	核物理试验洞	D50	60	—		约1 000	规划
美国	DUSEL 地下科学与工程实验室 UNO	深埋试验洞	60			复合沉积岩和火山岩	1 500	规划

6.1.4　厂址地质条件对比分析

　　厂址地质条件对洞室群围岩整体稳定的影响主要体现在初始地应力场和岩体质量。初始地应力场释放是洞室群开挖围岩扰动的主要荷载，对地下洞室群围岩稳定影响较大。从厂址岩体的地应力量级看，地下核电洞室群一般埋深100~200 m，按照自重应力场估算，地应力为3~6 MPa，属于低地应力场。目前我国建设的水电站地下厂房洞室群一般位于崇山峻岭之中，受河谷下切作用影响，构造应力一般较大，地应力量级大多在10 MPa以上，属中高地应力场（见表6.1）。且地应力释放对水电站常用的城门洞形洞室结构影响较大，而对地下核电最大的反应堆圆筒形洞室结构影响较小。因此，地下核电洞室群开挖地应力量级不是洞室群成功开挖的制约因素。部分大型地下洞室与地下核电厂洞室埋深对比如图6.3所示。

　　从厂址的岩体条件看，已建水电站地下厂房厂址的岩体质量一般在Ⅲ类及以上，而地下核电洞室群一般选址于Ⅲ类岩体以上的区域，两种洞室群开挖的岩体条件基本处于同一量级。借鉴水电站地下厂房洞室群的开挖实践经验，地下核电洞室群建设于变形模量10 GPa，抗压强度60 MPa以上的岩体中（见表6.3），应能保证地下核电洞室群围岩整体稳定。

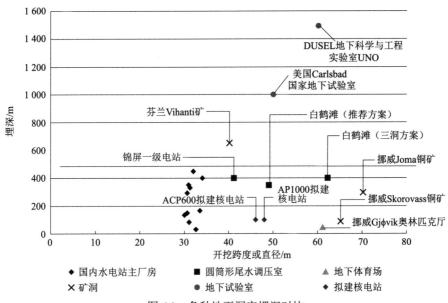

图 6.3　各种地下洞室埋深对比

表 6.3　部分水电站地下厂房洞室群围岩力学参数

工程名称	围岩类比	岩性	变形模量/GPa	泊松比	抗压强度/MPa
水布垭	Ⅲ类以上	灰岩、页岩	15～20	0.25	60～65
彭水	Ⅱ～Ⅳ类	灰岩	20～25	0.28	60～80
三峡地电	Ⅱ、Ⅲ类	花岗岩	35～45	0.2	90～110
构皮滩	Ⅰ、Ⅱ类	灰岩	25～30	0.25	70～80
功果桥	Ⅱ类为主	砂岩、板岩	8～10	0.25	40～60
鲁地拉	Ⅲ类	砂岩	8～10	0.25	60～100
拉西瓦	Ⅲ类	花岗岩	15～28	0.23	80～130
糯扎渡	Ⅲ类	花岗岩	25～30	0.25	96～160
溪洛渡	Ⅱ类	玄武岩	17～26	0.25	
二滩	Ⅱ类	正长岩、灰长岩	35	0.17	
龙滩	Ⅱ类下	砂岩	13～20	0.25	40～80
锦屏一级	Ⅱ、Ⅲ类	大理岩	8～15	0.25	45.8～93
官地	Ⅲ类	玄武岩	5～10	0.3	
瀑布沟	Ⅱ、Ⅲ	花岗岩	27～30	0.23	80～220

6.1.5　洞室群施工条件对比分析

从洞室开挖条件及技术难度看,地下核电洞室群相对独立,选址要求在Ⅲ类以上完整的岩体中,围岩性状较好;选址于地下水位低、岩体抗渗性能好的区域,防排水措施简易;

地下核电厂一般埋深较浅，初始地应力小，围岩开挖扰动范围较小；地下核电厂各主洞室一般布置于同一高程，无空间交错布置，开挖施工相互影响较小；由于其洞室群兴建地质条件好、地应力低，采用喷锚支护措施应可有效控制其围岩稳定。地下核电厂与水电站地下厂房的技术对比见表 6.4。

表 6.4 地下核电与水电地下厂房围岩稳定技术特征比较

特征	地下核电洞室群	水电站地下厂房洞室群
地形地貌	选址受场地限制小，可布置于平原、丘陵、山区等地形，一般布置于丘陵地区的山体内	大型水电站受坝址、梯级规划限制，洞室群布置可选范围相对较小，一般布置于陡峻的山体内
地质岩性	地下洞室群相对独立，布置灵活，一般选择地质条件稳定，地质构造不发育，岩石较好，岩体完整的山体内	受坝址及场地布置限制，洞室群赋存岩体可选范围较小。岩溶、断层、软弱夹层等地质薄弱段避让较为困难
地下水	选址时，尽量避让渗透性大、地下水位高的山体	受附近水库影响，地下厂房防水排水处理难度大，施工技术要求高
地应力	地下核电一般埋深在 100~200 m，地应力水平不会太高	受坝址限制，洞室群一般位于崇山峻岭之中，部分工程地应力水平高。锦屏等因高地应力，岩爆问题突出
地震	选址时，可避让基本烈度为高地震烈度的地区	受坝址、梯级规划限制，洞室群地震烈度随坝址确定。部分地下厂房位于高地震烈度区
洪水	在选址时就避开行洪路线及可能发生次生灾害的区域，有利于防洪安全	部分位于坝址下游河道旁，不得不直接经受行洪和可能的次生灾害的考验
施工技术	可选择地质条件好、地应力低的区域，采用喷锚支护措施，可保障洞室群围岩稳定，施工难度小	地质条件差，地应力高有时是不可避免的，需采取特殊措施保证洞室稳定，且洞室相互干扰大，施工技术难度大

6.1.6 小结

受地下核电洞室群布置形式的限制，影响其成洞的关键因素主要有：① 洞群规模大、局部挖空率高；② 核反应堆洞室、核辅助厂房洞室跨度大；③ 洞室间距与平均跨度比相对较小，仅为 1.09。

结合水电站地下厂房洞室群的开挖实践经验，针对影响地下核电洞室群成洞的主要因素，进行了工程类比分析。结果表明：① 地下核电洞室群的规模与水电站地下厂房洞室群处于同一规模。地下核电洞室群的初始地应力场为中低地应力，比大多数水电站地下厂房洞室群的地应力量级小。地下核电洞室群选址于 Ⅲ 类岩体以上的区域，岩体变形模量 10 GPa，抗压强度 60 MPa 以上，应该能保证洞室群的成功开挖。② 核岛反应堆洞室与已开挖完成的锦屏一级圆筒形尾水调压室处于同一规模，较论证可行的白鹤滩圆筒形尾水调压室规模小，处于我国地下工程的实践范围内。③ 地下核电选址相对灵活，建设条件一般较水电站地下厂房洞室群好，目前我国施工开挖技术手段能保证洞室群的成功开挖。

6.2 影响洞室群围岩稳定主要因素分析

地下洞室群围岩稳定可分为整体围岩稳定和局部围岩稳定，两者相互关联。一般情况下，洞室群整体围岩稳定主要受岩体质量、初始地应力场、洞室群布置等因素影响；局部围岩稳定主要受岩溶、断层、不利结构面、关键块体等局部地质薄弱带，施工开挖，洞室交口处理等因素影响。随着我国水电站地下厂房洞室群的大规模兴建，在断层、不利结构面、不稳定块体、软岩、岩溶等局部地质薄弱带的工程处理方面积累了丰富的经验，能解决地下核电洞室群的局部围岩稳定问题。

三种地下核电洞室群布置方案中，L 形布置方案在有利于厂址选择、简化地下工程布置及连接、改善洞室开挖施工条件、减小施工干扰等方面略优。本小节以 L 形布置方案为代表，采用数值模拟方法对岩体质量、初始地应力量级、洞室间距等进行敏感性分析，研究地下核电洞室群整体围岩稳定的基本条件，分析有支护开挖中地下核电洞室群的稳定特性。计算理论采用弹塑性损伤有限元法。

6.2.1　岩体力学参数对地下核电洞室群围岩稳定影响分析

6.2.1.1　计算条件

（1）计算模型

建立单台机组的地下核电洞室群有限元模型，包括反应堆厂房洞室、组合洞室、电气厂房洞室、卸压洞，及主要的施工交通管线廊道。模型在水平面内以反应堆洞室中心点为原点，X 轴指向电气厂房中心为正，Y 轴指向燃料厂房中心为正。模型范围距离反应堆厂房中心约 300 m，其中 X 自–358.0～303.0 m，Y 自–281.0～333.0 m。模型 Z 轴与大地坐标系重合，高程–17～440.0 m。模型全部采用六面体八节点单元划分，共划分单元 56 214，节点 59 472。

洞室开挖有限元模拟计算中，对模型底部全约束，模型四周法向约束，模型顶部为自由山体表面（如图 6.4 所示）。

根据施工开挖布置，模型开挖共分三期，各洞室自上而下毛洞开挖（如图 6.5 所示）。

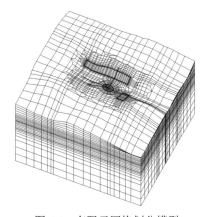

图 6.4　有限元网格划分模型　　　　　图 6.5　洞室群开挖模型

（2）初始地应力

洞室群平均埋深 90 m，最小埋深 70 m。采用自重地应力场，侧压力系数取 1.5。洞室群周围岩体第一主应力–2.98～–7.61 MPa（如图 6.6 和图 6.7 所示），第三主应力–1.99～–5.08 MPa。

（3）计算工况

根据一般工程灰岩的岩体分类及力学参数，初步拟定四种工况（见表 6.5）。

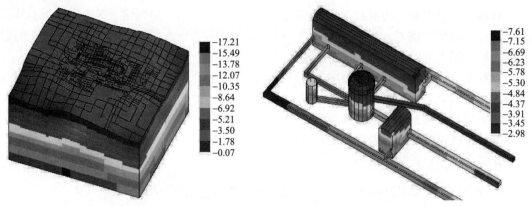

图 6.6　整体模型第一主应力　　　　　　图 6.7　洞室群开挖区第一主应力

表 6.5　L 型地下核电洞室群岩体参数敏感性分析

工况	围岩类别	地层岩性	岩体结构	变形模量/GPa	泊松比	抗剪强度		内摩擦角/(°)	单轴饱和抗压强度/MPa
						C/MPa	f		
一	Ⅱ		巨厚层状	15	0.22	1.15		49	85
二	Ⅲ1	灰岩	中厚层～厚层状	12	0.22	1.05		46	70
三	Ⅲ2		薄层～中厚层状	8	0.24	0.8		40	60
四	Ⅳ1		极薄层状	4	0.35	0.6		29	40

6.2.1.2　结果分析

（1）洞周围岩破坏区分布规律分析

统计洞室群开挖完毕后，各工况破坏体积如图 6.8 所示，总耗散能如图 6.9 所示。从洞周围岩破坏区总体积看，工况一最小为 80 021 m³，工况四最大为 658 231 m³。工况一与工况二基本处于同一量级，均约 100 000 m³，工况三与工况四相对较大；从洞周围岩耗散能看，工况一最小为 313 t·m，工况四最大为 30 428 t·m。工况一与工况二基本处于同一量级，均在 500 t·m 以下，工况三与工况四相对较大。从图 6.8、图 6.9 亦可以看出，工况二处于拐点部位，工况三、工况四洞周破坏体积和耗散能均显著增加。

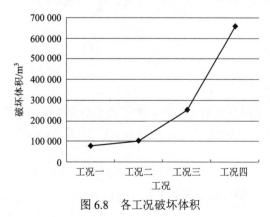

图 6.8　各工况破坏体积

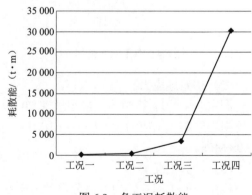

图 6.9　各工况耗散能

统计洞室群开挖完毕后，各工况洞周破坏区深度见表 6.6 及图 6.10，破坏区分布如图 6.11 所示。工况一开挖完毕后，反应堆厂房洞室顶拱无开裂区，塑性区深度最大 1.0 m，边墙无开裂区，大部进入塑性区，深度最大 1.2 m。组合洞室顶拱无开裂区，塑性区深度最大 1.0 m，边墙无开裂区，大部进入塑性区，深度最大 7.8 m。电气厂房洞室顶拱均无开裂区，部分进入塑性区，深度最大 1.0 m，边墙无开裂区，塑性区深度最大 7.8 m 之内。工况二与工况一破坏区分布基本相同，仅局部开裂区和塑性区深度有所发展，其中反应堆洞室最大塑性区深度 2.6 m，组合洞室边墙最大塑性区深度 12.8 m，电气厂房洞室边墙最大塑性区深度 7.8 m。在工况一、工况二情况下，采用合理的支护措施基本能有效控制洞室群破坏区深度的发展。

表 6.6　各工况洞周破坏区深度统计 　　　　　　　　　　　　　　　　m

部位		工况一		工况二		工况三		工况四	
		开裂区深度	塑性区深度	开裂区深度	塑性区深度	开裂区深度	塑性区深度	开裂区深度	塑性区深度
反应堆洞室	顶拱	—	1.0	—	1.0	—	6.8	4.0	8.0
	边墙	—	1.2	0.5	2.6	1.2	4.6	7.6	7.6
组合洞室	顶拱	—	1.0	—	1.0	—	3.0	3.0	7.4
	边墙	—	7.8	2.8	12.8	2.8	12.8	20	22
电气厂房洞室	顶拱	—	1.0	—	2.0	—	2.0	2.0	4.8
	边墙	—	7.8	2.8	7.8	2.8	12.8	12.8	12.8

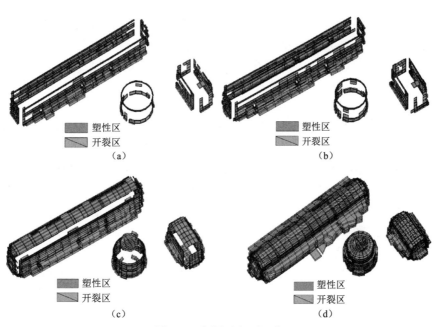

图 6.10　洞周破坏区深度

（a）工况一；（b）工况二；（c）工况三；（d）工况四

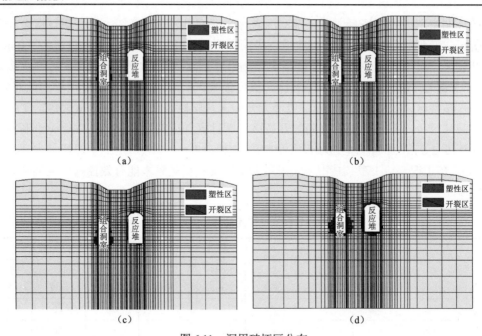

图 6.11　洞周破坏区分布

（a）工况一；（b）工况二；（c）工况三；（d）工况四

工况三洞周破坏区范围及深度较工况一、工况二均有明显增加。工况三开挖完毕，反应堆厂房洞室顶拱无开裂区，塑性区深度最大 6.8 m，边墙局部进入开裂区，深度 1.2 m，大部进入塑性区，深度最大 4.6 m。组合洞室顶拱无开裂区，局部进入塑性区，深度最大 3.0 m，边墙局部进入开裂区，深度 2.8 m，全部进入塑性区，深度最大 12.8 m。电气厂房洞室顶拱无开裂区，局部进入塑性区，深度最大 2.0 m，边墙局部进入开裂区，深度 2.8 m，全部进入塑性区，深度最大 12.8 m。各洞室周围的破坏区深度基本在现有喷锚支护措施的高限范围上，尤其是组合洞室和电气厂房洞室边墙塑性区深度达到 12.8 m，已超出常用 12 m 锚杆的控制范围，尚需考虑预应力锚索加固。总体看来，工况三情况下洞室群整体围岩稳定情况较差，需采用大量支护措施确保围岩稳定，工程代价较大。

工况四较工况三更为严重，反应堆厂房顶拱开裂区深度 4.0 m，全部进入塑性区，深度达到 8.0 m，边墙开裂区和塑性区深度均达到 7.6 m；组合洞室顶拱开裂区深度 3.0 m，全部进入塑性区，深度达到 7.4 m，边墙开裂区深度达 20 m，塑性区深度达到 22 m；电气厂房洞室边墙开裂区和塑性区深度均达到 12.8 m，洞室围岩稳定问题突出。采用现有的工程支护措施，难以有效限制洞周开裂区深度扩展。总体看来，工况四情况下洞室群整体围岩稳定问题突出，工程支护措施的作用效果有限，洞室群围岩失稳可能性较大。

另外，从表 6.6 可见，在岩体力学材料较差的工况三情况下，反应堆洞室顶拱无开裂区，局部进入塑性区，深度在 6.8 m 以内，边墙局部进入开裂区，深度 1.2 m，大部进入塑性区，深度在 4.6 m 以内。即使在材料最差的工况四中，反应堆洞室顶拱开裂区深度 4.0 m，塑性区深度 8.0 m，边墙的开裂、塑性区深度达到 7.6 m，其破坏深度尚在现有工程支护措施的控制范围内。而在工况三下组合洞室和电气厂房洞室边墙塑性区深度均达到 12.8 m，工况四下组合洞室开裂区和破坏区深度均在 20 m 以上，电气厂房开裂区和塑性区深度达到

134

12.8 m。可见，在各种工况下，反应堆厂房洞室围岩破坏区深度均较其他洞室小，不是洞室群围岩稳定的控制部位，而组合洞室和电气厂房洞周岩体破坏区一般较深，是洞室群围岩稳定应重点关注的部位。

综上所述，通过不同工况下洞室群毛洞开挖后洞周围岩破坏区分布规律的对比可见，工况二基本处于洞周围岩破坏体积和耗散能发展的拐点部位；工况一、工况二情况下洞周围岩破坏区范围及深度均较小，采用合理的支护措施可以确保洞室群整体围岩稳定；工况三情况下洞周破坏区范围及深度均较大，洞室群整体围岩稳定情况较差，需采用大量支护措施确保围岩稳定，工程代价较大；工况四情况下组合洞室开裂区和破坏区深度均在 20 m 以上，电气厂房开裂区和塑性区深度达到 12.8 m，洞室群围岩整体失稳的可能性较大；在各种工况下反应堆厂房洞室围岩稳定性较其他洞室略好，不是洞室群整体围岩稳定的控制部位。

（2）洞周围岩应力分布规律分析

从洞周围岩应力矢量分布看，四种工况均呈现出第一主应力为切向，第三主应力为径向的分布规律。这说明，在四种工况下洞周围岩均有一定的自承载能力。工况一情况下主应力矢量如图 6.12 所示。

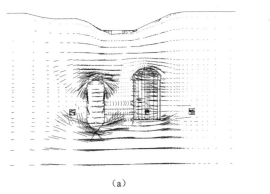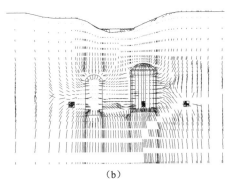

（a）　　　　　　　　　　　　　　　　（b）

图 6.12　主应力矢量

（a）第一主应力矢量；（b）第三主应力矢量

从洞周岩体的应力扰动范围看，从工况一到工况四应力扰动范围逐渐扩大。工况一、工况四第三主应力分布如图 6.13、图 6.14 所示。

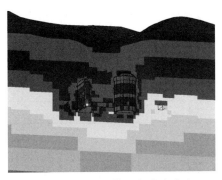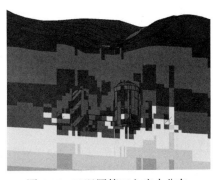

图 6.13　工况一第三主应力分布　　　　　图 6.14　工况四第三主应力分布

统计洞室群开挖完毕后洞周围岩应力（见表 6.7），可见在各种工况下洞周岩体的拉、压主应力均在岩体的承载强度范围内。工况一、工况二、工况三情况下，洞室群各部位应力分布及量值基本一致。而工况四同部位围岩应力量值与工况一、工况二、工况三有显著差别。说明，洞周围岩结构的受力状态在工况四情况下有所突变。

表 6.7　各工况洞周围岩应力统计　　　　　　　　　　　　　MPa

部　位		工况一		工况二		工况三		工况四	
		$\sigma 1$	$\sigma 3$	$\sigma 1$	$\sigma 3$	$\sigma 1$	$\sigma 3$	$\sigma 1$	$\sigma 3$
反应堆洞室	顶拱	−4.37	−0.13	−4.5	−0.19	−4.41	−0.45	−4.07	−0.52
	拱座	−5.45	−1.02	−5.6	−1.07	−5.49	−0.88	−4.07	−0.96
	边墙	−7.6	0.31	−7.82	0.25	−7.66	−0.45	−7.67	−0.52
组合洞室	顶拱	−9.76	−0.57	−10.03	−0.63	−9.83	−0.88	−10.06	−2.30
	拱座	−7.6	−1.02	−7.82	−1.07	−7.66	−0.88	−7.67	−1.41
	边墙	−3.3	0.31	−3.39	0.25	−3.32	0.42	−2.88	−0.07
电气厂房洞室	顶拱	−7.62	−0.18	−7.82	−0.19	−7.66	−0.43	−6.89	−1.54
	拱座	−6.68	−0.66	−6.71	−0.63	−6.58	−0.9	−6.89	−1.54
	边墙	−3.85	0.3	−3.39	0.25	−3.32	0.04	−4.04	−0.57

注：表中压应力为负，拉应力为正。

（3）洞周围岩位移分布规律分析

统计各工况洞室群特征部位位移值，见表 6.8。各工况洞周位移分布如图 6.15 至图 6.18 所示。从洞周位移分布图可见，四种工况下洞周围岩均向内变形，且均呈现出洞室交口处位移较大的规律。从各工况位移量值看，洞周位移最大值均出现在组合厂房边墙，其中工况一为 23.6 mm，工况二为 29.7 mm，工况三为 46.4 mm，工况四为 98.7 mm。工况四位移量值较前三种工况显著增加，各部位位移量值约是工况三的两倍。可见，在工况三材料力学参数以上的区域开挖地下洞室群，洞周围岩变形相对较小，有利于洞室围岩稳定。

表 6.8　各工况洞周位移统计　　　　　　　　　　　　　mm

部位		工况一	工况二	工况三	工况四
反应堆厂房	顶拱	1.8	2.8	4.4	11.1
	边墙	14.0	17.5	27.1	61.1
组合洞室	顶拱	4.5	3.3	5.5	5.9
	边墙	23.6	29.7	46.4	98.7
电器厂房	顶拱	2.4	3.0	4.7	14.2
	边墙	16.6	21.0	33.0	72.4

（4）小结

通过对岩体材料力学参数四种工况下的对比分析，从破坏区指标看，工况一、工况二的破坏区深度较小，在常规支护措施的有效控制范围内。工况三较工况一、工况二破坏区

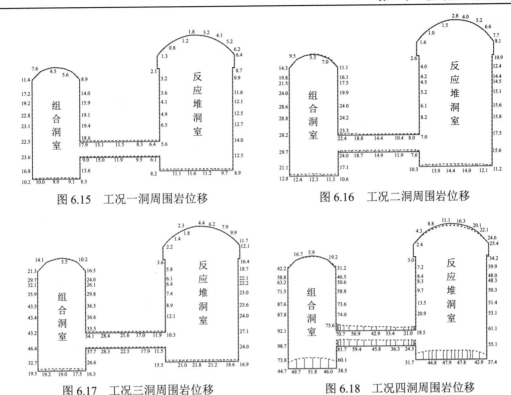

图 6.15　工况一洞周围岩位移　　　　　图 6.16　工况二洞周围岩位移

图 6.17　工况三洞周围岩位移　　　　　图 6.18　工况四洞周围岩位移

深度有所增加，需采用 12 m 锚杆及对穿锚索控制破坏区发展，工程代价较大。工况四较前三种工况破坏区深度显著增加，组合洞室开裂区和破坏区深度均在 20 m 以上，电气厂房洞室开裂区和塑性区深度达到 12.8 m，洞室群围岩整体失稳的可能性较大。各工况下反应堆厂房洞室的破坏区深度较组合洞室和电气厂房洞室小，不是洞室群整体围岩稳定的控制部位；从洞周围岩应力指标看，四种工况下洞周应力矢量均呈现第一主应力为切向，第三主应力为径向的分布规律，围岩均有一定的自承载能力。洞周岩体应力量值均在岩体的拉、压强度范围内。但工况四洞周围岩的应力扰动范围及扰动量值均较其他三种工况显著增加；从洞周围岩位移指标看，工况一、工况二、工况三围岩变形相对较小，而工况四位移量值显著增加，最大达到 98.7 mm。

总体看来，针对现有 50 m 间距地下核电洞室群的布置形式，在拟定的自重应力侧压力系数 1.5 的条件下，建议洞室群建设于工况二及以上的岩体区域，在工况三区域建设需采用大量的工程支护措施，工程代价较大，不建议在工况四的岩体区域开挖地下核电洞室群。

6.2.2　地应力量级对地下核电洞室群围岩稳定影响分析

6.2.2.1　计算条件

（1）计算模型

见 6.2.1.1 小节。

（2）岩体材料参数

整体模型采用Ⅲ1类灰岩力学参数，变形模量 12 GPa，泊松比 0.22，C 值 1.05 MPa，内摩擦角 46°，单轴饱和抗压强度 70 MPa。

（3）计算工况

洞室群平均埋深 90 m，最小埋深 70 m。采用自重地应力场，根据不同的侧压力系数分为四种工况：

工况一：X、Y 向侧压力系数 1.0，Z 向侧压力系数 1.0，洞室群周围岩体第一主应力 $-1.99\sim$ -5.08 MPa，第三主应力 $-1.79\sim-4.57$ MPa，如图 6.19 所示；

工况二：X、Y 向侧压力系数 1.5，Z 向侧压力系数 1.0，洞室群周围岩体第一主应力 $-2.9\sim$ -7.61 MPa，第三主应力 $-1.99\sim-5.08$ MPa，如图 6.20 所示；

工况三：X、Y 向侧压力系数 2.0，Z 向侧压力系数 1.0，洞室群周围岩体第一主应力 $-3.98\sim$ -10.15 MPa，第三主应力 $-1.99\sim-5.08$ MPa，如图 6.21 所示；

工况四：X、Y 向侧压力系数 2.5，Z 向侧压力系数 1.0，洞室群周围岩体第一主应力 $-4.97\sim$ -12.69 MPa，第三主应力 $-1.99\sim-5.08$ MPa，如图 6.22 所示。

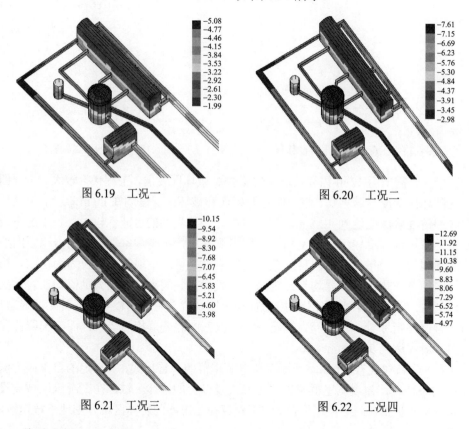

图 6.19　工况一　　　　　　　　　　图 6.20　工况二

图 6.21　工况三　　　　　　　　　　图 6.22　工况四

6.2.2.2　结果分析

（1）洞周围岩破坏区分布规律分析

统计洞室群开挖完毕后，各工况破坏体积如图 6.23 所示，总耗散能如图 6.24 所示。从洞周破坏体积看，工况一最小为 47 880 m³，工况四最大为 344 885 m³。工况一与工况二基本处于同一量级，均小于 100 000 m³，工况三与工况四相对较大；从洞周耗散能看，工况一最小为 82 t·m，工况四最大为 10 944 t·m。工况一与工况二基本处于同一量级，均在 500 t·m 以下，工况三略有增大为 2 702 t·m，工况四增加显著达到 10 944 t·m。从图 6.23、

图 6.24 亦可以看出，工况三处于拐点部位，工况四洞周破坏体积和耗散能均显著增加。

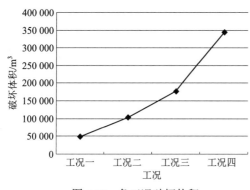

图 6.23　各工况破坏体积

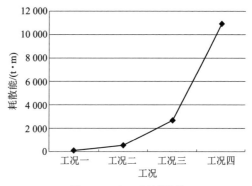

图 6.24　各工况耗散能

统计洞室群开挖完毕后，各工况洞周破坏区深度见表 6.9 及图 6.25，破坏区分布见图 6.26。工况一开挖完毕后，反应堆厂房洞室顶拱无破坏区，边墙无开裂区，部分进入塑性区，深度最大 2.6 m，位于洞室交口处。组合洞室顶拱无开裂区，塑性区深度最大 1.0 m，边墙无开裂区，部分进入塑性区，深度最大 7.8 m。电气厂房洞室相对较小，顶拱无破坏区，边墙无开裂区，局部进入塑性区，深度最大 4.8 m。工况二与工况一破坏区分布基本相同，仅局部开裂区和塑性区深度有所发展，其中反应堆厂房边墙塑性区深度最大 2.6 m，核辅助厂房边墙开裂深度最大 10.6 m，安全厂房边墙塑性区深度最大 7.8 m。总体看来，在工况一、工况二情况下，洞周围岩开裂区均较少，主要为表层开裂，部分区域进入塑性区，深度最大 10.6 m，主要分布于洞室交口处，洞室群围岩稳定状态良好。

表 6.9　各工况洞周破坏区深度统计　　　　　　　　　　　　　　　　　　m

部位		工况一		工况二		工况三		工况四	
		开裂区深度	塑性区深度	开裂区深度	塑性区深度	开裂区深度	塑性区深度	开裂区深度	塑性区深度
反应堆洞室	顶拱	—	—	—	1.0	—	1.0	1.0	4.6
	边墙	—	2.6	0.5	2.6	2.6	2.6	4.6	4.6
组合洞室	顶拱		1.0	—	1.0	—	1.0	1.0	3.0
	边墙	—	7.8	2.8	10.6	7.8	12.8	12.8	17.8
电气厂房洞室	顶拱		2.0	—	2.0	—	2.0	2.0	3.0
	边墙	—	4.8	2.8	7.8	4.8	12.8	7.8	12.8

工况三洞周破坏区范围及深度较工况一、工况二均略有增加。工况三开挖完毕，反应堆厂房洞室顶拱无开裂区，塑性区深度最大 1.0 m，边墙局部进入开裂区，深度 2.6 m，部分进入塑性区，深度最大 2.6 m。组合洞室顶拱无开裂区，塑性区深度最大 1.0 m，边墙局部进入开裂区，深度 7.8 m，全部进入塑性区，深度最大 12.8 m，主要位于洞室交口处。电气厂房洞室顶拱无开裂区，塑性区深度最大 2.0 m，边墙局部进入开裂区，深度 4.8 m，全部进入塑性区，深度最大 12.8 m，主要位于洞室交口处。可见，整个洞室群除局部围岩塑

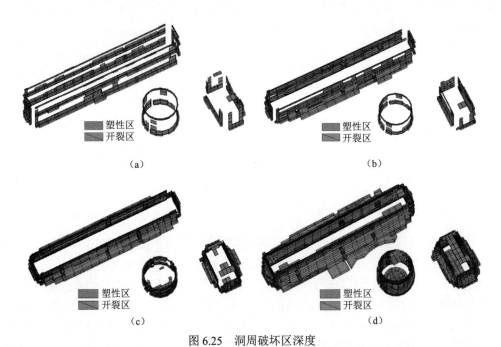

图 6.25　洞周破坏区深度

(a) 工况一；(b) 工况二；(c) 工况三；(d) 工况四

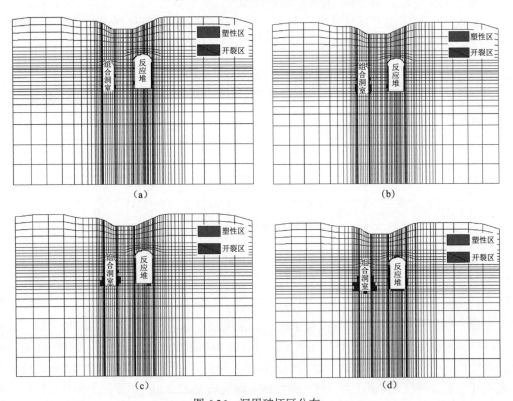

图 6.26　洞周破坏区分布

(a) 工况一；(b) 工况二；(c) 工况三；(d) 工况四

性区深度达到 12.8 m，超过常用 12 m 锚杆的控制范围，整个洞室的开裂区深度均在 8.0 m 以内，在常规锚杆的有效控制范围内。

工况四较工况三较为严重，反应堆厂房边墙开裂区和塑性区深度均达到 4.6 m，组合厂房边墙开裂区深度达到 12.8 m，塑性区深度达到 17.8 m，电气厂房边墙开裂区深度达到 7.8 m，塑性区深度达到 12.8 m，洞室围岩稳定问题突出。需采用 12 m 锚杆与系统预应力锚索，控制洞周破坏区的扩展。总体看来，工况四情况下洞室围岩稳定状态较差，需采用大量的支护措施确保洞室围岩稳定。

另外，从表 6.9 可见，在侧压力系数较大的工况四情况下，反应堆洞室顶拱局部表层进入开裂区，深度在 1.0 m 之内，部分进入塑性区，深度在 4.6 m 以内，边墙局部进入开裂区，深度 4.6 m，大部进入塑性区，深度在 4.6 m 以内。而同等地应力量级下，组合洞室边墙开裂区深度已达 12.8 m，塑性区深度达 17.8 m。可见，在同等地应力量级情况下，反应堆厂房洞室围岩破坏区深度均较其他洞室小，不是洞室群围岩稳定的控制部位，而组合洞室和电气厂房洞周围岩破坏区一般较深，是洞室群围岩稳定应重点关注的部位。

综上所述，通过不同地应力量级下洞室群毛洞开挖后洞周围岩破坏区分布规律的对比可见，随着地应力量级的增加，洞周围岩破坏区范围及深度逐渐增加；工况一、工况二情况下洞周围岩破坏区范围及深度均较小，采用合理的支护措施可以确保洞室群整体围岩稳定；工况三情况下洞周破坏区范围及深度相对较大，局部洞室交口破坏区深度超出最长 12 m 锚杆的有效控制范围；工况四情况下组合洞室边墙开裂区深度达 12.8 m，塑性区深度达 17.8 m，洞室围岩稳定状态较差，需采用大量的支护措施确保洞室围岩稳定；在各种工况下反应堆厂房洞室围岩稳定性较其他洞室略好，不是洞室群整体围岩稳定的控制部位。

（2）洞周围岩应力分布规律分析

从洞周围岩应力矢量分布看，四种工况均呈现出第一主应力为切向，第三主应力为径向的分布规律。这说明，在四种工况下洞周围岩均有一定的自承载能力。工况一情况下主应力矢量如图 6.27 所示。

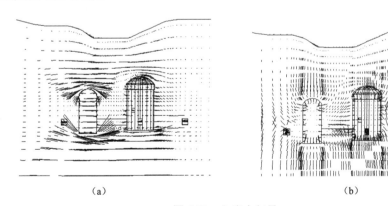

（a）　　　　　　　　　　　　　　　　（b）

图 6.27　主应力矢量

（a）第一主应力矢量；（b）第三主应力矢量

从应力量值看，随着侧压力系数的逐渐增大，工况一到工况四的初始地应力场量级也逐渐增大。因此，在洞室群开挖完毕后，工况四情况下洞周围岩第一、第三主应力量值最大。从图 6.28 可见，工况四下洞周围岩第一主应力最大为–28.1 MPa，位于拱座部位，第三主应力最大为 0.54 MPa，位于洞室交口部位。第一、第三主应力量值均在岩体的抗拉、压强度范围内。

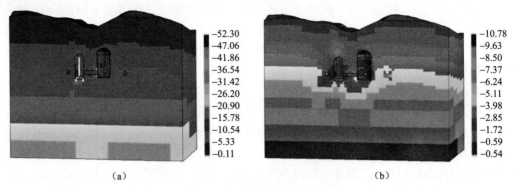

图 6.28　工况四主应力分布

（a）第一主应力量级；（b）第三主应力量级

（3）洞周围岩位移分布规律分析

统计各工况洞室群特征部位位移值，见表 6.10。各工况洞周位移分布如图 6.29 至图 6.32 所示。从洞周位移分布图可见，四种工况下洞周围岩均向内变形，且均呈现出洞室交口处位移较大的规律。从各工况位移量值看，洞周位移最大值均出现在组合洞室边墙，其中工况一为 18.1 mm，工况二为 29.7 mm，工况三为 41.0 mm，工况四为 53.9 mm。四种工况位移量级基本呈线性增加，与初始地应力荷载增加幅度基本吻合。可见，随着侧压力系数自 1.0 增加到 2.5，洞周位移增幅并未出现突变，洞周围岩变形主要以弹性变形为主。

表 6.10　各工况洞周位移统计　　　　　　mm

部位		工况一	工况二	工况三	工况四
反应堆厂房	顶拱	2.4	2.0	5.1	5.6
	边墙	11.0	17.5	23.4	32.2
组合洞室	顶拱	1.0	3.3	5.3	9.9
	边墙	18.1	29.7	41.0	53.9
电气厂房	顶拱	3.3	3.1	3.9	5.4
	边墙	12.9	21.0	28.7	37.6

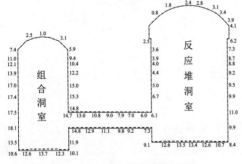

图 6.29　工况一洞周围岩位移

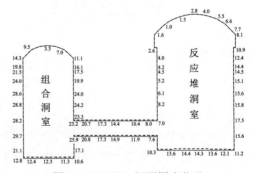

图 6.30　工况二洞周围岩位移

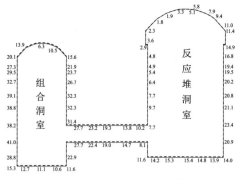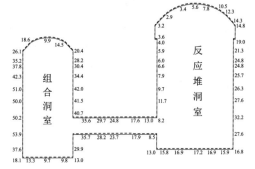

图 6.31 工况三洞周围岩位移　　　　　　图 6.32 工况四洞周围岩位移

（4）小结

本次计算采用假想自重应力场，X、Y 向的侧压力系数相同，分别取 1.0、1.5、2.0、2.5 四个等级。第一主应力方向沿 X 轴和 Y 轴，与洞壁垂直，较实际情况下初始地应力场主应力方向与洞轴线有较小夹角，对围岩稳定影响更大，计算结果偏危险。

通过对岩体材料力学参数四种工况下的对比分析，从破坏区指标看，工况一、工况二、工况三的破坏区深度相对较小，基本在常规支护措施的有效控制范围内。工况四较前三种工况破坏区深度有所增加，组合洞室边墙开裂区深度达 12.8 m，塑性区深度达 17.8 m，洞室围岩稳定状态较差，需采用大量的支护措施确保洞室围岩稳定。各工况下反应堆厂房洞室的破坏区深度较组合洞室和电气厂房洞室小，不是洞室群整体围岩稳定的控制部位；从洞周围岩应力指标看，四种工况下洞周应力矢量均呈现第一主应力为切向，第三主应力为径向的分布规律，围岩均有一定的自承载能力。随着初始地应力的增加，工况四围岩应力量值相对较大，但均在岩体的拉、压强度范围内。从洞周围岩位移指标看，随着侧压力系数自 1.0 增加到 2.5，洞周位移增幅并未出现突变，洞周围岩变形主要以弹性变形为主。

总体看来，针对现有地下核电洞室群的布置形式，在拟定的岩体材料参数下，建议洞室群建设于侧压力系数小于 2.0 的岩体区域。

6.2.3 洞室间距对地下核电洞室群围岩稳定影响分析

在地下厂房布置设计中，根据洞室规模、洞型、工程经验等，将反应堆厂房洞室与周边厂房洞室间距定为 50 m。本小节为深入研究洞室间距对地下核电洞室群围岩稳定的影响，另取洞室间距为 37 m 的设计方案，洞室间距约 1.2 倍最大城门洞型厂房洞室的开挖跨度，与最大厂房洞室跨度比为 0.8，与厂房平均跨度比为 1.0，厚跨比在水电站地下厂房工程中属于最低设计值。本节在 50 m、37 m 两种洞室间距的洞室群布置基础上，分别计算地下核电洞室群的围岩稳定。

6.2.3.1 计算条件

（1）计算模型

分别针对反应堆洞室与组合洞室、电气厂房洞室间距 50 m 和 37 m 的洞室群布置方案，建立单台机组的地下核电洞室群有限元模型。

50 m 洞室间距的洞室群模型，包括反应堆厂房洞室、组合洞室、电气厂房洞室、卸压洞及主要的施工交通管线廊道。模型在水平面内以反应堆洞室中心点为原点，X 轴指向电气厂房洞室为正，Y 轴指向燃料厂房中心为正。模型范围距离反应堆厂房中心约 300 m，其中 X 自−358.0～303.0 m，Y 自−281.0～333.0 m。模型 Z 轴与大地坐标系重合，高程−17～440.0 m。模型全部采用六面体八节点单元划分，共划分单元 56 214，节点 59 472。50 m 间距的有限元模型如图 6.33 所示。

37 m 洞室间距的洞室群模型在水平面内以反应堆洞室中心点为原点，X 轴指向电气厂房洞室为正，Y 轴指向组合洞室为正。模型范围距离反应堆厂房中心约 300 m，其中 X 自−357.8～290.0 m，Y 自−281.0～320.0 m。模型 Z 轴与大地坐标系重合，高程−17～440.0 m。模型全部采用六面体八节点单元划分，共划分单元 57 024，节点 60 340。37 m 间距的有限元模型如图 6.34 所示。

 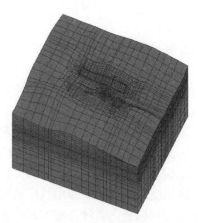

图 6.33　50 m 间距有限元网格划分模型　　　图 6.34　37 m 间距有限元网格划分模型

洞室开挖有限元模拟计算中，对模型底部全约束，模型四周法向约束，模型顶部为自由山体表面。

根据施工开挖布置，模型开挖共分三期（如图 6.35 和图 6.36 所示）。

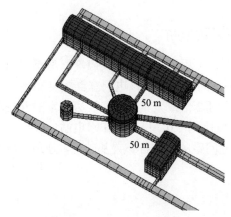 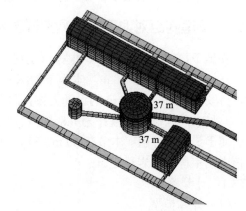

图 6.35　50 m 间距开挖模型　　　　　　图 6.36　37 m 间距开挖模型

（2）初始地应力

两模型洞室群平均埋深 90 m，最小埋深 70 m。采用自重地应力场，侧压力系数均取 1.5。洞室群周围岩体第一主应力−2.98～−7.61 MPa（如图 6.37 和图 6.38 所示），第三主应

力 –1.99～–5.08 MPa。

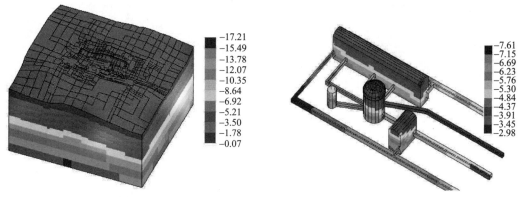

图 6.37　整体模型第一主应力　　　　　图 6.38　洞室群开挖区第一主应力

（3）计算工况

两模型均采用Ⅲ1 类灰岩力学参数，变形模量 12 GPa，泊松比 0.22，C 值 1.05 MPa，内摩擦角 46°，单轴饱和抗压强度 70 MPa。

6.2.3.2　结果分析

（1）洞周围岩破坏区分布规律分析

洞室群开挖完毕后，工况一（洞室间距 50 m）洞周破坏体积为 103 189.1 m³，工况二（洞室间距 37 m）洞周破坏体积为 146 982.9 m³；工况一洞周耗散能为 110.7 t·m，工况二洞周耗散能为 844.1 t·m。可见，洞室间距 50 m 较 37 m，洞室群整体破坏量显著减小。

统计洞室群开挖完毕后，两工况洞周破坏区深度见表 6.11 及图 6.39，破坏区分布如图 6.40 所示。工况一开挖完毕后，反应堆厂房洞室顶拱无开裂区，塑性区深度最大 1.0 m，边墙局部进入开裂区，深度 0.5 m，大部进入塑性区，深度最大 2.6 m。组合洞室顶拱无开裂区，塑性区深度最大 1.0 m，边墙局部进入开裂区，深度 2.8 m，大部进入塑性区，深度最大 12.8 m。电气厂房洞室顶拱均无开裂区，塑性区深度最大 2.0 m，边墙局部进入开裂区，深度最大 2.0 m，部分进入塑性区，深度最大 7.8 m。

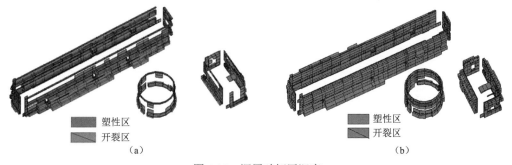

塑性区
开裂区
（a）

塑性区
开裂区
（b）

图 6.39　洞周破坏区深度

（a）工况一；（b）工况二

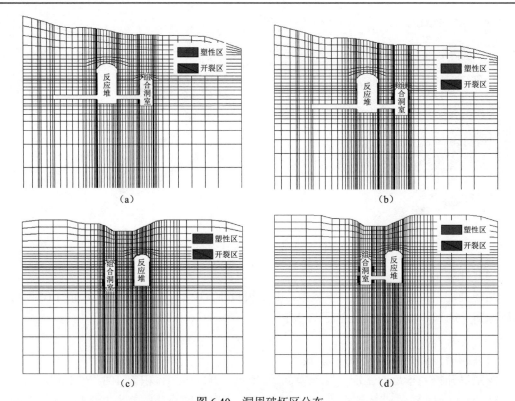

图 6.40　洞周破坏区分布

（a）工况一（X向）；（b）工况二（X向）；（c）工况一（Y向）；（d）工况二（Y向）

表 6.11　各工况洞周破坏区深度统计　　　　　　　　　　　　　　　m

部位		工况一		工况二	
		开裂区深度	塑性区深度	开裂区深度	塑性区深度
反应堆洞室	顶拱	—	1.0	—	1.0
	边墙	0.5	2.6	0.5	4.6
组合洞室	顶拱	—	1.0	—	1.0
	边墙	2.8	12.8	2.8	17.8
电气厂房洞室	顶拱	—	2.0	—	1.0
	边墙	2.8	7.8	2.8	12.8

　　工况二开挖完毕后，反应堆厂房洞室顶拱无开裂区，塑性区深度最大 1.0 m，边墙局部进入开裂区，深度 0.5 m，大部进入塑性区，深度最大 4.6 m（工况一为 2.6 m）。组合洞室顶拱无开裂区，塑性区深度最大 1.0 m，边墙局部进入开裂区，深度 2.8 m，大部进入塑性区，深度最大 17.8 m（工况一为 12.8 m）。电气厂房洞室顶拱均无开裂区，塑性区深度最大 2.0 m，边墙局部进入开裂区，深度最大 2.0 m，部分进入塑性区，深度最大 7.8 m（工况一为 12.8 m）。

　　综上所述，从洞周破坏体积和耗散能看，洞室间距 50 m 较 37 m 显著减小。工况二较

146

工况一洞周破坏区分布范围有所扩展，破坏区深度有所增加。工况一洞周围岩破坏区在常规 12 m 锚杆的控制范围内，工况二洞周塑性区最大深度 17.8 m，需采用预应力锚索。

（2）洞周围岩应力分布规律分析

从洞周围岩应力矢量分布看，两工况均呈现出第一主应力为切向，第三主应力为径向的分布规律。这说明，在两种工况下洞周围岩均有一定的自承载能力。工况二（37 m）情况下主应力矢量如图 6.41 所示。

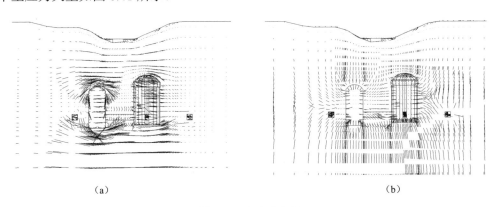

（a）　　　　　　　　　　　　　　　　　　（b）

图 6.41　主应力矢量

（a）第一主应力矢量；（b）第三主应力矢量

从洞周岩体的应力扰动范围看，工况二（37 m）较工况一（50 m）显著增加，尤其是拉应力的分布范围。工况一、工况二第三主应力分布如图 6.42、图 6.43 所示。

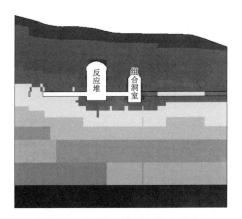 

图 6.42　工况一第三主应力分布　　　　　　图 6.43　工况二第三主应力分布

统计洞室群开挖完毕后洞周围岩应力（见表 6.12），可见两工况洞周应力量值相差较小，在两种工况下洞周岩体的拉、压主应力均在岩体的承载强度范围内。

（3）洞周围岩位移分布规律分析

统计各工况洞室群特征部位位移值，见表 6.13。各工况洞周位移分布如图 6.44 和图 6.45 所示。从洞周位移分布图可见，两工况下洞周围岩均向内变形，且均呈现出洞室交口处位移较大的规律。从两工况位移量值看，洞周位移最大值均出现在组合洞室边墙，其中工况一为 29.7 mm，工况二为 30.8 mm。从洞周位移量值看，工况二较工况一略有增加。

表 6.12 各工况洞周围岩应力统计 MPa

部位		工况一		工况二		初始地应力	
		$\sigma1$	$\sigma3$	$\sigma1$	$\sigma3$	$\sigma1$	$\sigma3$
反应堆洞室	顶拱	−4.5	−0.19	−4.58	−0.20	−2.47	−1.64
	拱座	−5.6	−1.07	−5.71	−1.08	−3.07	−2.05
	边墙	−7.82	0.25	−7.97	−0.24	−4.27	−2.85
组合厂房	顶拱	−10.03	−0.63	−10.23	−0.64	−3.07	−2.05
	拱座	−7.82	−1.07	−7.97	−1.08	−3.67	−2.45
	边墙	−3.39	0.25	−3.45	0.24	−4.87	−2.85
电气厂房洞室	顶拱	−7.82	−0.19	−7.97	−0.20	−3.07	−2.05
	拱座	−6.71	−0.63	−6.84	−0.64	−3.67	−2.45
	边墙	−3.39	0.25	−3.45	0.24	−4.87	−2.85

注：表中压应力为负，拉应力为正。

表 6.13 各工况洞周位移统计 mm

部位		工况一	工况二
反应堆洞室	顶拱	2.8	2.4
	边墙	17.5	19.2
组合洞室	顶拱	3.3	3.9
	边墙	29.7	30.8
电气厂房洞室	顶拱	3.0	3.6
	边墙	21.0	22.2

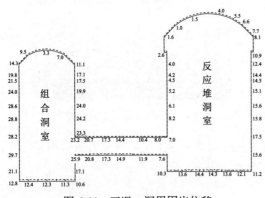

图 6.44 工况一洞周围岩位移

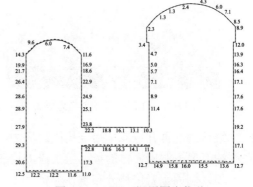

图 6.45 工况二洞周围岩位移

（4）小结

洞室间距 50 m 较 37 m 洞室群洞周破坏体积和耗散能显著减小，破坏区范围及深度亦略小。两工况洞周围岩应力分布规律基本一致，量值相差较小，但 37 m 间距洞间岩体拉应力区范围较 50 m 明显增大。37 m 间距洞周围岩位移较 50 m 间距略有增加，最大 30.8 mm。

总体看来，37 m 间距布置方案下开挖洞室群，洞周围岩应力扰动程度较 50 m 间距增加显著。本次计算未考虑实际情况下洞间岩体中断层、结构面等不利作用，因此，从安全角度考虑建议地下核电洞间距在 50 m 以上。

6.2.4　洞室群选址建议

采用三维弹塑性损伤有限元法对影响 L 形地下核电洞室群整体围岩稳定的岩体力学参数、初始地应力、洞室间距等因素进行敏感性分析，计算结果表明：

（1）针对 50 m 洞室间距 L 形地下核电洞室群的布置形式，自重应力侧压力系数 1.5 的条件下，建议洞室群建设于Ⅲ1 类岩体（变形模量为 12 GPa，泊松比为 0.22，C 值为 1.05 MPa，内摩擦角为 46°）及以上的区域，在Ⅲ2 类岩体（变形模量为 8 GPa，泊松比为 0.24，C 值为 0.8 MPa，内摩擦角为 40°）区域建设需采用大量的工程支护措施，工程代价较大。不建议在Ⅳ类岩体区域开挖地下核电洞室群。

（2）针对 50 m 地下核电洞室群的布置形式，在Ⅲ1 类岩体材料参数下，建议洞室群建设于侧压力系数小于 2.0 的岩体区域。

（3）37 m 间距布置方案下开挖洞室群，洞周围岩应力扰动程度较 50 m 间距增加显著。计算中未考虑实际洞间岩体中断层、结构面等不利作用，从偏安全角度考虑建议地下核电洞间距在 50 m 以上。

6.3　洞室群有支护开挖围岩稳定分析

根据上述敏感性分析的结果，在自重应力场侧压力系数 1.5、Ⅲ1 类岩体、洞室间距 50 m 的条件下，分析有支护时不同布置方案洞室群的围岩稳定性。

6.3.1　L 形地下核电洞室群有支护开挖围岩稳定分析

6.3.1.1　计算条件
（1）计算模型

建立单台机组的地下核电洞室群有限元模型，洞室间距 50 m，包括反应堆厂房洞室、组合洞室、电气厂房洞室、卸压洞及主要的施工交通管线廊道。模型在水平面内以反应堆洞室中心点为原点，X 轴指向电气厂房洞室为正，Y 轴指向燃料厂房中心为正。模型范围距离反应堆厂房中心约 300 m，其中 X 自 -358.0～303.0 m，Y 自 -281.0～333.0 m。模型 Z 轴与大地坐标系重合，高程 -17～440.0 m。模型全部采用六面体八节点单元划分，共划分单元 56 214，节点 59 472（如图 6.46 所示）。

洞室开挖有限元模拟计算中，对模型底部全约束，模型四周法向约束，模型顶部为自由山体表面。

根据施工开挖布置，模型开挖共分三期。

洞室群开挖采用系统喷锚支护，锚杆 φ28@2.0×2.0，L=6.0 m，梅花形布锚，喷 10 cm 厚钢纤维混凝土（如图 6.47 所示）。

图6.46　有限元网格划分模型　　　　图6.47　洞室群开挖支护模型

（2）初始地应力

洞室群平均埋深90 m，最小埋深70 m。采用自重地应力场，侧压力系数取1.5。洞室群周围岩体第一主应力–2.98～–7.61 MPa（如图6.48和图6.49所示），第三主应力–1.99～–5.08 MPa。

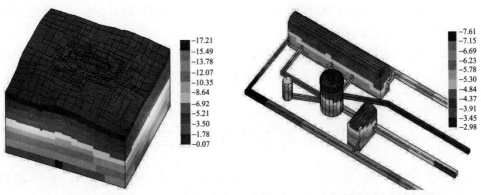

图6.48　整体模型第一主应力　　　　图6.49　洞室群开挖区第一主应力

（3）岩体材料参数

整体模型采用Ⅲ1类灰岩力学参数，变形模量为12 GPa，泊松比为0.22，C值为1.05 MPa，内摩擦角为46°，单轴饱和抗压强度为70 MPa。

6.3.1.2　结果分析

（1）洞周围岩破坏区分布规律分析

洞室群开挖各期破坏区体积扩展如图6.50所示，耗散能扩展如图6.51所示。可见，第一期为洞室顶拱部位开挖，开挖量小，洞周围岩破坏体积较少；第二期为洞室中部边墙开挖，高边墙逐渐形成，洞室破坏区体积及耗散能开始显著增加；到第三期洞室群开挖完毕，整个洞周围岩破坏体积约6.3万 m³，累计耗散能303 t·m。

到第三期整个洞室群开挖完毕，反应堆厂房洞室顶拱无破坏区，边墙仅局部进入开裂区，深度在0.5 m之内，部分进入塑性区，深度在2.6 m之内，最大值位于边墙中下部位；组合洞室顶拱无破坏区，边墙局部表层进入开裂区，深度在1.0 m之内，部分进入塑性区，深度在7.8 m之内；电气厂房洞室顶拱无开裂区，局部进入塑性区，深度在2.0 m之内，边墙局部进入开裂区，深度在1.0 m之内，部分进入塑性区，深度在7.8 m之内。总体看来，整个洞室群的破坏区范围及深度均在锚杆的有效控制范围内。施工中仅需注意洞室交口等

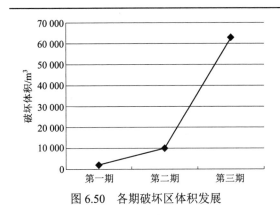

图 6.50 各期破坏区体积发展

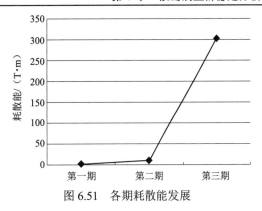

图 6.51 各期耗散能发展

部位的观察，适时增加局部支护（如图 6.52 和图 6.53 所示）。

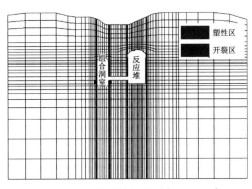

图 6.52 开挖完毕洞周破坏区（X 向）

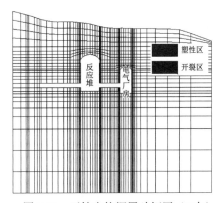

图 6.53 开挖完毕洞周破坏区（Y 向）

综上所述，从洞周围岩破坏区指标看，地下核电洞室群在开挖过程中及开挖完成后，洞周围岩破坏区范围较小，主要为局部破坏，最大开裂区深度 1.0 m，最大塑性区深度 7.8 m，均在锚杆等支护措施的有效控制范围内，洞室群围岩整体稳定性较好。

（2）洞周围岩应力分布规律分析

从洞周围岩应力看，洞室群开挖完毕后，各特征部位应力值见表 6.14。可见，洞周围岩压应力最大值 –10.85 MPa，拉应力最大值 0.45 MPa，均在岩体的拉、压强度范围内。对比开挖前后围岩应力的调整规律可见，开挖应力扰动后，第一主应力与第三主应力均较初始应力状态有所增大，说明洞周围岩的主应力方向有所偏转，从第一、第三主应力均受压向第一主应力受压，第三主应力受拉转变，充分发挥围岩的抗压承载能力。

表 6.14 洞周围岩应力统计 MPa

部位		初始地应力		开挖完毕后围岩应力		差值	
		$\sigma 1$	$\sigma 3$	$\sigma 1$	$\sigma 3$	$\sigma 1$	$\sigma 3$
反应堆厂房	顶拱	–2.47	–1.64	–4.38	0.05	0.83	4.43
	拱座	–3.07	–2.05	–5.46	–0.9	1.02	4.56
	边墙	–4.27	–2.85	–8.69	0.45	1.42	9.14

续表

部位		初始地应力		开挖完毕后围岩应力		差值	
		$\sigma1$	$\sigma3$	$\sigma1$	$\sigma3$	$\sigma1$	$\sigma3$
核辅助厂房	顶拱	−3.07	−2.05	−8.69	−0.45	1.02	8.24
	拱座	−3.67	−2.45	−10.85	−0.9	1.22	9.95
	边墙	−4.87	−2.85	−4.38	−0.45	2.02	3.93
燃料厂房	顶拱	−3.07	−2.05	−7.33	−0.07	1.02	7.26
	拱座	−3.67	−2.45	−6.42	−0.56	1.22	5.86
	边墙	−4.87	−2.85	−3.71	0.42	2.02	4.13

注：表中压应力为负，拉应力为正。

从应力等值线图看，反应堆圆球形顶拱、其余洞室城门洞形顶拱均形成规则的压力拱，说明洞室顶拱岩体的自承载能力较强（如图 6.54 和图 6.55 所示）。从应力矢量方向看，基本呈现出第一主应力为切向，第三主应力为径向的分布规律（如图 6.56 和图 6.57 所示）。

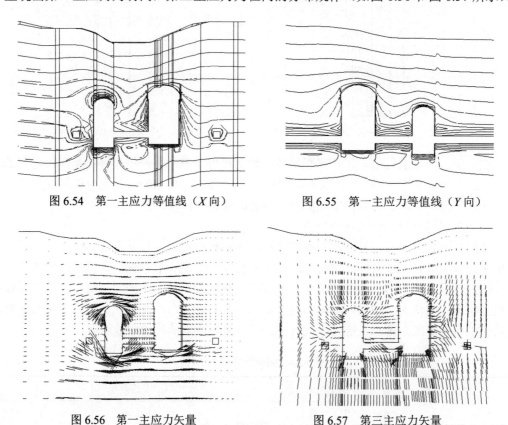

图 6.54　第一主应力等值线（X 向）　　　　图 6.55　第一主应力等值线（Y 向）

图 6.56　第一主应力矢量　　　　　　　图 6.57　第三主应力矢量

综上所述，从洞周围岩应力分布指标看，开挖扰动后围岩应力量值均在岩体的抗拉、压强度范围内。各洞室顶拱岩体均形成一定范围的压力拱，形态较好，说明岩体自承载能力较强。洞周围岩应力矢量规律较好。

（3）洞周围岩位移分布规律分析

洞周位移分布如图 6.58、图 6.59 所示。从洞周位移分布看，反应堆厂房边墙最大位移 16.3 mm，组合洞室边墙最大位移 26.7 mm，电气厂房洞室边墙位移最大值 17.9 mm。各洞室位移最大值均位于洞室交口处。总体看来，整个洞室群围岩变形较小，未出现塑性流动造成的局部位移突变，整个洞室围岩稳定状态良好。

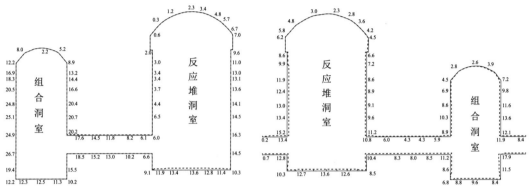

图 6.58　洞周位移分布（a）　　　　　　　　图 6.59　洞周位移分布（b）

（4）洞周围岩支护受力规律分析

洞室开挖完毕后，反应堆厂房洞室锚杆应力 17.7～75.4 MPa，组合洞室锚杆应力 23.0～98.4 MPa，电气厂房洞室锚杆应力 20.1～75.3 MPa。总体看来，洞室群锚杆受力均较小，在锚杆的设计屈服强度内（如图 6.60 和图 6.61 所示）。

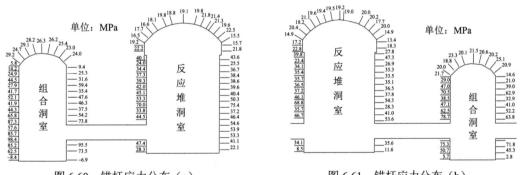

图 6.60　锚杆应力分布（a）　　　　　　　　图 6.61　锚杆应力分布（b）

综上所述，洞室群开挖完毕后，洞周锚杆应力量级均小于 100 MPa，在锚杆的设计屈服强度内。

（5）小结

综上所述，在拟定的Ⅲ1 类灰岩力学参数下，初始地应力场侧压力系数 1.5，采用常规喷锚支护措施下，洞室群开挖完毕洞周围岩局部进入破坏区，最大开裂区深度 1.0 m，最大塑性区深度 7.8 m，均在支护措施的有效控制范围内；围岩扰动应力值均在岩体抗拉、压强度范围内，各洞室顶拱均形成一定范围压力拱，岩体自承载能力较强；洞周最大位移 26.7 mm，量值较小；锚杆应力均小于 100 MPa。总体看来，在有支护开挖情况下，地下核电洞室群整体稳定性较好（见表 6.15）。

表 6.15　有支护开挖地下核电洞室开挖特征指标

部位	破坏区深度/m		洞周应力/MPa		位移/mm	锚杆应力/MPa
	开裂区	塑性区	$\sigma1$	$\sigma3$		
反应堆厂房	0.5	2.6	$-4.38\sim-8.69$	$-0.9\sim0.45$	16.3	75.4
组合洞室	1.0	7.8	$-4.38\sim-10.85$	$-0.9\sim-0.45$	26.7	98.4
电气厂房	1.0	7.8	$-3.71\sim-7.33$	$-0.56\sim0.42$	17.9	75.3

注：表中压应力为负，拉应力为正。

6.3.2　环型洞室群有支护开挖围岩稳定分析

6.3.2.1　计算条件

（1）计算模型

建立单台机组的地下核电洞室群有限元模型，包括反应堆厂房洞室、核辅助厂房洞室、燃料厂房洞室、安全厂房洞室、连接厂房洞室、电气厂房洞室及主要的施工交通管线廊道。模型在水平面内以反应堆洞室中心点为原点，X 轴指向燃料厂房中心为正，Y 轴指向核辅助厂房中心为正。模型范围距离反应堆厂房中心 300 m 以上，其中 X 自 $-388.0\sim342.0$ m，Y 自 $-303.0\sim360.0$ m。模型 Z 轴与大地坐标系重合，高程 $0\sim400.0$ m。模型全部采用六面体八节点单元划分，共划分单元 116 676，节点 121 323（如图 6.62 所示）。

洞室开挖有限元模拟计算中，对模型底部全约束，模型四周法向约束，模型顶部为自由山体表面。

根据施工开挖布置，模型开挖共分六期。其中第一期为进场交通洞及环形廊道开挖，第二期到第六期为各洞室自上而下有支护开挖，每期进尺 20 m。

洞室群开挖采用系统喷锚支护，锚杆 $\phi28@2.0$ m×2.0 m，$L=6.0$ m，梅花形布锚，喷 10 cm 厚钢纤维混凝土（如图 6.63 所示）。

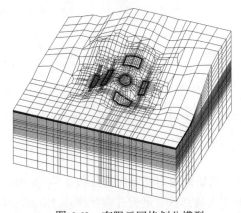
图 6.62　有限元网格划分模型

图 6.63　洞室群开挖支护模型

（2）初始地应力

洞室群平均埋深 110 m，最小埋深 80 m。采用自重地应力场，侧压力系数取 1.5。洞室群周围岩体第一主应力 $-2.79\sim-8.62$ MPa（如图 6.64 和图 6.65 所示），第三主应力 $-2.05\sim-6.32$ MPa。

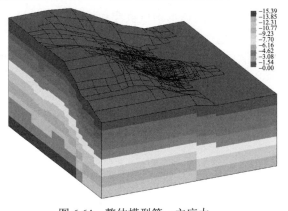

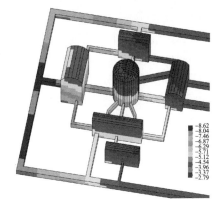

图 6.64　整体模型第一主应力　　　　　　图 6.65　洞室群开挖区第一主应力

（3）岩体材料参数

整体模型采用Ⅲ1 类灰岩力学参数，变形模量为 12 GPa，泊松比为 0.22，C 值为 1.05 MPa，内摩擦角为 46°，单轴饱和抗压强度为 70 MPa。

6.3.2.2　结果分析

（1）洞周围岩破坏区分布规律分析

洞室群开挖各期破坏区体积扩展如图 6.66，耗散能扩展如图 6.67 所示。统计各分期洞周围岩破坏体积及耗散能见表 6.16。可见，第一期为交通洞等开挖，开挖量小，洞周围岩破坏体积较少。第二期、第三期为洞室顶拱及上部开挖，洞室破坏区较小。到第四期往后，随着开挖进尺，各主体洞室高边墙逐渐形成，洞室破坏区体积及耗散能开始显著增加。到第六期洞室群开挖完毕，整个洞周围岩塑性区体积约 3.2 万 m³，开裂区体积约 0.7 万 m³，累计耗散能 112 t·m。在地下核电洞室群下部开挖时，应注意及时支护。

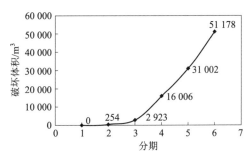
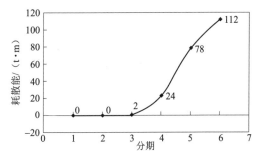

图 6.66　各期破坏区体积发展　　　　　　图 6.67　各期耗散能发展

表 6.16　各分期洞周破坏体积及耗散能

分期	塑性体积/m³	开裂体积/m³	压坏体积/m³	回弹体积/m³	总破坏量/m³	累计耗散能量/（t·m）
1	0	0	0	0	0	0
2	254.270 1	0	0	0	254.270 1	0.179 982
3	2 669.156	0	0	254.270 1	2 923.426	1.539 019
4	15 062.61	63.125	0	880.437 4	16 006.17	23.974 05
5	24 047.38	2 233.563	0	4 721.322	31 002.26	78.384 87
6	31 648.97	6 999.176	0	12 530	51 178.15	112.070 6

第二期各洞室顶拱开挖完毕，仅反应堆厂房洞室圆球形顶拱拱座和核辅助厂房拱座部位有局部塑性区分布，深度在 0.5 m 之内，其余洞室均无破坏区分布（如图 6.68 所示）。

第四期连接厂房、安全厂房、电气厂房等洞室开挖完毕，反应堆厂房、核反应堆厂房、燃料厂房等洞室开挖过半。各洞室围岩均局部进入塑性区，有少量开裂区分布。反应堆厂房塑性区最大深度 2.5 m，开裂区最大深度 0.5 m；核辅助厂房塑性区最大深度 4.0 m，开裂区深度 0.5 m。其余洞室较小，无开裂区分布，塑性区最大深度 2.5 m（如图 6.69 所示）。

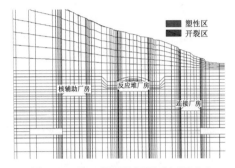 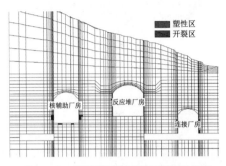

图 6.68　第二期开挖洞周破坏区分布　　　　图 6.69　第四期开挖洞周破坏区分布

到第六期整个洞室群开挖完毕，反应堆厂房洞室顶拱无破坏区，边墙仅局部进入开裂区，深度在 0.5 m 之内，部分进入塑性区，深度在 2.5 m 之内，最大值位于边墙中下部位；核辅助厂房顶拱局部进入塑性区，深度在 1.0 m 范围内，边墙局部进入塑性区，深度在 6.0 m 范围内，洞室交口部位有拉裂区分布，最大深度 2.5 m；连接厂房顶拱无破坏区，边墙局部进入塑性区，深度在 2.5 m 之内；燃料厂房顶拱无破坏区，边墙仅洞室交口部位有局部表层开裂区，深度在 0.5 m 之内，部分进入塑性区，深度在 4.0 m 之内，最大值位于洞室交口部位；安全厂房顶拱无破坏区，边墙局部进入塑性区，最大深度 6.0 m，位于电气厂房侧边墙的中下部；电气厂房顶拱无破坏区，边墙部分进入塑性区，最大深度 2.5 m，位于边墙中下部。总体看来，核辅助厂房围岩破坏相对严重，但整个洞室群的破坏区范围及深度均在锚杆的有效控制范围内。施工中仅需注意洞室交口等部位的观察，适时增加局部支护。

综上所述，从洞周围岩破坏区指标看，地下核电洞室群在开挖过程中及开挖完成后，洞周围岩破坏区范围较小，主要为局部破坏，最大开裂区深度 2.5 m，最大塑性区深度 6.0 m，均在锚杆等支护措施的有效控制范围内，洞室群围岩整体稳定性较好（如图 6.70 和图 6.71 所示）。

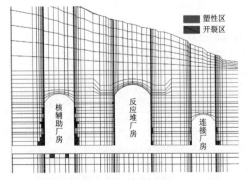 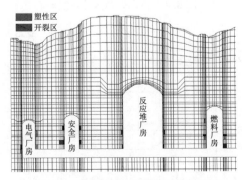

图 6.70　开挖完毕洞周破坏区（X 向）　　　　图 6.71　开挖完毕洞周破坏区（Y 向）

（2）洞周围岩应力分布规律分析

从洞周围岩应力看，洞室群开挖完毕后，各特征部位应力值见表 6.17。可见，洞周围岩压应力最大值–18.35 MPa，拉应力最大值 0.61 MPa，均在岩体的拉、压强度范围内。对比开挖前后围岩应力的调整规律可见，开挖应力扰动后，第一主应力与第三主应力均较初始应力状态有所增大，说明洞周围岩的主应力方向有所偏转，从第一、第三主应力均受压向第一主应力受压，第三主应力受拉转变，充分发挥围岩的抗压承载能力。

表 6.17　洞周围岩应力统计　　　　　　　　　　　　　　　　MPa

部位		初始地应力		开挖完毕后应力		差值	
		$\sigma 1$	$\sigma 3$	$\sigma 1$	$\sigma 3$	$\sigma 1$	$\sigma 3$
反应堆厂房	顶拱	–2.94	–2.16	–4.95	0.19	–2.01	2.35
	拱座	–3.74	–2.74	–8.54	–1.44	–4.8	1.3
	边墙	–4.86	–3.57	–9.22	0.15	–4.36	3.72
核辅助厂房	顶拱	–4.77	–3.50	–9.73	0.01	–4.96	3.51
	拱座	–5.56	–4.08	–18.35	–4.71	–12.79	–0.63
	边墙	–6.52	–4.78	–4.92	–0.57	1.6	4.21
燃料厂房	顶拱	–3.16	–2.32	–7.32	0.11	–4.16	2.43
	拱座	–3.48	–2.56	–8.7	–1.8	–5.22	0.76
	边墙	–4.17	–3.05	–4.63	0.61	–0.46	3.66
连接厂房	顶拱	–3.14	–2.3	–5.54	0.11	–2.4	2.41
	拱座	–3.78	–2.77	–10.72	–2.57	–6.94	0.2
	边墙	–4.40	–3.23	–5.32	–0.83	–0.92	2.4
安全厂房	顶拱	–3.82	–2.8	–9.4	–0.52	–5.58	2.28
	拱座	–4.08	–2.99	–8.32	–1.65	–4.24	1.34
	边墙	–4.73	–3.47	–6.96	–0.83	–2.23	2.64
电气厂房	顶拱	–3.51	–2.57	–6.45	–0.29	–2.94	2.28
	拱座	–3.76	–2.75	–8.45	–1.83	–4.69	0.92
	边墙	–4.37	–3.21	–4.78	–0.6	–0.41	2.61

注：表中压应力为负，拉应力为正。

从应力等值线图看，反应堆圆球形顶拱、其余洞室城门洞形顶拱均形成规则的压力拱，说明洞室顶拱岩体的自承载能力较强。从应力矢量方向看，基本呈现出第一主应力为切向，第三主应力为径向的分布规律（如图 6.72 至图 6.75 所示）。

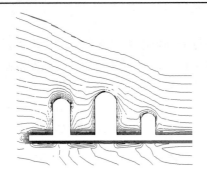

图 6.72　第一主应力等值线（X 向）

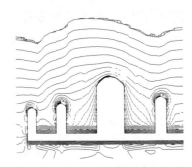

图 6.73　第一主应力等值线（Y 向）

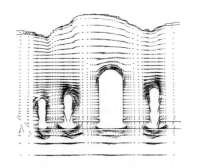

图 6.74　第一主应力矢量

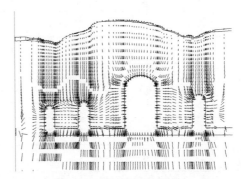

图 6.75　第三主应力矢量

综上所述，从洞周围岩应力分布指标看，开挖扰动后围岩应力量值均在岩体的抗拉、压强度范围内。各洞室顶拱岩体均形成一定范围的压力拱，形态较好，说明岩体自承载能力较强。洞周围岩应力矢量规律较好。

（3）洞周围岩位移分布规律分析

洞室群各特征部位位移量值见表 6.18，洞周位移分布如图 6.76、图 6.77 所示。从洞周位移分布看，反应堆厂房边墙最大位移 12.3 mm，核辅助厂房边墙最大位移 26.4 mm，其他厂房边墙位移亦均在 20 mm 之内。各洞室位移最大值均位于洞室交口处。总体看来，整个洞室群围岩变形较小，未出现塑性流动造成的局部位移突变，整个洞室围岩稳定状态良好。

表 6.18　洞周位移统计表

洞室	部位	位移/mm	洞室	部位	位移/mm
反应堆厂房	顶拱	0.6	连接厂房	顶拱	2.4
	拱座	5.0		拱座	7.0
	边墙	12.3		边墙	10.6
核辅助厂房	顶拱	2.9	安全厂房	顶拱	3.5
	拱座	13.1		拱座	7.1
	边墙	26.4		边墙	15.5
燃料厂房	顶拱	1.4	电气厂房	顶拱	3.4
	拱座	7.1		拱座	8.2
	边墙	15.5		边墙	12.6

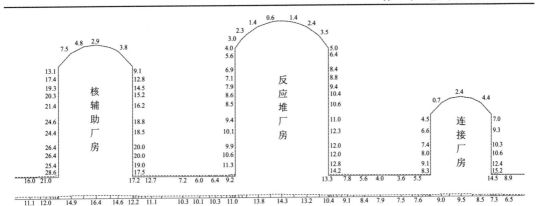

图 6.76　洞周位移分布（a）

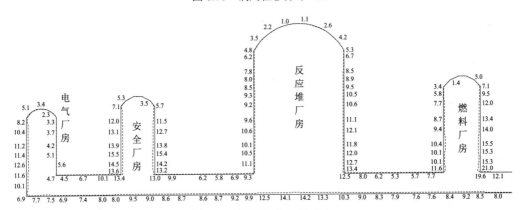

图 6.77　洞周位移分布（b）

（4）洞周围岩支护受力规律分析

洞室开挖完毕后，反应堆厂房洞室锚杆应力为 17~66.2 MPa，核辅助厂房洞室锚杆应力为 18.4~89.7 MPa，连接厂房洞室锚杆应力为 10.7~62.1 MPa，燃料厂房洞室锚杆应力为 6.3~55.8 MPa，安全厂房洞室锚杆应力为 6.5~56.3 MPa，电气厂房洞室锚杆应力为 4.5~44.2 MPa。总体看来，洞室群锚杆受力均较小，在锚杆的设计屈服强度内（如图 6.78 和图 6.79 所示）。

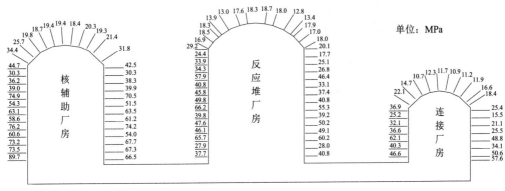

图 6.78　锚杆应力分布（a）

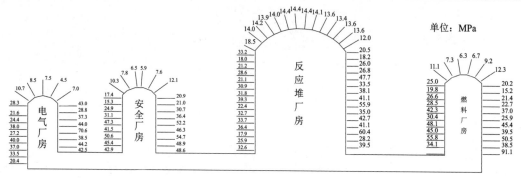

图 6.79　锚杆应力分布（b）

　　洞室群开挖完毕后，整个厂房喷层第一主应力为–0.24～0.03 MPa，第三主应力为 0～0.16 MPa。总体看来，喷层应力在混凝土的强度范围内。从喷层应力矢量图看，第一主应力主要为切向，第三主应力主要为径向。在喷层拐角处，有明显的应力集中（如图 6.80 至图 6.83 所示）。

　　综上所述，洞室群开挖完毕后，洞周锚杆应力量级均小于 100 MPa，在锚杆的设计屈服强度内。喷层第一、第三主应力量值均在混凝土的强度范围内。

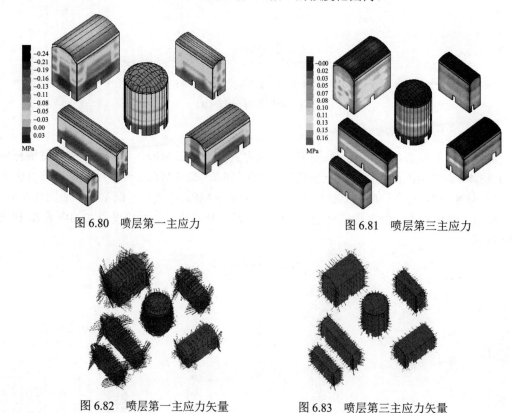

图 6.80　喷层第一主应力　　　　　　　图 6.81　喷层第三主应力

图 6.82　喷层第一主应力矢量　　　　　图 6.83　喷层第三主应力矢量

（5）小结

　　综上所述，在拟定的Ⅲ1 类灰岩力学参数下，初始地应力场侧压力系数 1.5，在采用常规的 6 m 长锚杆系统喷锚支护措施情况下，洞室群开挖完毕洞周围岩局部进入破坏区，最大开裂区深度 2.5 m，最大塑性区深度 6.0 m，均在支护措施的有效控制范围内；围岩扰动应力值均在岩体抗拉、压强度范围内，各洞室顶拱均形成一定范围压力拱，岩体自承载能力较强；洞周最大位移 26.4 mm，量值较小；锚杆应力均小于 100 MPa，喷层应力均在混凝土的承载强度范围内。总体看来，在有支护开挖情况下，地下核电洞室群整体稳定性较好（见表 6.19）。

表 6.19　有支护开挖地下核电洞室开挖特征指标

部位	破坏区深度/m		洞周应力/MPa		位移/mm	锚杆应力/MPa
	开裂区	塑性区	σ_1	σ_3		
反应堆厂房	0.5	2.5	−4.95～−9.22	−1.44～0.19	12.3	66.2
核辅助厂房	2.5	6.0	−4.92～−18.35	−4.71～0.01	26.4	89.7
燃料厂房	0.5	4.0	−4.63～−8.7	−1.8～0.61	15.5	62.1
连接厂房	—	2.5	−10.72～−5.32	−2.57～0.11	10.6	55.8
安全厂房	—	6.0	−9.4～−6.96	−1.65～−0.52	15.5	56.3
电气厂房	—	2.5	−8.45～−4.78	−1.83～−0.29	12.6	44.2

注：表中压应力为负，拉应力为正。

6.3.3　小结

在同等洞室群地质赋存环境和支护措施情况下，L 形洞室群布置方案与环型洞室群布置方案的洞室开挖围岩破坏特征基本相同，洞室群的整体稳定性均较好。但从反映围岩损伤特征的开裂区指标看，L 形洞室群的围岩最大开裂深度 1.0 m，小于环型洞室群的最大开裂深度 2.5 m。从洞室群围岩整体稳定方面看，L 形布置方案略优。

6.4　洞室群抗震稳定分析

6.4.1　抗震标准

为了保证核电厂的安全性，在我国的核安全导则中，要求核电厂的设计具有纵深防御的功能，布置多重的防御屏障。在防震抗震设计中，从采用的法规标准，地震输入水平的确定，计算分析的理论方法以及设计极限的采用方面，都有一套完整的、经过验证的程序。地下核电厂防震抗震设计标准应与地面核电厂一致。

（1）核岛厂房等级

核电厂设施中核岛厂房的构筑物（包括反应堆厂房、燃料厂房、电气厂房、核辅助厂房、柴油机厂房），均属于抗震 I 类构筑物，按照核电厂最高的抗震设计要求进行设计。

（2）遵循法规、导则和标准

《核动力厂设计安全规定》（HAF 102）

《核电厂厂址选择中的地震问题》（HAD 101/01）

《核电厂的抗震设计与鉴定》（HAD 102/02）

《核电厂抗震设计规范》（GB 50267—97）

（3）设计基准地震动输入的确定

在抗震 I 类构筑物的设计中，考虑两种地震作用：运行安全地震作用（SL-1）；极限安全地震作用（SL-2）。

在运行安全地震作用下，抗震 I 类构筑物应能保证核电厂能够正常运行；在极限安全地震作用下，抗震 I 类构筑物应能保证核电厂能够安全停堆，因此，此地震水平也被称作安全停堆地震（SSE）。

运行安全地震的年超越概率为 0.2%。在运行安全地震作用下（SL-1），抗震 I 类构筑物应能保证核电厂能够正常运行，与地下核电厂正常运行相关的地下洞室以局部破损可维修、不影响正常使用为目标进行防护。

安全停堆地震（SSE）的年超越概率为 0.01%。在极限安全地震作用下，抗震 I 类构筑物应能保证核电厂能够安全停堆，与余排系统正常运行相关的洞室以不失效、能抢修为目标进行加强支护。

（4）大型地下洞室群抗震分析理论与方法

地震作用是影响核电厂长期运行安全的重要外界因素之一，虽然事实证明地下建筑物的抗震性能要优于地面建筑物，但已建和在建水电站的地下厂房抗震设计烈度均只在Ⅶ～Ⅷ度，核电厂的设计地震动参数水平远高于水电项目地下厂房的地震设防标准。因此，大型地下洞室群在地震作用下的稳定安全性成为地下核电厂工程设计中的关键科学问题，研究地震荷载作用下地下洞室群围岩的损伤、破坏、垮塌机制，建立大型地下洞室群抗震分析方法与安全评价准则，对于地下核电厂的长期运行安全及防止重大工程事故发生有重大意义。对大型地下洞室群的抗震安全分析与评价，必须对地震动输入、结构–围岩体系的地震响应与岩体材料的动态抗力等方面进行综合深入研究，才能科学合理地确定抗震安全性评价准则与做出最终评价。地震波的合理选取与输入是地下洞室群地震损伤破坏分析的前提，直接影响分析结果的可靠性。应当考虑地震波入射的方向性、多面性和非一致性，提出适用于地下洞室抗震分析的地震波空间斜入射方法。洞室围岩的动力损伤本构模型是地下洞室地震损伤、破坏过程模拟的基础，直接影响到结构–围岩体系的真实地震响应与动态抗力。与准静态洞室开挖过程相比，地震过程中围岩承受地震波循环荷载作用，同时表现出围岩材料疲劳损伤特性和动力强化特性，需要在理论研究的基础上，结合大量的室内、室外试验，考虑循环荷载作用下围岩损伤特性和高应变率下材料的强化特性，建立科学实用的岩体动力损伤本构模型。最后，在精确分析地震响应的基础上，研究地震作用下洞室群失稳破坏的评价准则，探讨大型地下洞室群在地震作用下的失稳破坏极限状态点，确保洞室群在强震条件下的整体安全性。

6.4.2　地下核电厂围岩抗震稳定

地震灾变是核电厂安全设计中需重点考虑的工况。地下核电厂核岛建筑物的外部环境由大气变为洞室围岩。其结构抗震安全应主要考虑以下三部分：

（1）地下洞室群整体围岩抗震稳定及工程措施。

（2）围岩局部失稳对核岛建筑物的破坏及工程措施。

（3）核岛建筑物结构本身的抗震安全及工程措施。

　　根据《核电厂抗震设计规范》（GB 50267—97）对核电厂物项的划分，地下洞室群围岩、衬砌、核岛建筑物均属 I 类物项，其抗震设防标准为：在设计基准期中年超越概率为 0.2% 的地震震动，其峰值加速度不小于 0.075g，核电厂能正常运行；设计基准期中年超越概率为 0.01% 的地震震动，其峰值加速度不小于 0.15g，反应堆冷却剂压力边界完整、反应堆安全停堆并维持安全停堆状态，且放射性物质的外逸不超过国家规定限值。

　　地下核电洞室群具有洞室尺寸大、洞群规模大、挖空率高等特点，其在地震灾变中的整体围岩稳定直接关系到地下核电厂的存亡，需进行严格论证；地震灾变中洞室围岩局部失稳主要受断层、软弱夹层、不利结构面、不稳定块体等控制，需在详细地质揭露的基础上进行抗震分析，并采用科学的加固措施；在地面核电厂建设中，核岛建筑物结构设计本身具有较高的抗震要求，地下核电厂布置中并未改变地面核岛建筑物的结构设计，而是将各厂房分割，并单独放入不同的洞室。所以，地下核电厂核岛建筑物保留了地面核岛建筑物的抗震特性。在此基础上，地下洞室围岩增强了对核岛建筑物的空间约束，有利于结构抗震。

　　因此，要重点关注地下核电洞室群围岩自身的整体抗震稳定特性，而对局部地质薄弱带的抗震稳定和地下核岛建筑物的结构抗震设计，在具体工程设计中进行针对性研究。

6.4.2.1　现有地下洞室群抗震能力调查

　　岷江中上游的已建水电站地下厂房洞室群在汶川地震中经受了一次"原型实验"。震后水电水利规划设计总院迅速对震区 22 个水电站工程（地面厂房 14 个、地下厂房 8 个）进行了震灾调查。这些水电站的实际地震影响烈度均在Ⅷ度以上，其中映秀湾、太平驿、渔子溪、耿达等达到Ⅺ度。表 6.20 为汶川地震后部分地下厂房震害调查成果。

表 6.20　汶川地震地下厂房洞室群震害调查

工程	厂房形式	主厂房尺寸（长×宽×高）/m	岩性	地震影响烈度	震损现象	震损分级	现状
映秀湾	地下	82.3×17.0×39.1	闪长岩	Ⅺ	洞室衬砌出现较多非贯穿性裂缝，洞室交口出现贯穿性裂缝；机组结构受损轻微	震损严重	正常发电
太平驿	地下	110×19×30	花岗岩	Ⅺ	结构完好	未震损	正常发电
渔子溪	地下	78.52×14×33.3	闪长岩	Ⅺ	未发现明显震损	震损轻微	正常发电
耿达	窑洞式	75×15×33.1	闪长岩	Ⅹ	边坡外副厂房被埋，山体内主厂房未明显震损	震损较重	正常发电
天龙湖	地下	73.34×17.1×38.05	砂岩	Ⅷ	整体完好，局部墙面抹灰开裂	震损轻微	正常发电
木座	地下	51.58×16.4×36.76	砂岩	Ⅷ	未发现明显震损	震损轻微	正常发电
自一里	地下	65.4×17.6×37.6	砂岩	Ⅷ	未发现明显震损	震损轻微	正常发电
水牛家	地下	65.24×17.6×34.53	砂岩	Ⅷ	结构完好	未震损	正常发电

　　调查结果表明：

　　地下厂房总体没有出现大的震损现象。木座等 6 座地下厂房结构未见损坏，属震损轻微等级；映秀湾等 2 座地下厂房在交通洞、洞室交口部位有局部衬砌裂缝开展，主洞室结构未出现贯穿性裂缝，属震损较重等级。震损较重的地下厂房的破坏主要是由洪水淹没、进口垮塌等次生灾害引起。

从震害调查看，在XI度超强地震作用下，地下洞室群围岩整体稳定仍然较好，说明地下洞室群具有较高的抗震能力，有较大潜能满足核电厂的抗震设防标准。图6.84为耿达地下、地面厂房震后的对比照片。

（a） （b）

图6.84 地下、地面厂房震后结构

（a）耿达地下厂房震后；（b）耿达地面副厂房震后

6.4.2.2 L形布置洞室群抗震围岩稳定数值分析

（1）计算方法

波动场应力法。

（2）计算条件

计算模型采用 6.3.1 小节中地下核电洞室群有支护开挖后的模型。该模型洞室间距为 50 m，采用系统喷锚支护，锚杆 ϕ28@2.0 m×2.0 m，L=6.0 m，梅花形布锚，喷 10 cm 厚钢纤维混凝土。

整体模型采用Ⅲ1 类灰岩力学参数，变形模量为 12 GPa，泊松比为 0.22，C 值为 1.05 MPa，内摩擦角为 46°，单轴饱和抗压强度为 70 MPa。

地应力场采用 6.3.1 小节有支护开挖完毕后的扰动地应力场。

地震波荷载与环形布置一致，考虑地震波的最不利入射方向，分为以下两种计算工况：

工况一：安全停堆地震（SL-2）作用下，水平面内地震波沿 X 轴正方向入射，即垂直电气厂房边墙入射，竖直向沿 Z 轴正方向入射；

工况二：安全停堆地震（SL-2）作用下，水平面内地震波沿 Y 轴正方向入射，即垂直组合洞室边墙入射，竖直向沿 Z 轴正方向入射。

（3）SL-2 地震荷载作用下洞室群围岩抗震稳定分析

1）从地震荷载作用下洞室群围岩破坏区分布规律分析

从 SL-2 地震波两种入射方向下洞室围岩破坏区体积及耗散能可见（见表 6.21），地震荷载作用下洞室群洞周围岩塑性体积和开裂体积均较开挖完毕时有所增加。X 向入射时，塑性区体积为 89 289 m³，增加 58%，开裂区体积 84 66 m³，增加 30%；Y 向入射时，塑性区体积为 150 887 m³，增加 167%，开裂区体积 14 242 m³，增加 117%。可见，地震荷载对洞室群洞周围岩破坏区有较大影响。

表 6.21　各工况洞周破坏体积及耗散能

分　期	塑性体积/m³	开裂体积/m³	累计耗散能量/（t·m）
开挖完毕	56 512	6 563	303
SL-2（X 向入射）	89 289	8 466	714
SL-2（Y 向入射）	150 887	14 242	946

从洞周岩体的破坏区深度看（见表 6.22 及图 6.85 和图 6.86），由于反应堆厂房为圆筒形结构，X 向入射与 Y 向入射洞周破坏区深度基本相同，地震作用下边墙破坏区深度和范围略有增加，其中顶拱部分进入塑性区，深度 2.0 m 以内，边墙主要在洞室交口部位局部进入开裂区，深度 2.6 m，部分进入塑性区，深度 7.6 m。地震波 X 向入射，垂直作用于电气厂房洞室边墙和组合洞室端墙，对电气厂房洞室影响较大。地震波 Y 向入射，垂直作用于组合洞室边墙和电气厂房洞室端墙，对组合洞室影响较大。从表 6.22 可见，地震波 X 向入射时，电气厂房边墙破坏区有所增加，其中开裂区最深达 7.6 m，塑性区最深达 12.8 m；地震波 Y 向入射时，组合洞室边墙破坏区有所增加，其中开裂区最深达 7.6 m，塑性区最深达 12.8 m。为确保洞室抗震稳定，建议洞室群采用 9/12 m 的系统锚杆，城门洞形洞室高边墙布置 30 m 长的系统预应力锚索。

表 6.22　SL-2 地震作用下洞周破坏区深度统计　　　　　　　　　　　　　　　m

部　位		开挖完毕		X 向入射		Y 向入射	
		开裂区深度	塑性区深度	开裂区深度	塑性区深度	开裂区深度	塑性区深度
反应堆洞室	顶拱	—	—	—	2.0	—	2.0
	边墙	0.5	2.6	2.6	7.6	2.6	7.6
组合洞室	顶拱	—	—	—	2.0	—	2.0
	边墙	1.0	7.8	4.8	7.6	7.6	12.8
电气厂房	顶拱	—	2.0	—	—	—	—
	边墙	1.0	7.8	7.6	12.8	3.2	6.5

图 6.85　洞周破坏区深度（SL-2 X 向）

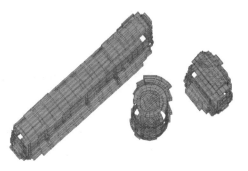

图 6.86　洞周破坏区深度（SL-2 Y 向）

综上所述，在 SL-2 地震动荷载作用下地下核电洞室群洞周围岩破坏区范围及深度均有一定程度增加。其中核反应堆厂房洞室洞周破坏区范围扩展较少，深度均在 9.0 m 锚杆的有效控制范围内。但组合洞室和电气厂房洞周围岩的塑性区深度达到12.8 m，超出常规12 m 锚杆的控制范围，建议对组合洞室和电气厂房的高边墙部位布置预应力锚索，以调整深部岩体应力，确保围岩稳定。

2）从地震作用下洞室群围岩应力分布规律分析

从洞周围岩应力矢量分布看，两种入射情况均呈现出第一主应力为切向，第三主应力为径向的分布规律。这说明，在两种工况下洞周围岩均有一定的自承载能力。X 向入射情况下主应力矢量如图 6.87 所示。

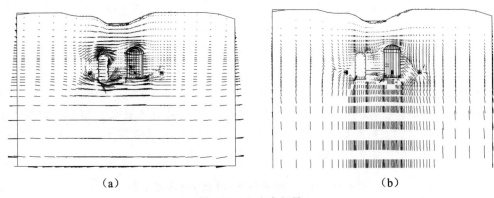

（a）　　　　　　　　　　　　（b）

图 6.87　主应力矢量

（a）第一主应力矢量；（b）第三主应力矢量

从应力等值线图看（如图 6.88 所示），两种入射情况下反应堆圆球形顶拱、其余洞室城门洞形顶拱均形成规则的压力拱，说明洞室顶拱岩体的自承载能力较强。

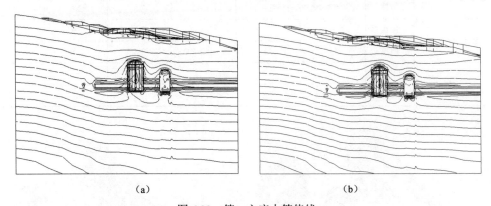

（a）　　　　　　　　　　　　（b）

图 6.88　第一主应力等值线

（a）SL-2 X 向入射；（b）SL-2 Y 向入射

洞周围岩压应力最大值−15.25 MPa，拉应力最大值 0.47 MPa，较洞室群开挖完毕时略有调整，但应力量值均在岩体的拉、压强度范围内。

综上所述，从洞周围岩应力分布指标看，地震荷载作用下围岩应力量值均在岩体的抗拉、压强度范围内。各洞室顶拱岩体均形成一定范围的压力拱，形态较好，说明岩体自承载能力较强。洞周围岩应力矢量规律较好。

3）从地震作用下洞室群围岩洞周位移分布规律分析

洞周位移分布如图 6.89、图 6.90 所示。由于 X 向入射对电气厂房洞室影响较大，Y 向入射对组合洞室影响较大，因此下述各洞室洞周位移量值采用相应较大入射方向的位移值。

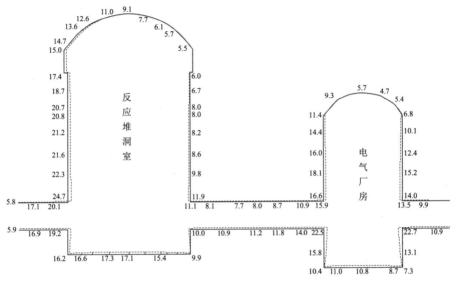

图 6.89　地震荷载作用下洞周位移分布（X 向入射）

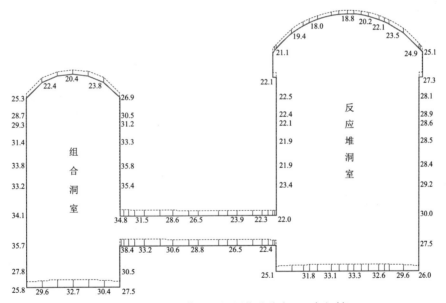

图 6.90　地震荷载作用下洞周位移分布（Y 向入射）

从洞周位移分布看，SL-2 地震荷载作用下反应堆厂房边墙最大位移 24.7 mm（开挖完毕 16.3 mm），组合洞室边墙最大位移 35.7 mm（开挖完毕 26.7 mm），电气厂房边墙最大位移 22.5 mm（开挖完毕 17.9 mm）。各洞室位移最大值均位于洞室交口处。总体看来，在地震荷载作用下各洞室位移均较开挖完毕时有所增加，增幅在 4.6～9.0 mm 范围内，量值相对较小。地震作用下整个洞室群围岩变形较小，未出现塑性流动造成的局部位移突变，整个洞室围岩稳定状态良好。

4）从地震作用下洞室群支护受力规律分析

SL-2 地震荷载作用下反应堆厂房洞室锚杆应力为 22.6～115.5 MPa,组合洞室锚杆应力为 35.7～162.8 MPa，电气厂房洞室锚杆应力为 29.1～120.7 MPa。总体看来，地震荷载作用下洞室群锚杆应力较支护开挖完毕时略有增加，但增幅较小，一般在 30 MPa 之内，最大达到 60 MPa。地震荷载作用下，洞室群锚杆最大应力 162.8 MPa，在锚杆的设计屈服强度内。

5）小结

综上所述，在 SL-2 地震荷载作用下地下核电洞室群围岩稳定的各项指标较开挖完成时均有一定程度增加。破坏区方面，核反应堆厂房洞室洞周破坏区范围扩展较少，深度均在 9.0 m 锚杆的有效控制范围内。但组合洞室和电气厂房洞周围岩的塑性区深度达到 12.8 m，超出常规 12 m 锚杆的控制范围，建议对组合洞室和电气厂房的高边墙部位布置预应力锚索，以调整深部岩体应力，确保围岩稳定。围岩应力方面，扰动应力值均在岩体抗拉、压强度范围内，各洞室顶拱均形成一定范围压力拱，岩体自承载能力较强。洞周变形方面，洞周位移均有所增加，幅度为 4.6～9.0 mm，最大位移 35.7 mm，量值较小。支护受力方面，锚杆应力均小于 170 MPa，在锚杆的设计屈服强度内。

总体看来，采用适当的抗震加固措施，在 SL-2 地震荷载作用下地下核电洞室群整体围岩稳定性较好。

6.4.3 围岩稳定抗震措施

（1）选址条件

为确保地震灾变中地下核电洞室群的抗震稳定，在厂址选择时，洞室群岩体应在Ⅲ类以上，岩性以大理岩、花岗岩、灰岩等硬岩为主，无大型断层、软弱结构面等地质构造，埋深 200 m 以内，地应力量级在 20 MPa 以内；厂址地震基本烈度应不大于Ⅶ度。选址的严格要求，为满足地下核电洞室群高标准的抗震防震要求提供了较好的前提条件。

（2）洞室群布置措施

1）洞室群轴线方向选择

洞群布置时，需同时协调好各洞室轴线方向与岩层或构造走向、最大水平地应力方向之间的关系。初步拟定的技术措施有：① 在满足核反应堆系统工艺性要求的前提下，尽量使各洞室轴线平行布置；② 洞室群轴线尽量与主应力方向形成较小夹角，而与岩层走向形成较大夹角；③ 若岩层走向与主应力方向不能同时满足洞群轴线布置时，在中、低地应力区，应尽量使岩层走向与洞轴线形成较大夹角。在较高地应力区，需通过数值模拟、实验探洞等方法，并结合工程经验，确定更有利的轴线方向。

2）洞室洞形选择

CUP600、AP1000 反应堆厂房洞室均采用圆筒形，与安全壳体型一致，可减小洞室规模，减少开挖工程量，而且圆筒形洞室顶拱为半球面，稳定性好，洞身为圆形封闭结构，有利于控制高边墙变形；核辅助厂房、核燃料厂房等辅助洞室采用城门洞形结构。城门洞形较鹅卵形、马蹄形洞室结构受力条件较差，但其施工便利，而且在 I 类～Ⅲ类围岩中，洞室稳定性是不受影响的。尤其是随着我国水电站地下洞室群的建设，大跨度城门洞形结构积累了丰富的工程设计及施工经验。另外，城门洞形结构有利于布置岩锚吊车梁。

3）洞室间距控制

洞间距过小，难以保证洞室群围岩稳定；洞间距过大，将增加工程量、建设成本、核电系统管线布置、人员步行距离等。初步研究方案中，地下核电洞室群的洞间距根据水电地下洞室群的布置原则确定，即洞室间距按 1～1.5 倍相邻洞室平均洞跨确定，CUP600 采用 50 m 间距。

（3）工程支护措施

控制围岩抗震稳定的工程措施主要有：锚杆、锚索、喷层等"柔性"支护措施，钢筋混凝土衬砌等"刚性"支护措施，如图 6.91 所示。工程实践表明，采用合理的系统喷锚支护参数可以确保洞室围岩整体稳定。洞室全断面衬砌结构，在围岩与核岛建筑物间形成一道全封闭防护屏障。其主要作用有：可有效防止地震灾变中围岩局部掉块、垮塌对核岛建筑物的损害；可有效防止透过防渗帷幕和排水措施的地下水向洞室内部渗透；可有效防止核事故情况下，放射性物质的扩散；可有效防止氢爆情况下，洞室群围岩的裂缝开展。同时，将混凝土衬砌与锚杆、锚索等浇筑于一体，形成联合受力结构，有效提高地震灾变中洞室的整体稳定性和衬砌结构的抗震安全。

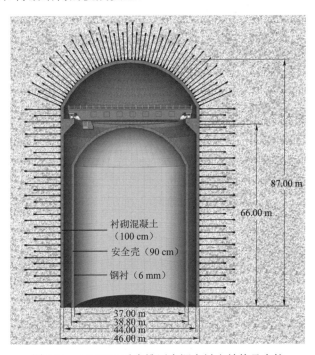

图 6.91　CUP600 反应堆厂房洞室衬砌结构及支护

6.4.4　小结

（1）根据《核电厂抗震设计规范》（GB 50267—97）对核电厂物项的划分，地下洞室群围岩、衬砌、核岛建筑物均属 I 类物项，其抗震设防标准为：在设计基准期中年超越概率为 0.2% 的地震震动，其峰值加速度不小于 0.075g，核电厂能正常运行；设计基准期中年超越概率为 0.01% 的地震震动，其峰值加速度不小于 0.15g，反应堆冷却剂压力边界完整、反应堆安全停堆并维持安全停堆状态，且放射性物质的外逸不超过国家规定限值。

（2）汶川地震震害调查表明，在Ⅺ度超强地震作用下，地下洞室群围岩整体稳定仍然较好。地下洞室群具有较高的抗震能力，有较大潜能满足核电厂的抗震设防标准。

（3）地下核电群的抗震计算表明，在国内某地面核电厂极限安全地震（SL-2）作用下，地下核电洞室群整体围岩稳定性较好。

（4）通过选址控制，洞室群布置优化，合理的工程支护措施，可以有效确保设计地震荷载作用下地下核电洞室群整体围岩稳定。

6.5　超基准事故工况下反应堆洞室稳定分析

为充分论证地下核电厂的安全性，本节重点研究在超基准事故工况下反应堆洞室的围岩稳定性。初步考虑的超基准事故主要有：超基准氢爆、超基准熔堆、超基准飞弹打击。反应堆洞室的围岩稳定受整个地下核电洞室群的影响较大，因此本节以地下核电洞室群为研究对象，分析整个洞室群，尤其是反应堆洞室围岩的稳定特性。

6.5.1　超基准氢爆事故工况下反应堆厂房洞室的围岩稳定性

反应堆安全壳设计内压为 0.5 MPa，假设在超基准氢爆事故工况下，反应堆安全壳炸裂，反应堆洞室内空气压力达 0.5 MPa。在洞室群有支护开挖扰动应力场基础上，研究 0.5 MPa 内压作用下洞室围岩的稳定特性。

（1）计算条件

计算模型采用地下核电洞室群有支护开挖后的模型。该模型洞室间距为 50 m，采用系统喷锚支护，锚杆 ϕ 28@2.0 m×2.0 m，L=6.0 m，梅花形布锚，喷 10 cm 厚钢纤维混凝土。

整体模型采用Ⅲ1 类灰岩力学参数，变形模量为 12 GPa，泊松比为 0.22，C 值为 1.05 MPa，内摩擦角为 46°，单轴饱和抗压强度为 70 MPa。

地应力场采用有支护开挖完毕后的扰动地应力场。

（2）结果分析

1）洞周围岩破坏区分布规律分析

洞室群开挖完毕后，洞周破坏区深度分布如图 6.92 所示。超基准氢爆工况下，洞周破坏区深度分布如图 6.93 所示。

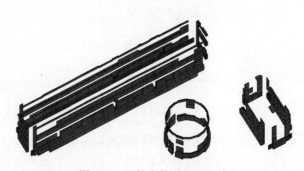

图 6.92　开挖完毕破坏区深度

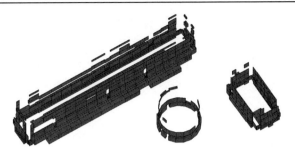

图 6.93　氢爆工况破坏区深度

洞室群开挖完毕,反应堆厂房洞室顶拱无破坏区,边墙仅局部进入开裂区,深度在 0.5 m 之内,部分进入塑性区,深度在 2.6 m 之内,最大值位于边墙中下部位;组合洞室顶拱无破坏区,边墙局部表层进入开裂区,深度在 1.0 m 之内,部分进入塑性区,深度在 7.8 m 之内;电气厂房洞室顶拱无开裂区,局部进入塑性区,深度在 2.0 m 之内,边墙局部进入开裂区,深度在 1.0 m 之内,部分进入塑性区,深度在 7.8 m 之内。

与开挖完毕时相比,氢爆工况下电气厂房和组合厂房洞周破坏区未有明显变化,反应堆洞室围岩破坏区范围略有减小,最大深度约 2.6 m,基本未变。可见,从破坏区指标看氢爆荷载在一定程度上减小了洞周围岩的破坏区范围,对洞室围岩稳定有利。这主要是因为,氢爆产生较大的内压,抵消了部分洞室开挖释放荷载,增强了洞壁临空面的约束,对围岩稳定有利。

2）洞周围岩应力分布规律分析

从洞周围岩应力看,洞室群开挖完毕后,洞周围岩压应力最大值−10.85 MPa,拉应力最大值 0.42 MPa,均在岩体的拉、压强度范围内。在氢爆工况下,洞周围岩压应力最大值−10.24 MPa,拉应力最大值 0.52 MPa,均在岩体的拉、压强度范围内,且与开挖完毕时量值相差较小。说明,氢爆产生的内压对洞周围岩的应力状态影响较小。氢爆工况下洞周主压应力分布如图 6.94 所示,主拉应力分布如图 6.95 所示。

| −17.06 |
| −15.36 |
| −13.66 |
| −11.96 |
| −10.26 |
| −8.57 |
| −6.87 |
| −5.17 |
| −3.47 |
| −1.77 |
| −0.07 |

图 6.94　氢爆工况下洞周围岩主压应力云图

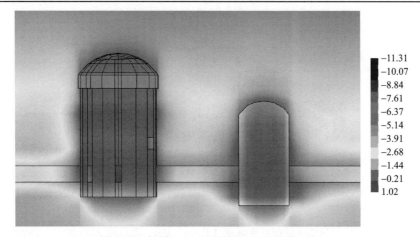

图 6.95　氢爆工况下洞周围岩主拉应力云图

3）洞周围岩位移分布规律分析

开挖完毕洞周位移分布如图 6.96 所示，氢爆工况下洞周位移分布如图 6.97 所示。对比可见，两种情况下洞周位移量值基本相同，局部氢爆工况下位移略有减小。

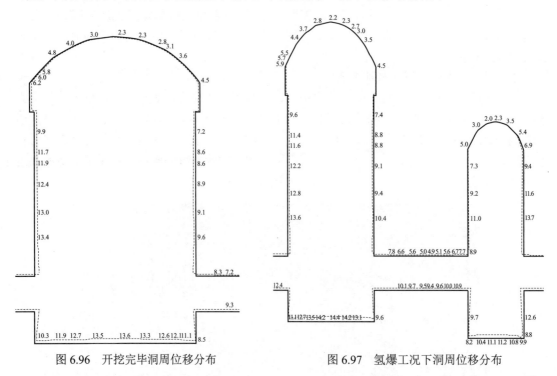

图 6.96　开挖完毕洞周位移分布　　　　　图 6.97　氢爆工况下洞周位移分布

4）小结

综上所述，氢爆工况与洞室开挖完毕时相比，洞周围岩破坏区、应力、位移等多项指标均基本相同，仅破坏区范围和位移值略有减小。可见，0.5 MPa 的氢爆荷载对洞室围岩稳定性影响较小。在超基准氢爆工况下，洞室群是稳定的。

6.5.2　超基准熔堆事故工况下反应堆洞室的围岩稳定性

　　假定超基准熔堆事故工况下，反应堆堆芯温度为 1 400 ℃，洞室围岩的环境温度为 10 ℃，岩体的热传导系数为 337 kJ/（m·d·℃）。计算熔堆 1 年后的温度场。有限元模型如图 6.98 所示。

　　熔堆 1 年后的温度场如图 6.99 所示。可见，熔堆对洞室岩体温度场的影响范围有限，在熔堆点 15 m 的范围内。由于岩体的热传导系数较低，温度超过 1 000 ℃（岩体熔点）的范围较小，仅在熔堆点 2 m 的范围内（如图 6.100、图 6.101 所示）。由于洞周围岩受熔堆影响的范围较小，岩体熔化范围仅 2 m，且位于底板部位，可以认为超基准熔堆事故工况下反应堆洞室围岩稳定。

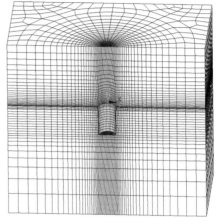

图 6.98　温度场计算模型

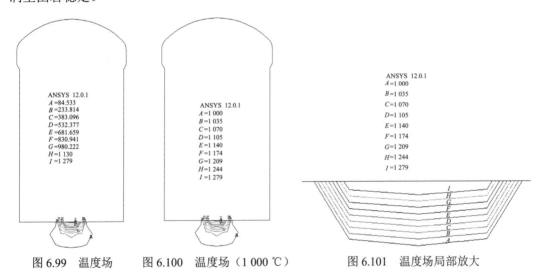

图 6.99　温度场　　　图 6.100　温度场（1 000 ℃）　　　图 6.101　温度场局部放大

6.5.3　超基准飞弹打击工况下反应堆洞室的围岩稳定影响

　　假定飞弹直接命中反应堆洞室顶部山体，反应堆洞室顶部岩体厚度 60 m。根据爆破震动安全允许距离计算公式：

$$R = \left(\frac{K}{v} \right)^{1/1.5} \cdot Q^{1/3}$$

式中：R——距离，取 60 m；

　　　　K——衰减系数，取 150；

　　　　Q——药量，取 1 000 kg。

　　计算可得，洞室处岩体的振动速度 v 为 10.2 cm/s，小于洞室安全允许振速 15 cm/s。因此，在超基准飞弹打击工况下反应堆洞室围岩是稳定的。

第7章　安全分析与评价

本章对地下核电厂（CUP600）全生命周期包括设计、建造、运行及退役等阶段的安全特性与事故风险进行了初步评价。

7.1　设计阶段安全与风险评价

7.1.1　CUP600 安全措施概述

CUP600 定位于国际第三代的先进核电技术，在安全性方面采取了先进的设计理念。包括：① 提高反应堆的固有安全性，增强包容瞬态与事故的能力；② 加强应对设计基准事故的措施，以及预防和缓解严重事故的措施；③ 参考美国和欧洲核安全当局和社会公众对核电厂更高的安全要求，采用了在极端情况下缓解严重事故的对策与措施；④ 将核电厂反应堆及带放射性的辅助厂房置于地下，即使发生严重事故后放射性物质也将被包容在地下洞室内，大幅度减小其对环境的影响。

在安全设计方面进行了革新性的变更和改进，主要体现在以下几个方面。

（1）提高设计裕量，增强反应堆固有安全性

通过对类似型号的地面核电厂的热工水力计算分析表明：在名义工况下核电厂反应堆堆芯的最小 DNBR（偏离泡核沸腾比），以及在失流事故和控制棒组失控抽出事故下的最小 DNBR 有超过 15%的安全裕量，满足 URD（电力公司要求文件）的相关安全要求。核电厂反应堆在额定工况以及超功率工况下的燃料棒中心最高温度和最大线功率均小于设计限值，且留有较大裕量。

（2）系统和设备设计改进，增强事故控制能力

与典型的二代压水堆核电厂（以秦山二期为例）相比，CUP600 在系统和设备上的改进表现为：

1）增设非能动余热排出系统，用于全厂断电（SBO）叠加丧失辅助给水汽动泵事故；

2）采用了中压安注、安注箱和低压安注的安注方案，并采用了安全壳内置换料水箱，消除了高压安注使用低压安注增压、安注再循环时水源切换时的风险；

3）增设非能动安全壳热量导出系统，用于 SBO 后以及安全壳喷淋系统失效时的备用；

4）增设了应急硼注入系统，用于在未能紧急停堆的预期瞬态（ATWS）事故后以及其他需要硼化堆芯的事故后的堆芯硼化。

（3）增强了严重事故缓解措施

1）堆腔注水冷却系统，用于在严重事故后将堆芯熔融物滞留在反应堆压力容器内，该系统设计有能动和非能动两个系列，其中非能动注入系列利用地面和地下的高差将水从高位水箱注入堆腔；

2）一回路快速卸压系统，用于在严重事故后降低一回路压力；

3）可燃气体控制系统，采用非能动氢气复合器防止严重事故后安全壳内氢气的整体燃烧，从而保证安全壳完整性；

4）安全壳泄压排放系统，用于防止安全壳超压失效；

5）安全壳隔离设施；

6）卸压洞室（配置抑压水池）和反应堆厂房洞室，用于严重事故后安全壳泄压及放射性包容。

除专门为严重事故设计的系统外，非能动安全壳热量导出系统等也可用于严重事故的缓解。

7.1.2　地下核电厂与地面核电厂各类事故对比分析

本节主要探讨地下核电厂置于地下环境后其相关安全特性所受的影响，并将各类可能发生的事故同地面核电厂进行了对比。

根据地下核电厂的厂房布置特点和专设及安全系统配置情况初步分析，其反应堆可能发生以下各类事故或涉及以下安全相关问题。

（1）由二回路系统引起的排热增加事故；

（2）由二回路系统引起的排热减少事故；

（3）反应堆冷却剂流量减小类事故；

（4）反应性和功率分布异常事故；

（5）反应堆冷却剂装量增加事故；

（6）反应堆冷却剂装量减少事故；

（7）未能紧急停堆的预期瞬态（ATWS）；

（8）全厂断电事故；

（9）安全壳在事故工况下的抑压及导热问题；

（10）严重事故。

对比分析结果表明，由二回路系统引起的排热增加事故、由二回路系统引起的排热减少事故、反应堆冷却剂流量减小类事故、反应性和功率分布异常事故、反应堆冷却剂装量增加事故、未能紧急停堆的预期瞬态（ATWS）与地面核电厂类似，地下核电厂配置的大量先进安全系统可以确保反应堆的安全。而在应对反应堆冷却剂装量减少事故、全厂断电事故、安全壳在事故工况下的抑压及导热问题以及严重事故方面，地下核电厂相对于地面核电厂具有明显优势，下面对这几类事故进行详细的对比分析。

（1）反应堆冷却剂装量减少事故

反应堆冷却剂装量减少事故主要包括失水事故（LOCA）、蒸汽发生器传热管破裂（SGTR）事故以及稳压器安全阀或自动卸压系统（ADS）阀误开启事故。此类事故的特点是，反应堆冷却剂系统出现破口，冷却剂向安全壳或蒸汽发生器二次侧释放。由于冷却剂的丧失，反应堆冷却剂系统水装量减少，堆芯可能发生裸露，可能导致燃料元件烧毁。

当反应堆发生 LOCA 事故、稳压器安全阀或快速卸压阀误开启事故时，安注箱、能动的中压和低压安注泵都将自动投入，安全壳喷淋系统、非能动安全壳冷却系统以及非能动余热排出系统等均将启动，配合地坑再循环系统将堆芯余热通过海水或河水有效导出。由于地下核电厂其非能动安全壳冷却系统以及非能动余热排出系统具有很大的冷热芯位差，这将有利于提高非能动排热能力，从而减轻 LOCA 事故的后果。

当反应堆发生 SGTR 事故时，主蒸汽管线隔离、一回路系统降温降压等措施都将限制事故的后果。地下核电厂由于一回路与二回路的连接管线比地面核电厂长得多，因此对于通过蒸汽管线向二回路的放射性释放而言，地下核电厂具有更加充分的应对时间，如果及时关闭汽轮机入口端的蒸汽隔离阀，将可更加有效地控制放射性释放。

（2）全厂断电事故

全厂断电事故是指由电力系统故障引起厂内外正常电源丧失而引发的事故。发生全厂断电事故后，电源丧失信号或者主泵转速低信号将触发反应堆停堆。事故初期，由于冷却剂流量迅速降低，燃料表面传热急剧恶化，可能导致燃料烧毁。事故发生后，将通过可靠电源启动主泵，并且投入余热排出系统带走堆芯余热。如果发生全厂断电事故，并且可靠电源同时丧失，则二次侧非能动余热排出系统以及非能动安全壳冷却系统将导出堆芯余热。

对于地下核电厂，其二次侧非能动余热排出系统冷热芯位差大，排热能力强，可以更好的保证堆芯余热导出，增加事故后人员不干预时间。此外，地下核电厂厂址通常选择在水电站附近，可有效利用水电站的黑启动能力确保厂外可靠电源的供应，相对于地面核电厂，地下核电厂发生全厂断电事故的概率将进一步大幅降低。

（3）安全壳在事故工况下的抑压及导热问题

安全壳作为传统核电厂安全的最后一道屏障，既能防止放射性物质向外扩散污染周围环境，又兼作反应堆的围护结构，保护反应堆、设备、系统免受外界的不利影响。因此，它的设计必须能够有效承受设计基准事故压力，并保持良好的密闭性，将放射性物质的散逸限制在容许水平内，以确保工作人员和周围公众的生命安全。其系统设计要能满足事故后安全壳短期和长期冷却的安全功能。

对于地下核电厂，安全壳的冷却主要依靠安全壳喷淋系统和非能动安全壳冷却系统，安全壳的抑压主要由安全壳喷淋系统、非能动安全壳冷却系统和安全壳泄压排放系统保证，另外，安全壳空气监控系统、安全壳隔离设施、非能动安全壳氢气复合系统等可保证安全壳的有效隔离和安全壳的可燃气体消除，以上系统可有效提高安全壳的完整性，确保放射性物质的有效包容。

另外，地下核电厂安全壳以外是地下洞室，安全壳的完整性破坏后，放射性物质和高温气体将释放到地下洞室内，其周围大量的岩体可以吸收热量和提供抑压的气体扩展空间，更重要的是可以长期包容放射性物质。

因此，对于地下核电厂，事故工况下安全壳的冷却和抑压将有多套手段可以保证，在放射性物质的包容等方面具有较大的优势。

（4）严重事故

地下核电厂在对抗严重事故方面具有堆腔注水冷却系统、安全壳泄压排放系统、非能动安全壳冷却系统、二次侧非能动余热排出系统、非能动安全壳氢气复合系统等。其中堆腔注水系统包括非能动注水系统，其注水水源为地面约 180 m 高度的水池通过重力压头进行自动注入。安全壳泄压排放系统可将高压气体排放到卸压洞室，从而减少对环境的释放。非能动安全壳冷却系统和二次侧非能动余热排出系统均具有位差约 180 m 的地面水池，具有很好的自然循环导热能力。非能动安全壳氢气复合系统可确保氢气的有效复合，即使氢气释放到安全壳以外，其岩体洞室也可进一步包容可燃气体，即使发生加速燃烧、爆燃和爆炸等现象，洞室周围几十米厚的岩层也是天然的屏蔽，这相对于地面核电厂也具有明显的优势。

当然，地下核电厂相对于地面核电厂最大优势还是其严重事故后放射性物质将被包容在地下洞室内，将大幅度减小其对环境的影响。

综上所述，在大多数事故下的安全性方面，CUP600 与地面核电厂相当。由于 CUP600 其非能动安全壳冷却系统、二次侧非能动余热排出系统以及非能动堆腔注水系统具有很大的冷热芯位差，并且在事故后的放射性物质包容方面具有天然的条件，因此相比地面核电厂而言，地下核电厂在 LOCA 事故、全厂断电事故以及严重事故等事故的处理方面具有明显优势。

7.1.3 地下核电厂典型事故分析

本节讨论地下核电厂的两个典型事故——大破口失水事故以及全厂断电事故。对于大破口失水事故，地下核电厂的最大优势在于事故后地下洞室对放射性释放的包容；对于全厂断电事故，地下核电厂的主要优势是其配置了高位差的非能动余热排出系统，可以保证事故后余热的导出并增加人员不干预时间。下面将对这两个事故进行分析。

7.1.3.1 大破口失水事故分析及放射性后果评价

（1）大破口失水事故描述

失水事故（LOCA）是指反应堆冷却剂系统主管道以及与主管道相连在主隔离阀以内的任何管道的破裂所引起的事故。大破口失水事故是指破口当量直径大于 34.5 cm 的失水事故。大破口失水事故通常可分为以下几个阶段：

1）喷放阶段：从破口发生到安注箱开始注入的阶段。

2）喷放结束/再注入阶段：从安注箱开始注入到堆芯活性段下部完全充满水的阶段。

3）早期再淹没阶段：从堆芯活性段下部完全充满水到安注箱排空的阶段。

4）再淹没后期阶段：从安注箱排空到堆芯完全再湿的阶段。

5）再循环阶段：从换料水箱排空到最后的堆芯长期冷却建立的阶段。

（2）地下核电厂大破口事故分析

地下核电厂大破口事故的进程与地面核电厂并无本质区别。对于大破口失水事故，最关心的是最大的包壳峰值温度。在喷放阶段，包壳温度快速升高。正的堆芯流量和堆芯流动的反转会带走部分堆芯储能，于是，包壳温度会出现两次下降，并出现两个包壳温度峰值（PCT），最大的包壳峰值温度被称为 T_1。随后，堆芯进入绝热状态，堆芯几乎没有流量，因此包壳温度持续升高，直到再淹没阶段开始为止。早期再淹没阶段，在高流量安注箱安注水进入堆芯后，包壳温度达到另一个峰值，即 T_2。由于爆破点内、外包壳氧化更严重，因此 T_2 常常出现在爆破点位置。

在再淹没阶段后期，水进入堆芯引起大量的水蒸发，蒸汽带走部分堆芯能量。在此阶段，包壳温度再次上升，但比绝热条件下要缓慢，可能出现第三次包壳温度峰值（T_3）。在每个堆芯高度上，当从芯块向包壳的热传递与通过再淹没带走包壳的热量达到平衡时，都会出现再淹没包壳温度峰值，堆芯下部的骤冷前沿上升缓慢，导致蒸汽流和夹带的小液滴可以冷却堆芯上部。T_3 是所有堆芯高度上再淹没峰值包壳温度中的最大值，一般出现在高线功率和高芯块与包壳的间隙导热率的高度位置，包壳温度的升高归因于缓慢的包壳肿胀，直至燃料棒爆破时为止。事故中的包壳温度是燃料芯块到包壳的释热和与冷却剂的热交换共同作用的结果。第一个影响主要决定于燃料棒的热工机械特性和性能，如初始储存的能量、堆芯衰变热、$Zr\text{-}O_2$ 氧化反应放热和芯块–包壳间隙导热率。第二种影响由堆芯热工水力行为决定。

在大破口失水事故分析中，对于初始条件、功能假设、与堆芯相关的假设以及控制和保护系统等都应做最保守的假设，尤其是初始功率和剩余功率、轴向功率分布、安注的流量和温度、安全壳的压力和温度、安注箱的压力和水量、安全壳喷淋系统的流量和温度以及主泵的状态（运行或停运）等，以得到最保守的分析结果。此外，破口在一回路上的位置和破口的排放系数对事故的发展和后果都有重要的影响。因此，在分析中应全面考虑，并做敏感性分析。

分析表明：最不利的破口位于泵和反应堆压力容器进口之间的冷段。对于有冷段短期注射的压水堆，假设在泵排放处的破口会导致堆芯冷却更严重的瞬态，因为这引起早期堆芯逆流、压力容器更多的排放和对压力容器再灌水及堆芯再淹没的最不利条件。极限破口是纵向断裂。它的尺寸等效于 2 倍冷管段横截面积的 0.7 倍（$0.7 \times 2A$）。

针对此破口位置和破口尺寸通过大量参数敏感性分析，找出对于堆芯后果最保守的事故工况。表 7.1 和表 7.2 给出该工况的大破口事故事件序列和主要分析结果。图 7.1 至图 7.4 给出了大破口事故时堆芯水位、一二回路压力、最高包壳温度和最大氧化率等参数随时间的变化关系。

表 7.1　大破口事故事件序列

事　件	时间/s
SI 信号	4.01
主给水停止	11.01
安注箱开始排水	11.15
堆芯再淹没开始	31.98
安全注射开始	34.01
安注箱排水结束	67.83
辅助给水动作	66.01

表 7.2　大破口事故主要分析结果

参　数	数　值
PCT T_1/℃	817.4
时间/s	4.0
位置/m	2.79
PCT T_2/℃	841.7
时间/s	46.7
位置/m	2.69
PCT T_3/℃	1 045.8

续表

参　数	数　值
时间/s	167.3
位置/m	2.9
最大氧化率/%	3.157
产生的氢（假想量的%）	0.17

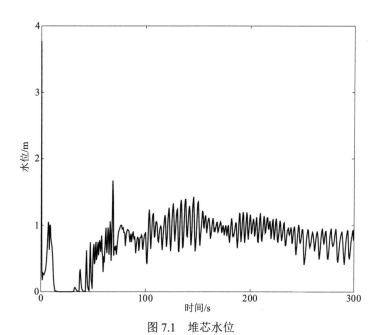

图 7.1　堆芯水位

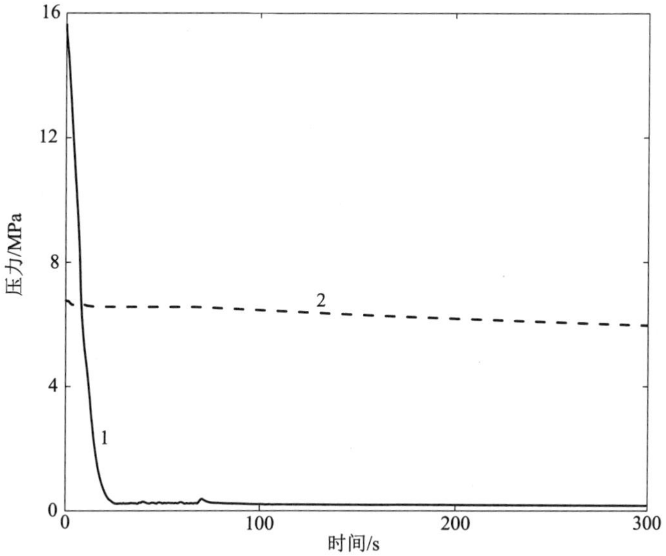

图 7.2　一二回路压力

1——回路压力；2—二回路压力

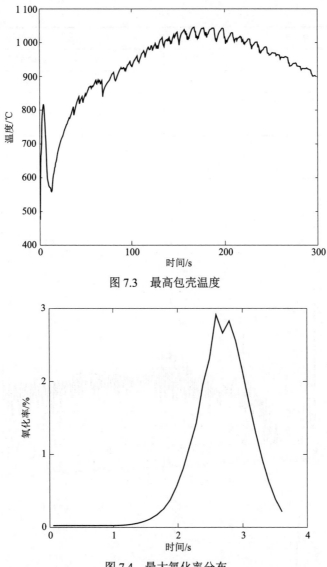

图 7.3　最高包壳温度

图 7.4　最大氧化率分布

　　分析结果表明，对于最保守的事故工况仍能满足失水事故的限制准则：最极限 PCT 是在堆芯顶部位置，包壳温度为 1 046 ℃，该值满足安全准则 1 204 ℃ 的要求。最极限包壳氧化率是在堆芯顶部位置，为 3.2%，该值满足安全准则 17% 的要求。热组件平均棒的总氧化率小于总包壳的 0.17%，热棒组件满足了 1% 的准则，则整个堆芯也能满足该准则。堆芯几何形状完整性得到保障，堆芯温度将继续下降，在持久的时期内能够排除燃料中产生的衰变热。

　　（3）大破口失水事故后的长期冷却分析

　　地下核电厂失水事故后的长期冷却阶段，可能出现堆芯硼浓度不断累积，地坑硼浓度不断稀释的情况。堆芯硼浓度逐渐增加而引起硼结晶，可能妨碍燃料元件的长期冷却，同时地坑硼浓度逐渐降低有可能使堆芯重返临界。

　　在失水事故后的长期冷却阶段，堆芯出口可能只是蒸汽，这取决于破口的位置和尺寸。

如果堆芯出口为蒸汽，流入反应堆压力容器的流体含硼量较高，而由堆芯流出的蒸汽夹带的硼量较少。当出现这类破口时，在一定的时间内反应堆压力容器内特别是堆芯硼浓度连续增加，而地坑内硼浓度逐渐降低。相反，如果堆芯出口有少量液体流出就足以使堆芯硼浓度不会迅速增加。

事实上，是否出现上述现象与破口和安全注射点各自的位置有关（如图 7.5 和图 7.6 所示）：

1）如果堆芯处在安全注射口和反应堆冷却剂系统破口之间：如安注在冷管段、热管段破裂，或安注在热管段、冷管段破裂。在这些情况下，全部安注流量必须经过堆芯达到破口排出。这样，长期冷却期间堆芯流出的只是液体，堆芯和地坑硼浓度将保持平衡。

2）如果堆芯不在安全注射口和反应堆冷却剂系统破口之间：如安注在冷管段、冷管段破裂，或安注在热管段、热管段破裂。在这些情况下，堆芯流出的可能只是蒸汽，而比蒸汽流量还大的安注注射流量直接达到破口：在冷管段破裂情况下经环形下降段顶部；在热管段破裂情况下经上腔室顶部被蒸汽夹带。因此，堆芯硼浓度将逐渐增加而引起硼结晶，同时地坑硼浓度将逐渐降低有可能使堆芯重返临界，这就要求在出现该风险之前改变安全注射配置。

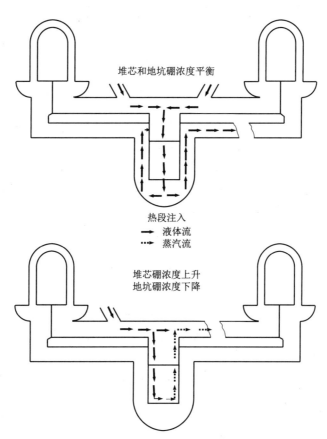

图 7.5　热段安全注射时堆芯和地坑硼浓度的变化

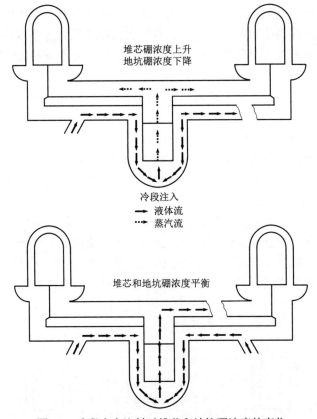

图 7.6　冷段安全注射时堆芯和地坑硼浓度的变化

因为事故前破口位置是未知的，为避免堆芯出现硼结晶和因地坑硼稀释导致反应堆重返临界的风险，必须改变安全注射配置，即需安注从冷管段注入模式切换到冷、热段同时注射模式。这样，事故后不管破口在什么位置，操作员只需在适当的时候（堆芯硼结晶和地坑硼稀释限值到达之前）通过有限的阀门操作，就可以提高安全水平，确保堆芯的长期冷却。

分析表明，事故发生后最迟 14.9 小时，操纵员必须建立同时通过冷管段和热管段的再循环安全注射模式。这个切换可防止堆芯硼结晶，同时并没有任何堆芯重返临界的风险。切换安注模式后，地坑硼浓度不再降低，堆芯硼浓度也不再增加，堆芯出口仅为液体流，因此堆芯内和地坑内的硼浓度趋向于一个均匀的平均值。

（4）放射性效应及后果评价

地下核电厂发生失水事故后，堆芯及一回路的放射性物质会首先释放到安全壳，然后通过反应堆安全壳泄漏到地下洞室，最后通过地下洞室泄漏到环境，与地面核电厂相比，地下核电厂多了地下洞室岩体这一道实体屏障。

地下核电厂发生失水事故后，事故源项和放射性后果的计算假设如下：

1）事故导致的燃料棒燃料破损份额为 100%。

2）从破损燃料元件释放的裂变产物：惰性气体（氪–85 除外）的释放份额为 2%；氪–85 的释放份额为 30%；碘的释放份额为 3%。

3）安全壳内裂变产物的去除

假设通过一回路释放到安全壳中的碘 90%为分子碘，10%为粒子碘。由于碘在冷却剂中的滞留和在结构上的沉积，导致碘向安全壳的释放减少 50%。

4）安全壳喷淋

假设分子碘被喷淋去除，而粒子碘不能被去除。分子碘的去除因子为 1 000。

5）反应堆安全壳的泄漏率为 1%/d，地下洞室岩体的泄漏率为 0.01%/d。

地下核电厂发生失水事故后，向环境的累积释放源项见表 7.3，非居住区边界（500 m）的公众剂量后果见表 7.4，规划限制区边界（5 000 m）的公众剂量后果见表 7.5。

表 7.3　失水事故后向环境的累积释放源项　　　　　　　　　　Bq

核素	0～2 h		0～30 d	
	地下核电厂	地面核电厂	地下核电厂	地面核电厂
氪–85 m	4.04E+07	2.57E+12	9.82E+08	9.34E+12
氪–85	1.59E+07	1.22E+12	1.87E+12	3.18E+14
氪–87	5.24E+07	3.79E+12	1.82E+08	5.77E+12
氪–88	1.05E+08	6.77E+12	1.16E+09	1.72E+13
氙–133 m	8.48E+06	1.20E+11	2.73E+10	1.13E+13
氙–133	2.78E+08	6.13E+11	4.09E+12	1.63E+13
氙–135	7.24E+07	7.66E+11	8.73E+09	8.02E+11
氙–138	2.12E+07	3.64E+12	2.22E+07	3.67E+12
碘–131	9.96E+06	7.20E+11	2.63E+11	5.00E+13
碘–132	1.00E+07	7.95E+11	8.31E+07	1.77E+12
碘–133	2.04E+07	1.47E+12	9.61E+09	1.77E+13
碘–134	9.21E+06	8.59E+11	1.96E+07	1.08E+12
碘–135	1.76E+07	1.30E+12	9.46E+08	6.66E+12

表 7.4　失水事故后非居住区边界（500 m）的公众剂量后果　　　　Sv

时间段	有效剂量		甲状腺当量剂量	
	地下核电厂	地面核电厂	地下核电厂	地面核电厂
0～2 h	2.20E–08	1.63E–03	3.39E–07	2.46E–02
0～8 h	1.69E–07	3.85E–03	2.91E–06	6.27E–02
0～30 d	2.01E–05	1.03E–02	3.72E–04	1.76E–01

表 7.5　失水事故后规划限制区边界（5 000 m）的公众剂量后果　　　Sv

时间段	有效剂量		甲状腺当量剂量	
	地下核电厂	地面核电厂	地下核电厂	地面核电厂
0～2 h	1.45E–09	1.07E–04	2.22E–08	1.61E–03
0～8 h	9.97E–09	2.37E–04	1.71E–07	3.84E–03
0～30 d	7.65E–07	5.40E–04	1.43E–05	9.15E–03

从表 7.3 可见，失水事故后地下核电厂向环境释放的放射性物质明显少于地面核电厂；从表 7.4 和表 7.5 可见，地下核电厂失水事故造成的公众剂量也明显低于地面核电厂，主要由于

地下核电厂多了地下洞室岩体这一道实体屏障，使得放射性物质向环境的释放量明显减少。

从表 7.4 可见，失水事故后非居住区边界（500 m）上 30 天内的公众有效剂量为 $2.01×10^{-2}$ mSv，甲状腺当量剂量为 $3.72×10^{-1}$ mSv。参考《电离辐射防护与辐射源安全基本标准》（GB 18871—2002）给出的通用干预水平，即有效剂量 2 天内不超过 10 mSv、7 天内不超过 50 mSv、30 天内不超过 30 mSv 以及甲状腺剂量不超过 100 mSv，如果将此作为应急行动的剂量限值，则地下核电厂发生失水事故后不需要启动场外应急。

7.1.3.2　全厂断电事故分析

全厂断电是补充运行工况之一，下述起因将导致全厂断电：

（1）丧失厂内、厂外电源。最可能的情况是厂外电网发生共模故障，随后切换至带厂用电运行失败、启动两台柴油发电机组失败。

（2）应急配电盘 EMA 和 EMB 丧失。这些配电盘之一发生电气故障将使反应堆进入退防模式；配电盘维修期间，即假设中间停堆时，另一配电盘丧失。

全厂断电会导致核电厂辅助设备和安全相关设备的正常电源完全丧失。（所有系统的）所有电动泵停运，稳压器电加热器和喷雾管线不可用，所有控制棒都在堆芯内，反应堆冷却剂系统处于自然循环状态。

昌江等核电厂利用辅助给水系统汽动泵向蒸汽发生器供水，余热通过大气释放阀排出，没有考虑辅助给水系统汽动泵不可用的情况。如果同时发生辅助给水系统汽动泵不可用，此类核电厂将不能有效地导出堆芯余热，堆芯存在产汽甚至烧毁的风险。

地下核电厂增设了位于蒸汽发生器二次侧的非能动余热排出系统（PRS）。在发生全厂断电，同时辅助给水系统汽动泵不可用的情况下，PRS 系统根据信号自动投入运行。在 PRS 系统投运后，将会持续地冷却一回路，把堆芯余热带入冷却水箱中。一回路温度、稳压器压力和蒸汽发生器蒸汽压力等参数逐渐下降。瞬态过程中的一回路冷却剂平均温度、稳压器压力、一回路冷却剂流量、PRS 系统换热功率、蒸汽发生器蒸汽压力参数曲线如图 7.7 至图 7.11 所示。可以发现，PRS 系统能够导出事故后 72 小时内堆芯余热，保证堆芯处于安全的停堆状态。

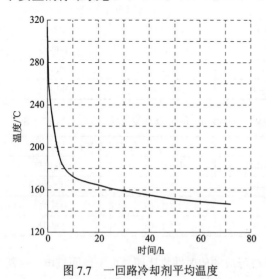

图 7.7　一回路冷却剂平均温度

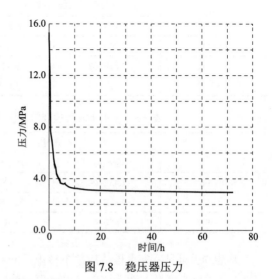

图 7.8　稳压器压力

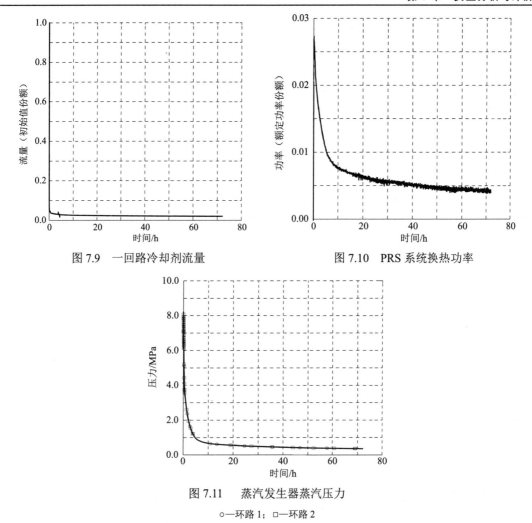

图 7.9 一回路冷却剂流量　　　　　图 7.10 PRS 系统换热功率

图 7.11　蒸汽发生器蒸汽压力

○—环路 1；□—环路 2

7.1.4　地下核电厂概率风险评价（PSA）初步分析

CUP600 地下核电厂的设计总体目标要求安全性优于地面第三代核电厂，并实现从设计上实际消除大量放射性物质释放。与典型的核电厂不同，地下核电厂处于地下厂房（洞室）内，由于山体的屏蔽作用以及到大气的更长的裂变产物传输路径，从大气释放的角度来说，地下核电厂会优于地面核电厂。具体地，要求堆芯损坏频率（CDF）达到 1×10^{-6}（堆年）$^{-1}$ 的水平，大量放射性物质释放到洞室外环境大气的频率（LRF）要小于 1×10^{-8}（堆年）$^{-1}$。本节从概率风险评价（PSA）的角度对地下核电厂和地面核电厂进行了定性的比较。

地面的第三代核电厂的堆芯损坏频率一般小于 1×10^{-6}（堆年）$^{-1}$，如 AP1000 核电厂内部始发事件功率运行工况的 CDF 为 2.33×10^{-7}（堆年）$^{-1}$，LRF 为 2.07×10^{-8}（堆年）$^{-1}$，低功率和停堆工况的 CDF 为 1.19×10^{-7}（堆年）$^{-1}$，LER 为 1.98×10^{-8}（堆年）$^{-1}$；EPR 总的 CDF 为 2.95×10^{-6}（堆年）$^{-1}$，LRF 值为 1.38×10^{-7}（堆年）$^{-1}$。

CUP600 地下核电厂与第三代技术的 ACP1000 类似，相较于二代核电厂技术进行了大量改进，设有应急硼注入、二次侧非能动余热排出、非能动安全壳热量导出等安全系统，

185

有效地提高了核电厂的安全性能。ACP1000核电厂内部始发事件功率运行工况的CDF为1.28×10^{-7}（堆年）$^{-1}$，低功率和停堆工况的CDF为3.91×10^{-8}（堆年）$^{-1}$。

由于CUP600地下核电厂的系统设置与ACP1000类似，并且堆芯功率更小。可以认为，若CUP600建于地面，其CDF与ACP1000核电厂量级相当，可以达到地面第三代核电厂的水平，以下的分析均基于本假设。

7.1.4.1 地下与地面核电厂的风险对比

基于地面CUP600的CDF可达到其他地面三代核电厂水平的假设，对比分析了CUP600位于地下和地面在风险方面的差异，评价结论见表7.6。

表7.6 地下CUP600风险评价的结论

评价项	地下CUP600的评价结论
内部始发事件堆芯损坏	地下与地面核电厂虽存在一些差异，但内部始发事件堆芯损坏频率总体相当
地震	同样厂址的地下核电厂地震风险更小
内部水淹	地下与地面无明显差异。合理设计可保证不会成为主要的风险源
火灾	可能成为主要的风险来源，需要对消防设计给予更深入的考虑
强风和龙卷风	预计比地面核电厂风险小。不会成为主要的风险源
外部水淹	需要选址时特殊考虑洪水发生频率
地质灾害	需要合理的选址和设计
交通运输和附近设施事故	预计风险很小
大量放射性释放	考虑岩体的屏障作用，大量放射性释放的频率可显著降低

7.1.4.2 地下核电LRF初步评估

地下核电厂对反应堆厂房洞室设置了适当的隔离闸门，在地面的出口也设置了隔离闸门，这些闸门采用密闭承压设计。洞室的闸门和贯穿件的强度和密封性不低于安全壳的闸门和贯穿件，并且山体也不会由于承受内压而失效，因此相当于增加了一道屏障，并且其作用不低于安全壳。卸压洞室的设计，更进一步提高了这道屏障的可靠性。裂变产物屏障相比地面核电厂大大增加，包容了地面核电厂大多数造成大量放射性释放的严重事故序列。对于少数可能造成同时旁通安全壳和洞室的序列，通过增设隔离阀，其发生频率可以忽略不计。另外，由于洞室的滞留作用，地面核电厂的许多大量释放对于地下核电厂则可认为是小量释放，而对于地下核电厂，大量的早期释放更是不可能发生的。

图7.12、图7.13分别给出了地面核电厂和地下核电厂向环境的主要放射性释放路径的对比，表7.7给出了地面核电厂的释放路径和频率，并给出了地下核电厂对应的情况说明。在综合三代反应堆设计及其风险评价结论的基础上，得到表格中所描述的严重事故序列频率的量级估计。三代堆的堆芯损坏频率大概为10^{-7}数量级，大量放射性释放的频率又要降低1个数量级，为10^{-8}数量级。排在前几位的通常为旁通类、压力容器失效、安全壳隔离失效、安全壳早期失效以及界面系统LOCA，这几个主要的贡献类大致在10^{-9}数量级。对于界面系统LOCA，AP1000一级PSA分析表明其在CDF中的贡献为10^{-11}数量级，EPR的PSA分析结果也在同样的数量级。通过适当的设计优化，界面系统LOCA的LRF可以

下降到可忽略的水平。

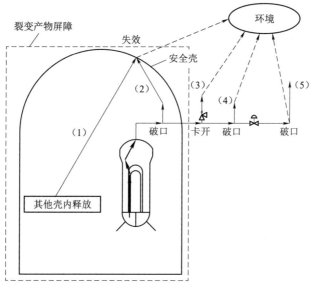

图 7.12　地面核电厂向环境的主要放射性释放路径

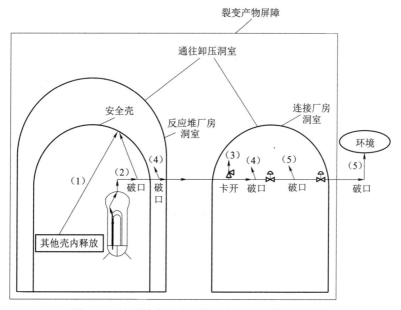

图 7.13　地下核电厂向环境的主要放射性释放路径

表 7.7 中关于洞室和隔离阀减小 LRF 数量级的依据如下:

（1）洞室:洞室的可隔离性不低于安全壳,安全壳隔离失效的条件概率在 1×10^{-3} 数量级;洞室的承压能力堪比安全壳,使用安全壳失效条件概率曲线（如图 7.14 所示）,假设洞室容积与安全壳容积相仿,则可认为洞室的压力仅能达到安全壳压力的一半,其失效概率的降低不止两个数量级。另外,从失效曲线看,如果山体不会失效,设备闸门失效的概率是相当低的。因此假设释放频率降低 2 个数量级是保守的。

（2）隔离阀：一般阀门的失效概率为1×10^{-3}数量级；

（3）对于压力容器破裂导致的堆芯熔化，AP1000假设其造成的LRF为1×10^{-9}（堆年）$^{-1}$，由于不确定性很大，洞室仅能将大量放射性释放频率降低一个数量级。

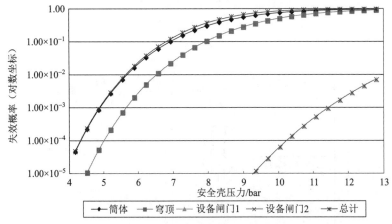

图7.14 安全壳失效概率曲线

1 bar=100 kPa

表 7.7 地面和地下核电厂的释放路径的对比说明

编号	序列（地面）	频率（地面）	说明（地面）	地下核电厂对应序列说明（地下）	频率（地下）
（1）	堆芯损坏（除旁通类），安全壳失效	约10^{-9}数量级	安全壳失效概率低，对大量放射性释放贡献很小	由于洞室的包容作用，向环境释放的份额显著减小	约10^{-11}数量级 [1]
（2）	安全壳内SLB诱发SGTR引起堆芯损坏，主蒸汽隔离成功，安全壳失效	约10^{-10}数量级	安全壳失效概率低，对大量放射性释放贡献很小	由于洞室的包容作用，向环境释放的份额显著减小	约10^{-12}数量级
（2）'	安全壳内SLB诱发SGTR引起堆芯损坏，主蒸汽隔离失败	约10^{-11}数量级	造成安全壳旁通	可通过增加隔离阀，减小向环境释放的频率	约10^{-14}数量级 [2]
（3）	SGTR同时主蒸汽安全阀卡开，引起堆芯损坏，主蒸汽隔离成功	约10^{-9}数量级	造成安全壳旁通	由于洞室的包容作用，向环境释放的份额显著减小	约10^{-11}数量级
（3）'	SGTR同时主蒸汽安全阀卡开，引起堆芯损坏，主蒸汽隔离失败	约10^{-12}数量级	造成安全壳旁通	可通过增加隔离阀，减小向环境释放的频率	约10^{-14}数量级 [3]
（4）	安全壳外MSIV上游SLB诱发的SGTR引起堆芯损坏，主蒸汽隔离成功	约10^{-9}数量级	造成安全壳旁通	由于洞室的包容作用，向环境释放的份额显著减小	约10^{-11}数量级
（4）'	安全壳外MSIV上游SLB诱发的SGTR引起堆芯损坏，主蒸汽隔离失败	约10^{-12}数量级	造成安全壳旁通	可通过增加隔离阀，减小向环境释放的频率	约10^{-14}数量级
（5）	MSIV下游的SLB诱发的SGTR引起的堆芯损坏造成的释放，主蒸汽隔离成功，安全壳失效	约10^{-11}数量级	安全壳失效概率低，对大量放射性释放贡献很小	由于洞室的包容作用，向环境释放的份额显著减小	约10^{-13}数量级

编号	序列（地面）	频率（地面）	说明（地面）	地下核电厂 对应序列说明（地下）	频率（地下）
（5）'	MSIV 下游的 SLB 诱发的 SGTR 引起的堆芯损坏，主蒸汽隔离失败	约 10^{-11} 数量级	造成安全壳旁通	由于洞室的包容作用，向环境释放的份额显著减小；可通过增加隔离阀，减小向环境释放的频率	约 10^{-13} 数量级
（6）	高压熔堆序列诱发的 SGTR	约 10^{-9} 数量级	由于有可靠的卸压措施，对大量放射性释放贡献很小	由于洞室的包容作用，向环境释放的份额显著减小；可通过增加隔离阀，减小向环境释放的频率	约 10^{-11} 数量级
（7）	界面系统 LOCA	约 10^{-9} 数量级	由于有可靠的隔离措施，对大量放射性释放贡献很小	由于洞室的包容作用，向环境释放的份额显著减小	约 10^{-11} 数量级
（8）	压力容器破裂引起堆芯损坏，安全壳失效	约 10^{-9} 数量级		由于洞室的包容作用，向环境释放的份额显著减小	约 10^{-10} 数量级 4)

注：1）对于洞室包容作用，假设了释放频率会降低 2 个数量级；

2）对于可通过隔离阀隔离的，假设了释放频率会降低 3 个数量级；

3）对于向洞室释放的情况，可通过隔离阀缓解的，假设了释放频率会降低 2 个数量级；

4）对于压力容器破裂导致的堆芯熔化，保守认为向环境释放的份额减小 1 个数量级。

通过对比分析表明，地下核电厂的 LRF 可从地面核电厂的 10^{-8} 数量级，降到 10^{-10} 数量级。

综上所述，基于 CUP600 建于地面可以达到 ACP1000 核电厂的堆芯损坏频率水平的假设，评价了 CUP600 位于地下的风险变化。结果表明，通过合理的选址和设计，CUP600 建于地下可满足堆芯损坏频率（CDF）达到 10^{-7}（堆年）$^{-1}$ 的数量级，大量放射性物质释放到环境的频率（LRF）达到 10^{-10}（堆年）$^{-1}$ 的数量级。

7.2 建造与运行阶段安全与风险评价

7.2.1 地下核电厂建造阶段安全与风险评价

地下核电厂与地面核电厂相比较，其施工方式基本一致，仅安全壳顶盖的安装方式不同。

地面核电厂安全壳的顶盖一般采用地面拼装，整体吊装方式进行安装。即在安全壳工地旁边的一处平整地面上进行顶盖的钢衬里拼装和混凝土浇灌，然后再用大型起重机吊车将该预制好的顶盖整体吊至安全壳上部预定位置，进行就位和安装。该种安全壳顶盖的安装方式受环境、天气影响较大，特别是在整体吊装阶段，如现场遇到大风或不稳定气流，则有可能对施工现场产生较大的安全性威胁。

根据 CUP600 现阶段的设计方案，地下核电厂安全壳顶盖拟采用洞室内设备安装位置直接拼装的方式进行施工。即在洞室内的反应堆厂房上部直接对安全壳钢制穹顶进行就地拼装，拼装完毕后再整体浇灌混凝土。该种安装方式可充分利用地下厂房洞室结构，有利于相关施工操作平台的安装生根，且该施工方式受外部环境影响较小，较之地面核电厂安全壳顶盖整体吊装的方式更加安全。但钢制穹顶的就地拼装施工方案在国内尚属首次，相关施工工艺将在下一阶段作为关键技术进行深入研究。

在建造方面，我国在沿海的地面核电厂建造方面已经有了非常成熟的经验，在内陆建造核电厂国外有成熟的经验可借鉴，而水电站在地下洞室施工方面具有成熟的经验，其建设规模可以满足地下核电厂的需求。因此，地下核电厂的建造可以充分借鉴地面核电厂和地下水电站的施工经验，安全性可以得到保障。

7.2.2 地下核电厂典型调试工况安全初步评估

压水堆的调试启动过程是核电厂投产的前一工程阶段，在此过程中，需要进行各种必要的试验，以保证安装好的各个部件、设备和系统，以及整个核电厂都能按设计要求和有关准则正确地运作。

核电厂典型调试工况主要包括：

（1）基本系统试验；

（2）一回路及辅助回路装料前冷态和热态总体试验；

（3）冷态和热态临界前试验；

（4）冷停堆状态下的试验；

（5）升温、升压过程中和热停堆状态下的试验；

（6）燃料装卸；

（7）首次临界和低功率试验；

（8）零功率下堆芯物理试验；

（9）10%FP 汽轮机发电机试验；

（10）50%FP 以下的物理试验和瞬时试验；

（11）满功率及瞬时试验；

（12）物理参数测量；

（13）PRC（压力记录和控制）、LSS（失水事故监督系统）参数测量；

（14）功率调节棒刻度；

（15）100%FP 下瞬时试验；

（16）机组性能试验。

对于地面核电厂的调试目前已有成熟的流程和经验，地下核电厂的调试过程与地面核电厂没有差别，其安全性可以得到保障。

7.2.3 地下核电厂正常运行工况安全初步评估

核电厂正常运行工况一般指核电厂正常运行、换料和维修过程中，估计会经常或定期发生的事件。包括：

（1）稳态运行和停堆

1）功率运行；

2）热备用；

3）热停堆；

4）冷停堆；

5）换料停堆。

（2）带容许偏差运行

持续运行期间有可能出现的、仍然处于核电厂技术规格书许可范围之内的各种状态或参数偏离，与其他运行模式同时考虑，包括：

1）某些设备或系统不能工作时的运行；

2）有缺陷的燃料元件包壳发生泄漏时的持续运行；

3）反应堆冷却剂中出现下述放射性活度时的持续运行：

① 裂变产物

② 腐蚀产物

③ 氚

4）蒸汽发生器泄漏不超过技术规格书中允许的最大值时的持续运行；

5）技术规格书允许的试验。

（3）运行瞬态

1）核电厂升温和降温；

2）阶跃负荷变化；

3）线性负荷变化。

对于地下核电厂，其正常运行工况下状态与地面核电厂并无差别。热工水力设计结果表明，与典型地上二代核电厂相比，在正常运行工况下 CUP600 反应堆有更大的热工裕量，满足三代核电超过 15% 热工设计裕量的要求，核电厂正常运行期间的安全性增加，应对预期运行事件的能力得到提高。

7.2.4 地下核电厂典型事故运行工况安全初步评估

7.2.4.1 设计基准事故

地下核电厂全面的安全评估包括对以下设计基准事故的分析，并通过这些事故分析对各专设安全设施的系统功能进行论证：

（1）二回路系统导出热量增加；

（2）给水系统故障引起给水温度下降；

（3）给水系统故障引起给水流量增加；

（4）二回路蒸汽流量过度增加；

（5）主蒸汽系统事故卸压；

（6）蒸汽系统管道破裂；

（7）二回路系统导出热量减小；

（8）主蒸汽压力调节装置故障或失效导致蒸汽流量减少事故；

（9）外负荷丧失；

（10）汽轮机事故停机；

（11）主蒸汽隔离阀意外关闭；

（12）冷凝器真空丧失和其他事故引起的汽轮机停机；

（13）核电厂辅助设施非应急交流电源丧失；

（14）正常给水流量丧失；

（15）主给水系统管道破裂；

（16）反应堆冷却剂流量减少；

（17）反应堆冷却剂强迫流量部分丧失；

（18）反应堆冷却剂强迫流量全部丧失；

（19）反应堆冷却剂泵转子卡死；

（20）反应堆冷却剂泵轴断裂；

（21）反应性和功率分布异常；

（22）次临界或低功率启动状态下控制棒组失控抽出；

（23）功率运行时控制棒组失控抽出；

（24）控制棒组件错列；

（25）控制棒组件弹出事故；

（26）反应堆冷却剂装量增加；

（27）满功率运行期间安全注射系统误动作；

（28）反应堆冷却剂装量减少；

（29）一个稳压器先导安全阀误开；

（30）安全壳外含有一次冷却剂的小管道破口；

（31）蒸汽发生器传热管破裂；

（32）蒸汽发生器传热管破裂加一个蒸汽发生器释放阀卡开事故；

（33）反应堆压力边界内各种各样假想管道破裂引起的失水事故；

（34）系统或设备的放射性释放；

（35）未能紧急停堆的预期瞬态（ATWS）。

从国内自主设计并已经建设运行的二代和二代加核电厂的设计结果和运行经验来看，现有的二代和二代加核电厂可以应对以上设计基准事故。由于 CUP600 配置了大量先进的安全及专设系统，其安全特性将达到三代核电厂的水平，应对事故的能力也相对二代、二代加核电厂有明显提升。

地下核电厂与地面核电厂各类事故对比分析结果表明：在大多数事故下的安全性方面，CUP600 与地面核电厂相当。由于 CUP600 其非能动安全壳冷却系统、二次侧非能动余热排出系统以及非能动堆腔注水系统具有很大的冷热芯位差，并且在事故后的放射性物质包容方面具有天然的条件，因此相比地面核电厂而言，地下核电厂在 LOCA 事故、全厂断电事故以及严重事故等方面具有明显优势。

综上所述，CUP600 配备了大量先进的安全及专设系统，可以应对运行过程中出现的各类设计基准事故，实现缓解事故的目标。

7.2.4.2　严重事故

（1）严重事故风险评价

CUP600 在对抗严重事故方面具有堆腔注水冷却系统、安全壳泄压排放系统、非能动安全壳冷却系统、二次侧非能动余热排出系统、非能动安全壳氢气复合系统等。

其中堆腔注水系统包括非能动注水系统，其注水水源为地面约 180 m 高度的水池通过重力压头进行自动注入，这相对于地面核电厂具有更大的优势。通过堆腔注水系统淹没反应堆堆腔，并使反应堆压力容器浸没在水中，利用水冷却压力容器外壁面，从而防止反应堆压力容器下腔室内的堆芯熔融物使压力容器失效和向安全壳迁移。通过将堆芯熔融物滞留（IVR）在压力容器内，可以阻止某些与安全壳完整性相关且具有很大不确定性的压力容器外现象（如压力容器外蒸汽爆炸、堆芯熔融物与混凝土反应等），以保持安全壳完整性。分析表明：在假设的冷段大 LOCA 下，CUP600 堆芯熔融物坍塌到下腔室形成熔融池后，压力容器壁面的热流密度预期会小于其临界热流密度，满足 IVR 成功的热工准则。因此，认为在严重事故下利用堆腔注水系统淹没压力容器，可以保证压力容器下封头的完整性。

安全壳泄压排放系统可将高压气体排放到卸压洞室，从而减少对环境的释放。非能动安全壳冷却系统和二次侧非能动余热排出系统均具有位差约 180 m 的地面水池，具有很好的自然循环导热能力，这相对于地面核电厂也具有优势。

非能动安全壳氢气复合系统可确保氢气的有效复合，即使氢气释放到安全壳以外，其岩体洞室也可进一步包容可燃气体，即使发生加速燃烧、爆燃和爆炸等现象，洞室周围几十米厚的岩层也是天然的屏蔽，这相对于地面核电厂也具有明显的优势。对 CUP600 严重事故后氢气行为及风险研究的结果表明：氢气复合器可以降低事故过程中安全壳内的平均氢气浓度，CUP600 的氢气复合器布置方案有效，在相当于 100%锆水反应产氢量的情况下，该系统能够防止安全壳内氢气均匀分布的体积浓度超过 10%，满足相关法规要求。

当然，CUP600 相对于地面核电厂最大优势还是其严重事故后放射性物质将被包容在地下洞室内，将大幅度减小其对环境的影响。对 CUP600 进行的概率风险评价（PSA）初步评估表明：通过合理的选址和设计，CUP600 建于地下可满足堆芯损坏频率（CDF）达到 1×10^{-7}/（堆年）的水平，大量放射性物质释放到环境的频率（LRF）小于 1×10^{-9}/（堆年）的数量级。

（2）严重事故下的废物管理

与常规核电厂类似，地下核电厂在厂房结构、工艺、设备、专用安全设施的设计上都充分考虑了预防和缓解严重事故的措施和对策，尽量降低严重事故的发生概率，并减少事故的影响。

根据地下核电厂房特点，对严重事故下的废物管理策略进行了优化设计，使之具有更强的可操作性和安全性，尽量减少放射性介质的环境释放和公众的受照剂量。

严重事故下产生的放射性固体废物能滞留在地下厂房内，短时间内不会造成环境污染。因此，仅针对严重事故下产生的废气和废液制定了废物管理策略，实现放射性介质的"四可"，即可封堵、可隔离、可存储和可处理。

1）严重事故下的废气管理

与地面核电厂类似，为防止事故状态下放射性废气向环境释放，安全壳具有良好的密封性。与地面核电厂不同的是，地下核电厂在各地下洞室与运输通道、疏散通道衔接处设置了电动密封门，即使安全壳失效，地下厂房内的放射性废气也不会向环境释放。地下洞室的通风系统在进排风管上均设置有电动阀门，其他与外界的接口处均设置有密封结构，从而实现对放射性废气的封堵。

充分利用地下厂房的特点，专设卸压洞室。在严重事故状态下，安全壳内由于余热导出不及时或反应产生大量气体，导致安全壳内压力升高时，可以开启通道，将气体释放到卸压洞室，将岩石作为天然屏障对放射性介质进行包容，在不造成大气污染的情况下避免了安全壳超压事故，为严重事故的处理争取了更多的时间。卸压洞室不设门窗和通风系统，仅设有必要的专设接口，用于放射性废气的引入和排出。只要安全壳、卸压洞室和连接管道不失效，就能对放射性废气进行有效隔离和临时储存。在地面厂址废物处理设施（SRTF）厂房内设有移动式废气处理设备，当需要时转移到指定地点与卸压洞室预设接口进行对接，将放射性废气净化处理后排放。

移动式废气处理设备主要由气液分离器、高效空气过滤器、活性炭滞留床和在线监测装置组成。气液分离器用于去除废气中的凝结态水，以保护后面的处理设备；干燥的放射性废气通过高效空气过滤器，滤除固体性颗粒和气溶胶，非气态的放射性核素也随之去除；气体在通过活性炭滞留床时，未衰变的碘、氪、氙等短周期核素被活性炭吸附、滞留和衰变。废气完成净化后，由在线监测装置测定放射性水平，满足国家标准则予以排放，否则由连锁的自动阀门切断排放通道。

整个废气的处理流程不依赖能动设备，利用卸压洞室内气体的压力、活性炭的吸附滞留特性等非能动因素完成从处理到排放的流程。

2）严重事故下的废液管理

为防止事故状态下地下厂房中的放射性废液污染地下水，设计了放射性废水防护系统。严重事故下，如发生地震等导致安全壳破裂、反应堆洞室周围衬砌破损时，可能会有部分放射性废液向地下渗透，但防护系统中集中疏排措施及隔水帷幕仍可对放射性废水起到阻滞作用，核岛内泄漏的放射性废液将通过重力自流的形式汇集到防护系统的收集池中，不会释放到环境中，故放射性废液释放仍处于控放状态，放射性废水扩散的影响优于滨海核电厂同类事件。

存集放射性废液的地坑中预敷设有废液排出管线，外部接口设置于地面。在地面厂址废物处理设施（SRTF）厂房内设有移动式废液处理设备，可在事故控制完成后对地坑中的放射性废液进行处理。

移动式废液处理设备包括抽吸泵、暂存槽、上料泵、活性炭吸附床、两级 RO 膜组件、离子交换床、在线监测装置等设备组成。移动式废液处理设备除了处理事故状态下的异常疏水外，还可用于各机组 0.25%燃料元件包壳破损率下的冷却剂疏水、SGTR 二回路沾污水以及其他超出核岛废液系统处理能力的各种疏水。

在地面设有移动式废液处理设备的泊位区，各类异常疏水的收集和处理都在泊位区进行。

预留接口与移动式废液处理设备对接后，启动抽吸泵将地坑中的废液收集到暂存槽中，并同步启动废液处理单元。放射性废液通过上料泵送往活性炭吸附床，吸附去除废液中的溶解有机物和固体颗粒物，随后废液进入中间储罐 A。两级 RO 膜组件中都设有增压泵，用于废液的上料。第一级 RO 膜的净化水进入中间储罐 B，浓排水则收集到浓排水箱中。第二级 RO 膜组件的增压泵将中间储罐 B 增压后送至第二级 RO 膜，其浓排水收集到中间储罐 A 中，净化水再依次经过三个串联的离子交换柱（分别是阳柱、阴柱和混柱）后，出水由在线监测装置测定其放射性水平并确定其去向。如监测结果符合《核电厂放射性液态流出物排放技术要求》（GB 14587—2011）中对内陆核电厂液态流出物的排放要求，则通过预设的管道送往 SRTF 的监测槽；否则返回中间储罐 B 重新处理。浓排水箱中的废液则送往 SRTF 中直接干燥成盐。

（3）严重事故下废物管理策略安全分析

根据严重事故危险因素和地下厂房特点，有针对性地制定了废气和废液的封堵、隔离、存储和处理措施，这些措施使得严重事故应对时，只需要在控制室打开或关闭相应通道，对放射性介质进行封堵和隔离。事故得到有效控制后，再对放射性废物进行处理。

1）技术安全性分析

所采取的废物管理策略具有如下特点：

① 放射性介质包容性更好，并能有效防止安全壳超压，安全性更优。当安全壳压力升高时，可以将放射性废气释放到卸压洞室，防止安全壳超压。卸压洞室和地坑对放射性废物形成良好的包容效果，避免了环境污染。

② 减少工作人员的受照剂量。废物封堵、隔离于地下厂房，在进行废物处理时，移动式装置只需在地面边收集储存、边处理排放，工作人员不需要进入地下厂房，减少了受照剂量。

③ 所采取的废物处理措施充分考虑了国家标准和法律法规对内陆核电厂流出物排放的要求和规定。放射性介质最终转固，在厂址废物处理设施中能整理、整备成稳定的货物包，使之满足暂存和处置的要求。

2）事故可控性分析

设有能动系统用于应对 LOCA 等事故，非能动的高位水池和喷淋系统能有效降低安全壳内的超压事件。

在地面核电厂，当安全壳超压趋势无法得到有效控制时，需在放射性环境释放和安全壳超压之间进行取舍，无论如何应对，都可能最终导致放射性气体释放到环境中去。地下核电专设的卸压洞室能很好地解决这一问题，将安全壳内的放射性气体引入卸压洞室，在防止安全壳超压的同时避免了放射性介质向环境释放。这对于控制安全壳超压和阻止事故恶化较地面核电厂有明显优势。

3）人员可达性分析

地下核电厂正常运行期间，有专设的通道用于工作人员出入地下厂房，由于地下厂房位于山体中，出入通道较地面核电厂长。考虑到除了检修换料外，正常运行期间在地下厂房作业的人员很少，地下厂房可达性稍逊地面核电厂，但影响很小，在可接受范围内。

事故发生时，事故演变的过程控制集中在主控室进行。主控室位于地面，故不需要人员进入地下厂房进行事故处理。当事故得到有效控制、需要进行事故后处理时，对地下厂房组织有效的通风，在排风口用移动式装置对废气进行处理和排放，直到地下厂房内气体的放射性剂量值满足人员进入要求；地下厂房内积存的放射性废液通过预留接口导出，厂房内部残留的主要是放射性固体废物，在这一点上优于地面核电厂。另外，由于同类型事故下，地下核电厂造成大量放射性释放的概率显著低于地面核电厂，人员、设备、车辆等更容易接近主出入口而不至于接受大量照射或导致设备失效。从这个角度讲，严重事故下，地下核电厂的人员可达性优于地面核电厂。

综上分析，与地面核电厂反应堆厂房相比，地下核电厂反应堆厂房在距离上稍远，在环境放射性控制方面无明显差异，正常运行时人员可达性稍逊地面核电厂，但严重事故下人员可达性明显优于地面核电厂。

7.3 退役阶段安全与风险评价

基于地下核电厂的厂址优势，经退役安全性与经济性的对比，推荐采用封固埋葬的退役策略。拟定的地下核电厂退役方案为：卸出乏燃料和运行期间的存留放射性物项；回路系统整体去污；浇筑水泥浆填充空隙埋葬。

采用封固埋葬的退役策略，把放射性物质保留在场地上，实际上是把核电厂最终变成了近地表处置场，存在的风险主要在于：

（1）封闭隔离放射性物质的安全性，重点是长寿命核素是否存在及其安全性；

（2）可能造成的对公众的照射和对环境的影响；

（3）埋葬包封结构的长期完整性、有效性及其抗地下水侵蚀能力；

（4）埋葬设施在封固期间的控制和监测。

7.3.1 封闭隔离放射性物质的安全性

首先，在地下核电厂安全关闭后，要将其内的乏燃料卸出并妥善保存。核岛厂房内的主要放射性物质集中在反应堆压力容器以及一回路相关设备与管道，可划分为三类：一是以活化放射性为主的反应堆堆内构件及相邻部件材料，如反应堆内部构件、压力容器和一次屏蔽等；二是以内表面污染为主的一回路系统，如主泵、蒸汽发生器、再生热交换器、主管道等；三是以外表面污染为主的堆舱内系统设备，如堆舱耐压壳体、设备基座、二次屏蔽、一回路辅助系统等。

对于第一类活化物项保持原状贮存。对于第二类以内表面污染为主的一回路系统，由其内表面松散污染较多，可以采用化学去污法或其他有效去污法进行去污，降低其污染水平。据已退役的 110 MW 小型压水堆采用 OC-AP-OC 化学法对一回路系统管路的去污实践，共去除放射性活度 $3.96×10^{10}$ Bq，最大去污因子为 8.46，去污效果较为显著。对于第三类物项，其污染水平较低，可以直接作为低中放废物处理。

CUP600 属于二回路压水堆，参考国外压水堆核电厂退役放射性核素情况，假设地下核电厂反应堆运行过程中没有燃料元件破损，那么可以确定卸出乏燃料后堆内不含裂变产物核素或者只有微量，主要由活化产物核素 ^{60}Co，^{55}Fe，^{63}Ni 构成，经一定时期可衰变至可接受水平。

7.3.2 可能造成的对公众的照射和对环境的影响

常规地面核电厂一般包括四道实体屏障，依次是燃料基体、燃料包壳、主冷却剂压力边界及安全壳。对于地下核电厂而言，由于地下岩层的包容性，相当于在常规压水堆四道实体屏障的基础上增加了一道实体屏障。地下核电厂关闭后，岩土层、其厂址边界、一回路系统外部的压力壳、压力容器都相当于屏蔽设施，尤其是对于辐射水平较高的堆内活化部件来说，相当于有四道屏蔽，安全性较高。

另外，分析放射性核素在岩土层的迁移行为，根据美国、法国和我国对于地下核爆放射性核素的研究成果，可以证明熔融岩石与主岩层对核素的屏蔽效果非常好，外场迁移的各种放射性核素在很长的时间内，不会对周围环境造成明显的影响。

7.3.3　埋葬包封结构的长期完整性、有效性及其抗地下水侵蚀能力

埋葬包封结构的长期完整性需提前对浇筑工艺、浇筑水泥的配方比以及包围厚度等进行研究，确保其长期完整性及有效性。

对于其抗地下水侵蚀方面，需要在选址之初考察厂址地质和水文地质条件，特别是地下水的深浅情况。在地下核电厂设计、建设之初，采取有效的包容措施，如设立防渗层等，实现核电厂与地下水及周围水域的安全隔离。

7.3.4　埋葬设施在封固期间的控制和监测

在设计之初对埋葬设施的封固期限、封固期间的管理及经费进行认真评估，并确定监管部门及其职责，按照近地表处置场的监管要求进行控制和监测，建立相应的制度，确保封固期间的安全。

7.4　结　论

通过对地下核电厂（CUP600）全生命周期安全与风险的评价研究，初步获得以下结论：

（1）设计阶段安全与风险初步评价结果表明：① CUP600 大部分事故下的安全特性与地面核电厂相当，由于 CUP600 其非能动安全壳冷却系统、二次侧非能动余热排出系统以及非能动堆腔注水系统具有很大的冷热芯位差，并且在事故后的放射性物质包容方面具有天然的条件，因此相比地面核电厂而言，地下核电厂在 LOCA 事故、全厂断电事故以及严重事故等方面具有明显优势；② CUP600 失水事故后长期冷却的安全性能够得到保证，失水事故后地下核电厂向环境释放的放射性物质以及造成的公众剂量明显少于地面核电厂；③ CUP600 发生全厂断电事故后，PRS 系统能够导出事故后 72 小时内堆芯余热，保证堆芯处于安全的停堆状态；④ 通过合理选址，CUP600 可满足堆芯损坏频率（CDF）达到 10^{-7}（堆年）$^{-1}$ 的水平，大量放射性物质释放到环境的频率（LRF）小于 10^{-9}（堆年）$^{-1}$ 的数量级。

（2）建造与运行阶段安全与风险初步评价结果表明：① 在建造方面，CUP600 可以充分借鉴地面核电厂和地下水电厂的施工经验，安全性可以得到保障，CUP600 安全壳顶盖拟采用洞室内设备安装位置直接拼装的方式进行施工，相关施工工艺将在下一阶段作为关键技术进行深入研究；② CUP600 调试过程与地面核电厂没有差别，地面核电厂的调试目前已有成熟的流程和经验，其安全性可以得到保障；③ CUP600 反应堆的固有安全性好，有较大的热工设计裕量，核电厂正常运行期间的安全性高，应对预期运行事件的能力强；④ CUP600 配备了先进的安全及专设系统，并充分考虑了严重事故应对措施，足以满足应对设计基准事故和严重事故的要求，可实现严重事故后放射性物质的封堵、隔离、存储和处理，能够保证核电厂的安全。

（3）退役阶段安全与风险初步评价结果表明：CUP600 采用封固埋葬方式优势最大，对公众安全及环境影响可控制在可接受水平，但必须实现核电厂与地下水及周围水域的安全隔离，并保证对埋葬设施在封固期间的控制和监测。

第8章　严重事故对策分析

8.1　严重事故概述

严重事故是指始发事件发生后因安全系统多重故障而引起的严重性超过设计基准事故，造成核电厂反应堆堆芯明显恶化并可能危及多层或所有用于防止放射性物质释放屏障完整性，从而可能造成放射性释放的事故工况。国家核安全局 2004 年发布了新版《核动力厂设计安全规定》（HAF 102），福岛事故后联合发布了《核安全与放射性污染防治"十二五"规划及 2020 年远景目标》，要求设计核电厂时必须充分考虑严重事故的预防和缓解。

地下核电厂所采用的核电设计满足三代核电的相关要求。在设计过程中结合以往工程经验，参考国际、国内关于严重事故的研究成果以及诸多核电厂对严重事故的相关实践及经验反馈，在严重事故预防和缓解方面进行了全面深入的考虑，堆芯损伤频率（CDF）和大量放射性释放频率（LRF）指标满足国家要求。特别是地下核电厂利用地下洞室岩土层构筑了第四道放射性屏障，可以在地下对放射性物质进行贮存、封堵、隔离并处理，即使万一发生福岛或者切尔诺贝利那样的严重事故，也可保证放射性物质不会直接释放而对环境造成放射性后果。

8.2　严重事故进程、现象

严重事故从机理上可以分为两类：一类为堆芯熔化事故；另一类为堆芯解体事故。堆芯熔化事故是由于堆芯冷却不足导致堆芯裸露、升温进而熔化的相对比较缓慢的过程，时间尺度为小时数量级。堆芯解体事故是正反应性大量快速引入造成的功率骤增与燃料破坏的快速过程，其时间尺度为秒数量级。通常只有在金属冷却快堆，以及存在正反应性反馈的早期轻水堆设计中才存在发生此类事故的可能。目前的轻水反应堆由于固有的负反应性反馈特性和专设安全设施，已通过设计消除了发生堆芯解体事故的可能。因此，地下核电厂关注堆芯熔化的严重事故。

由于设计的相似性，地下核电厂的严重事故现象与通常的压水堆核电厂大抵相同。一般按时间进程将严重事故现象区分为压力容器内现象、压力容器失效时的现象以及压力容器外现象。严重事故现象研究的主要目的在于识别威胁安全壳屏障完整性或造成放射性释放的关键因素，从而设计合适的预防和缓解措施。地下核电厂由于布置在地下，地下洞室成为天然的放射性屏障，因此防止放射性释放的措施与地面核电厂有所不同，从而造成放射性核素在安全壳外的迁移现象有所不同。

8.3　严重事故预防措施

严重事故预防措施特指使得核电厂避免堆芯损坏的措施。通常核电厂安全系统设置具有较大的裕量，同时还会设置多样性系统（通常是非安全系统），这些系统连同核电厂事故管理一起确保了核电厂具有一定的严重事故预防能力。如第 7 章所述，堆芯损坏频率（CDF）可在一定程度上反映严重事故预防能力。以下从各个安全功能的角度描述了地下核电厂的严重事故预防措施。

8.3.1　确保停堆

在超设计基准事故发生后，及早停堆是最为有效的干预手段。一旦停堆成功，堆功率迅速转入衰变热水平，即使失去二次侧排热能力，短期内也不会有严重后果。一般来说，不能停堆有两类可能：一类是控制反应堆保护系统的信号发生多重故障，从而造成停堆信号阻断，或停堆断路器拒动；另一类是控制棒驱动机构故障等机械原因造成控制棒不能插入堆芯。

为防止第一类停堆故障，系统设计中采用冗余的测量仪表通道和多个停堆断路器，满足单一故障准则，并设置有多样化驱动系统（DAS），以防止出现软件共因失效。一旦该系统失效，还可采用手动停堆方式干预：

（1）操纵员按动手动停堆按钮确认停堆；

（2）若手动不能停堆，切换到手动插棒方式，逐组手动下插控制棒；

（3）切断控制棒驱动机构供电母线造成失电掉棒。

对于第二类由控制棒机构故障引起的不能停堆，则必须用注硼等化学手段停堆。应急硼注入系统可以将高浓度的硼水注入反应堆堆芯。另外安注系统或化学和容积控制系统也可提供硼水注入。

8.3.2　防止重返临界

在超设计基准事故后成功停堆的情况下，有可能出现停堆深度不足的危险，如 MSLB（主蒸汽管道破裂）情况下的重返临界、意外硼稀释事故等。为了防止出现重返临界的危险，主要的措施是注入浓硼水和控制降温速率等。浓硼水的注入同样由应急硼注入系统、安注或化学和容积控制系统完成。

8.3.3　维持冷却剂装量

在超设计基准后如果能维持冷却剂装量，则可对事故后堆芯的冷却提供良好的条件。在冷却剂压力边界没有被破坏的情况下，稳压器压力和水位控制系统能够自动控制冷却剂装量、调节一回路压力。在冷却剂压力边界遭到破坏的情况下，安注系统注入可以保证冷却剂装量。

8.3.4　维持堆芯冷却剂流量

保证足够的堆芯冷却剂流量是实现堆芯良好冷却的另一条件。在特定事故工况下，冷却剂流量不足可能导致堆芯局部传热能力恶化并进而引起燃料包壳——重要裂变产物屏障的烧毁。在地下核电厂的设计中，充分考虑了通过冷却剂主泵惰转、建立堆芯自然循环等方式以维持堆芯冷却所需的流量。

8.3.5 维持热阱

维持一回路热阱，是反应堆从超设计基准状态转入长期安全可控状态的保障。事故后不同的情况下可选用不同的措施来维持一回路热阱，防止事故发展为严重事故，如 SG 二次侧冷却、一回路充排冷却以及余热排出系统导热等。

（1）SG 二次侧冷却：如果一回路循环流量能够维持，SG 二次侧冷却能够有效带走堆芯热量，并且通常不会带来放射性释放等后果。SG 冷却的方式包括主给水系统、启动给水系统、辅助给水系统和 SG 旁排（排冷凝器或大气），另外在 SG 给水无法保证的情况下，地下核电厂设置了二次侧非能动余热排出系统，可保证在无需干预的情况下事故后 72 小时的排热。

（2）一回路充排冷却：在二次侧冷却完全失效的情况下，一回路充排冷却过程能有效地提供堆芯冷却。一回路充排冷却过程本质上是制造一个一回路系统边界破口，形成可控的失水。一回路充排冷却过程主要是开启稳压器安全阀排汽，同时用安注系统向一回路冷却剂系统注水，排出余热。

（3）如满足运行条件，事故后长期的堆芯余热导出也可通过余热排出系统完成。

8.3.6 维持安全壳完整性

严重事故的预防中，保持安全壳/地下洞室岩体完整性是阻止大量放射性物质向环境释放的关键。

通过对结构体及内部包容物环境条件的有效控制，可维持安全壳/地下洞室岩体的完整性。控制措施主要有安全壳隔离设施、安全壳喷淋系统、安全壳内大气监测系统及安全壳消氢系统。

（1）安全壳隔离设施：为了防止事故工况下放射性流体通过贯穿件漏出安全壳，所有流体管路在安全壳的区段均设有隔离阀。根据需要，安全壳分 A、B 两个阶段实施隔离：A 阶段的隔离信号隔离那些隔离后不会增加安全壳设备受破坏的可能性，并且是专设安全设施的运行所不需要的贯穿安全壳的工艺管路；B 阶段的隔离信号隔离那些在 A 阶段没有被隔离的，并且是专设安全设施运行所不需要的贯穿安全壳的工艺管道。

（2）安全壳喷淋系统：安全壳喷淋系统的主要作用是在发生引起安全壳压力和温度上升的事故后（失水事故或二回路管线破裂事故）从安全壳顶部空间喷洒冷却水，为安全壳气空间降温降压，限制事故后安全壳内的峰值压力，以保证安全壳的完整性。此外，在必要时可在喷淋水中添加化学药剂，以除去安全壳大气中悬浮的碘和气溶胶。另外，喷淋系统在转入地坑运行后，可将安全壳内的热量排出安全壳外。

（3）安全壳内可燃气体控制：事故过程中产生的大量氢气和其他可燃气体如 CO 等会在安全壳内逐渐积累，在一定条件下会发生燃烧甚至爆炸现象，严重威胁安全壳的完整性。为了控制安全壳内的可燃气体，地下核电厂设置了安全壳内大气监测系统和安全壳消氢系统。安全壳内大气监测系统的主要作用是控制事故后安全壳内的可燃气体浓度，以确保维持安全壳结构和密封的完整性。安全壳消氢系统专为应对严重事故,使用非能动氢复合器降低氢气浓度,从而避免发生由于氢气爆炸而导致的安全壳/地下洞室岩体丧失完整性。

8.3.7 电源和水源供应

为了保障预防措施的可用性,电源供应和水源供应分别是最重要的因素之一。核电厂设计中也提供了各种形式的动力供应和水源支持。

电源供应:核电厂设计有可靠的电源供应。例如,为了保证专设安全设施的有效,专设安全设施的电源分为多个独立系列,各系列由厂外电源供电的独立的应急母线供电。厂内柴油发电机组的能力足以为每个系列提供所需的电力。为保证事故情况下一些特殊需要,还有蓄电池组等。此外,为进一步提高关键设备电源的可靠性,必要时可考虑增加一定容量的移动电源作为应急电源;当水电核电联合运行时,水电核电可以互为备用电源。

水源供应:核电厂水源多种多样,在事故情况下可相互应急替代。如辅助给水系统的供水由辅助给水箱提供,正常工况下辅助给水系统的除氧器或凝结水抽取系统向辅助给水箱供应除氧除盐水,而常规岛除盐水分配系统和核岛除盐水分配系统水箱中的水可用于长期运行的补水,消防水分配系统的水可以用作最终的备用水源。此外,还可考虑取用厂区附近的生活用水和地表水。另外,结合地下核电厂的特点,在地面合适的高程(标高比核电厂反应堆厂房洞室高的位置)设置高位水池利用高程差实现地下核电厂非能动供水,确保核电厂正常及事故工况下的用水。利用厚实的岩层开挖的高水池容量可以足够大,以提高核电厂散热系统的运行时间。高位水池也可根据核电厂的需要设置多个相对独立的必要时又可相互联系的小水池。高位水池的水源可考虑来自两个方面:

(1)设置高位水库实现向高位水池的非能动供水。高位水库的高程应高于高位水池,高位水库的水通过隧洞连接至高位水池。核电厂正常运行及设计基准事故时,地下隧洞关闭,利用核电厂本身设计的水源维持核电厂的安全;只有在超设计基准事故时且核电厂本身设计用水不足时,打开地下隧洞,高位水库水非能动注入高位水池,保障用水。

(2)设置泵站从附近的江河取水实现向高位水池的能动供水。

8.4 严重事故缓解措施

严重事故缓解措施是指核电厂为应对堆芯损坏的严重事故,维持裂变产物屏障完整性、防止大量放射性释放或减轻放射性释放后果而设置的措施。严重事故缓解措施与严重事故管理、应急计划和应急准备等一起保证了事故后公众的健康和安全。通常大量放射性释放频率(LRF)可在一定程度上反映严重事故缓解措施设置是否适当。地下核电厂主要有以下严重事故缓解措施。

8.4.1 防止压力容器失效

地下核电厂设置了堆腔注水系统实现严重事故后的熔融物压力容器外冷却,从而避免压力容器失效以及不确定性很大的压力容器外现象[如蒸汽爆炸和熔融物与混凝土相互作用(MCCI)]。

堆腔注水冷却系统(CIS)分为能动和非能动两个子系统。能动注入子系统设置了并联的两个系列，每个系列配备了一台堆腔注水泵，采用从内置换料水箱或消防水池取水注入压力容器保温层的方式实现熔融物冷却。

系统的非能动部分设置在安全壳内，在安全壳内设置非能动堆腔注水箱，为满足初始大流量淹没要求及后期的冷却水注入流量要求，在水箱内设置高、低两个不同管径的注入管线，高位管线采用较大的管径，用于在系统投运初期提供大流量淹没堆腔，低位的较小管径的管线用于维持较长时期的堆腔注入流量。为保证非能动堆腔注水的可靠性，设置了两台并联的直流电动阀和两台逆止阀作为隔离部件，在经过上述阀门后，两根非能动堆腔注水支管线再次合并为一根母管贯穿到堆腔内部与压力容器保温层相连接。在严重事故发生，同时能动注入系列不可用时，隔离阀开启，非能动堆腔注水箱中的水依靠重力通过能动系列注入管道至反应堆压力容器与保温层之间的环形流道，并逐渐淹没反应堆压力容器下封头，实现"非能动"的冷却。非能动子系统堆腔注水箱内的水持续注入堆腔，能够补偿由于汽化而损失的冷却水量，从而满足对压力容器一定时间内的蒸发冷却要求。

8.4.2　防止高压熔融物喷射（HPME）

地下核电厂设置了一回路快速卸压系统防止高压熔融物喷射（HPME）和安全壳直接加热（DCH）。所谓 HPME 是指反应堆压力容器失效时如果压力容器仍处于高压状态，会造成熔融物从压力容器内高速喷出，喷射过程中熔融物破碎为极小的颗粒，从而直接加热安全壳大气，威胁安全壳的完整性。另外，高压事故还可能导致蒸汽发生器传热管诱发蠕变失效（induced SGTR）旁路安全壳，也可能给熔融物的冷却带来困难。同时一回路保持低压状态也是保证堆腔注水冷却系统有效的先决条件。

一回路快速卸压系统由稳压器的上部引出一根管道，随后此根管道分成两个系列，每个系列由一台电动闸阀和一台电动截止阀组成，两个系列都排放到稳压器安全阀的排放环上，最终通过稳压器排放管排放到稳压器卸压箱。在每个系列电动闸阀的前部设置一个水封，以确保在正常运行工况下形成水封并防止氢气的泄漏。

在正常、扰动及设计基准事故期间，快速卸压阀处于关闭状态，由稳压器安全阀实现系统的超压保护。在严重事故工况下，快速卸压阀执行排放卸压功能，在控制室由操作员根据有关的严重事故处理规程手动开启阀门，完成反应堆冷却剂系统的快速卸压，从而避免高压熔堆的发生以及安全壳的直接加热。为了防止在机组运行过程中快速卸压的误开启，在主控室对快速卸压的开启操作设置行政隔离。

8.4.3　可燃气体控制措施

严重事故过程中将产生大量的可燃气体（如 H_2、CO），可燃气体浓度达到一定限值的条件下，有可能发生燃烧或爆炸，威胁安全壳的完整性。为了消除氢气爆炸对安全壳/地下洞室岩体完整性的威胁，地下核电厂采用了安全壳消氢系统。该系统设计由多台分布在安全壳内的非能动氢复合器组成，用于在超设计基准事故工况下降低安全壳大气中的氢浓度。非能动氢气复合器由金属箱体和催化剂板组成。催化剂板由涂有多种特殊金属催化剂的不锈钢板组成，大量的催化剂板平行竖直地插在固定的框架上，放置在箱体的下部。氢气复合器的金属箱体可引导气流向上进入氢气复合器，经过放在下部的催化剂板，气体混合物中的氢气和氧气在催化剂的作用下快速反应，并释放出热量，热的气体从箱体上部流出复合器。

在超设计基准事故工况下，利用这种非能动氢复合器自动复合氢气，能够将安全壳内平均氢气浓度限制在 10%体积浓度以下，从而避免产生氢气爆炸，保证安全壳/地下洞室岩体的完整性。

8.4.4 安全壳热量排出

地下核电厂设置了非能动安全壳热量导出系统（PCS）用于在超设计基准等事故工况下安全壳的长期排热，包括与全厂断电和喷淋系统故障相关的事故。在核电厂发生超设计基准事故（包括严重事故）时，将安全壳压力和温度降至可以接受的水平，保持安全壳完整性。PCS 系统用于在超设计基准等事故工况下安全壳的长期排热，包括与全厂断电和喷淋系统故障相关的事故。PCS 系统设置了三个相互独立的系列。每个系列包括一台换热器、一台汽水分离器、一台换热水箱、一台导热水箱、一个常开电动隔离阀、两个并联常关的电动阀。换热器布置在安全壳内的圆周上；换热水箱是钢筋混凝土结构不锈钢衬里的设备，布置在安全壳外壳的环形建筑物内。

系统设计采用非能动设计理念，利用内置于安全壳内的换热器组，通过水蒸气在换热器上的冷凝、混合气体与换热器之间的对流和辐射换热实现安全壳的冷却，通过换热器管内水的流动，连续不断地将安全壳内的热量带到安全壳外，在安全壳外设置换热水箱，利用水的温度差导致的密度差实现非能动安全壳热量排出。PCS 配备了外置安全壳冷却水箱的液封措施，防止安全壳换热水箱水质被壳外环境污染。核电厂正常运行和检修时，系统配置了循环水泵和加药措施防止安全壳外换热水箱微生物滋生和水质降低。

8.4.5 防止安全壳超压和裂变产物包容

核电厂为包络放射性物质而设置多道屏障，这也是纵深防御理念的一种体现。通常对于压水堆核电厂考虑三道屏障：燃料包壳，反应堆冷却剂系统（简称一回路），安全壳。地下核电厂安全壳外洞室外围的天然地质条件（土壤、岩石等）形成了第四道裂变产物屏障。下面对第三、第四道屏障作用进行分析评价。

（1）第三道屏障（安全壳）的作用分析

与安全壳连接并且实现安全功能的主要厂房都是设计在地下的，如辅助厂房、安全厂房、燃料厂房，等等。不同于地面核电厂，这些厂房都存在封闭承压的可能，也就是说，即使严重事故后有放射性物质泄漏至这些厂房，也可以在地下对放射性物质进行贮存、封堵、隔离并处理，不会直接释放而对环境造成放射性后果。下面详细描述针对安全壳和反应堆厂房的防护措施。

在严重事故过程中，如果发生压力容器破裂失效，则堆芯熔融物会进入反应堆堆腔，随着高温的堆芯熔融物与混凝土底板反应产生的不凝结气体的不断增加，安全壳内的压力会逐渐升高，最终可能破坏安全壳的完整性，造成放射性物质的不可控释放。为了缓解严重事故情况下的这种后果，地下核电厂设计了安全壳及反应堆厂房洞室卸压系统。

安全壳卸压排放系统通过主动卸压使安全壳及反应堆厂房洞室岩体内的压力不超过其承载限值，从而确保安全壳及反应堆厂房洞室岩体的完整性。同时，通过安装在卸压管线上的过滤装置对排放的放射性物质进行过滤以降低放射性的释放，最终实现放射性物质的受控释放。

　　安全壳及反应堆厂房洞室卸压系统的主要设备有文丘里水洗器及金属过滤器，其他还包括安全壳隔离阀、爆破阀、向文丘里水洗器注入各种物质的管道、用于废液返回事故机组安全壳的管道及阀门、测量液位及压力的仪表、系统连接管道等。

　　（2）第四道屏障（地下洞室等）的作用分析

　　即使发生安全壳失效，地下核电厂也不会像地面核电厂一样造成大量放射性释放，地下洞室提供了天然的放射性包容作用。如第 7 章所述，地下核电厂反应堆厂房洞室及地面出口均设置了隔离闸门，闸门和贯穿件的强度和密封性不低于安全壳的闸门和贯穿件，并且山体也不会由于承受内压而失效，因此相当于增加了一道屏障。卸压洞室的设计更进一步提高了这道屏障的可靠性。裂变产物屏障相比地面核电厂大大增加，包容了地面核电厂大多数造成大量放射性释放的严重事故序列。对于少数可能造成同时旁通安全壳和洞室的序列，通过增设隔离阀，使其发生频率降到可以忽略不计。另外，由于洞室的滞留作用，地面核电厂许多大量释放对于地下核电厂则可认为是小量释放，因而对于地下核电厂，大量的早期释放更是不可能发生的。

　　地下核电厂可以做到实际消除大量放射性释放的可能性，这也是地下核电厂在严重事故缓解方面相对地面核电厂的主要优势。

8.4.6　其他严重事故缓解措施

　　此外，地下核电厂设计时充分考虑了福岛核电厂事故的经验反馈，满足福岛事故后安全当局的要求，如：

　　（1）增设移动补水措施；

　　（2）增设临时供电措施；

　　（3）提高严重事故条件下应急指挥中心、运行支持中心的可居留性和可用性；

　　（4）改进乏燃料储存水池的冷却和监测手段。

8.5　严重事故计算分析

8.5.1　地下核电厂严重事故后氢气行为及风险研究

　　在核电厂严重事故进程中，反应堆堆芯金属物质的氧化过程会产生大量的氢气，氢气在安全壳内扩散，与水蒸气、空气混合，形成可燃混合气体。当安全壳内的氢气浓度达到一定比例时，在外界条件（例如温度、压力、氧气浓度等）适合的情况下，可能会发生氢气燃烧或爆炸，从而造成与安全有关的设备和系统的局部损坏，损坏安全壳的结构，对安全壳的完整性造成威胁。

8.5.1.1　法规要求

　　国家核安全局在 2004 年 4 月颁布的《核动力厂设计安全规定》中要求"必须考虑严重事故下保持安全壳完整性的措施。特别是必须考虑预计发生的各种可燃气体的燃烧效应"。

　　在美国联邦法规 10 CFR §50.44 中规定：对于新建核电厂（水堆），安全壳要么被惰化；要么能够限制安全壳内的氢气浓度，即在事故期间及以后，相当于 100%燃料包壳与冷却剂反应产生的氢气平均分布时的体积浓度小于 10%，必须能够维持安全壳结构的完整性。

参考以上法规中的要求，地下核电厂在发生严重事故期间及以后，氢气控制系统应能够确保 100%燃料包壳和水或水蒸气反应后产生的氢气量在安全壳内均匀分布时体积浓度不会超过 10%，从而避免氢气发生燃爆而导致安全壳的失效。

8.5.1.2　氢气的产生、燃烧模式和判断

（1）氢气产生

在核反应堆严重事故过程中，氢气的产生主要来源于锆合金包壳和压力容器内部其他锆部件的氧化，高温堆芯熔融物与堆腔混凝土相互作用（MCCI）。大体可以分为两个阶段：

1）压力容器内产氢阶段：在这个阶段，主要包括两个过程：堆芯开始熔化之前的包壳氧化过程；熔融堆芯掉落至下封头时，与下封头残留水的反应。

2）压力容器外产氢阶段：下封头失效后，堆芯熔融物流入堆坑，与堆坑混凝土反应。

（2）氢气的燃烧模式

通常，氢气燃烧分为扩散燃烧、慢速和加速爆燃、爆炸三种方式。

1）扩散燃烧：由连续的氢气流产生的稳定燃烧，扩散燃烧速度较小，生成的压力峰值也较小。

2）慢速和加速爆燃：慢速爆燃的火焰传播速度远小于音速，燃烧过程中安全壳内压力保持平衡，不产生动载荷；加速爆燃的传播速度足够快，可产生冲击波和动载荷。

3）爆炸：燃烧以超声波的速度在氢气、水蒸气和空气的混合气体中传播，会产生动载荷，其特点是在极短的时间内形成很高的峰值压力。

（3）氢气的燃烧模式判断

Shapiro 图是综合分析安全壳内氢气、水蒸气、空气三相混合物组分，来判断氢气的燃烧模式的工具。通过三相混合物组分，可以方便地识别氢气浓度在惰性化区域、燃烧区域或者爆炸区域，进一步，能够识别可能的氢气燃烧属于扩散燃烧、爆燃或者爆炸。使用的 Shapiro 图的实验条件为 23.9 ℃，0 MPa 表压。

非能动氢气复合器（PAR）利用催化剂使氢气和氧气在浓度低于可燃阈值时就发生氢氧化合反应，反应过程会释放热量，在催化剂表面产生自然对流，从而使反应能够持续。非能动氢气复合器在氢气浓度达到 2%时就可以工作，从而消除了安全壳里的氢气。含氢气空气在催化剂表面反应放出热量，加热局部空气，使热空气密度减小而上升，冷的含氢气体从复合器下部补充，从而形成气体的对流，氢气不断消耗，减小了安全壳内的氢气含量（关于非能动氢气复合系统的详细描述参见第 5 章）。

8.5.1.3　安全性评价

非能动氢气复合器是用于缓解事故的专用安全设施，需要具有包络最快和最大氢气产生量的严重事故的功能。根据严重事故分析的结果，选择 SBLOCA（小破口失水事故）作为氢气风险分析的典型事故工况。采用一体化严重事故分析程序对有无氢气复合器方案进行了对比分析。

主要的事故序列见表 8.1 所示。事故工况下产生的氢气量计算结果如图 8.1 所示，在压力容器内产生的氢气量已经达到相当于 100%锆水反应产氢量时为 686.5 kg，此时约为 9 030 s。压力容器内氢气产生的速率如图 8.2 所示，其峰值达到了 1.6 kg/s。

表 8.1　主要的事故序列

主要事件	时间/s
事故发生	0
反应堆停堆	67.12
主泵停运	70.19
堆芯裸露	2 694.70
锆水反应开始，氢气产生	3 199.31
氢气产量达到 100%锆水反应产氢量	9 030.00
堆芯材料重定位至下封头	9 443.51

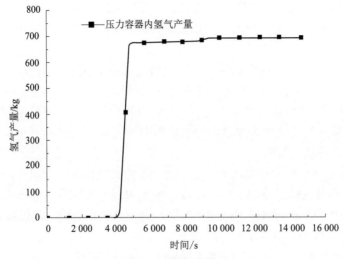

图 8.1　氢气产量

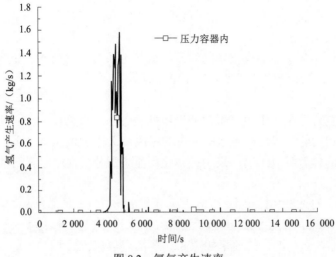

图 8.2　氢气产生速率

（1）无氢气复合器情况

图 8.3 给出了在事故工况情况下安全壳内平均的氢气体积浓度随时间的变化，破口区（主泵隔间）及安全壳内平均的氢气体积浓度比较如图 8.4 至图 8.6 所示，使用 Shapiro 图显示了事故过程中安全壳内平均氢气浓度状况以及破口区的氢气浓度状况变化。

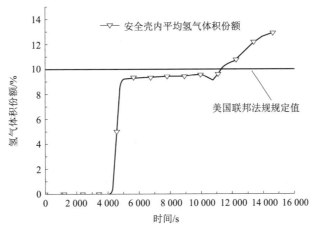

图 8.3 安全壳内平均氢气体积浓度（无 PAR）

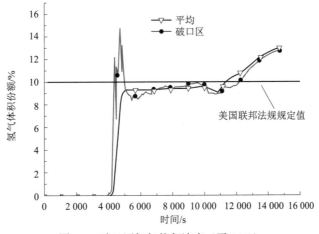

图 8.4 破口区氢气体积浓度（无 PAR）

从图 8.4 至图 8.6 可以看出，当氢气在破口区开始释放时，会在破口区形成一个氢气浓度的脉冲，之后由于氢气释放量的减弱及氢气浓度向其他控制体的扩散，破口区的氢气浓度快速降低，和其周围控制体氢气浓度相一致。

从图 8.3 可以看出，随着事故过程中氢气不断地释放，安全壳内氢气浓度在不断地增加，从图 8.5 中可看出，在后来，安全壳内的可燃气体混合物状态达到了燃烧区。

（2）有氢气复合器情况

考虑了氢气复合器之后，图 8.7 给出了在事故工况情况下安全壳内平均的氢气体积浓度随时间的变化，破口区（主泵隔间）及安全壳内平均的氢气体积浓度比较如图 8.8 至图 8.10 所示，使用 Shapiro 图显示了事故过程中安全壳内平均氢气浓度状况以及破口区氢气浓度状况的变化。

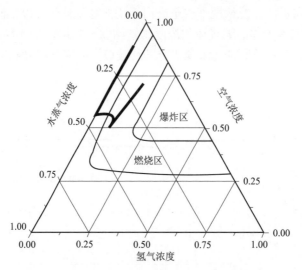

图 8.5 安全壳内平均气体体积浓度变化（无 PAR）

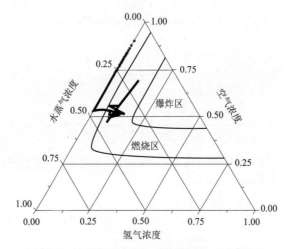

图 8.6 破口区气体体积浓度变化（无 PAR）

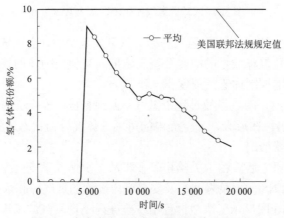

图 8.7 安全壳内平均氢气体积浓度（PAR）

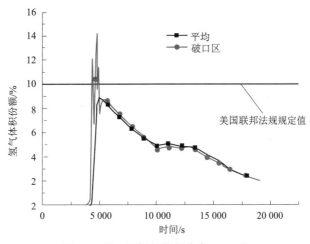

图 8.8　破口区氢气体积浓度（PAR）

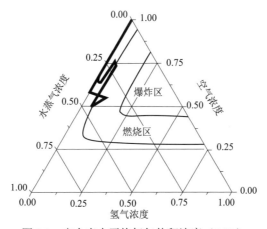

图 8.9　安全壳内平均氢气体积浓度（PAR）

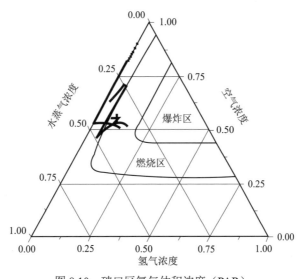

图 8.10　破口区氢气体积浓度（PAR）

从图 8.4 和图 8.8 都可看出，虽然在安全壳内安装了氢气复合器，但由于复合速率较慢，在破口区域，由于氢气的释放速率较高，氢气浓度的变化会出现脉冲。从图 8.9 可以看出，在氢气复合器的作用下，安全壳内的平均氢气浓度比未安装时有所降低，显著降低了安全壳内的氢气浓度。

图 8.11 比较了有无氢气复合器时安全壳内平均氢气体积浓度的变化曲线，可以看出氢气复合器在减低安全壳内氢气浓度方面作用显著。

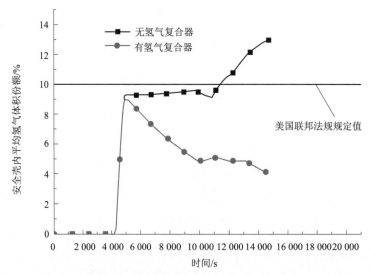

图 8.11　有无 PAR 安全壳内平均氢气体积浓度比较曲线（PAR）

（3）结论

通过对事故工况下氢气浓度计算分析得出：

1）氢气复合器可以降低事故过程中安全壳内的平均氢气浓度。

2）氢气复合器布置方案有效，在相当于 100%锆水反应产氢量的情况下，这个系统能够防止安全壳内氢气均匀分布的体积浓度超过 10%，满足相关法规要求。

8.5.2　地下核电厂严重事故压力容器完整性分析论证

在地下核电厂设计中，通过压力容器外水冷实现堆芯熔融物压力容器内的滞留（IVR）是其重要的严重事故缓解措施之一。假设在严重事故下，通过堆腔注水系统淹没反应堆堆腔，并使反应堆压力容器浸没在水中，利用水冷却压力容器外壁面，从而防止反应堆压力容器下腔室内的堆芯熔融物使压力容器失效和向安全壳迁移。通过将堆芯熔融物滞留在压力容器内，可以阻止某些与安全壳完整性相关且具有很大不确定性的压力容器外现象（如压力容器外蒸汽爆炸、堆芯熔融物与混凝土反应等），以保持安全壳完整性。

本节即对地下核电厂 IVR 措施的有效性进行初步分析。关于堆腔注水冷却系统的详细介绍参见第 5 章。

8.5.2.1　分析方法

压力容器内滞留（IVR）成功的准则主要有如下两点：① 热工准则：坍塌到下腔室的堆芯熔融物传到压力容器壁的热流密度要始终小于临界热流密度（CHF）；② 稳态结构准

则：在下封头外壁各处的热流密度小于等于其临界热流密度的情况下，压力容器壁面在内壁被熔融物融化一部分后，其最小厚度足以维持压力容器的完整性。根据目前国内外的研究，影响 IVR 措施成功的主要限制条件为热工准则，因此在此主要对地下核电厂 IVR 措施是否满足 IVR 热工准则进行分析。

在严重事故的进程中，堆芯熔融物的形成和发展是一个非常复杂的过程。目前的研究一般认为，堆芯从最初燃料熔化、发生位移、经历一连串的中间状态后，最终将进入一个稳定状态，此时下腔室熔融物出现稳定分层结构。Theofanous 等人研究认为，堆芯熔融物在下腔室内出现两层熔融池结构，如图 8.12 所示。两层熔融池模型的组成为：① 熔融池下层由全部的氧化物组成，主要以 UO_2 和 ZrO_2 为主。这一层含有内热源，以稳态自然对流传热为主。此时，由于经过外部足够的冷却，该层外表面含有一层薄的已凝固的氧化物硬壳。② 熔融池上层由全部的未氧化金属组成，以 Zr 和不锈钢为主，下层的热量对上层进行加热，上层主要通过周边热传导和上表面的辐射传热将热量带走。

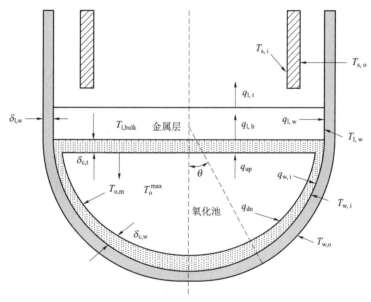

图 8.12 堆芯熔融物传热模型示意图

本节 IVR 热工准则计算分析中采用自主开发的 CISER 程序，此程序基于 Theofanous 模型开发，可以模拟两层熔融池传热，能够计算压力容器壁面热流密度、壁面厚度等参数。

8.5.2.2 事故序列计算

IVR 措施的分析需要结合一定的严重事故序列计算，确定熔融池的组分、衰变热份额等参数。将选取事件进程较快、下腔室熔融池形成时间早的事故工况（冷段双端剪切断裂失水事故）进行分析，在这样的工况下衰变热水平较高，下腔室熔融物的传热量较高，对下封头传热方面来说具有一定的包络性及典型性。

表 8.2 给出了大 LOCA 事故序列的计算结果，图 8.13 和图 8.14 给出了压力容器下腔室内熔融池衰变热以及熔融物质量随时间的变化曲线。

表 8.2　事故序列

事　件	时间/s
大破口失水事故	0.0
反应堆紧急停堆	0.2
安注箱投入	5.8
安注箱排空	75.5
堆芯熔融物开始进入下腔室	4 785
UO_2 全部进入 RPV 腔室	10 770

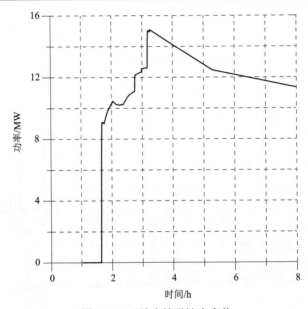

图 8.13　下腔室熔融池衰变热

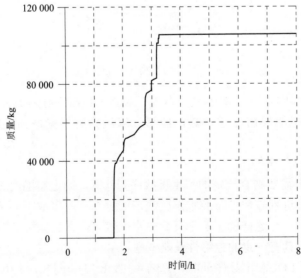

图 8.14　下腔室熔融池质量

8.5.2.3　IVR 有效性分析

　　根据上节的计算结果可知，在大破口失水事故中，事故后 4 小时左右下腔室熔融池基本稳定，因此本节根据事故后 4 小时熔融池的状态进行壁面热流密度计算，事故后 4 小时熔融池金属层及氧化物层的质量见表 8.3。壁面热流密度计算时熔融池内衰变热取整个过程中最大值，约为 15.1 MW。

　　根据表 8.3 中熔融池组分，利用 CISER 程序计算熔融池向压力容器壁面传热的热流密度，结果如图 8.15 所示。壁面热流密度最大值约为 1.12 MW/m²，由于目前缺少地下核电厂压力容器壁面临界热流密度数据，使用了 AP600 压力容器壁面临界热流密度曲线，与 AP600 CHF 相比，仍具有一定的裕量。

表 8.3　下腔室熔融物成分及质量

熔融物			质量/kg
金属层	成分	Zr	10 179
		Fe	16 932
		Cr	3 423
		Ni	1 333
		FeO	614
	总质量		32 481
氧化物层	成分	Ag	1 097
		Cd-In	17
		ZrO_2	7 400
		Cr_2O_3	190
		NiO	8
		UO_2	63 065
	总质量		71 777
熔融物总质量			104 258

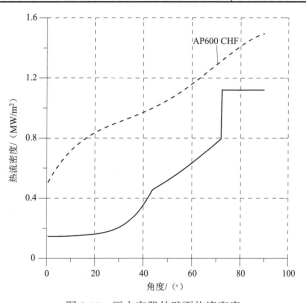

图 8.15　压力容器外壁面热流密度

本节利用CISER程序对地下核电厂IVR措施的有效性进行了初步分析,在假设条件下,地下核电厂堆芯熔融物坍塌到下腔室形成熔融池后,压力容器壁面的热流密度预期会小于其临界热流密度,满足IVR成功的热工准则。因此,认为在严重事故下利用堆腔注水系统淹没压力容器,可以保证压力容器下封头的完整性。

8.6 结 论

核电厂发生严重事故意味着反应堆堆芯损坏,核电历史上的福岛事故和三哩岛事故表明:存在发生严重事故的可能性,有必要开展严重事故分析,结合严重事故的进程和现象,考虑严重事故的预防和缓解措施。发展至现代的纵深防御理念更强调均衡:即预防事故和缓解事故后果的系统和措施的均衡,也常被简述成"预防与缓解并重"。地下核电厂结合自身优势,全新阐释了"预防与缓解并重"的安全理念。

从严重事故预防角度考虑,反应堆设计在地下,重力补水的可靠性明显提高,结合这一特点设计了非能动安全壳冷却系统、非能动二次侧冷却系统等等,利用非能动系统的可靠性实现严重事故的预防。地下核电厂位于水电站附近,可利用水电站提供的可靠的电源和水源,事实上,福岛核电厂严重事故就是地震海啸后全场断电事故所导致的严重事故,而地下核电厂可以很好地预防此类严重事故。

从严重事故缓解角度考虑,在传统的地面核电厂三道放射性屏障的基础上,地下核电厂利用地下洞室外的岩土构筑了第四道放射性屏障,可以在地下对放射性物质进行贮存、封堵、隔离并处理,不会直接释放而对环境造成放射性后果。针对安全壳和反应堆厂房专门设计了卸压洞室和严重事故后的卸压系统,强化了安全壳外第四道放射性屏障的作用。

综上所述,地下核电厂可以达到第三代核电厂的堆芯损坏频率水平,而结合地下特点设计的非能动安全系统将实现进一步的安全功能,防止堆芯损坏,其安全性优于类似设计的地面核电厂。且安全壳外第四道放射性屏障可以使大量放射性物质释放频率(LRF)进一步下降两个数量级,相比于地面核电厂,大大减小了严重事故潜在的环境影响。

第 9 章　辐射防护与环境管理

9.1　概　述

与地面核电厂一样，地下核电厂在核裂变过程中，除了释放出巨大的能量以外，还伴随着有大量放射性物质的生成。一般来说，核反应堆每 1 W 热功率，在燃耗末期积累的放射性活度约为 $3.7×10^{10}$ Bq。一个电功率为 1 000 MW 的核电厂，其热功率约为 3 000 MW，燃耗末期积累的裂变产物放射性将高达 10^{20} Bq，折合成的等效 ^{131}I 大约为 $7×10^8$ Ci（1 Ci=$3.7×10^{10}$ Bq）。核电厂正常运行的情况下，反应堆内放射性物质绝大部分都保留在燃料元件内。只要核燃料包壳不破损，燃料芯块不熔毁，这些放射性物质就不会逸到外界环境中。

地面核电厂正常运行工况（包括异常预期事件）下，通过三废系统排放放射性物质。其放射性废物来源主要是活化产物以及从有缺陷的燃料元件释放到一回路冷却剂的少量裂变产物。放射性废物按其物理形态分为固态、液态和气态。地下核电厂正常运行工况下，和地面核电厂一样，其放射性废物均通过有组织的集中、处理和达标排放，不会对外界环境造成危害。在严重事故工况下，熔毁的反应堆燃料芯块，会向反应堆冷却剂释放大量放射性物质。这些放射性物质会通过完整性丧失的一回路压力边界或安全壳向外界环境泄漏（如切尔诺贝利核事故和福岛核事故）。地下核电厂可以通过地下天然的地质屏障和其他预设的工程措施防止放射性物质向外界环境泄漏。

核电厂严重事故主要是通过事故中产生的气载放射性物质和事故中产生的放射性废水对周边环境造成大范围影响。本章首先介绍了地下核电厂的放射性废水地下迁移防护和气载放射性扩散的防止，重点介绍了地下核电厂严重事故下防止放射性废水和气载放射性物质泄漏的工程措施和安全措施。其次，本章还根据地下核电厂的工程特征，分析其对周边环境影响的特点，在地面核电厂环境影响分析的基础上研究地下核电厂的环境影响特点及其影响范围，并以此提出地下核电厂的防护措施。

9.1.1　放射性物质对人的危害

放射性物质对人的危害主要表现为核辐射伤害，放射性物质产生的辐射能破坏和改变人体细胞基本分子结构，最终导致器官水平的损伤甚至是引起遗传性状的改变，从而影响受辐射个体的后代，产生遗传效应。当放射性物质通过呼吸吸入、皮肤伤口及消化道吸收进入体内，会引起内照射；放射性物质发出的射线穿透一定距离被机体吸收，使人员受到外照射伤害。高剂量内外照射形成放射病的症状有：疲劳、头昏、失眠、皮肤发红、溃疡、出血、脱发、白血病、呕吐、腹泻等。有时还会增加癌症、畸变、遗传性疾病发生率，影响几代人的健康。一般来说，身体接受的辐射剂量越多，其放射病症状越严重，致癌、致畸风险越大。

因此，控制好地下核电厂各种工况尤其是严重事故工况下的放射性流出物就显得非常重要。

9.1.2 切尔诺贝利核事故的影响

切尔诺贝利事故发生后，损毁的反应堆向环境持续不断地释放大量的放射性物质长达 10 天之久，形成的放射性烟云扩散至整个北半球，其中的放射性微粒随降雨、径流等过程进入水环境。

切尔诺贝利核事故造成较大范围公众的较大剂量的辐射照射，并引起较大范围内的放射性污染。前苏联地区约 150 000 km^2 土地受放射性污染。以铯-137 为例，前苏联约有 10 000 km^2 的地区污染水平大于 560 kBq/m^2，约有 21 000 km^2 的地区受到 190 kBq/m^2 的污染。切尔诺贝利核事故也给周边国家造成大范围放射性污染，如对白俄罗斯领土造成大范围的放射性污染。其中，铯-137 污染领土 44 000 km^2（占白俄罗斯国土的 21%），锶-90 污染领土面积 21 000 km^2（占白俄罗斯国土的 10%），钚的同位素污染 4 000 km^2（占白俄罗斯国土的 2%）。切尔诺贝利核电厂周边 30 公里范围内，铯-137 污染因其随时间自然衰变，300 年后其放射性活度才会降至每平米 37 kBq 以下。

除前苏联外，欧洲部分国家也出现明显的放射性污染。部分地区在烟云经过时碰巧降雨，地面污染更为严重，有许多地区铯-137 的污染水平达到 37～200 kBq/m^2，这些地区的总面积约为 45 000 km^2。

长时间大范围的大气层环流运动把释放出的放射性物质散布到整个北半球，除欧洲众多国家外，美国、日本相继探测到放射性烟云。

9.1.3 日本福岛核事故的影响

日本福岛核事故对福岛核电厂周围地区的大气、水体（包括地下水）和土壤造成了严重的环境污染。福岛核泄漏事件引发的环境危害已波及全球众多国家与地区，其后果有可能持续数十年。

福岛核电厂事故发生后 4 天内释放到环境中的碘-131 总活度为 1.3×10^{17} Bq，约占事故发生时反应堆堆芯中贮有量的 2.1%。核电厂附近人员计划避迁的范围超过 20 km。

事故释放到环境中的部分放射性核素随风向或大气环流漂移扩散，美国、冰岛、韩国、菲律宾等国相继测到环境空气或水中的微量放射性。我国内地除西藏外，其他省市均监测到空气中的极其微弱（10^{-4}～10^{-3} Bq/m^3）的放射性碘-131，部分地区检测到极微量的放射性核素铯-137 和铯-134。

根据公开的报告估算，联合国原子辐射影响科学委员会认为，直接释放到海洋的铯-137 为 3～6 PBq，而碘-131 的直接释放量是它的 3 倍多。通过大气沉降的间接方式释放到北太平洋的铯-137 和碘-131 分别为 5～8 PBq 和 60～100 PBq。

放射性物质对日本环境和食品安全造成了直接影响。日本内阁官房长官枝野幸男 3 月 19 日说，受损核电厂附近农场出产的菠菜和牛奶检测出放射性物质超标。由于多个县生产的原奶和蔬菜等被检测出放射性物质含量超标，日本政府 3 月 21 日要求福岛、茨城等 4 县限制超标的农畜产品上市。福岛县饭馆村 3 月 20 日被测出每千克自来水的碘放射性活度达 965 Bq，而日本原子能安全委员会制定的每千克饮用水的碘放射性活度上限为 330 Bq。

9.2　放射性废水地下迁移防护

核电厂在事故工况下，放射性废水可能向外迁移影响周边生态环境，超量的放射性污染会对公众造成危害。为此，国家制定了核电厂放射性物质的排放标准。《核动力厂环境辐射防护规定》（GB 6249—2011）对于我国内陆核电厂放射性液态流出物的排放提出了严格的规定，要求内陆核电厂排放口下游 1 km 处受纳水体中总 β 浓度不超过 1 Bq/L，氚浓度不超过 100 Bq/L。上述要求可以确保内陆核电厂排放口下游 1 km 处的受纳水体满足《生活饮用水卫生标准》（GB 5749—2006）中的放射性指标要求。

目前，国内外尚无投入商业运行的大型地下核电厂，相应的放射性废水地下迁移防护系统研究成果很少。地下核电厂放射性废水迁移不仅影响因素复杂，而且防护要求极高，如何确保事故工况下可能释放于地下的放射性废水受控处置，是地下核电厂建设中的关键技术难题，亟须全面深入研究。

9.2.1　防护目标

放射性废水地下迁移防护的目标是使核电厂正常运行和事故工况下可能释放于地下的放射性废水处于受控状态，以符合国家核安全相关标准。

9.2.2　影响因素

根据国家核安全局《核电厂厂址选择与水文地质的关系》（HAD 101/06）及《核电厂厂址中放射性物质水力弥散问题》（HAD 101/05）准则，放射性核素在地下的迁移是受地下水运动（输送）、污染峰的传播（水力弥散）、固相中放射性核素的滞留和释放（相间分布）控制的。

（1）地下水输送是指地下水在势差作用下，沿岩体中管道或裂隙产生的渗流运动。

（2）水力弥散是由于地下水中所含放射性核素浓度的不均匀而引起的一种溶质迁移现象，即由浓度较高的近场向浓度较低的远场迁移。

（3）核素的滞留是指核素在地下岩体的迁移过程中，核素在裂隙中沉淀及因裂隙表面吸附作用而成为固相；核素的释放是指核素滞留后，因地下水流速增加等原因引起裂隙中地下水核素浓度减小时，原已沉淀或被吸附的部分核素将再次释放到裂隙地下水中成为液相。

根据以上分析，核素在地下岩体中输送、水力弥散及相间分布等不同迁移过程中，迁移的载体介质均是地下水。因此，通过工程措施，阻断或控制地下水的运动即可对含核素的放射性废水地下迁移起到防护作用。

9.2.3　防护总体思路

9.2.3.1　地面核电厂放射性废水迁移防护措施

核电厂设计根据不同的工况设有相应的安全防护系统。

正常运行工况下，核电厂在规定的运行限值和条件范围内运行，由于设计中已采取相应措施，此类工况不至于引起安全重要物项的严重损坏，也不会导致放射性物质扩散的安全事故的发生。

针对基准事故工况，核电厂按确定的设计准则进行设计，并在设计中采取了针对性措施，这类事故的后果包含了大量放射性物质释放的可能性，但单一的事故不会造成应对事故所需的系统（包括应急堆芯冷却系统和安全壳）丧失功能，燃料的损坏和放射性物质的释放不超过事故控制值。

针对超设计基准事故工况，即严重性超过基准事故工况并造成堆芯明显恶化的事故工况，根据国家相关法规要求，核电厂及有关部门应制订相应的场内外应急计划，做好应急准备。确定应急计划区范围时应考虑严重事故产生的后果。

为防止放射性物质以液态形式无序扩散，地面核电厂设有放射性废液处理系统，设计用于控制、收集、处理、运输、贮存和处置正常运行及事故工况下产生的液体放射性废物，其部件包括泵、热交换器、贮存箱、等离子交换装置和过滤器等永久安装设备和移动设备及临时设备。放射性废液系统永久安装的设备设计成能处理最大限度的液态流出物和其他的预计运行事件。对于出现概率很低的事件或产生的流出物与安装设备不适应的事件，可以使用移动式临时设备。

9.2.3.2　地下核电厂放射性废水迁移防护总体思路

（1）地下核电厂与地面核电厂放射性废水迁移防护条件分析

首先，地下核电厂将核岛部分中涉核建筑物及设备布置在地下，避免了事故工况下放射性废水产生地表径流，但存在地下洞室群的稳定问题和事故工况下可能产生的放射性废水地下迁移问题。为此，地下核电厂对厂址的选择提出了十分严格的要求，一是厂址要求岩体更为完整、断裂及构造裂隙不发育；二是厂址要求避开岩溶发育程度高，区域地下水富集、地下水运移或交换速率快等地段，选择在地下水贫乏、地下水位较低的地段。优良的工程地质、水文地质条件不仅可以保证地下洞室的整体稳定，而且在事故工况下有利于发挥岩体的封闭性优势，减小放射性废水迁移的量和速度，降低事故工况下放射性废水迁移的危害。

其次，分析地面核电厂对放射性废水地下迁移的防护措施可知，在正常运行及基准事故工况下，其防护措施具有足够的安全裕度，地面核电厂产生的废水被收集处置，不会发生核素超标释放地下的事故。但是，在超设计基准工况下，地面核电厂泄漏的放射性废水仍有可能无序释放，如废水产生量超过设备处置能力（含移动式临时设备）、收集处置池破裂或处置设备失效等。此类状况下，放射性废水可能直接渗入核电厂址区地下岩体，或形成地表径流扩散至防护区外再进入地下径流或直接汇入地表径流，造成核污染。地下核电厂首先避免了上述超设计基准事故工况下放射性废水产生地表径流的条件，其次可利用岩体的天然防护性能降低可能进入地下岩体的放射性废水的迁移速度和核素浓度，而且可通过封闭、疏干等可靠工程防护措施，在防护区内再次进行阻隔、收集，避免放射性废水在岩体中无序扩散，进一步增加地下核电厂防护安全裕度。

综上分析，正常运行及基准事故工况下，地面核电厂和地下核电厂的防护措施均具有足够的安全裕度，但超设计基准事故工况下，地下核电厂可发挥工程地质条件、水文地质条件优良的岩体封闭性优势，并结合有效的工程防护措施，使放射性废水在工程防护区内进行拦截、收集与处置，降低放射性废水在地下大规模迁移的可能性，进一步增加核电厂防护安全裕度。

（2）地下核电厂放射性废水迁移防护总体思路

对比地面、地下核电厂设计条件的变化，对于地下核电厂，放射性废水地下迁移防护的总体思路是：除完全保留地面核电厂对放射性废水的所有安全防护措施外，充分利用岩体的天然防护性能，结合封闭、疏干等可靠工程措施，阻断放射性废水地下迁移的通道，并设收集、处置、监测系统。通过上述措施，对核电厂正常运行、基准事故工况，特别是超设计基准事故工况下可能产生的放射性废水，在工程防护区内进行拦截、收集与处置，降低放射性废水在地下大规模迁移的可能性，进一步增加核电厂防护安全裕度。

9.2.4　防护布置原则

根据对放射性废水地下迁移影响因素的分析及地下核电厂的总体布置方案，确定防护工程措施的设置原则：

（1）原有保留。即保留地面核电厂的所有安全防护措施。

（2）岩体疏干防护。采用高性能疏排技术，在地下洞室群周围、底部及顶部设置全封闭自流排水幕，降低地下水位，使地下洞室群处于岩体疏干区，对洞室围岩的稳定起到有利作用。

（3）重点防护。根据国外核电事故的分析成果，大规模核素泄露大都发生在反应堆厂房部位，地下核电厂针对反应堆厂房洞室采取重点加强防护措施，即在反应堆厂房洞室设高防渗性钢筋混凝土衬砌，洞壁围岩作嵌缝、固结灌浆，并在外围岩体设置高效排水幕及隔水帷幕，形成反应堆厂房外围的多重防护系统，使可能产生的放射性废水阻隔在帷幕区岩体内并通过排水幕控制收集。

（4）收集处置。设置专用沟、管、井、洞、池、罐及相关设施，对放射性废水进行收集处置。

（5）全程监测。对放射性废水的迁移途径全程布设监测设施进行监测，实时掌握地下水状态及放射性程度。

9.2.5　防护工程措施

（1）保留地面核电厂原有防护措施

完全保留地面核电厂所有核安全防护措施，即在安全壳内及安全壳外部保留原监控、收集、贮存和处置设施；在排放点设置监控及专用排放设施等。

（2）岩体疏干防护措施

在地下核电厂洞室群的四周、底部及顶部布置全封闭式自流排水幕，排水幕由多层排水洞及洞内钻设的相互搭接的排水孔组成，排水孔间距一般为 2 m。如图 9.1、图 9.2所示。

洞室群外排水幕布置的目的是阻隔天然岩体地下水向地下洞室群的渗漏，降低地下水渗压，保证洞室的围岩稳定，并阻隔地下洞室群内外的水力联系，使地下洞室群处于岩体疏干区。

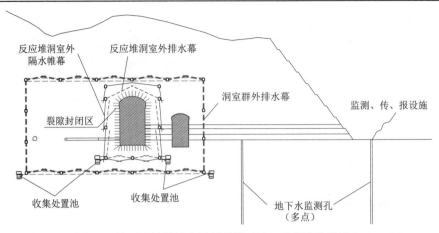

图 9.1　地下防护措施布置剖面图（以 L 形方案为代表）

　　大型水电工程中地下水电站一般埋深在岩体中达百米以上，天然地下水位高于地下水电站洞顶高程，经采取厂外防渗排水措施后，地下水位大幅下降，有效保证了洞室的围岩稳定，且地下水经排水幕集中疏排，阻隔了地下水电站洞室群内外水力联系。如三峡地下水电站最大埋深近 100 m，紧邻上游库水，天然地下水位较高，厂房发电机层以上设置厂外封闭排水幕后，三维渗流场计算分析和渗压监测数据均表明，地下水位已大幅降至厂房发电机层底板高程，排水幕范围内岩体基本处于疏干状态，效果良好。

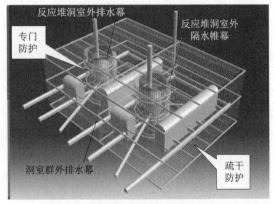

图 9.2　地下防护措施布置三维图（以 L 形为代表）

（3）重点防护措施

　　针对反应堆厂房洞室重点加强防护，防护措施由内至外分四个层次，如图 9.3 所示。

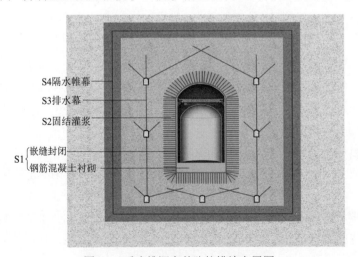

图 9.3　反应堆洞室外防护措施布置图

1）高性能洞壁防渗防护区（防护层 S1）

在反应堆厂房洞室内壁设高防渗性钢筋混凝土衬砌层兼起封闭作用，其中，顶拱及周圈衬砌混凝土厚度一般可取 0.5 m，底板衬砌混凝土厚度可根据需要适当加厚。衬砌混凝土抗渗标号 W12，渗透系数约 $1.3×10^{-9}$ cm/s。同时，对反应堆厂房洞壁所有围岩裂隙采用高防渗材料嵌缝封闭。

抗渗标号为 W12 的衬砌混凝土可抵抗 120 m 水头压力作用而不发生渗水。国内已建成的世界最高的水布垭面板堆石坝，最大坝高 233 m，该坝型坝体挡水完全依靠混凝土面板，该面板抗渗标号为 W12，其最大厚度仅 1.1 m，工程已正常运行多年，未发生异常。地下核电厂安全壳破裂的严重事故工况下，为防止熔堆，洞室内可充水冷却，按充水深度约 20 m 计，远低于水布垭面板坝面板作用水头，类比可知，抗渗标号 W12 衬砌混凝土可有效防止反应堆洞室内充水后外渗情况的发生。

2）高密度灌浆裂隙封闭区（防护层 S2）

对反应堆厂房洞壁围岩采取高密度固结灌浆，进一步提高了洞壁围岩的整体性、防渗性，封闭区岩体的综合防渗性能达 $5×10^{-6}$ cm/s。固结灌浆孔排距 1.5 m×1.5 m～2 m×2 m，处理深度 8～12 m。

3）高效疏排区（防护层 S3）

在反应堆厂房洞室四周、底部及顶部布置全封闭式高效自流排水幕，排水幕由多层排水洞及洞内钻设的上下相互搭接的排水孔组成，排水孔间距一般为 2 m。结合具体厂址的地质条件和岩体的疏排效应分析，可进一步调整排水孔孔距或设置多道排水幕，以确保严重事故工况下放射性废水在防护区内受控疏排。

4）隔水帷幕区（防护层 S4）

在排水幕外围再布置一道全封闭式隔水帷幕。帷幕标准按目前灌浆工艺最高水平 0.5 Lu 控制［Lu 为透水率单位，1 Lu=0.01 L/（min·mm）］，渗透系数约相当于 $5×10^{-6}$ cm/s。隔水帷幕孔排距的确定应结合具体厂址的地质条件和现场灌浆试验确定，必要时可设置多排、多道帷幕，以确保隔水帷幕的防渗性能和严重事故工况下放射性废水阻隔在设定区域内。

地下核电厂选址要求岩体相对完整，断裂及构造裂隙不发育。根据工程经验，此类岩体的可灌性一般较差，防渗帷幕需采取细水泥浆液或化学浆液进行灌注。化学浆液的可灌性好，但价格昂贵，且在地下核电厂事故工况的高温、辐射条件下，高分子化学灌浆材料的分子结构稳定性和耐久性亦存在较大问题。因此，防渗帷幕可主要采用细水泥高压灌浆，在岩体裂隙中形成水泥结石，其耐久性与混凝土相同。

地震作用时，经水泥结石填充的部分岩体裂隙可能重新张开，对防渗幕体造成损伤，影响其防渗性能。为降低地震作用对防渗体系的破坏，可在水泥中添加钠基膨润土、凹凸棒石黏土等特殊材料。此类材料颗粒粒径可达纳米级，不仅可以进一步提高岩体裂隙的可灌性，增加裂隙的充填密实性，而且此类材料热稳定性好，具有吸水膨胀性、可塑性，可以改善地震工况下结石的适应变形能力，减少幕体损伤。

上述多重防护系统中，防护层 S1 和 S2 综合作用可使反应堆厂房洞壁防渗性能达到 10^{-9} cm/s 数量级，基本阻隔严重事故工况下反应堆厂房充水后的内水外渗；防护层 S3 针对可能产生的微量外渗废水集中疏排，确保放射性废水受控收集、处置；防护层 S4 起阻隔洞室群岩体与反应堆厂房洞周岩体地下水水力交换的作用，严重事故工况下，既阻隔外水内渗，又可将微量的放射性废水阻隔在设定区域内，进一步提高严重事故工况下的防护安全。

此外，洞周岩体对放射性废水地下的迁移具有重要的天然防护作用。

（4）收集处置

在洞室群外围排水幕及反应堆洞室外排水幕最底层分区设置专用沟、管、井、洞、池、罐及相关设施，制定稀释、浓缩、吸附、固化等处置预案，并根据实测浓度进行处置。储存装置及处置设备根据计算确保足够安全裕度。

（5）全程监测

全区域布设监测孔、洞及检、传、报可视化系统，实时掌握地下水的状态及放射性程度，并根据监测情况采取相应处理措施。

上述布置形成地下核电厂由反应堆洞室中心至外部岩体的衬砌混凝土封闭层，嵌缝及固结灌浆封闭层，排水幕导排封闭层，帷幕封闭层及岩体的多道安全屏障，使严重事故工况下可能产生的放射性废水在工程防护区内进行拦截、受控收集与处置。

9.2.6 地下水防护措施效果分析

放射性废水地下迁移防护措施的主要目的是对地下水进行控制，根据核电厂选址要求，厂址区岩体一般不会出现集中渗流通道，即使有少量集中通道也将通过工程措施进行封堵，所以防护的重点是岩体裂隙渗流。

影响地下核电厂岩体裂隙渗流的因素众多，涉及厂址地表水与地下水的关系、岩体类型、地下水类型等。根据国家核安全局《核电厂厂址选择与水文地质的关系》（HAD 101/06），对于地下核电厂裂隙岩体渗流计算影响因素主要为：

（1）地下水位；

（2）地下水流方向；

（3）地下水渗透系数。

防护措施效果分析以地下核电厂 L 形布置方案为代表，以符合地下核电厂选址要求的地质条件，并模拟前述防护工程措施进行计算。

9.2.6.1 计算条件和计算工况

（1）取图 9.3 所示剖面建立准三维模型进行初步研究，计算模型如图 9.4 所示，为等效连续多孔裂隙介质模型。模型宽度 2 m，含 1 条竖向排水孔（模拟孔间距 2 m），排水幕孔间距均为 2 m，防渗帷幕模拟厚度 1.5 m。

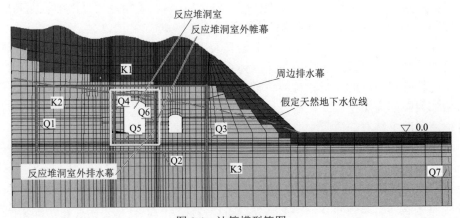

图 9.4 计算模型简图

（2）为偏于安全计，洞室天然地下水位按高于地下洞室群顶高程，底部取至−180 m 高程（取阶地顶面为 0 高程）作为隔水边界。

（3）计算工况（见表 9.1）

表 9.1　计算工况表

工况编号	计算条件及参数	工况说明
F1	表层岩体渗透性按 5.0×10⁻⁵ cm/s，中部岩体按 3.0×10⁻⁵ cm/s，底部岩体按 1.0×10⁻⁵ cm/s，隔水帷幕渗透系数为 5×10⁻⁶ cm/s	对应核电运行状态工况和基准事故工况
F2	表层岩体渗透性按 5.0×10⁻⁵ cm/s，中部岩体按 3.0×10⁻⁵ cm/s，底部岩体按 1.0×10⁻⁵ cm/s，隔水帷幕渗透系数为 5×10⁻⁶ cm/s，反应堆洞室内充水 20 m 深	对应非地震引起的超设计基准事故工况，安全壳破裂，为防止熔堆，洞室内充水 20 m 深
F3	表层岩体渗透性按 5.0×10⁻⁵ cm/s，中部岩体按 3.0×10⁻⁵ cm/s，底部岩体按 1.0×10⁻⁵ cm/s，反应堆洞室内充水 20 m 深	反应堆洞室不设防护措施，其他同 F2
F4	地震条件下，岩体及帷幕渗透性均增大为原渗透性的 3 倍，反应堆洞室内充水 20 m 深，洞壁按透水边界处理	对应地震引起的超设计基准事故工况，安全壳破裂+地震对围岩影响

运行状态工况和基准事故工况（方案 F1）下，考虑衬砌封闭层的作用，其渗透系数取 $1.3×10^{-9}$ cm/s；非地震引起的超设计基准事故工况（方案 F2）下，考虑衬砌封闭层的防渗作用，但还应考虑高温下混凝土防渗性能的降低，在此工况下，为降低堆芯温度，洞室内充水 20 m 深，若充水温度按 100 ℃ 考虑，参考《地下工程防水技术规范》（GB 50108—2008），混凝土的防渗性能在高温条件下应仍在 W8 以上，其渗透系数取 $2.6×10^{-9}$ cm/s。

参考美国核管理委员会（U.S. NRC）对核电厂环境影响报告书及安全分析报告书审查大纲（NUREG−0800）BTP11-6 的要求，在地下渗流场分析时，地震工况（方案 F4）下，反应堆厂房附近的崁缝灌浆防渗层及 W12 钢筋混凝土衬砌可能产生裂缝，导致衬砌封闭层渗透性加大。因此，不考虑衬砌封闭层的作用，作为安全储备。

（4）计算参数

根据厂址选址地质条件和防护工程措施分析，材料分区渗透系数取值见表 9.2。

表 9.2　材料分区渗透系数取值

材料分区	材料编号	渗透系数/（cm/s）	备注
表层岩体	K1	5.00×10⁻⁵	
中部岩体	K2	3.00×10⁻⁵	
下部岩体	K3	1.00×10⁻⁵	
防渗帷幕	K4	5.00×10⁻⁶	厚度 1.5 m
钢筋混凝土衬砌封闭层	K5	方案 F1，取 1.3×10⁻⁹ 方案 F2，取 2.6×10⁻⁹	厚度 0.5 m

注：地震条件下岩体及帷幕渗透性均增大为原渗透性的 3 倍。

地下核电厂深埋地下，且要求厂址地震基本烈度不大于Ⅶ度、岩体完整、断裂及构造裂隙不发育，工程布置及优良地质条件对岩体及帷幕抗震较为有利。此外，地下核电厂洞室群围岩抗震稳定计算成果表明，在 Ⅸ 度地震荷载作用下，拉裂损伤区和塑性损伤区主要分布于洞周围岩表层，其中拉裂损伤区深度最大约 8 m，塑性损伤区深度最大约 13 m，而反应堆洞室周边隔水帷幕一般距洞室约 25 m，因此，地震作用对防渗帷幕的影响较小。

根据文献资料，地震作用后，岩体渗流量有所增加。本次渗流计算中，综合考虑上述因素并偏安全计，地震工况时，岩体及帷幕渗透性初步按原渗透性的 3 倍计算。

9.2.6.2 各工况计算结果分析

各工况下渗漏量的统计部位如图 9.5 所示，各工况下的渗漏量见表 9.3、表 9.4。

表 9.3 各计算工况渗漏量统计

工况	排水孔渗流量/（m³/h）						右端边界流量/（m³/h）
	Q1	Q2	Q3	Q4	Q5	Q6	Q7
F1	1.98×10^{-1}	1.73×10^{-1}	9.00×10^{-4}	0.00	0.00	0.00	5.05×10^{-3}
F2	2.01×10^{-1}	1.75×10^{-1}	9.15×10^{-4}	0.00	0.00	0.00	5.10×10^{-3}
F3	1.87×10^{-1}	2.94×10^{-1}	1.60×10^{-3}	—	—	—	5.30×10^{-3}
F4	6.85×10^{-1}	5.25×10^{-1}	5.45×10^{-3}	1.38×10^{-3}	3.56×10^{-3}	1.28×10^{-3}	1.62×10^{-2}

注：单位宽度：1 m。

表 9.4 单堆地下洞室渗漏量统计   m³/h

工况	洞室群外围集排量	反应堆厂房外围集排量
F1–正常	83.31	0
F2–充水 20 m	84.43	0
F3–充水 20 m，反应堆洞室不设防护措施	94.58	—
F4 充水 20 m+地震	272.26	0.60

注：工况 F3 条件下，反应堆厂房外围未设防护措施，其产生的渗漏量集排至洞室群外围集排设施中，即该工况下洞室群外围集排量实际为洞室群外围集排量和反应堆厂房渗漏量两者之和。

（1）工况 F1 结果分析

该工况主要设想是对应核电厂处于正常运行、基准事故状态，在此工况下，核电厂处于正常状态或即使出现事故但安全壳不破损、放射性废水贮存在专用的罐（池）内，与地下洞室岩体没有水力联系。

本工况的渗流场水头等值线分布如图 9.5 所示。由图 9.5 可知，厂区左侧和厂区最底层排水孔效果显著，所模拟的洞室均处于疏干区。左侧山体渗水经厂区底部绕渗至厂区右侧排水孔幕以后，渗流自由面基本处于最底层排水洞高程。

由表 9.3、表 9.4 各部位渗流量统计结果可知：反应堆洞室处于疏干区，其周围的 Q4、Q5、Q6 均无水渗出。若单台机组洞室群总宽度按模拟布置方案的 224 m 考虑，厂区周边外围排水幕的总渗漏量约为 83.31 m³/h。此渗漏水为远程山体地下渗水，不含放射性物质。此种工况下，地下渗控系统主要起疏干洞室周边岩体、减少洞室围岩渗压作用，并确保地下洞室的干燥工作环境。

（2）工况 F2 结果分析

该工况主要设想是对应核电厂处于非地震引起的超设计基准事故工况，在此工况下，堆芯明显恶化，安全壳发生破损并泄漏。为降低堆芯余热，在反应堆洞室内充水 20 m 深。本工况的渗流场水头等值线分布如图 9.6 所示。

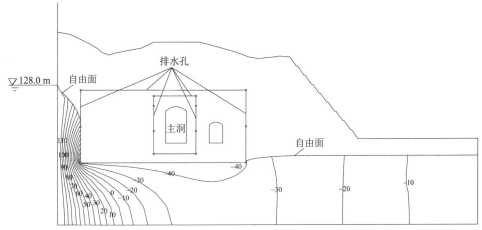

图 9.5　工况 F1 渗流场竖向排水孔中心线水头等值线分布图（单位：m）

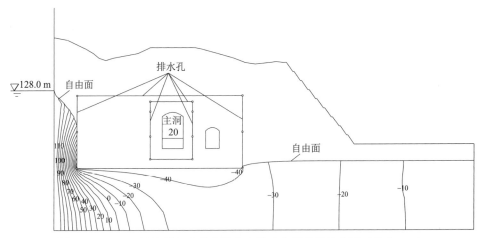

图 9.6　工况 F2 渗流场竖向排水孔中心线水头等值线分布图（单位：m）

由图 9.6、表 9.3、表 9.4 分析可知：

1）渗流场的形态与 F1 方案基本相同，反应堆洞室外无渗流场形成。分析认为，反应堆洞室充水 20 m 深后，由于洞室钢筋混凝土衬砌及岩体崁缝灌浆层的防渗作用十分明显，因而反应堆洞室内放射性废水与地下洞室岩体未发生水力联系，不会向反应堆洞室外产生渗漏。

2）厂区周边外围排水幕的总渗漏量约为 84.43 m³/h，这一数值与 F1 方案的 83.31 m³/h 相当，亦说明反应堆洞室充水与周边排水幕形成的渗流场没有水力联系。此渗漏水仍为远程山体地下渗水，不含放射性物质。

3）计算成果充分体现了地下核电厂放射性废水地下迁移防护措施在严重事故工况下的阻水效果。

（3）工况 F3 结果分析

本工况 F3 是在工况 F2 基础上考虑，主要设想是分析核电厂处于超设计基准事故工况下反应堆洞室周围不设防护措施下的渗流场变化。本工况的渗流场水头等值线分布如图 9.7 所示。

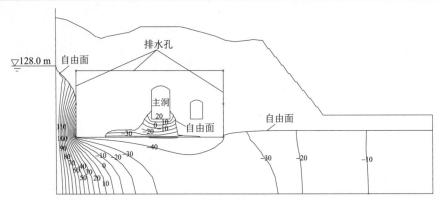

图 9.7　工况 F3 渗流场竖向排水孔中心线水头等值线分布图（单位：m）

由图 9.7、表 9.3、表 9.4 分析可知：

1）洞室群外围渗流场的形态与 F2 方案基本相同；反应堆洞室未设防护措施，因而充水 20 m 深后，通过洞壁向外渗漏，形成局部渗流场，由于洞室群底部水平排水作用，外渗水最终经底部排水孔汇集。

2）厂区周边外围排水幕的总渗漏量约为 94.58 m³/h，较 F2 方案的 84.43 m³/h 增加约 10.15 m³/h，增加的渗漏量主要为反应堆洞室外渗的放射性废水。因此，洞室群外围排水幕收集的渗水既有不含放射性物质的山体地下渗水，也有反应堆洞室外渗的放射性废水，两者混合后处理难度十分大。

3）计算成果充分体现了反应堆洞室外围设置防护措施十分必要。

（4）工况 F4 结果分析

本工况 F4 是在工况 F2 基础上考虑，主要设想是对应核电厂处于超设计基准事故工况，且考虑超设计基准事故是由于地震引起的。在地震作用条件下，地层及帷幕渗透系数均按 F2 的 3 倍考虑。本工况渗流分析中未考虑洞壁钢筋混凝土衬砌（W12）及嵌缝灌浆层的防渗作用，主要原因是地震工况下，钢筋混凝土衬砌可能产生裂缝，导致衬砌封闭层渗透性加大。本工况的渗流场水头等值线分布如图 9.8 所示。

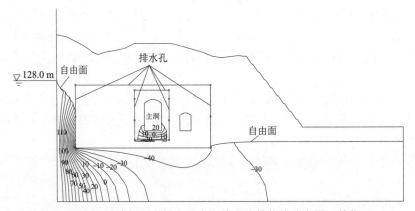

图 9.8　工况 F4 渗流场竖向排水孔中心线水头等值线分布图（单位：m）

由图 9.2 至图 9.8 分析可知，由于模拟反应堆洞室充水 20 m 深，且未考虑衬砌封闭层的防渗作用，在反应堆洞室中下部出现了渗流场水头分布区，但由于反应堆洞室周边有排水孔幕及防渗帷幕系统，因而洞周渗流场分布区域较小，表明反应堆洞室充水受其周边渗控措施控制，并未向其防渗帷幕外侧产生渗漏，即充水只在周边排水幕形成的疏干区内造成反应堆洞室帷幕区内的局部渗流场变化，且这两个渗流场没有水力联系。外围大渗流场的形态与 F2 方案基本相似。

由表 9.3、表 9.4 各部位渗流量统计结果可知：

1）厂区周边外围排水幕的总渗漏量约为 272.26 m³/h。此渗漏水主要仍为远程山体地下渗水，不含放射性物质。

2）若单个反应堆洞室外排水幕综合宽度按模拟方案 96 m（洞室宽 46 m，两侧距排水幕各 25 m）考虑，则反应堆洞室外排水幕总渗漏量约为 0.60 m³/h。该渗漏水经疏排系统收集，可以导入专门的废液收集池（罐），受控处置。

3）在地震工况下，周边排水幕渗流场的渗漏总量由工况 F2 的 84.43 m³/h 增大为 272.26 m³/h，扩大了近 3.2 倍；反应堆洞室周边渗漏量由工况 F2 的 0 m³/h 增大为 0.60 m³/h。分析认为，地震作用仅对岩体及帷幕渗透系数有影响而对排水幕无影响，因此地震工况下周边排水幕渗流场及反应堆洞室外局部渗流场总体形态基本无变化，两者间仍无水力联系，仅对渗漏量有较大影响。

由计算可知，地震作用对反应堆洞室充水后渗漏量影响较明显。根据美国核管理委员会（U.S.NRC）对核电厂环境影响报告书及安全分析报告书审查大纲（NUREG–0800）BTP11–6，当反应堆基础混凝土采用钢衬时，在地震工况下钢衬的隔水、阻水作用是可以考虑的。若在反应堆洞室底板及四周采用钢衬方案，事故工况下，即可在钢衬内充水防止堆芯熔化事故的发生，又可避免发生洞内充水向外部岩体渗漏的可能，以确保核防护安全。

9.2.6.3 综合分析

（1）在正常运行、基准事故工况及非地震引起的超设计基准事故工况下，地下核电厂可能产生的放射性废水与周围岩体没有发生水力联系，其放射性废水的渗漏量基本为零。此时，防护系统的作用是将地下核电厂洞室群形成疏干区，确保洞室围岩稳定及良好的工作环境。

（2）在地震引起的安全壳破裂的超设计基准事故工况下，为防止堆芯恶化，假设反应堆洞室充水，此时，在洞室群大疏干区内形成反应堆洞室附近的局部小渗流场，但该小渗流场与周边渗流场没有水力联系，且反应堆洞室向周边岩体仅微量释放放射性废水，经反应堆洞周隔水帷幕阻隔和排水幕疏排，并通过专设的收集、处理系统，可使微量释放的放射性废水在防护区内受控处置，满足《核动力厂环境辐射防护规定》（GB 6249—2011）对放射性液态流出物的排放要求，符合核电安全多层防御的理念。

9.3 气载放射性扩散的防止

核电厂严重事故中产生的气载放射性物质进入大气环境后，会形成放射性烟云随大气运动扩散到更广的范围危害公众健康，造成大范围的社会影响。为降低气载放射性物质对公众的危害，通常对受影响区域的公众采取隐蔽、撤离、服用碘片等应急防护措施。因此必须设置一系列防止措施对气载放射性物质进行有效控制。

一旦气载放射性物质进入大气环境形成放射性烟云，很难防控其影响范围，其影响范围取决于当时当地的风速等气象条件。因此，防止气载放射性物质扩散的方法主要集中在防止其向外界大气环境泄漏这一阶段。目前的地面核电厂主要通过维持严重事故中安全壳的完整性来防止气载放射性向环境扩散。但福岛核事故表明，严重事故下，复杂的事故工况仍能严重威胁安全壳的完整性。因此，如何防止严重事故下地下核电厂气载放射性扩散是涉及地下核电厂安全的技术重点。

9.3.1　防止目标

气载放射性扩散防止的目标是使地下核电厂正常运行和严重事故工况下产生的放射性气载物始终处于可控状态。特别是严重事故中，通过工程措施将事故产生的大量放射性气载物限制在地下并进行后续的可控处理。实现从设计上实际消除大量放射性物质释放的可能性。

9.3.2　总体思路

地下核电厂气载放射性的防护主要分为正常及基准事故工况下的防护和超设计基准事故工况下的防护。

正常及基准事故工况下的气载放射性防护与地面核电厂类似。通过地下核电厂的安全运行，将气载放射性物质维持在反应堆内燃料棒包壳内。核电厂正常及设计基准工况产生的带放射性的废气主要被疏水排气系统收集起来，根据废气含氧或含氢的成分不同由各自的管网输送到废气处理系统进行处理。经过处理后的废气经检测合格后，由烟囱排放到大气中。

超设计基准事故工况下，首先是通过地下核电厂的一系列严重事故缓解措施，尽量先将气载放射性物质限制及包络在安全壳内。此外，对地下反应堆产生的大量气载放射性物质进行有组织过滤排放，防止因超压、泄漏等原因造成气载放射性物质向外界不受控排放。通过地下洞室密封、隔离等措施，限制气载放射性物质在地下洞室内的扩散，防止气载放射性物质由低污染区的地下洞室向高污染区或无污染洞室扩散。同时，通过独立设置的卸压系统给地下洞室和安全壳卸压，并过滤放射性物质，达到地下洞室空间卸压和过滤放射性气载物的目的。

9.3.3　防止原则

气载放射性物质一旦泄漏到外界环境中，会随大气运动迁移、扩散，其后的行为很难受到人为控制和干预。因此气载放射性扩散的防止措施重点集中在将其包容、限制在有限空间内并加以处理。气载放射性扩散防止的原则包括：

（1）预防与缓解。与地面核电厂一样，设置预防与缓解措施，从源头减少气载放射性物质的产生。

（2）地下洞室分区域防护。通过密闭措施，将地下洞室分为相对独立的防护区域，防止气载放射性的交叉污染和污染范围的扩大。

（3）地下洞室监控。实时监控地下洞室环境参数，监测到气载放射性物质泄漏后，第一时间内反馈给主控室并自动启动防护措施。

（4）地下洞室气流组织收集。监测到气载放射性泄漏时，启动密闭隔离措施和气流组织系统，防止污染范围扩大，同时通过气流组织将被污染区域的气载放射性物质排向处理区域进行处理。

（5）过滤排放。通过过滤排放措施过滤排放气载放射性物质，同时给地下洞室减压。

9.3.4　防止措施

为保证地下核电厂气载放射性不对周边环境造成危害。必须采取适当的工程措施将地下核电厂产生的气载放射性物质限制、包容在地下空间内，特别是在严重事故时，通过有组织的过滤排放等措施，将放射性气载流出物的量降至最小水平。

为保证气载放射性物质不对外界环境造成危害，地下核电厂采取的工程措施除了包括地面核电厂通常所采用的疏水排气等系统外，还设置有地下洞室密封隔离系统、地下洞室空气检测系统、安全壳及反应堆厂房洞室卸压系统等。通过这些工程措施，可做到严重事故中气载放射性的可贮存、可封堵、可处理和可隔离，达到将气载放射性限制在地下空间，并进行可控处理的目的。

9.3.4.1　正常及基准事故工况

正常工况下，地下核电厂与地面核电厂一样，都是通过核电厂的安全运行，维持反应堆内燃料芯块包壳的完整和一回路压力边界的完整，尽量把放射性物质限制在燃料元件和一回路冷却剂中。

与地面核电厂类似，地下核电厂也有安全注入系统、安全壳喷淋系统、蒸汽发生器辅助给水系统、安全壳隔离系统、应急注硼系统和安全壳空气监控系统等一系列专设安全系统，防止事故进一步恶化和放射性物质泄漏。除此以外，地下核电厂还利用与地面的高程差，设置有非能动安全措施，加强地下核电厂的安全性。

核电厂正常及设计基准工况产生的废气主要被疏水排气系统收集起来，根据废气含氧或含氢的成分不同由各自的管网输送到废气处理系统进行处理。经过处理后的废气经检测合格后，由核辅助厂房上的烟囱排放到大气中。

（1）废气收集系统

1）含氢废气的收集

含氢废气的来源包括：稳压器卸压箱的废气，容积控制箱的排气和扫气，硼回收系统前置贮存箱的排气，硼回收系统脱气装置中的排气，冷凝器的排气。所有含氢废气均被送往废气处理系统含氢废气处理分系统的缓冲箱。

2）含氧废气的收集

含氧废气的主要来源包括：硼回收系统的中间贮存箱、除气器和蒸发器，废液处理系统的工艺排水贮存箱和蒸发器，固体废物处理系统的浓缩液和废树脂贮存箱，硼回收系统、化学和容积控制系统的过滤器和除盐器，化学和容积控制系统的热交换器，核取样系统的通风柜，一回路通风系统的排气等。这些废气被送至含氧废气分系统风机的吸口，并经核辅助厂房通风系统排入大气。

（2）废气处理系统

废气处理系统用于处理机组产生的放射性含氢废气和含氧废气。含氢废气经压缩贮存，使放射性裂变气体衰变后，排到核辅助厂房通风系统，再经放射性检测、过滤除碘和稀释后排入大气。含氧废气经过滤除碘后由核辅助厂房通风系统排入大气。

9.3.4.2 超设计基准工况

在超设计基准工况，特别是严重事故工况下，地下核电厂除了具有地面核电厂类似的事故缓解措施和系统以外，还能利用距离地面的高程差优势设置一系列非能动的安全措施，增加地下核电厂的固有安全性。特别是反应堆置于地下以后，地下洞室形成天然的包容屏障，即使发生严重事故，造成大规模放射性释放出安全壳以后，地下核电厂仍能通过洞室内的一系列气载放射性扩散防止措施进行后续处理，缓解事故后果，阻止放射性向环境的泄漏，实现从设计上实际消除大量放射性物质释放的可能性。

通过地下核电厂各地下洞室的合理布置和气载放射性扩散防止措施的设置，严重事故产生的带放射性的空气可以通过防护措施被限制在地下洞室内然后再处理。达到事故后放射性的可贮存、可封堵、可处理和可隔离的可控目的（如图 9.9 所示）。

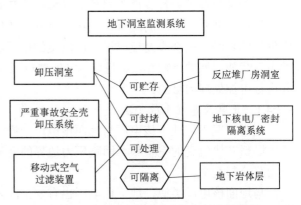

图 9.9 严重事故防止气载放射性扩散措施

（1）严重事故工况下大气弥散防护措施

严重事故工况下大气弥散防护措施主要包括地下洞室密封隔离系统、地下洞室空气检测系统、安全壳及反应堆厂房洞室卸压系统。

1）反应堆厂房洞室密封隔离系统

在核事故中，反应堆产生的大量放射性物质（特别是气载物）应被尽量限制在有限的空间内，防止放射性物质扩散，污染干净的空间。因为一旦这些高放射性的气体进入干净的空间，会造成整个空间污染，该空间内的空气、设备，甚至是四周的墙壁、地板都会被沾染极强的放射性，而这些放射性沾染极难除去。对于地下核电厂，在核事故安全壳失效后，通过图 9.10 所示的反应堆厂房洞室密封隔离系统，把安全壳内泄漏出的放射性气载物密封隔离在反应堆洞室中，等待后续的受控处理。

反应堆厂房洞室密封隔离系统主要包括与核燃料厂房、核辅助厂房、安全厂房及连接厂房连接的密封隔离装置及与连接厂房连接的设备运输通道隔离门系统。

如图9.10所示，在反应堆厂房洞室与其他洞室连接的隧洞中设置双层气密门隔离装置（黑色标识），保证事故中放射性气载物被限制在反应堆厂房洞室内，防止放射性的进一步扩散。正常运行过程中，该双层气密门保持常关状态。在设备运输或检修需要时，该双层气密

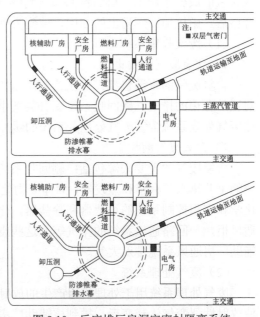

图 9.10 反应堆厂房洞室密封隔离系统

门可以打开，供人员设备进出。反应堆厂房洞室、密封隔离装置和双层气密门一起，构成了反应堆厂房洞室密封隔离系统。这一密封隔离系统构成的内部空间形成了严重事故工况下安全壳外放射性气载物的包容和隔离空间。

2）地下洞室监测系统

为实时监控各地下洞室的环境参数，在事故发生时第一时间响应并触发应对措施，同时为方便掌握事故中和事故后地下各洞室的环境状况，方便事故发生时的评估处理和事故的后续处理。地下核电厂各个洞室可考虑配备自动监测系统，自动监测各地下洞室的压力、温度、湿度、放射性水平等环境指标。各洞室监测系统均设置后备电池作为备用电源。正常运行时，靠外部电源供电，事故发生后，若外部电源中断，可通过后备电源供电，维持系统运行。同时，各洞室监测系统还设有外部电源接口，方便移动式电源接入。在各洞室入口处，设置环境参数查看设备，实时查看洞室内环境参数指标，方便事故后续处理人员分析和进入。此外，洞室监测数据还可上传到主控室显示。

地下洞室监测系统监测到放射性泄漏等信号时，迅速将反馈信号送至主控室供操作人员参考。同时，反馈信号启动地下洞室送排风系统的事故模式，维持地下洞室的负压环境和各洞室间的负压梯度，避免气载放射性由高污染区向低污染区扩散。并通过专设管线将被污染的洞室的气载放射性过滤排放。

3）严重事故下安全壳及反应堆厂房洞室卸压系统

对于现有的核电厂，严重事故下，安全壳内压力随温度不断升高，安全壳面临失效风险。此时，一方面为了防止安全壳内带放射性的空气大规模扩散，必须维持安全壳的完整性，将放射性尽可能地包容在安全壳内；另一方面，为了维持安全壳完整性，必须对安全壳进行紧急卸压，而这会造成放射性的大量泄漏，给环境和公众带来严重危害。在这种矛盾下，核电厂操作员稍有迟疑，事故就会进一步恶化，造成不可控的严重后果。如日本福岛核事故中，堆芯损坏后，安全壳压力上升超标直至安全壳损坏，造成大量放射性气载物向周边环境的不可控泄漏，导致核电厂周边大范围的公众撤离、隐蔽、稳定碘预防、食品和饮用水管制等政府干预行动，带来严重的社会影响。

地下核电厂利用地下布置优势，设置了严重事故下安全壳及反应堆厂房洞室卸压系统。严重事故发生后，本系统利用文丘里效应非能动地过滤排放事故中产生的放射性气载物，在给地下核电厂安全壳及洞室降压的同时，避免放射性向外界的大量释放。该系统采用的非能动文丘里过滤技术具有较高的过滤效率和可靠性，北欧国家部分地面核电厂已有工程实例。

① 过滤技术

严重事故下安全壳及反应堆厂房洞室卸压系统主要依赖其放射性过滤排放装置对放射性气载物进行过滤排放。严重事故中，为冷却高温的反应堆堆芯，会产生大量水蒸气，安全壳内压力会随温度不断升高而升高（如日本福岛核事故中，安全壳内压力超过设计压力）。此时必须对安全壳卸压，但排放的空气中含有大量放射性物质，因此必须对排放的空气进行过滤。本系统采用文丘里过滤技术，属于湿式过滤法。避免了干式过滤技术中复杂的前端预过滤、冷却等过程。

——文丘里效应

文丘里效应，也称文氏效应。是指在高速流动的气体附近会产生低压，从而产生吸附作用。当气体在文丘里管里面流动，在管道的最窄处，动态压力（速度头）达到最大值，静态压力（静息压力）达到最小值。气体的速度因为涌流横截面积变化的关系而上升。整个涌流都要在同一时间内经历管道缩小过程，因而压力也在同一时间减小。进而产生压力差，在吸附腔的进口内产生一个真空度，致使周围液体被吸入文丘里管内，液滴在高速气流下雾化，气体和液体形成较大的接触面，从而达到充分混合的目的，如图 9.11 所示。

——溶液滞留

非能动文丘里过滤利用文丘里效应，使用大量文丘里管组成文丘里管组，运行过程中各文丘里管同时投入使用，提高过滤效率，如图 9.12 所示。

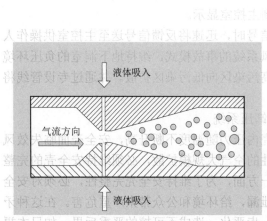

图 9.11　文丘里效应原理图

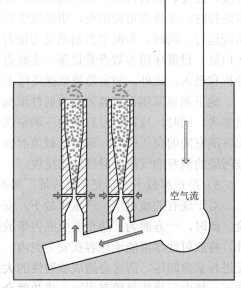

图 9.12　文丘里管组

被放射性污染的空气在自身压力作用下通过空气分配管分别分配到各文丘里管内，在文丘里管喉处，空气流速增加，压力减小，文丘里管外溶液被吸入文丘里管，溶液与污染的空气在文丘里管扩散段充分混合，空气中的放射性碘微粒与溶液反应后被滞留在溶液内。

文丘里管组外的溶液为硫代硫酸钠溶液，严重事故下，危害性最大的碘–131 通过文丘里效应后与溶液中的硫代硫酸钠反应，过程如下：

$$2S_2O_3^{2-} + I_2 \rightarrow S_4O_6^{2-} + 2I^-$$

$$2S_2O_3^{2-} + I_3^- \rightarrow S_4O_6^{2-} + 3I^-$$

通过这种方式，放射性碘–131 将以碘离子的形态被大量的滞留在溶液中，从而达到去除空气中的放射性碘的目的。与此同时，空气中带有放射性的气溶胶、微尘、固体微粒和裂变碎片等放射性污染物与溶液液滴之间产生碰并、凝聚和聚合等过程。通过这些过程，放射性污染物被大量滞留在溶液中，如图 9.13 所示。

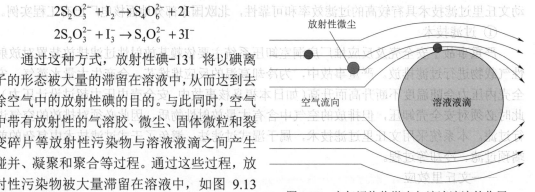

图 9.13　空气污染物微尘与溶液液滴的作用

　　随着文丘里管组的运行，溶液中将逐渐聚集越来越多的放射性微粒，随着放射性的积累，在放射性微粒的衰变作用下，溶液会被衰变热逐渐加热升温。此时，与之配套的散热器将自动投入，导出溶液中的热量。

　　——非能动文丘里过滤器

　　图 9.14 所示非能动文丘里过滤器（Filtra MVSS）由 ASEA BROWN BOVERI（如今的东芝/西屋）设计开发。用于在严重事故工况下（如堆芯熔毁时）有效地过滤排放压水堆/沸水堆（BWR/ PWR）中的压力，从而保持安全壳的完整性，遏制放射性物质溢出，有效地降低严重事故下放射性物质释放到周围环境的概率。该系统基于瑞典法律规定，发生事故时，99.9%的放射性物质必须遏制在安全壳内或者在通风情况下进行过滤，可以高效的吸收气颗粒、气溶胶和碘元素。Filtra MVSS 设计获瑞典 Polhem 高科技发明奖，并已经成功应用于瑞典和瑞士多个核电厂（瑞典 10 个核电厂，瑞士 1 个）。2011 年日本福岛核事故以后，欧洲核电厂压力测试瑞典国家报告（European stress tests for nuclear power plants，The Swedish National Report，December 29，2011）表明，该设备能有效防止严重事故中放射性气载物的扩散，报告指出"即使面临类似福岛的核事故，该技术仍能保证事故造成的放射性泄漏不会向环境大规模扩散"。

图 9.14　瑞典 Forsmark 核电厂 3 号堆的非能动文丘里系统

　　非能动文丘里过滤器是 BWR/ PWR 反应堆的一种非能动的、自我调节卸压过滤器。该装置是被动地通过爆破阀致动，在系统激活的最初 24 小时内不需要水或者电力系统，也无需操作人员的介入。

　　非能动文丘里过滤器（Filtra MVSS）主要包括：文丘里洗涤器、水池、除雾器和一个可选的金属纤维过滤器。对于较长时间的操作（超过 24 小时），内部热交换器可用于处理过滤器中的衰变热。任意低压水系统（例如，消防车、移动泵）可向热交换器提供冷却水。气溶胶和碘元素主要是由文丘里洗涤器中形成的水滴捕获。FILTRA MVSS 的去污效率不依赖总质量流率，运行过程中文丘里管的效率取决于实际质量流率。这意味着，当总质量流率较大时，每个文丘里管的负载和效率在时间间隔上是一个常数。效果图如图 9.15 所示。

　　非能动文丘里过滤器内的文丘里管组包括收缩段、喉管和扩散段。含放射性微粒的气体进入收缩段后，流速增大，进入喉管时达到最大值。洗涤液从收缩段或喉管加入，气液两相间相对流速很大，液滴在高速气流下雾化，气体湿度达到饱和。放射性微粒被水湿润，与雾化液滴之间发生激烈碰撞和凝聚。在扩散段，气液速度减小，压力回升，以放射性微粒为凝结核的凝聚作用加快，凝聚成直径较大的含尘液滴，进一步被水池内溶液收集。

Filtra MVSS 具有较高的放射性去除效率，典型的 Filtra MVSS 效率为：气溶胶：＞99.99%（去污因子 DF＞10 000，可选金属纤维过滤器选为能处理最小颗粒）；碘元素＞99.99%，（DF＞10 000）；有机碘：＞80%，（DF＞5）。

② 系统组成

严重事故下安全壳及反应堆厂房洞室卸压系统（如图 9.16 所示）充分利用地下核电厂的地下布置优势，严重事故发生时，不仅能够根据安全壳内压力上升的大小自动采取不同的卸压方式进行自动卸压，还能够在整个事故周期内，过滤排放带放射性的空气，降低安全壳及地下洞室内的放射性，给事故后的救援和现场清理带来极大的方便。

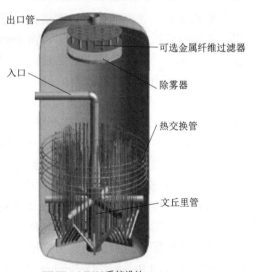

图 9.15　非能动文丘里系统

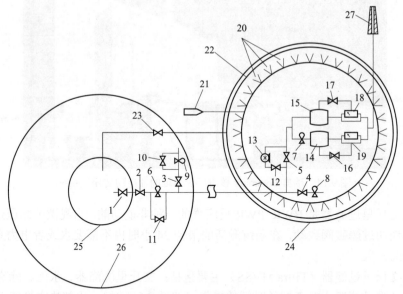

图 9.16　地下核电厂严重事故下安全壳及反应堆厂房洞室卸压系统

1~5，10~12，23—隔离阀；6~9—爆破阀；13—风机；14、15—放射性过滤排放装置；16、17—逆止阀；
18、19—放射性监测排放装置；20—喷淋器；21—外接喷淋系统；22—废水收集管线；24—卸压洞室；
25—安全壳；26—反应堆厂房洞室；27—烟囱

该系统主要包括反应堆厂房洞室、卸压洞室、放射性过滤排放装置、放射性监测排放装置、喷淋器及相互连接的管道、阀门等。其中，反应堆厂房洞室、安全壳分别通过隔离阀、爆破阀与卸压洞室连通，卸压洞室通过两套并联的非能动文丘里过滤器与外界相连。

地下核电厂正常运行时，该系统所连各洞室通过爆破阀隔开，严重事故中，通过安全壳内自身升高的压力顶开爆破阀使系统自动投入运行。

③ 系统响应

安全壳及反应堆厂房洞室卸压系统主要设备布置在卸压洞室内，严重事故中，放射性气载物经过该系统过滤后，带放射性的粉尘、微粒及气溶胶等被滞留在文丘里水洗液中，形成的带放射性的水洗液被隔离在卸压洞室内，防止其向外部环境扩散，起到放射性隔离的作用。此外，本系统置于地下卸压洞室内，相比设置在地面时可以显著增加其抗震能力。为增加系统冗余性和系统处理能力，也可以考虑在地面布置一套该系统作为备用。

该系统充分利用地下核电厂的地下布置优势，不仅能够根据严重事故中安全壳内压力上升的大小自动采取不同的卸压方式进行自动卸压，还能够在整个事故周期内，过滤排放带放射性的空气，给事故后的救援和现场清理带来极大的方便，严重事故安全壳及反应堆厂房洞室卸压系统动作流程如图 9.17 所示。

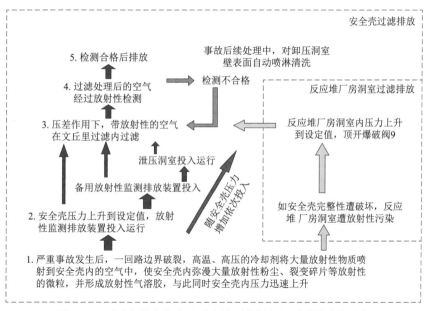

图 9.17　严重事故安全壳及反应堆厂房洞室卸压系统动作流程

地下核电厂正常运行的时候，安全阀 1、2、3 和 4 处于开启状态，安全阀 10、11、12 处于关闭状态（如图 9.16）。严重事故，该系统根据安全壳内压力的上升自动响应如下：

——安全壳完整性维持时的非能动过滤排放

安全壳内压力随温度不断升高。上升的压力顶开爆破阀 6，在压差推动下，带放射性的空气经卸压管线在非能动文丘里过滤器 15 处过滤，过滤后的空气在放射性监测排放装置 18 处经监测合格后由烟囱 27 排出，若经监测的空气放射性仍不达标，空气经逆止阀 17 返回非能动文丘里过滤器 15 继续过滤处理。

随着严重事故中安全壳内压力的继续升高，当一套非能动文丘里过滤器的处理能力不能满足压力继续上升的状况时，另一套备用系统也自动投入运行，此时，上升的压力顶开爆破阀 7，经非能动文丘里过滤器 14 过滤后的空气在放射性监测排放装置 19 处经监测合格后由烟囱 27 排出。若监测不合格，带放射性的空气由逆止阀 16 返回非能动文丘里过滤器14继续处理。

随着严重事故的恶化，安全壳内的压力随温度继续升高，当两套非能动文丘里过滤器不足以满足迅速上升的压力时，反应堆厂房内空间将自动投入作为卸压空间，迅速给安全壳卸压，保证安全壳的完整性。此时，压力顶开反应堆厂房内的爆破阀9，反应堆厂房洞室具有与安全壳有效空间相当的容积，而且还有两套非能动文丘里过滤器不断过滤排放进行卸压，极大地避免了安全壳完整性因压力升高造成的失效。同时，这几套应对措施除了根据压力大小自动依次启动外，它们还构成冗余系统，如果其中一套应对措施失效，只要压力继续升高到相应阈值，其他应对措施仍能自动投入运行。

——安全壳完整性丧失时的非能动过滤排放

安全壳完整性丧失时，安全壳与反应堆厂房洞室连通，反应堆厂房洞室通过密封隔离系统保持密闭。随着安全壳压力的升高，在压差作用下，爆破阀6和8分别依次打开，卸压洞室作为卸压空间卸压。在安全壳及反应堆厂房洞室、卸压洞室内压力与外界压力差的作用下，放射性气载物通过本系统的过滤单元（非能动文丘里过滤器）过滤，并将检测合格后的空气排出。通过严重事故下安全壳及反应堆厂房洞室卸压系统对气载放射性的有组织排放和处理，避免了严重事故下气载放射性物质向外界环境的泄漏。

——能动过滤排放

由于反应堆洞室和卸压洞室内压力高于外界压力，在压力差作用下，带放射性的空气通过非能动文丘里过滤器自动过滤排放。事故后期，安全壳及反应堆厂房洞室内压力降低以后，启动能动过滤排放，通过主控室远程控制关闭安全阀5并打开安全阀12和风机13，通过风机提供的压头对安全壳及反应堆洞室内的带放射性空气进行强制过滤排放，同时净化该空间内带放射性的空气。

卸压洞室由于作为放射性空气的卸压空间，其洞室壁会沾染带放射性的微粒、尘埃。事故后期的清理中，可以通过外接的喷淋系统21引入喷淋溶液经过喷头20对洞室内部进行喷淋清洗，降低卸压洞室内的放射性强度。清洗后的喷淋废液在卸压洞室底部经管线22收集后通过安全阀23导入安全壳留待后续处理。

④ 系统特点

结合地下核电厂布置优势和国外先进的空气过滤技术，设计的地下核电厂安全壳及反应堆厂房洞室卸压系统同时具有能动与非能动的特点。严重事故中，该系统非能动响应，根据严重事故的不同情况自动采取不同的应对措施，过滤排放安全壳及洞室内的放射性气载物，同时给安全壳降压。该过程为非能动过程，不需要外界能量输入。严重事故后期为能动过滤排放过程，能动过滤排放过程通过外设能源接口，采取主动过滤排放的方式降低安全壳及反应堆洞室内的放射性水平，给后续救援创造条件。

本系统的启动依靠严重事故中产生的压力与外界压力差自动启动，运行过程中，利用预先设置的爆破阀自动控制本系统不同层次的分级响应。整个非能动卸压和过滤排放过程完全自动投入自动运行，不需要人员干预，避免了严重事故缓解过程中的人因失误。

同时，本套系统除了根据压力大小自动依次启动外，它们还构成冗余系统，如果一套非能动文丘里过滤器失效，只要压力达到相应爆破阀的启动条件，另一套系统也可不受干扰的自动投入运行。此外，也可考虑设置多套非能动文丘里过滤器构成多层冗余系统。

本系统利用文丘里效应非能动地过滤排放事故中产生的放射性气载物，在给地下核电厂安全壳及洞室降压的同时，避免放射性向外界的大量释放，事故后期，通过能动地过滤排放安全壳及洞室内的放射性，给事故后的救援和现场清理带来极大的方便。该系统采用的非能动文丘里过滤技术具有较高的过滤效率和可靠性，北欧国家部分地面核电厂已有工程实例。

（2）严重事故工况下放射性后续处理

当采用的严重事故工况下大气弥散防护措施失效后，通过采用密封隔离措施将放射性气载物包容在反应堆厂房洞室中，经过一定时间的贮存衰变后，后期可以考虑采用移动式空气过滤设备进行后续处理。在设备闸门通道的气密门处，设置有专用接口，接移动式空气过滤装置。典型的移动式空气过滤装置结构如图 9.18 所示。

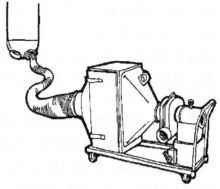

图 9.18　移动式空气过滤装置的连接

事故处理后期，将移动式空气过滤装置接设备运输通道的隔离门系统 19 接口，同时打开空气检测装置 3 和空气检测结果显示 5，实时监测隔离门内外的放射性及空气温度、压力等情况。过滤时，打开隔离阀 10、11 和移动式空气过滤装置的风机，通过风机抽气强制过滤放射性污染的空气。当空气监测结果显示包容放射性的洞室内的放射性降低到可接受水平后，可以打开隔离门，进行进一步表面处理或进入人员维修。

9.4　地下核电厂环境管理

9.4.1　环境影响分析

环境影响分析（Environmental Impact Assessment，EIA），是指对规划和建设项目实施后可能造成的环境影响进行分析、预测和评估，提出预防或者减轻不良环境影响的对策和措施，进行跟踪监测的方法与制度。通俗说就是分析项目建成投产后可能对环境产生的影响，并提出污染防治对策和措施。

9.4.1.1　环境影响分析目的

目前，国内地下核电厂还处于研究阶段，无具体工程实施。因此，地下核电厂环境影响分析的主要目的如下：

（1）为地下核电厂建设的可行性提供科学依据；

（2）为地下核电厂工程布置等方面提供科学依据；

（3）为国家合理布局地下核电厂提供科学依据；

（4）为制定地下核电厂环境保护对策和进行科学的环境管理提供依据；

（5）促进地下核电厂相关的环境科学技术发展。

9.4.1.2　环境影响分析方法

由于国外开展的地下核电厂研究很少，关于其环境影响的研究则更少，主要侧重于大气弥散和水力弥散的研究。而国内对地下核电厂的研究工作开展的比较晚，从目前查阅的资料来看，国内尚未具体开展地下核电厂的环境影响研究工作。

因此，地下核电厂环境影响分析的方法为：在对国内外已建地面核电厂对周边生态环境影响研究成果及实践经验调查、分析和总结的基础上，结合地下核电厂与地面核电厂的主要区别及其环境影响特点，研究分析地下核电厂施工建设过程、正常运行过程、事故状态对周边生态环境的影响。

9.4.1.3　环境影响分析

地下核电厂通过将构筑物布置在山体内，利用地下洞室围岩的防护作用及封闭条件来提高核电厂的核安全性及应急防护能力。依据地下核电厂工程布置特点分析可知，地下核电厂的优势主要体现在：① 增加一道实体屏障，提升纵深防御能力；② 基本上消除大量放射性物质释放的可能性；③ 有效降低极端外部人为事件对核电厂的影响；④ 提高抵御极端自然灾害的能力；⑤ 核安保相对简单并更有效；⑥ 有利于核电厂退役处理；⑦ 占用地面土地资源较少。

针对上述工程特征优势分析，地下核电厂对周边环境的影响特点主要表现在：① 由于多了一道岩石屏障，有利于万一发生核泄漏事故情况下采取封闭应急措施，防止放射性物质在大气中扩散；② 地下核电厂由于核岛设置在地下，其占用地面土地资源相对较少，从而对陆生植被、陆生动物、水土流失、景观影响较小；③ 增加了放射性废水地下迁移防护措施，有效防止了工程对地下水的影响。

9.4.2　施工建设过程的环境影响

在施工建设期间，地下核电厂的大部分施工都在地下进行，地面主要是土石挖掘、车辆运输产生的噪声和粉尘。地下工程产生的噪声经屏蔽后几乎不会传至环境，产生的粉尘经地下通风处理后仅有少量的粉尘进入大气环境，远小于地面作业产生的粉尘。其他施工废污水、固体废物和化学物质的产生和处理则与地面核电厂无较大差别。地下核电厂施工建设期间对周边环境的影响主要有以下几个方面。

（1）噪声的影响

地下核电厂施工对声环境的影响主要来自开挖、钻孔、爆破、砂石料破碎、混凝土拌和、施工运输和机械设备运行等，施工噪声源强为 $80\sim130\ \text{dB}$。点源噪声和流动源噪声预测可分别采取如下模式：

点源噪声预测模式：

$$L_{\text{P}} = L_{\text{W}} - 20\lg r - 8$$

式中：L_{P}——距声源 r 处的声压级值，dB；

　　　L_{W}——声源声压级值，dB；

　　　r——距声源的距离，m。

流动源噪声预测模式：

$$L_{\text{eq}} = L_{\text{A}} + 10\lg(N/vT) + K\lg(7.5/r) + a - 16$$

$$L_{\text{A}} = 77.2 + 0.18v$$

式中：L_A——距行使路面中心 7.5 m 处的平均辐射噪声级；

    N——车辆流量；

    v——车辆行驶速度，昼间取 20 km/h，夜间取 15 km/h；

    T——评价小时数，取 1 h；

    K——车辆密度修正系数，取 15；

    r——测点距行车中心线的距离，m；

    a——地面吸收衰减因子。

根据《核动力厂环境辐射防护规定》（GB 6249—2011）的规定"必须在核动力厂周围设置非居住区和规划限制区。非居住区边界离反应堆的距离不得小于 500 m；规划限制区半径不得小于 5 km"，因此，在施工场地附近没有居民点，施工噪声的影响仅限于施工人员，不会出现扰民现象。

（2）废污水的影响

工程施工期间，由于外界条件（如大风、降水等）的作用，容易造成开挖的土石方和堆放的建筑材料随风或水扩散，部分将落入附近水域，造成水域局部水体含沙量和浊度的增加。施工期间产生的场地冲洗水、混凝土搅拌水、设备洗涤用水、生活污水等虽然量不大，但其中含有一定量的油污和泥沙，如不加处理，含油废水和碱性废水一旦进入地表水体，将会造成地表水体的污染。施工废水对地表水体影响预测可采取以下模型：

$$c(x,y) = c_h + \frac{c_p Q_p}{H\sqrt{\pi M_y x u}}\left\{\exp\left(-\frac{uy^2}{4M_y x}\right) + \exp\left[-\frac{u(2B-y)^2}{4M_y x}\right]\right\}$$

混合过程段的长度可由下式估算：

$$L = \frac{(0.4B - 0.6a)Bu}{M_y}$$

用泰勒（Taylor）公式确定横向混合系数 $M_y = (0.058H + 0.0065B)\sqrt{gHI}$

河流完全混合模式：

$$c = \frac{c_h Q_h + c_p Q_p}{Q_h + Q_p}$$

式中：$c(x,y)$——(x,y) 点污染物垂向平均浓度；

    $x，y$——预测点 $x，y$ 方向坐标值，m；

    c_h——河流上游污染物浓度，mg/L；

    Q_h——河流流量，m³/s；

    c_p——污染物排放浓度，mg/L；

    Q_p——废水排放量，按高峰排放量计，m³/s；

    c——废水与河流完全混合后污染物浓度，mg/L；

    H——河流平均水深，取各月平均水深，m；

    B——河流宽度，取各月多年平均河面宽度，m；

    a——排放口距岸边的距离，m；

    u——x 方向平均流速（断面平均流速），取各月多年平均流速，m/s；

    L——混合过程段长度，m；

M_y——横向混合系数，m²/s；

I——河流底坡，m/m；

g——重力加速度，取 9.8 m/s²。

（3）废气的影响

施工过程中，由于爆破、开挖、填充、道路的修建、渣土的堆放以及车辆运输会使施工区域尘土飞扬、粉尘浓度增大，从而造成局部大气质量的恶化。另外，施工运输和机械设备燃油排放的废气（主要污染物是二氧化硫、一氧化碳、氮氧化合物）对大气环境也产生一定的影响。施工废气对环境影响的预测可采取如下模型：

$$C = \left(\frac{Q}{2\pi U \sigma_y \sigma_z}\right) \exp\left(-\frac{Y^2}{2\sigma_y^2}\right) F$$

式中：C——以污染源的烟羽轴线为 X 轴的坐标系，(x, y) 处的地面浓度，mg/m³；

Q——污染物单位时间排放量，mg/s；

Y——预测评价点与排放点的平均风向轴线在水平面上的垂直距离，m；

σ_y——垂直于平均风向的水平横向扩散参数，m；

σ_z——铅直扩散参数，m；

U——排放点平均风速，m/s；

F——排放点有效高度，m。

一般来说，核电厂距离居民区较远，对居民区影响很小，且施工过后，施工区大气环境质量将很快得以恢复。施工废气对大气环境的影响是局部的和暂时的。

（4）化学物质的影响

地下核电厂施工建设阶段，各种设备和连接管道需要运输、贮存和现场安装，为避免表面氧化，需采用一些化学物质和缓蚀剂进行表面处理。钢材的处理包括除油、酸洗和钝化。除油采用磷酸三钠、硼酸钠、非卤素的有机溶剂及一些表面活性剂、去污剂等；酸洗采用硫酸、磷酸、有机酸及缓蚀剂；钝化通过磷化、有机物或铬酸盐完成，钝化后有时用油做表面防护。上述物质有些是有毒化学物品，施工时，要求设备由承包商在出厂时按要求处理。需在现场补充处理的，由施工单位按照制定的化学物品使用管理规定严格执行，对其使用量严格控制，产生的废弃物由承包商集中带回原产地，减轻对周边环境的影响。

（5）施工对生态环境影响

地下核电厂对陆生植物的影响表现为工程施工占地对地表植被造成的直接损失，以及移民迁建安置活动对地表植被造成的直接和间接损失。工程将导致影响区陆生植被面积直接减少，生物量降低，影响范围主要为施工区和移民安置区。

工程占地和施工临时占地将直接造成两栖动物和爬行动物栖息地的损失，导致其生活环境范围有所缩小。另外，工程施工过程中，可能会降低施工区的生态环境质量，对两栖类和爬行类动物产生不利影响；施工人员进驻，人为干扰增多，如不加强对施工人员管理，某些蛙类可能会遭到捕食。但是由于两栖动物和爬行动物都具有一定的迁移能力，为避开不利影响，它们一般会向附近适宜生活环境中迁移。同时，随着施工区植草绿化、水土保持生物措施等工程的实施，将成为其新的栖息地。因此，工程施工对两栖动物和爬行动物的影响主要是导致其在施工区及外围地带的分布及种群数量的变化，不改变其区系组成，更不会造成物种消失。

施工期间，主体工程布置、土石方开挖、弃渣、施工附企（附属企业）布置、生活营地布置及移民拆迁安置等，将永久和临时占用部分灌木林、荒地、用材林和耕地，对原栖息于此的哺乳动物和鸟类的栖息和觅食造成一定影响。同时，施工活动将导致施工区及其周边的环境空气质量和声环境质量有所下降，特别是施工爆破和机械噪声对周边的哺乳动物和鸟类有较大的干扰，对其栖息和觅食产生不利影响。但由于哺乳动物和鸟类的活动和觅食范围较广，食物种类丰富、来源广，规避风险能力和适应能力较强，在受到影响后一般会自动向邻近区域的适宜生活环境迁移，规避施工活动造成的不利影响。工程完工后，随着施工迹地恢复和环境改善，这类动物种群数量将逐渐恢复。

9.4.3　运行的环境影响

地下核电厂和地面核电厂运行期的环境影响基本一致。主要有以下几个方面。

（1）辐射影响

1）放射性气载流出物的辐射影响

① 放射性废气的产生及排放

——含氢废气

裂变过程产生的放射性气体主要是氪和氙的各种同位素。由于少量的燃料包壳破损，燃料包壳内存积的裂变气体进入反应堆冷却剂。在高压下裂变气体溶解于冷却剂中，但当系统内存在气相空间时，裂变气体就会释放出来，特别是在对堆冷却剂进行除气处理时，几乎所有的裂变气体都将随着溶解的氢气或氮气一起解析出来，形成含氢放射性废气，被收集到缓冲罐中。

含氢废气主要由氢气、氮气、衰变过程中产生的放射性惰性气体（如氪和氙）和碘组成。主要来源如下：

● 来自装有反应堆冷却剂的容器，即反应堆冷却剂系统的稳压器卸压箱、化学和容积控制系统的容积控制箱和核岛疏水排气系统的反应堆冷却剂疏水箱。这类气体流量大，但每月只有一两次。

● 来自硼回收系统的除气单元。这类气体流量小，约 2 m^3（标准状态）/h，但排气次数较多，每天 2～3 次。

这类废气进入废气处理系统的含氢子系统后，采用压缩贮存、衰变的方法降低废气的放射性。贮存期满后进行取样分析，如符合要求即可排至核辅助厂房的通风系统，经主排风稀释后经烟囱排向环境。

——含氧放射性废气

含氧放射性废气（含空气废气）主要来自核辅助系统，特别是三废处理系统中可能进入空气的各种贮槽设备的呼排气、吹扫气、鼓泡排气或抽气（保持负压）等，主要由空气、少量放射性碘及其同位素组成。

这类废气由核岛疏水排气系统集中收集在一根管路里，进入废气处理系统的含氧子系统后，经碘过滤器进行除碘处理后排至核辅助厂房通风系统，经主排风稀释后排向烟囱（不经贮存）。

——通风排气

核岛厂房通风系统对各厂房进行采暖、通风和空调，维持各厂房内的环境条件和一定的换气次数。通风产生的放射性废气主要来于核辅助厂房、反应堆厂房和燃料厂房。各厂房的废气经相应子通风系统的各类过滤器进行过滤处理后，经主排风排向烟囱。

② 排放源项

排放的放射性废气主要来自废气处理系统（包括含氢废气子系统和含氧废气子系统）、反应堆厂房通风、核辅助厂房通风以及二回路系统。

2）放射性液态流出物的辐射影响

① 放射性废液的产生和排放

反应堆正常运行期间产生的放射性废液主要包括：

——硼回收系统接受来自化学和容积控制系统及核岛疏水排气系统的反应堆冷却剂，并进行净化、贮存及蒸发处理，蒸发处理后分离为蒸馏液和浓缩液。当一回路氚的浓度高于控制值时，蒸馏液送往废液排放系统（TER）监测、排放；不可回收的浓缩液送往废液处理系统处理。

——排向废液处理系统的废液，主要包括：

● 工艺排水：不能由硼回收系统回收的一回路冷却剂泄漏水，淋洗水和疏排水；硼回收系统、废液处理系统、化学和容积控制系统、反应堆和乏燃料水池冷却和处理系统反洗和冲排废树脂的除盐水以及除盐器和过滤器的疏水；固体废物处理系统的废树脂贮存箱中用于反洗废树脂的水。

● 地面排水：不能回收的泄漏水；核岛厂房（不包括反应堆厂房）地面洗涤水；设备冷却水系统疏水；厂区热实验室疏水；蒸汽发生器排污系统除盐器反洗水和冲排疏水。

● 化学排水：从核辅助厂房去污室产生的废水；热实验室产生的废水；核取样系统产生的废水；核岛厂房内放射性洗衣房产生的废水；核辅助厂房中含有化学产物的箱体和设备的疏水；乏燃料容器清洗室的疏水；反应堆厂房地面疏水；废液处理系统废液贮存箱的疏水；废液处理系统蒸发器浓缩液回路和浓缩液送完固体废物处理系统的管路的疏水、放气和取样水。

● 二回路系统产生的放射性废液：由不回收的蒸汽发生器排污和二回路系统泄漏所产生。

② 排放源项

反应堆正常运行期间排放的放射性废液主要来自硼回收系统、废液处理系统和二回路系统，排放量取决于：

——主回路冷却剂中放射性浓度；

——与液体放射性释放有关的核电厂设备性能，特别是泄漏率和净化工序的去污因子等。

③ 放射性液态流出物分级及处理原则

根据国际原子能机构（IAEA）的规定，核电厂放射性废液（LRW）根据其放射性活度的大小可分为四级：第Ⅰ级放射性活度小于或等于 3.7×10^2 Bq/L，为弱放废液；第Ⅱ级放射性活度大于 3.7×10^2 Bq/L，小于或等于 3.7×10^5 Bq/L，为低放废液；第Ⅲ级放射性活度大于

$3.7×10^5$ Bq/L，小于或等于 $3.7×10^9$ Bq/L，为中放废液；第Ⅳ级放射性活度大于 $3.7×10^9$ Bq/L，为高放废液。

在压水堆核电厂运行过程中要产生一定数量的放射性废液，其中绝大多数属于弱、低放废液，但也有相当数量的中、高放废液，这些废液必须进行处理，否则将对环境产生一定的危害。

放射性核素的放射性特征不随核素的物理化学状态改变而变化，其处理一般按两个基本原则进行：首先，将放射性废液排入海洋、湖泊、河流或地下水等水域，通过稀释和扩散达到无害水平，主要适用于极低水平放射性废液的处理；其次，将放射性废液及其浓缩产物与人类的生活环境长期隔离，任其自然衰变，这一原则对高、中、低水平放射性废液都适用。所以，现行的放射性废液处理原则是先将废液进行浓缩分离，清液直接排放或回用，而浓缩液则进行固化处理和深层地下处置。放射性废液的浓缩分离方法主要包括：蒸发法、化学沉淀法、离子交换法、膜分离法及电化学法等。

④ 放射性液态流出物排放审管要求

——四层次审管要求

进入 21 世纪后，我国开始酝酿内陆核电建设，制定相应的内陆核电厂放射性液态流出物排放的审管要求也提到议事日程。2011 年 2 月，GB 6249—86 标准的修订版《核动力厂环境辐射防护规定》（GB 6249—2011）发布，其中包括了对于内陆核电厂放射性液态流出物排放的审管要求。

对于核电厂放射性流出物的排放，我国参照 IAEA 的相关法规与导则，规定了多层次的审管要求。

第一层次是公众个人的剂量限值（也称基本标准）。国家标准《电离辐射防护与辐射源安全基本标准》（GB 18871—2002）中，采用国际通用标准，将公众个人剂量限值规定为 1 mSv/a。这个限值的基础是，在该限值下的终生照射将产生一个非常小的健康危险，大致等于来自天然辐射源（不含氡）的本底辐射水平。

第二层次是核电厂的剂量约束上限值。在防护最优化方面设置上限值，是为了给其他利用辐射源的不确定性留有裕度。GB 6249—2011 中明确将 0.25 mSv/a 的个人有效剂量作为核电厂的剂量约束上限值。

第三层次是剂量约束值或排放量控制值，这个层次反映了辐射防护最优化以及 ALARA（合理可行尽量低）原则。这个层次的要求通常是通过设计优化来实现的。在 GB 6249—2011 中给出了放射性液态流出物的年排放量控制值，如表 9.5 所示，其中，对百万千瓦级核电机组液态流出物中除氚和碳–14 外，其余核素规定的排放控制限值为 $5.0×10^{10}$ Bq/a（即 50 GBq/a）。

表 9.5 《核动力厂环境辐射防护规定》对液态放射性流出物的总量控制 　　　　Bq/a

核素类型	轻水堆
氚	$7.5×10^{13}$
碳–14	$1.5×10^{11}$
其余核素	$5.0×10^{10}$

第四层次是排放浓度控制值。在 GB 6249—2011 中，对于内陆核电厂放射性液态流出物排放浓度的控制，包括：

● 槽式排放出口处的放射性流出物中除氚和碳-14 外，其他放射性核素浓度不应超过 100 Bq/L。

● 营运单位应对液态流出物排放实施有效控制，以保证排放口下游 1 km 处受纳水体中总 β 放射性不超过 1 Bq/L，氚浓度不超过 100 Bq/L。

● 如果浓度超过上述规定，营运单位在排放前必须得到审管部门的批准。

——排放浓度控制值分析

表 9.6 为 GB 6249—2011 中有关内陆核电厂排放口下游浓度的控制要求与国外相关饮用水标准的比较。

如表 9.6 所示，上述第四层次的审管要求是非常严格的。可以认为，GB 6249—2011 要求内陆核电厂排放口下游 1 km 处受纳水体中总 β 放射性不超过 1 Bq/L，可以理解为排放口下游 1 km 处受纳水体的放射性指标已经满足 WHO 和我国饮用水标准的要求。

表 9.6　内陆核电厂排放口下游浓度控制要求与国际相关饮用水标准的比较

国际组织/国家	推导浓度的参考剂量/（mSv/a）	总 β 指标值/（Bq/L）	氚指标值/（Bq/L）
WHO 饮用水指标	0.1	1（筛选值）[1]	100 000
加拿大卫生部饮用水指标	0.1	1（筛选值）	7 000
美国 EPA 饮用水指标	0.04	[2]	740
欧盟饮用水指标	0.1	[2]	100（筛选值）
我国生活饮用水卫生标准（GB 5749—2006）	等效采用 WHO 饮用水指标	1（筛选值）	
GB 6249—2011（排放口下游 1 km 受纳水体）		1（筛选值）	100（筛选值）

注：1）筛选值是指大于该数值时，可通过进一步的剂量评估来确定是否可用作饮用水。
2）未规定总 β 指标值，各 β/γ 放射性核素的浓度指标按照参考剂量进行推导。

由于氚只发射低能的β射线，大于该数值时，可通过进一步的剂量评估来确定是否可用作饮用水。我国国家标准 GB 6249—2011 中采用 100 Bq/L 的氚活度浓度来控制核电厂排放口下游 1 km 处的氚浓度，是一个筛选值，与欧盟饮用水的氚浓度指标是一致的。也就是说，在内陆核电厂排放口下游 1 km 处，使氚浓度小于 100 Bq/L，就是满足国际上最严格的饮用水氚浓度控制指标。

——排放方式

在年排放总量控制的基础上，核电厂还对排放方式进行了控制，核动力厂的年排放总量应按季度和月控制，每个季度的排放总量不应超过所批准的年排放总量的 1/2，每个月的排放总量不应超过所批准的年排放总量的 1/5。若超过，则必须迅速查明原因，采取有效措施。

核电厂液态放射性流出物必须采用槽式排放方式，液态放射性流出物排放应实施放射性浓度控制，且浓度控制值应根据最佳可行技术，结合厂址条件和运行经验反馈进行优化，并报审管部门批准。

总的来说，对核电厂液态流出物排放的控制，首先规定一年内排放总量的控制限值，在该控制限值内，核电厂结合厂址条件和运行经验反馈实施放射性浓度控制。在槽式排放口处，控制放射性流出物中除氚和碳–14 外其他放射性核素浓度在 100 Bq/L 以内。若放射性浓度超过排放限值，则收集该放射性废液进行处理。

其次，根据核电厂排水处的水环境条件，控制排放口下游 1 km 处受纳水体中总 β 放射性不超过 1 Bq/L，氚浓度不超过 100 Bq/L。该项控制与核电厂排水受纳水环境有关。若受纳水体水量丰富，如受纳水体为流量大的河流、库容量大的湖泊、水库等，则受纳水体对放射性废液的稀释能力强，每次核电厂排放的放射性废液量可以较大；反之，每次的放射性废液排放量必须控制在很小范围，或者收集放射性废液到丰水期集中排放，但排放必须根据标准符合规范要求。

⑤ 运行状态下放射性液态流出物排放

运行状态包括核电厂的正常运行和预计运行事件这两类工况，它包括了核电厂在运行技术规格书所规定范围内的各种运行状态以及中等频度故障条件下的放射性物质排出。

表 9.7 给出的 AP1000、EPR 和 CPR1000 三种机型运行状态下放射性液态流出物排放量预期值都是根据美国或法国已运行压水堆核电厂的经验反馈，结合机型的设计特点，分别用美国的 GALE 程序（AP1000 和 EPR）和法国 PROFIP 程序（CPR 1000）计算得到的。

表 9.7　一台机组的液态流出物预期排放量　　　　　　　　　　　　　GBq/a

堆型	AP1000[①]	EPR[②]	CPR1000[③]
其他核素	7.40E–04	7.40E–04	—
除氢–3 和碳–14 外总计	9.46	7.18	1.20E+01
氢–3	3.74E+04	6.14E–04	1.70E+04
碳–14	—	—	5

数据①为 UK AP1000 的安全、保安和环境报告中的预期排放量；数据②为 US EPR 的最终安全分析报告中的预期排放量；数据③为我国 CPR1000 机组的预期排放量。

从计算结果可以看出，AP1000、EPR、CPR1000 的除碳–14 和氚外的年运行液态放射性流出物（AP1000、EPR 和 CPR1000 分别为 9.46 GBq，7.18 GBq，12 GBq）均小于我国《核动力厂环境辐射防护规定》（GB 6249—2011）对于百万千瓦级核电机组液态流出物中除碳–14 和氚外核素规定的排放控制限值（50 GBq/a），其碳–14 和氚的预期排放量也小于我国国家标准（见表 9.5）。

大亚湾核电厂和岭澳核电厂（一期）十年期间液态流出物中除氚外核素（裂变产物和腐蚀产物核素）排放量的年平均值，均远低于《核动力厂环境辐射防护规定》（GB 6249—2011）对于百万千瓦级核电机组液态流出物中除碳–14 和氚外核素规定的排放控制限值（50 GBq/a）。

表 9.8 给出大亚湾核电厂和岭澳核电厂（一期）共 4 台机组在 2002—2011 年期间放射性液态流出物（裂变产物和腐蚀产物）的排放量。

表 9.8　大亚湾核电厂和岭澳一期放射性液态流出物（除氚外核素）年排放量　　　GBq/a

年份	2002	2003	2004	2005	2006	2007	2008	2009	2010	2011	平均
大亚湾核电厂	2.29	1.43	1.47	1.27	0.896	1.08	0.56	0.50	0.21	0.15	0.98
岭澳一期	0.14	1.02	0.32	0.26	0.29	0.25	0.22	0.26	0.13	0.13	0.30

大亚湾核电厂和岭澳核电厂（一期）十年期间液态流出物中除氚外核素（裂变产物和腐蚀产物核素）排放量的年平均值，均远低于《核动力厂环境辐射防护规定》（GB 6249—2011）对于百万千瓦级核电机组液态流出物中除碳-14 和氚外核素规定的排放控制限值（50 GBq/a）。

⑥ 放射性液态流出物排放水环境的影响

关于核电厂正常运行时放射性流出物排放对水环境的影响，主要从排放总量及排放浓度两个方面来进行分析。

——放射性流出物排放总量影响分析

通过我国已运行的沿海核电厂放射性废液排放量监测结果与国家标准规定排放量的分析对比可知，核电厂实际运行过程中产生和排放的放射性废液排放量远远小于国家规定的标准。从内陆核电厂设计堆型的放射性废液排放模拟结果来看，除碳-14 和氚外的年运行液态放射性流出物排放量均小于我国《核动力厂环境辐射防护规定》（GB 6249—2011）对于百万千瓦级核电机组液态流出物中除碳-14 和氚外核素规定的排放控制限值（50 GBq/a），其碳-14 和氚的预期排放量也小于我国国家标准。

因此可以认为，从排放总量方面来说，单个核电厂放射性排出物的排放满足国家相关标准，不会对水环境造成不利影响。

——放射性流出物排放浓度影响评价

根据《核动力厂环境辐射防护规定》（GB 6249—2011）中有关内陆核电厂排放口下游浓度的控制要求与国外相关饮用水标准的比较可知，我国对内陆核电厂放射性流出物排放浓度的控制标准是很严格的，按照此控制标准执行放射性流出物排放的情况下，对水环境没有不利影响。

（2）其他影响

1）化学物质排放

为满足机组运行要求，需对核电厂有关系统的水做某些化学处理，即在系统中加入一定数量的腐蚀抑制剂或化学添加剂，以保证水质，避免回路腐蚀或结垢，这些化学物质也将随着排水排入环境。

排出的化学物质主要来自下列工艺过程中产生的废水：

① 循环水处理系统；
② 生产生活用水系统的淡水和除盐处理；
③ 核电厂有关常规的液体流出物及系统排污水处理；
④ 废油处理；
⑤ 核电厂洗衣房的排水。

2）生活废物及废水

核电厂产生的与放射性有关的固体生活废物均按放射性废物做专门处理，非放射性垃圾按生活垃圾处理规定收集处理。

生活污水来自核电厂各个厂房、车间、实验室、办公楼等处的卫生设备的排水以及洗衣房、食堂等处的排水，均汇集至生活污水处理站，经处理后达标后，排放到雨水排放系统，最终排入地表水体。

生产废水主要为含油污水，通过处理水质达到《污水综合排放标准》（GB 8978—1996）中表 4 一级标准，排入雨水排放系统，最终排入地表水体。

3）冷却塔废热

核电厂循环冷却水根据冷却方式的不同分为两类。吸收乏汽余热的冷却水排放至江、河、湖、海等自然水域。经与环境水体的掺混和对大气的散热，将大量的余热弃置水域，自身得以冷却，即一次循环冷却。若核电厂所处地域水源匮乏，则须采用冷却塔来冷却循环水。冷却水携带的余热经冷却塔释放到大气，冷却后的循环水再送入凝汽器冷却乏汽，即二次循环冷却。其蒸发散热，加以风吹影响，使大量热量和水滴进入大气环境，会使空气局部温度、湿度升高。核电厂长期运行，失散的热量和水滴会对局部小气候产生影响。

美国 4 个申请 ESP 的内陆核电厂环境影响报告得出核电厂冷却塔运行对局部气候的影响是有限的。以密西西比河沿岸的 Grand Gulf 核电厂（拟建核电机组采取自然通风冷却塔）为例，利用美国 EPRI 开发的 SACTI 程序计算得出，全年中 80%以上的时间内，冷却塔雾羽的延伸长度小于 1 100 m，只有约 3%的时间内延伸长度达到 3 000 m。冷却塔雾羽的萌屏在厂区外增加的太阳阴影累计时间小于全年日照时数的 1%，所增加的地面降水比年降水量低 2～3 个数量级，地面沉积的盐分远低于给植物生长带来危害的阈值。国内已有单位利用 SACTI 程序对拟建核电项目冷却塔雾羽影响进行研究，得出了和美国相同的结论。

4）温排水

温排水主要是冷却系统的排水。根据我国一些在建地面核电厂的温升范围预测结果，显示高温升区（4 ℃以上）范围基本保持在数个 km^2 之内；而 1 ℃温升区范围则差异较大。美国 Vogtle 核电厂拟建 2 台 AP1000 机组的温排放影响，已经由三维模型 CORMIX 软件指出：在 7Q10 流量条件下，热羽流相对于周围水体温度上升不超过 5 ℉（2.8 ℃）的混合区，在排放口下游延伸 9.9 m，在排放口侧向延伸 11.4 m（河流宽 90 m）。

在实际工作中，需根据温升包络线范围内的水生生物分布和生活习性来初步判断核电厂温排水的生态影响。从降低环境影响的角度，要求核电厂的热量排放应尽可能减少对水环境产生影响的范围和程度，同时温排水造成温升叠加自然背景水温后也应不超过重要水生生物的耐受要求。

9.4.4　事件及事故的环境影响

在事故状态下，由于地下核电厂核岛位于地下，仅有几个通道与外界相连，当发生事故时，可及时封闭外部通道，形成更好的包容屏障，使半衰期在较短的核素衰变后降低排放量，并可采取适当的措施对封闭空间内的放射性污染物进行处理，可大大减少排向环境的放射性污染物总量，有效保障了公众安全。地下核电厂的主要事故状态及其影响如下。

（1）放射性事故

地下核电厂和地面核电厂的事故基本一致，主要包括失水事故、控制棒弹出事故、蒸汽发生器传热管破裂事故、安全壳外主蒸汽管道破裂事故、燃料操作事故、容积控制箱破裂事故、废气系统衰变箱破裂事故、蒸汽发生器一根管子破裂并伴随一个主蒸汽安全阀开启不回座、主蒸汽管断裂外加 100 根蒸汽发生器传热管断裂事故、最终热阱丧失事故。

1）失水事故

在失水事故中，假定一根主冷却剂管道双端断裂，反应堆冷却剂通过管道的破口大量泄出，当压力低于安全注入整定值时，安注系统投入以确保堆芯的完整性，同时，喷淋系统启动，降低安全壳的压力和温度，从而保证安全壳的完整性，最大限度地降低裂变产物的释放。裂变产物通过安全壳泄漏进入环境中。

2）控制棒弹出事故

控制棒弹出事故是由于控制棒密封壳套的机械破裂导致控制棒和驱动杆弹出堆芯引起的，其后果是反应性迅速增加造成不利的功率分布以及冷却剂温度、压力增加，从而导致局部燃料元件损坏，使燃料元件中裂变产物进入反应堆冷却剂。反应堆冷却剂中的放射性物质通过两个途径释放到大气中，通过安全壳泄漏释放和通过主蒸汽安全阀释放。

3）蒸汽发生器传热管破裂事故

蒸汽发生器传热管断裂事故考虑一根传热管完全断裂。事故发生时冷却剂通过破损的蒸汽发生器传热管泄漏到二次系统，使二次系统污染加重。

4）安全壳外主蒸汽管道破裂事故

在主蒸汽管道破裂事故中，假定安全壳外一根主蒸汽管道完全断裂，并且同时失去外电源，亦即冷凝器停止工作。事故期间，与断裂的蒸汽管相连的蒸汽发生器，在很短时间内完全排空，随后所产生的蒸汽通过破口直接喷向大气直到工作人员把有关的蒸汽发生器隔离为止。

5）燃料操作事故

燃料操作事故是指一组乏燃料组件跌落在乏燃料水池内导致经过辐照的乏燃料组件燃料棒包壳破损，致使放射性裂变产物释放到燃料厂房，并通过厂房通风系统释放到环境。

6）容积控制箱破裂事故

此事故是指化学和容积控制系统的容积控制箱破裂，当事故发生时，容积控制箱内的放射性液体和气体不可控制地释放到它所在的房间内，并且在操作员隔断化学和容积控制系统下泄管之前，放射性液体以一确定流量连续释放。在厂房设计上采取了一系列设施，可以防止放射性液体扩散，因此，只考虑气态放射性释放对环境的影响。

7）废气系统衰变箱破裂事故

废气处理系统的功用在于滞留衰变反应堆冷却剂中的裂变气体，以及处理和控制放射性气体向环境释放。事故发生时，废气衰变箱破裂导致容器内全部放射性气体排放出来，并且在操作员隔离该废气衰变箱上充管之前，仍有放射性物质不断地从进气管线进入衰变箱再通过破口处连续释放出来。

8）蒸汽发生器一根管子破裂并伴随一个主蒸汽安全阀开启不回座

这一事故基于如下假设：蒸汽发生器发生传热管断裂，在一回路冷却剂向二回路泄漏的过程中，与相关蒸汽发生器有关的释放阀和安全阀被迫打开向环境释放蒸汽，以降低压力，但相关蒸汽发生器发生了满溢，安全阀过水，在受到水冲击后，安全阀始终处于打开位置向环境释放蒸汽而不能回座，持续到一、二回路与大气压力达到平衡，排放停止。

9）主蒸汽管断裂外加 100 根蒸汽发生器传热管断裂事故

初始事件是指安全壳外一根无隔离的蒸汽管道破裂，同时在同一蒸汽发生器一根或多根管子破裂，相当于一回路向安全壳外直接排放的一个破口。该事故属于特殊工况，在现实假设条件下，放射性后果不得超过相应于重大事故的放射性限值。

10）最终热阱丧失事故

该事故考虑两种情况：如果开始是核电厂处于带功率运行、热停堆或中间停堆状态，则退防到中间停堆状态。如果开始是核电厂处于冷停堆状态，依靠常用设备或特殊设备保证对一回路系统补水。该事故属于特殊工况，不得超过相应于重大事故的放射性限值。

（2）放射性事故源项

事故状态下对环境造成影响的主要是气态放射性废物的释放，主要核素为惰性气体和碘。

（3）其他事故

在地下核电厂中其他事故不会或极少可能导致放射性物质向环境释放，但可能产生其他一些影响环境的后果，这类事故包括化学物质爆炸、火灾、化学品泄漏等。设计中已对这类事故给予充分的注意，采取了切实的保护措施，可以把事故发生的可能性和对环境的可能影响减至最小。

（4）严重事故时放射性核素泄漏概况及其影响

1）严重事故时放射性核素泄漏概况

核电厂严重事故中，首先要确保反应堆停堆，防止链式核反应的持续发生和反应堆堆芯功率的不断增加。即使反应堆停堆，反应堆堆芯功率不断降低，停堆前堆芯运行中产生的大量裂变碎片和放射性核素仍将持续地释放大量衰变热，这些衰变热必须被持续地带出堆芯，否则，一旦持续释放的堆芯热量将淹没堆芯的冷却剂蒸发完，使得堆芯裸露，就会造成堆芯熔毁，放射性外泄的严重后果。因此，严重事故中，必须保证有效的堆芯余热持续排出的措施，防止堆芯燃料棒的烧损。

日本福岛核事故中，地震引发的海啸致使核电厂丧失所有的电源，虽然地震中反应堆已经停堆，停堆后的堆芯仍然需要外界电源来持续冷却，以保证堆芯的完整。福岛事故由于初期断电未能及时冷却堆芯，造成安全壳超压，之后引入大量外界水供给维持堆芯的冷却，形成开式冷却循环，导致大量高放射性的二次沾染废液的产生，给后续事故应急与救援带来了巨大困难，也对周边环境造成一定程度的放射性污染。

按照 TEPCO（东京电力公司）2014 年 3 月 5 日发布的最新情况报告，日本福岛核电厂 1～3 号机组为冷却堆芯，每台堆芯注水量为 108 m^3/d。同时，为保证堆芯的持续循环冷却，必须从堆芯抽出带放射性的水，并经过处理后再注入堆芯进行冷却。目前往堆芯注入的水均来自从反应堆内抽出并经过净化了的淡水，处理后的淡水暂存在设置在现场附近的淡水接受罐中，淡水接受罐中储存有经过处理了的淡水 2.61 万 m^3，完全满足 1～3 号机组的每日注入量。同时，废水处理系统每天处理废水约 780 m^3，产生的淡水暂存到淡水接受罐中供堆芯注水用。

2）严重事故时放射性核素泄漏对水环境影响分析

由于时间关系，福岛核电厂事故泄漏到水体中的放射性核素造成的危害后果尚没有完全呈现出来。但是，历史上发生的核电厂事故表明，一旦高放射性废液泄漏到环境中，造成的后果是十分严重且持久的。切尔诺贝利核电厂事故发生后，核电厂周围 60 km 范围内的地表水体（全部为内陆水体），尤其是 30 km 范围内水体的放射性污染最为严重，3 000 万人的供水水源——普里皮亚季河的饮用水功能丧失。沉降在土壤、植被上的 ^{137}Cs（半衰期为 30.0 a）和 ^{90}Sr（半衰期为 29.1a）还成为水体水质长期的潜在影响源，其影响至今仍未完全消除。放射性物质由地表水往地下水的迁移也使得地下水遭到大面积污染。

放射性物质对水环境的危害包括水体环境恶化和水体饮用功能丧失两个方面。核事故时泄漏的放射性核素随水体迁移扩散，水体中放射性核素浓度过大时，半衰期短的放射性核素短时间内将释放出大量的射线使得水体中的生物因辐射死伤，导致水质恶化。半衰期长的放射性物质（^{137}Cs 半衰期为 30 a）对水体的危害则具有长期性。另外，如 ^{238}Pu 等放射性物质本身就具有剧毒，这些物质的毒性原理同样会可能给所在区域水体环境带来毁灭性的危害。

9.4.5 放射性废物管理

放射性废物管理是指与放射性废物的产生、收集、处理、装备、运输、贮存、处置和退役有关的所有行政和技术活动。放射性废物管理以安全为核心、处置为目标，采用妥善、优化的方式对放射性废物进行管理，使人类及其环境不论现在还是将来都能免受任何不可接受的危害。

9.4.5.1 放射性废物来源

反应堆运行过程：反应堆中生成的大量裂变产物，一般情况下保留在燃料元件包壳内，当发生元件包壳破损事故时，会有少量裂变产物泄漏到冷却循环水中。反应堆冷却循环水中的杂质（循环系统腐蚀产物）受中子照射后也会形成放射性的活化产物，冷却循环水也就具有放射性。

核燃料后处理过程：大量裂变产物是核燃料后处理过程的主要废物。在燃料元件切割和溶解时有部分气体裂变产物（氪–85、碘–129 等）从燃料元件中释放出来，进入废气系统。99%以上的裂变产物都留在燃料溶解液里。当进行化学分离时，则集中在第一萃取循环过程的酸性废液中。这部分废液的比活度很高，释热量大，是放射性废物管理的重点。此外还有第二、第三萃取循环过程产生的废液、工艺冷却水、洗涤水等。这部分废液体积大，但比活度较低。

9.4.5.2 放射性废物分级

放射性废物，按其物理性状分为气载废物、液体废物和固体废物三类。

（1）放射性气载废物的分级

第 I 级（低放废气）：浓度小于或等于 4×10^7 Bq/m^3。

第 II 级（中放废气）：浓度大于 4×10^7 Bq/m^3。

（2）放射性液体废物的分级

第 I 级（低放废液）：浓度小于或等于 4×10^6 Bq/L。

第 II 级（中放废液）：浓度大于 4×10^6 Bq/L，小于或等于 4×10^{10} Bq/L。

第Ⅲ级（高放废液）：浓度大于 4×10^{10} Bq/L。

（3）放射性固体废物的分级

放射性固体废物中半衰期大于 30 a 的 α 发射体核素的放射性比活度在单个包装中大于 4×10^6 Bq/kg（对近地表处置设施，多个包装的平均 α 比活度大于 4×10^5 Bq/kg）的为 α 废物。除 α 废物外，放射性固体废物按其所含寿命最长的放射性核素的半衰期长短分为四种。

1）含有半衰期小于或等于 60 d（包括核素碘–125）的放射性核素的废物，按其放射性比活度水平分为两级。

第Ⅰ级（低放废物）：比活度小于或等于 4×10^6 Bq/kg。

第Ⅱ级（中放废物）：比活度大于 4×10^6 Bq/kg。

2）含有半衰期大于 60 d、小于或等于 5 a（包括核素钴–60）的放射性核素的废物，按其放射性比活度水平分为两级。

第Ⅰ级（低放废物）：比活度小于或等于 4×10^6 Bq/kg。

第Ⅱ级（中放废物）：比活度大于 4×10^6 Bq/kg。

3）含有半衰期大于 5 a、小于或等于 30 a（包括核素铯–137）的放射性核素的废物，按其放射性比活度水平分为三级。

第Ⅰ级（低放废物）：比活度小于或等于 4×10^6 Bq/kg。

第Ⅱ级（中放废物）：比活度大于 4×10^6 Bq/kg、小于或等于 4×10^{11} Bq/kg，且释热率小于或等于 2 kW/m³。

第Ⅲ级（高放废物）：释热率大于 2 kW/m³，或比活度大于 4×10^{11} Bq/kg。

4）含有半衰期大于 30 a 的放射性核素的废物（不包括 α 废物），按其放射性比活度水平分为三级。

第Ⅰ级（低放废物）：比活度小于或等于 4×10^6 Bq/kg。

第Ⅱ级（中放废物）：比活度大于 4×10^6 Bq/kg，且释热率小于或等于 2 kW/m³。

第Ⅲ级（高放废物）：比活度大于 4×10^{10} Bq/kg，或释热率大于 2 kW/m³。

9.4.5.3　放射性废物管理原则

国际原子能机构（IAEA）在征集成员国意见的基础上，经理事会批准，于 1995 年发布了放射性废物管理九条基本原则。

（1）保护人类健康

放射性废物管理必须确保对人类健康的保护达到可接受水平。

（2）保护环境

放射性废物管理必须提供环境保护达到可接受水平。

（3）超越国界的保护

放射性废物管理必须考虑对人体健康和环境的超越国界可能的影响。

（4）保护后代

放射性废物管理必须保证对后代预期的健康影响不大于当今可接受的有关水平。

（5）不给后代造成不适当负担

（6）纳入国家法律框架

（7）控制放射性废物产生

（8）兼顾放射性废物产生和管理各阶段间的相依性

（9）保证废物管理设施安全

9.4.5.4　废物最小化

废物最小化（waste minimization）是指废物的数量（体积和重量）和活度（废物中放射性核素量）合理可达到的最小。废物最小化是放射性废物管理的重要原则之一。它的主要作用有：可以减少废物处理和处置费用；减小污染，减轻对人和环境的风险；减轻后代的费用和责任；减少排放，降低受照剂量和环境影响；节约资源，促进可持续发展；促进企业科学管理和文明生产。

废物最小化应贯穿从核设施设计开始到退役终止的全过程。实现废物最小化的方法包括减少源项、再利用、再循环、减容处理、优化管理等。

9.4.5.5　地下核电厂放射性废物管理

（1）运行期放射性废物管理

地下核电厂运行期间的放射性废物管理主要针对地下核电厂运行期间产生的放射性气载流出物、放射性液态流出物、放射性固体废物。

1）放射性气载流出物

地下核电厂正常运行期间放射性气载流出物主要包括放射性气溶胶、放射性惰性气体、放射性碘、氚和碳-14，放射性气载流出物依次经过高效预过滤器、高效过滤器、高效空气粒子过滤器和碘吸附器，除去气载流出物中绝大部分放射性气溶胶，然后进入衰变箱，降低短半衰期放射性核素的活度浓度，再通过烟囱连续排放。

2）放射性液态废物

地下核电厂运行产生的放射性液态废物由放射性废液系统进行蒸发、离子交换等工艺处理后进入废液贮槽，经测量分析合格后，通过槽式或其他方式排入受纳水体。

3）放射性固体废物

地下核电厂的放射性固体废物包括桶装的废树脂、浓缩液和废过滤器芯子以及超级压实后的干废物。运行中产生的中、低放废物，用钢桶进行包装，每两年向规划中的低、中放废物区域处置场运输一次废物包，首次向处置场运输废物包的时间取决于处置场投运时间和接收条件。

（2）严重事故放射性废物管理

严重事故下产生的放射性废气可能释放到大气中，废液可能污染地下水或地表水，而放射性固体废物能滞留在地下厂房内，短时间内不会造成环境污染。因此，仅针对严重事故下产生的废气和废液制定了废物管理策略，实现放射性介质的"四可"，即可封堵、可隔离、可存储和可处理。

1）严重事故下的废气管理

充分利用地下厂房的特点，专设卸压洞室。在严重事故状态下，安全壳内由于余热导出不及时或反应产生大量气体，导致安全壳内压力升高时，可以开启通道，将气体释放到卸压洞室，将岩石作为天然屏障对放射性介质进行包容，在不造成大气污染的情况下避免了安全壳超压事件，实现了放射性废气的封堵和隔离。

卸压洞室预设有专门的接口，可将洞室内的气体导出到地面进行处理。在地面厂址废物处理设施（SRTF）厂房内设有移动式废气处理设备，通过与卸压洞室预设接口对接，将放射性废气净化处理后排放。

移动式废气处理设备主要由气液分离器、高效空气过滤器、活性炭滞留床和在线监测装置组成。气液分离器用于去除废气中的凝结态水，以保护后面的处理设备；干燥的放射性废气通过高效空气过滤器，滤除固体性颗粒和气溶胶，非气态的放射性核素也随之去除；气体再通过活性炭滞留床时，未衰变的碘、氪、氙等短周期核素被活性炭吸附、滞留和衰变。废气完成净化后，由在线监测装置测定放射性水平，满足国家标准则予以排放，否则由连锁的自动阀门切断排放通道。

整个废气的处理流程不依赖能动设备，利用卸压洞室内气体的压力、活性炭的吸附滞留特性等非能动因素完成从处理到排放的流程。

2）严重事故下的废液管理

为防止事故状态下地下厂房中的放射性废液污染地下水，设计了放射性废水防护系统。严重事故下，如发生地震等导致安全壳破裂、反应堆洞室周围衬砌破损时，可能会有部分放射性废液向地下渗透，但防护系统中集中疏排措施及隔水帷幕仍可对放射性废水起到阻滞作用，核岛内泄漏的放射性废液将通过重力自流的形式汇集到防护系统的收集池中，不会释放到环境中，故放射性废液释放仍处于控制排放状态，放射性废水扩散的影响优于滨海核电厂同类事件。

存集放射性废液的地坑中预敷设有废液排出管线，外部接口设置于地面。在地面厂址废物处理设施（SRTF）厂房内设有移动式废液处理设备，可在事故处理完成后对地坑中的放射性废液进行处理。

移动式废液处理设备包括抽吸泵、暂存槽、上料泵、活性炭吸附床、两级 RO 膜组件、离子交换床、在线监测装置等设备。移动式废液处理设备除了处理事故状态下的异常疏水外，还可用于各机组 0.25%燃料元件包壳破损率下的冷却剂疏水、SGTR 二回路沾污水以及其他超出核岛废液系统处理能力的各种疏水。

在地面设有移动式废液处理设备的泊位区，各类异常疏水的收集、处理和排放都在泊位区进行。

预留接口与移动式废液处理设备对接后，启动抽吸泵将地坑中的废液收集到暂存槽中，并同步启动废液处理单元。放射性废液通过上料泵送往活性炭吸附床，吸附去除废液中的溶解有机物和固体颗粒物，随后废液进入中间储罐 A。两级 RO 膜组件中都设有增压泵，用于废液的上料。第一级 RO 膜的净化水进入中间储罐 B，浓排水则收集到浓排水箱中。第二级 RO 膜组件的增压泵将中间储罐 B 增压后送至第二级 RO 膜，其浓排水收集到中间储罐 A 中，净化水再依次经过三个串联的离子交换柱（分别是阳柱、阴柱和混柱）后，出水由在线监测装置测定其放射性水平并确定其去向。如监测结果符合《核电厂放射性液态流出物排放技术要求》（GB 14587—2011）中对内陆核电厂液态流出物的排放要求，则通过预设的管道送往 SRTF 的监测槽；否则返回中间储罐 B 重新处理。浓排水箱中的废液则送往 SRTF 中直接干燥成盐。

3）严重事故下废物管理策略安全分析

根据严重事故危险因素和地下厂房特点针对性地制定了废气和废液的封堵、隔离、存储和处理措施，这些措施使得严重事故应对时，只需要在控制室打开或关闭相应通道，对放射性介质进行封堵和隔离。事故得到有效控制后，再对放射性废物进行处理，这些废物管理策略具有如下特点。

① 放射性介质包容性更好，并能有效防止安全壳超压，安全性更优。当安全壳压力升高时，可以将放射性废气释放到卸压洞室，防止安全壳超压。卸压洞室和地坑对放射性废物形成良好的包容效果，避免了环境污染。

② 减少工作人员的受照剂量。废物封堵、隔离于地下厂房，在进行废物处理时，移动式装置只需在地面边收集储存、边处理排放，工作人员不需要进入地下厂房，减少了受照剂量。

③ 所采取的废物处理措施充分考虑了国家标准和法律法规对内陆核电厂流出物排放的要求和规定。放射性介质最终转固，在厂址废物处理设施中能整理、整备成稳定的货物包，使之满足暂存和处置的要求。

9.4.6 环境监测

环境监测是通过对人类和环境有影响的各种物质的含量、排放量的检测，跟踪环境质量的变化，确定环境质量水平，为环境管理、污染治理等工作提供基础和保证。地下核电厂环境监测是环境管理的重要组成部分，它既是评价地下核电厂运行对环境影响的依据，又可及时发现事故及隐患。

9.4.6.1 环境监测目的

地下核电厂环境监测的主要目的如下：

（1）依据本底监测数据，检验地下核电厂运行前区域环境质量是否满足环境标准；

（2）有助于分析地下核电厂运行产生污染物种类和分布状况；

（3）评价地下核电厂控制放射性物质向环境释放的设施的效能，校验地下核电厂周围的环境介质是否符合环境标准和有关限制；

（4）估算环境中辐射与放射性物质对公众产生的照射剂量和潜在的照射剂量，或其可能的上限值；

（5）评估地下核电厂运行引起周边环境变化的趋势；

（6）预测污染变化趋势，预警可能出现的环境问题，为环境管理服务。

9.4.6.2 环境监测方法

核电厂环境监测方法分为就地监测和实验室监测。就地监测不改变待测样品在环境中的状态，实验室监测则是取样到实验室进行分析和测量。就地监测用于测定辐射场的特性，判断放射性核素并确定其浓度，具有快速获得结果的优点。实验室监测则能更精确地分析反射性核素浓度。地下核电厂的环境监测可采用就地监测和实验室监测配合使用方案。

9.4.6.3 地下核电厂环境监测方案

地下核电厂环境监测包括运行前环境辐射本底调查、运行期间环境监测以及流出物监测、事故应急监测和退役环境监测。

（1）运行前环境辐射本底调查

运行前环境辐射本底调查主要是为了获得地下核电厂运行前周围环境中有害物质的本底水平以及其变化趋势，为评价地下核电厂运行后对周围环境影响提供本底资料。

本底调查主要调查环境 γ 剂量水平和主要环境介质中重要放射性核素的比活度；调查时间连续且不得少于两年，并应在核电厂投入运行前一年完成；调查范围可参考地面核电厂：环境 γ 辐射剂量水平调查范围以核电厂为中心，半径 50 km；环境介质中放射性核素比活度调查范围以核电厂为中心，半径 10 km。

本底调查的对象主要是环境空气、水环境、陆生和水生生物、土壤、沉积物和食品等，监测项目主要为总 α 、总 β 、^{3}H、^{14}C、γ 核素分析、环境 γ 辐射水平等。

（2）运行期间环境监测

地下核电厂运行期间，对厂区及周围环境进行连续和取样监测，辐射环境监测内容主要包括：环境气溶胶、沉降物、地表水、地下水、陆生生物、地表土、底泥等环境介质以及环境 γ 辐射水平监测，监测项目主要有总 α 、总 U、总 β 、除 K 总 β 、^{90}Sr、^{137}Cs、^{3}H、^{14}C、γ 核素分析、环境 γ 辐射水平等，当发现环境中辐射水平或放射性核素存在异常时，及时进行响应，查明原因，保证周围环境的安全。

（3）事故应急监测

地下核电厂进入事故应急工况后所进行的非常规性环境监测叫事故应急监测。对于地下核电厂，在宣布进入应急状态后，随着应急响应体系的启动，环境监测也将按照应急监测实施程序在应急组织的统一指挥下逐步展开。

事故应急监测是为了及时发现有害物质的事故排放量，迅速获得有关环境污染范围和污染程度的资料，以便采取应急措施，减少地下核电厂事故危害，并评价事故对环境和公众的危害程度。

地下核电厂事故应急监测的监测方式为：① 根据突发事故的性质、扩散速度和事件发生地的气象、地形特点，确定污染扩散范围。在此范围内布设相应数量的监测点位。事故发生初期，根据事件发生地的监测能力和突发事故的严重程度，按照从多从密的原则进行监测，随着辐射污染物的扩散情况、监测结果的变化趋势，适当调整监测频次和监测点位。② 依据监测结果，结合分析突发辐射事件污染的变化趋势，预测并报告突发辐射事件的发展情况和辐射污染物的变化情况，作为突发辐射事件应急处置行动的决策依据。

（4）退役环境监测

退役环境监测是指地下核电厂进入退役阶段后所进行的环境监测。其主要任务分为对退役过程和退役终态两个阶段的环境监测，其目的是为相应阶段的环境评价提供依据，并验证退役过程和退役终态的环境影响符合国家相关标准的要求。退役阶段的环境监测要求基本上和运行阶段的环境监测要求相同，只是针对退役操作和正常操作的差别做适当调整。但退役终态的环境监测，是要验证厂址退役和开放后其环境影响符合国家厂址开放的要求，评价对象不再是流出物的影响，而是环境中残留放射性对今后相当长时间内的影响。

9.4.7　环境事件应急计划

环境事件是指由于污染物排放或自然灾害、生产安全事故等因素，导致污染物或放射性物质等有毒有害物质进入大气、水体、土壤等环境介质，突然造成或可能造成环境质量下降，危及公众身体健康和财产安全，或造成生态环境破坏，或造成重大社会影响，需要采取紧急措施予以应对的事件。环境事件主要包括大气污染、水体污染、土壤污染等突发性环境污染事件和辐射污染事件。

地下核电厂的环境事件主要为突发辐射环境污染事件。为了保障地下核电厂所在地辐射环境安全，控制或减缓突发辐射事件可能造成的后果，保障公众生命健康和财产安全，保护环境，提高政府应对突发公共事件的能力，维护社会稳定，地下核电厂应编制环境事件应急计划。应急计划应坚持以人为本、预防为主，统一领导、分类管理，属地为主、分级响应的原则，充分利用现有资源，及时高效处理突发辐射事故。

地下核电厂环境事件应急计划主要包括应急组织指挥体系、事件分级、应急响应、应急响应终止、善后处置等。

（1）应急组织指挥体系

应急组织指挥体系由领导机构、办事机构、应急救援队伍、专家咨询机构组成。

地下核电厂所在地的政府应根据应急处置行动的需要，成立环境事件应急领导小组，统一领导、协调突发环境事件的应急处置行动；领导小组下设办公室，为日常办事机构，办公室应设立在环保部门，负责突发环境事件的应急处置、综合协调和日常管理；应急救援队伍应由环保部门、公安部门、卫生部门等主要应急救援力量组成，其他成员单位根据各自职责组建环境事件应急救援队伍；环保部门应组建环境事件应急处置专家组，并负责专家组的管理。专家组负责重要信息研究判断，参与环境事件等级评定、预测事件可能带来的环境影响，负责环境事件应急救援行动的技术指导，为领导小组提供应急响应行动、防护措施、应急响应终止、善后工作的咨询意见和建议。

（2）事件分级

按照环境事件的性质、严重程度、可控性和影响范围等因素，可将地下核电厂环境事件分为特别重大环境事件（Ⅰ级）、重大环境事件（Ⅱ级）、较大环境事件（Ⅲ级）和一般环境事件（Ⅳ级）四个等级。具体的分级依据可参考《国家突发环境事件应急预案》。

（3）应急响应

应急响应主要包括应急响应分级、先期处置、应急响应程序、信息报送与处理、指挥和协调、应急监测、通报与信息发布、安全防护等方面。

（4）应急响应终止

当环境事件符合下列条件之一的，应终止应急行动：

1）环境事件现场得到有效控制，事件条件已经消除；

2）环境事件辐射源的泄漏或释放已降至规定限值以内；

3）环境事件所造成的危害已被消除，无续发可能；

4）环境事件现场的各种专业应急响应行动已无继续的必要；

5）采取必要的防护措施已能保证公众免受再次危害，并使事件引起中长期影响趋于合理、且保持尽量低的水平。

（5）善后处置

善后处理工作由事发地政府负责，上级政府和有关部门提供必要的支持。事发地政府组织有关部门，对参与环境事件的应急响应人员及事件受害人员所受辐射剂量进行评估，对造成伤亡的人员及时进行医疗救助或按规定给予抚恤；对造成生产生活困难的群众进行妥善安置，对紧急调集、动员征用的人力物力按照规定给予补偿，并按照有关规定及时下拨救助资金和物资；环保部门组织专家对事件造成的危害情况进行科学评估，对遭受辐射污染场地的清理、放射性废物的处理、辐射后续影响的监测、辐射污染环境的恢复等提出对策、措施和建议；对事件影响区域的居民开展心理咨询服务和有关辐射基本知识宣传。

9.4.8 退役管理

核设施的退役不仅是停产关闭后的一系列去污、拆除、废物处理与处置及厂址清理和环境整治活动，而且是涉及选址、设计、建造、运行生命周期全过程的行为。IAEA 发布的《核电厂从设计建造到设施退役》和大型核设施退役的组织和管理，都阐述了这个理念。因此，地下核电厂作为核设施的一种，其退役应该在设计之初就充分考虑，并在设施全过程中综合考虑，使后续的退役工作安全、经济。

9.4.8.1 退役策略

地下核电厂退役策略的选择对退役周期、人员受照剂量、废物量和退役费用等都有重要影响。退役应该尽量减少废物数量和流出物的排放，减少对环境的影响，减少工作人员和公众的受照剂量，以安全、高效地完成退役。根据国际原子能机构（IAEA）的有关建议，核电厂的退役分为三种策略：立即拆除、延缓拆除、封固埋葬。

（1）立即拆除

立即拆除是在核设施永久关闭后，尽可能快地除去和处理核设施内放射性物质，原厂址可以有限制或无限制利用。

1）优势

立即拆除退役策略的优势主要在于可及时消除核安全隐患，并且出于回收利用厂址（包括地下洞穴和地表厂址）和减少对当地公众和环境影响的考虑，立即拆除是国际倾向的优先策略。

2）缺点

地下核电厂立即拆除面临的共同问题主要为：

① 核电厂压力容器等大型设备较多，退役拆除工作难度大、周期长，例如压力容器等大型厚壁容器的切割解体技术，目前在国内仍处于研究阶段；

② 核电厂反应堆运行时间长，对退役拆除工程实施中的辐射防护是一个新的考验，工作人员可能受到较高的辐射剂量；

③ 初始经费负担较大，且大量的放射性废物的产生对废物处理能力要求较高；

④ 由于地下核电厂退役操作空间的限制，会增加退役实施的难度；

⑤ 由于退役实施难度增加，可能会导致退役周期比地面核电厂退役周期长，进而使退役经费增加，但是该问题存在较多不确定因素，可通过优化退役工艺等方式进行改善。

（2）延缓拆除

延缓拆除是核设施在保证安全条件下进行安全贮存若干年，让放射性核素进行衰变，然后再进行拆除活动。

1）优势

① 安全贮存若干年后再进行拆除，大量放射性核素的衰变可大大降低工作人员受照剂量，减少对公众和环境的危害。日本 Tokai. IGCR 实验反应堆退役的相关研究表明，常规地面核电厂封闭 30 年后拆除，相对于立即拆除退役策略，工作人员的受照剂量可减少到50%，放射性废物量可减少到 80%。

② 延缓期满拆除后可及时消除核安全隐患，并可回收利用厂址（包括地下洞穴和地表厂址）。

③ 对于固有安全性较高的地下核电厂,在延缓封存期间的安全监督和维护比地面核电厂更加容易。

2)缺点

地下核电厂采用延缓拆除退役策略存在以下问题:

① 对于地下核电厂的选址要求较高,须充分论证核电厂在安全关闭与退役拆除期间长期封闭的安全性,并制定相应的设备维护措施和异常情况处理措施。

② 我国目前还没有实施延缓拆除的经验,所以需要研究核电厂封闭期间的安全管理和维护技术。

③ 退役拆除时,需要使用部分地下厂址配套设施,例如吊车、通风系统、废液接收系统、辐射监测设备等,所以在长时间的延缓期内,需要定期对地下设备进行维护,但是由于地下环境阴冷、潮湿,在延缓封存期间的设备维护难度和投资(例如配套固定设施的定期维护保养、除湿和供暖系统的长期运行、精密仪器仪表的维护保养等费用)较地面核电厂略高。

④ 延缓期满拆除时,与立即拆除类似,同样面临由于操作空间限制而增大退役拆除的难度,同时影响退役拆除的周期。

⑤ 延缓期时间长,增加了退役周期。

(3)封固埋葬

封固埋葬是把核设施整体或它的主要部分处置在它的现在位置或设施边界范围的地下,让其衰变到审管控制允许释放的水平。

1)优势

① 封固埋葬退役策略显著优点是减少去污、切割、拆除等工作量,退役周期短,工作人员受照剂量小;

② 对于建于地下且拥有天然岩石作为屏障的地下核电厂而言,采用封固埋葬退役策略将进一步减少长期封固埋葬后的安全风险和退役投资;

③ 可用于接受其他核设施的放射性废物;

④ 与地面核电厂相比,地下核电厂封固埋葬后,其地表厂址可直接复用,可减少厂址美化工作量和经费;

⑤ 虽然封固埋葬技术在国内尚无实施经验,但是国外可借鉴的封固埋葬的成功案例较多。

2)缺点

对于地下核电厂,采用封固埋葬退役策略存在以下问题:

① 对厂址选择提出了更高的要求。因为放射性物项在地下永久掩埋后,环境变化复杂且不可控,无法准确预知放射性物质随时间的变化和核素的迁移,尤其是必须考虑原址的地质、水源、气象和生物等受地下核电厂封固埋葬的影响。

② 地下核电厂选址一般在具有坚硬岩石地质的内陆地区,且靠近河流、水库等水源附近,这与核电厂封固埋葬后可能对临近水源和地下水造成潜在威胁相矛盾。

③ 与立即拆除和延缓拆除退役策略相比,地下核电厂封固埋葬后地下洞穴不可回收利用。

(4)退役策略对比

综上所述,对地下核电厂采用三种退役策略的优缺点总结见表9.9。

表 9.9　地下核电厂三种退役策略的优缺点对比

	优　点	缺　点
立即拆除	1. 及时消除核安全隐患； 2. 厂址可回收利用	1. 受照剂量大； 2. 退役经费高； 3. 废物处理任务重
延缓拆除	1. 受照剂量小； 2. 可最终消除核安全隐患； 3. 拆除后厂址可回收利用	1. 增加延缓封存期间安全隐患和维护工作； 2. 退役周期长； 3. 退役经费相对较高
封固埋葬	1. 退役周期短； 2. 受照剂量大大减少； 3. 退役工作量大大减少； 4. 退役经费大大减少； 5. 可接收其他放射性废物； 6. 地表厂址可直接回收利用	1. 增加长期掩埋后的安全隐患； 2. 地下厂址不可回收利用

由表 9.9 可以看出，退役采用立即拆除投资大、受照剂量高，但不存在封存或掩埋后的核安全隐患；延缓拆除可大大减少人员受照剂量，退役拆除后可彻底消除核安全隐患，但对核电厂封闭期间的安全要求比较高；封固埋葬策略具有明显的优势，但是对选址和掩埋后的安全分析要求较高。就经济性而言，国外早期的研究表明，地下选址的核电厂成本比同类地面核电厂成本要高。但在设计地下核电厂时综合考虑乏燃料后处理、放射性废物贮存和反应堆退役后就地封存等方面的设计建设，可补偿由于地下建设带来的投资成本上升，从而提高整个项目的总体经济效益。因此，基于地下核电厂的厂址优势，推荐采用封固埋葬的退役策略。

9.4.8.2　退役方案

采用封固埋葬的退役策略，把放射性物质保留在场地上，实际上成了近地表处置场，所以必须满足近地表处置准则的要求，需要分析封闭隔离放射性物质的安全性，评价可能造成的对公众的照射和对环境的影响，以及埋葬包封结构的长期完整性及其抗地下水侵蚀能力。基于以上考虑，在核电厂选址阶段，按照放射性物质近地表处置要求进行厂址选择和设计，在厂址设计、建造阶段，采取有效的包容措施，如设立防渗层等，实现核电厂与地下水及周围水域的安全隔离。在此基础上，拟定地下核电厂退役方案为：卸出乏燃料和运行期间的存留放射性物项；回路系统整体去污；浇筑水泥浆填充空隙埋葬。

9.4.9　小结

本章节是在参照地面核电厂环境影响及环境管理的基础上，依据地下核电厂的工程特征，初步分析了地下核电厂不同时期的环境影响及环境管理。地下核电厂在施工期、正常运行期的环境影响与地面核电厂基本一致；在严重事故工况下，地下核电厂增加了一道岩石屏障，有利于万一发生核泄漏事故下采取封闭应急措施；基于地下核电厂的厂址优势，推荐采用封固埋葬的退役策略。

第10章 消防与人工环境

10.1 消 防

10.1.1 引言

消防系统是核电厂不可或缺的一个重要组成部分，核电厂的消防系统应在符合其他核安全要求的情况下，对核电厂各构筑物、系统和部件进行合理的设计、布置，尽可能降低由于外部或内部事件而引起火灾的可能性，将火灾的影响降至最低。

地下核电厂的常规岛各厂房一般布置在地面，而将核岛部分的主要厂房置于地下，从消防的角度来看，地下核岛与地上核岛相比，具有如下特点：

（1）交通洞廊多，疏散及救援线路长；

（2）地下洞室封闭性好，有利于隔绝灭火及限制火灾的蔓延扩大。

我国目前已建和在建的核电厂均为地面核电厂，已颁布执行的有关核电厂消防设计规程规范，如《核电站防火设计规范》（GB/T 22158）、《核电站常规岛设计防火规范》（GB 50745）、《核电站防火准则》（EJ/T 1082）等均主要针对地面核电厂消防设计制定。地下核电厂的常规岛部分因布置于地面，其消防应根据现行核电厂消防设计规范和参考已建核电厂消防措施进行设计，而对于布置于地下的核岛部分，应根据地下核岛各厂房的布置特点、工艺特点、火灾危险性大小等具体情况，在核岛消防要求的基础上，借鉴地下洞室与之类似的地下水电站消防设计经验，重点考虑地下建筑物的特点，利用好地下建筑物防火分隔优势及方便设置非能动性消防供水系统等有利条件，解决好地下建筑物疏散不便、消防救援不便等问题，设置安全可靠的地下核电厂大型洞室群消防系统，使地下核电厂消防效果满足地面核电厂的消防设计规程规范的要求。

10.1.2 消防设计原则

针对地下核电厂火灾特点，地下核电厂消防设计按照"预防为主，防消结合"的方针和贯穿"纵深防御"的原则进行，以达到下列目标：

（1）防止火灾发生；

（2）快速探测与报警并扑灭已发生的火灾，限制火灾的损害；

（3）防止火灾蔓延，将火灾对核电厂的影响降至最低。

具体措施有：

1）减少地下核电厂的可燃物。防止火灾的发生是消防安全的第一要素，为此，地下核电厂的机电设备、建筑装修及装修材料均采用不燃烧体，禁用易燃烧体、可燃烧体和难燃烧体材质；管道保温隔热材料优先选用金属保温材料，避免使用石棉，禁止使用短纤维的石棉；采用不燃电缆或阻燃电缆。

2）高温设备、高温管道与电缆、易燃液体管道及其他机电设备之间应采用保温、绝缘材料隔离或在布置上保持一定的有效距离。

3）严格按防火规范要求划分防火分区和防烟分区。提高地下核岛建筑耐火极限，地下核岛建筑耐火等级均为一级。防止火灾造成结构的严重变形和坍塌，避免火势蔓延扩大，减少火灾损失，利于火灾扑救。

4）提高地下核岛安全疏散通道和消防通道标准，防火分区安全疏散通道和消防通道分设，使工作人员逃生和消防人员进入火场灭火各行其道，更为快捷。

5）加强防、排烟设计。

6）提高灭火设施级别，更多采用灭火更迅速、高效的固定式自动灭火系统，如水喷雾灭火系统、气体灭火系统等，将火灾扑灭在初始阶段。

7）采用常高压消防供水系统，提高消防供水的可靠性。

8）对火灾载荷密度大于 $400 \, MJ/m^2$ 的房间，应划分为"限制不可用性防火分区"，或设置一个可快速灭火的固定消防系统，以做到发生火灾的房间不得使火灾的烟雾充满人员疏散通道阻碍灭火，也不能使火灾向其他房间蔓延以增加机组不可用的时间。

9）设置完善的火灾自动报警装置。根据地下核电厂，特别是地下核岛洞室空间大的特点，采用控制中心报警装置，同时还可自动启动火灾事故广播、火灾事故照明及各种防火分隔构件和自动灭火设备，对火灾做到早期发现，早期报警，及时扑灭。

10）消防供电的电源除外接两路不同电源回路外，还由核电厂自备的柴油发电机提供紧急备用电源。

11）设置更多的个人防护装备，如正压式空气呼吸器、氧气呼吸器、过滤式防毒面罩等，为人员逃生赢得时间。

10.1.3 消防范围

地下核电厂消防范围主要为地面常规岛建筑物及机电设备、地面其他辅助厂房、地下核岛建筑物及机电设备。地面常规岛建筑物主要包括汽轮机厂房及辅助厂房、冷却塔等；地面其他辅助厂房主要包括运行服务厂房、应急柴油机厂房、核岛消防泵房、应急空压机房、电气厂房（地面）等；地下的核岛建筑物主要包括反应堆厂房洞室、核辅助厂房洞室、核燃料厂房洞室、核废物厂房洞室、连接厂房洞室、安全厂房洞室、电气厂房（地下）洞室以及连接各洞室群的管线、交通廊道等。

10.1.4 建（构）筑物布置

地下核电厂主要由核岛、常规岛及其他辅助厂房等组成，核岛为涉核构筑物，与核安全直接相关，安全级别高，其主要厂房布置在地下；常规岛及其他辅助厂房为非涉核构筑物，布置在地面。地下核电厂建（构）筑物划分见表 10.1。

表 10.1 地下核电厂建（构）筑物划分

厂房类型		构筑物名称
核岛	地下厂房	反应堆厂房、燃料厂房、连接厂房、安全厂房、核辅助厂房、电气厂房（地下）、核废物厂房

厂房类型		构筑物名称
核岛	地面厂房	运行服务厂房、应急柴油机厂房、核岛消防泵房、应急空压机房、电气厂房（地面）
常规岛	地面厂房	汽轮机厂房及辅助厂房、冷却塔

10.1.5 消防措施

10.1.5.1 防火分区

（1）地下核岛

地下核岛每个厂房洞室为一个大的防火分区，各个厂房洞室之间的联系洞廊或交通道采用平开式的防辐射甲级防火门分隔。

在每个厂房洞室内部，还应根据其工作性质、火灾时放射性物质的释放程度以及方便人员逃生、消防队灭火等要求划分防火小区（安全防火小区、限制机组不可用性防火小区）。每个防火小区均采用 A 类不燃级耐火材料分隔，防火小区的疏散门采用平开式（或滑动式）的防辐射甲级防火门。

地下核岛各厂房洞室内防火小区设置如下：

1）反应堆厂房：多重设置的单个电缆托架和每台反应堆冷却剂泵均布置在各自的安全防火小区内。

2）核辅助厂房：① 上充泵、安注泵及设备冷却水泵等水泵每台均单独布置在各自的防火小区内；② 含有氢气的容积控制箱，硼回收暂存箱及脱气设备，含氢废气系统和气体衰变波动箱，废气系统压缩机，废气系统贮存箱等各种箱体和阀门部件、蓄电池等须布置在各自的防火小区内；③ 通风系统的碘过滤器布置在独立的防火小区内；④ 电缆托盘布置在独立的防火小区内。

3）安全厂房：碘过滤装置、安全壳喷淋泵和低压安注泵电机等布置在各自的防火小区内。

4）电气厂房：① 控制棒电源装置、辅助给水泵均布置在单独的防火小区内；② 电缆层按电缆托架序列布置在各自的防火小区内；③ 开关柜、继电器柜、仪控设备等安全设备按序列布置在各自的防火小区内。

5）其他特殊的分隔要求：对于电缆、管线、通风管道以及托架的布置穿越防火分区时，为防止火灾和烟气在防火分区之间蔓延，可将由电缆廊道和管沟等构成的防火分区划分成长度小于 50 m 的防火小区。

（2）地面常规岛及其他辅助厂房

汽轮发电机厂房可不划分防火分区，但汽轮发电机厂房内电缆竖井、电缆夹层，电子设备间、配电间、蓄电池室，通风设备间，润滑油间、润滑油转动间，疏散楼梯等部位应进行防火分隔。

非放射性检修厂房的不同火灾危险性的机械加工车间划分为不同的防火分区。

电缆通道、含有油管道或电缆的综合廊道内划分防火分区，每个防火分区长度不大于 200 m，防火分区内每隔 50 m 设置防火分隔措施。

供氢站、氧气库等甲、乙类库房应单独布置，当与其他库房合并布置时，应为单层建筑，且存放甲、乙类物品部分设置抗爆防护墙与其他部分分隔。

橡胶制品库、油脂库、油处理室及油泵房等丙类库房宜单独布置，当其布置于丁、戊类厂（库）房内时，丙类库房建筑面积应小于一个防火分区的允许建筑面积。

10.1.5.2 安全疏散

（1）地下核岛

为保障核电厂地下洞室失火时工作人员能及时疏散，在地下核岛各洞室外侧设置 U 形宽度不小于 10 m 的疏散交通洞，U 形疏散交通洞有两个出入口直通室外地面。在每个出入口适当位置设置带空气幕装置的平开式防辐射甲级防火门，该空气幕装置配置有碘吸附器，能够抽取防火门附近的空气进行吸附处理，然后将处理过的空气以空气幕的形式从防火门的顶部向下送出，覆盖整个防火门附近的疏散交通洞断面，并对通过防火门向外疏散的人员进行空气沐浴，防止洞内放射性物质随疏散人员带出洞外地面。

平开式防辐射甲级防火门除手动开、关外，还采用消防报警系统与人体感应式双重控制系统，可由远程控制系统及防火门前方一定距离（1～3 m）内设置的人体感应器控制门的开启：防火门平时常开，以满足疏散交通洞平时自然通风的需要。发生火灾时，可自动、远程手动关闭防火门。当疏散人员靠近防火门时，门自动开启，人离开后门自动关闭。门上方的碘吸附器与门连锁，门开启之前先开启碘吸附器，门关闭后延迟一定时间（如 3 min），碘吸附器停止运行。

每个洞室厂房至少设置 2 个出入口或疏散交通支洞（宽度不小于 7 m）与疏散交通洞相通。另外，每个洞室厂房与相邻洞室厂房之间还应通过交通洞廊（采用平开式的防辐射甲级防火门分隔）作为另一个疏散通道。

每个洞室厂房疏散交通支洞上设置一个应急消防小室，消防小室内设置一定数量防毒面具、手电筒、碘包等应急逃生急救装备。

在 U 形疏散交通洞内设简易快速疏散工具，在每个疏散交通支洞与 U 形疏散交通洞相交处附近设置若干台单人或多人电动车，电动车由蓄电池组驱动，设方向盘和启动/停止按钮，以方便洞内人员乘坐电动车尽快疏散。

以阶地平埋式地下核电厂 CUP600 典型布局为例，地下核岛防火分区与安全疏散示意图如图 10.1 所示。

（2）地面常规岛及其他辅助厂房

汽轮发电机厂房的疏散楼梯应为封闭楼梯间或室外楼梯；厂（库）房、电缆隧道等可利用通向相邻防火分区的甲级防火门作为第二安全出口；厂房内地上部分最远工作地点到外部出口或疏散楼梯的距离不大于 75 m；主、辅开关站各层安全出口不应少于两个，室内最远工作地点至最近安全出口的直线距离不应大于 30 m；配电间室内最远点到疏散出口的直线距离不大于 15 m。

10.1.5.3 建筑防火

（1）设备和建筑装修材料的选用

电气和机械设备尽量选用不燃烧体材质。

厂房防火墙墙体、柱、梁、楼板等构件应为不燃烧体，尽可能选用钢筋混凝土，钢筋外面留有足够厚度的覆盖层或喷以 A 级不燃性增强纤维涂层，金属构件应使用隔热外罩或

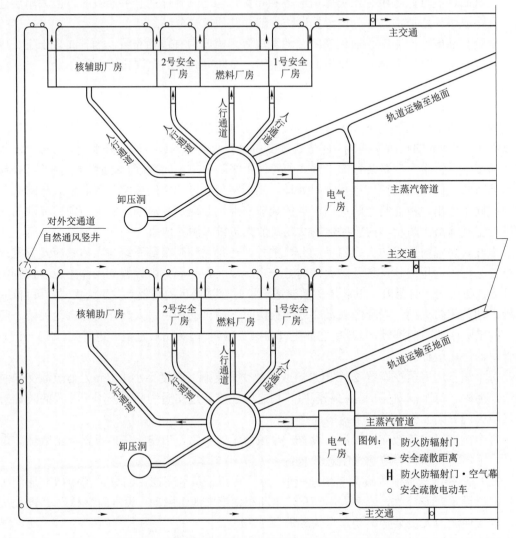

图 10.1 地下核岛（CUP600）防火分区与安全疏散示意

喷涂不燃烧的防火涂层；结构之间的伸缩缝采用 A 类不燃性材料制造接缝；厂房装修材料应为不产生浓烟和有毒气体的 A 类不燃材料。

设备不应布置在输送易燃液体的管道和外壁温度大于 100 ℃ 的热管附近。严禁在距这些管道或管壁小于 1 m 范围内布置电缆（与设备成一体化的电源和控制电缆除外）。

（2）吊顶与架空地板

天花板与吊顶形成的空间内应每隔 20 m 用不燃烧体进行分隔。若天棚与吊顶之间设有自动灭火系统进行有效灭火时，天花板与吊顶之间可不进行防火分隔。

尽量不使用架空地板，除计算机房等特殊部位不得不使用时，应对架空地板与楼板间的空间隔开分区，并满足防火和防水要求。

（3）管沟

除给水管外，油管道、电缆及排水管均不使用管沟。在管道安装完毕后，在管沟内填埋砂子和矿物纤维，并盖上有牢固起吊装置的防护盖板。

（4）电缆

核电厂中有机绝缘电缆因发热可引发火灾，故电缆敷设应遵守下述原则：

1）电缆应按机组分隔；同一机组按功能分隔；同一机组内的安全多重通道应布置在不同的防火分区。

2）反应堆厂房的安全壳电气贯穿件位置应远离管道贯穿件。

3）同一设备的多重敏感元件的连接电缆采用不同路径敷设，并尽可能布置于不同的防火分区内。

4）不同安全通道、安全组的电缆层或通道，不能垂直交叉布置。

5）非安全通道电缆应单独布置，不可与安全通道电缆混合布置。

6）电缆桥架应为金属材质，且应远离高温或易燃液体的管道。

7）控制室等电缆集中的部位，电缆间应进行隔离；冗余安全设备应布置在不同的机柜内或控制盘上。

8）电缆孔洞应进行防火封堵。

9）与安全相关系统的控制电缆不应安置在可能浸入易燃液体的沟槽内，否则应采取防止易燃液体进入沟槽的措施。

10.1.5.4　消防供水系统

（1）消防水源

核电厂消防水源采用冗余设置，即设双水源，两个消防水源相互备用。地下核电厂一般在地下洞室顶部设置两个消防水池，两个消防水池应通过管道相互连通，单个消防水池的有效容积应满足一次消防用水量。

（2）水量

地下核电厂同一时间内的火灾次数为一次。核电厂一次消防用水量应根据规范要求通过计算确定。

（3）消防水压

为提高消防供水可靠性和及时性，避免水泵启动时的 5～10 min 的延误时间，以及可能发生的机械或电气传动故障引起的灭火时无水的事故，地下核岛消防采用常高压供水系统，即消防水池至少高出地下洞室顶部 135 m，保证地下洞室最不利失火点处消防水压不小于 1.2 MPa，局部超压部分通过减压阀、节流管等进行减压。

地面常规岛及其他辅助厂房消防用水可采用消防水池与泵房加压的供水方式，满足常规岛及其他辅助厂房最大一次灭火用水量、流量及最大压力要求。

（4）消防管网设计

鉴于常规岛和其他辅助厂房布置于地面上，而核岛部分布置于地面下，故地面上的常规岛和其他辅助厂房设置一个环状消防供水管网，地下核岛部分另设一个环状消防供水管网，两个环状消防供水管网相对独立，分别从两个消防水池敷设干管与各自环状供水干管相连，为其供水。消防供水环状干管和主支管应敷设在专用管廊内，专用管廊应具有抗震功能。整个地下洞室消防供水管网（含阀门等附件）应在极限安全地震（SL-2）时能继续正常工作。所有消防供水管均为不锈钢管。

10.1.5.5　灭火设施

（1）地下核岛

鉴于核电厂地下洞室灭火救援路线较长，救援困难，故立足于自救为主，外部救援为辅的原则。地下核岛尽可能采用固定式自动灭火系统，将火灾扑灭在初始状态。靠近安全疏散通道且无核放射性的部位，采用室内消火栓和灭火器。为防止核飞溅，室内消火栓（水型、泡沫型）均为喷雾型。

固定式自动灭火系统主要包括：水喷雾灭火系统、细水雾灭火系统、二氧化碳灭火系统、七氟丙烷灭火系统、IG-541 灭火系统、热气熔胶灭火系统及水成膜泡沫灭火系统等。尽量采用水喷雾灭火系统，只有不适宜采用水消防的部位、场所（如设有精密仪器或控制设备的控制室等）才采用气体灭火系统。

在地下洞室中放射性物质可能泄漏的防火分区或防火小区内，应设置污水池，将水及泡沫等灭火剂回收并处理，以防污染物扩散。

所有防火分区或防火小区内应配备：便携式照明设备；供消防人员使用的呼吸装置；足够的呼吸气瓶及为呼吸气瓶充气的设备。

地下厂房和设备的消防措施主要如下：

1）反应堆安全壳

安全壳区域灭火困难，其火灾荷载主要来自泵润滑油系统、电缆及活性炭过滤器，故润滑油的数量应加以限制，贮油罐放置在独立的防火小区内，且泄漏油收集系统应按抗震要求设计。电缆采用不燃电缆，并尽可能分散布置。安全壳内设置与辐射环境相适应的感烟探测器。电缆密集区域和使用大量润滑油的设备宜采用细水雾灭火系统。

2）反应堆冷却剂泵

每台反应堆冷却剂泵设置自动喷水灭火系统，由设置在与泵不同房间的除盐水箱供水，除盐水箱得用加压系统形成氮封，供水水压为 0.8 MPa，灭火时间约 3 min。

3）碘吸附器

① 防火措施

通风小室内，除过滤系统专用电缆外，不安装其他任何电缆；电加热器上设置过热保护器，且电加热器电源受风机运行工况控制；碘吸附器密封箱体的进、出端口处各设置一个手动操作防火阀；在电加热器与碘过滤器之间设置感温探头。

② 水消防

碘吸附器活性炭总装量大于 100 kg 时，碘吸附器上部应设置水喷雾灭火系统，但喷头不与核岛消防水系统直接连通，火灾时，由消防人员使用软管从距碘吸附器 10 m 内的消火栓上取水。

4）上充泵房

上充泵与为主冷却泵供密封水的试验泵安装在一个防火分区内，每台泵布置在各自的防火小区内。上充泵和试验泵均采用水喷雾灭火系统灭火，上充泵房外易操作的部位设置消火栓和手提式灭火器为其辅助灭火。

5）安全注入泵和蒸汽发生器辅助给水泵

两个系统的泵安装在不同的防火分区内。在泵房外易操作的部位设置消火栓和手提式灭火器为其辅助灭火。

蒸汽发生器辅助给水泵内采用雨淋灭火系统灭火。

6）电气厂房

电气厂房主控室应设置正压送风系统，防止烟雾侵入。电缆层采用固定水喷雾灭火系统灭火。电气设备房间附近设置消火栓。

7）氢气危险区

氢气危险区内主要布置有以下设备：蓄电池间及氢分配系统、容积控制箱与化学和容积控制系统的阀门、硼回收系统暂存波动箱、含氢废气处理系统和衰变波动箱、废气处理系统压缩机、废气处理系统贮存箱等。

上述各种箱、压缩机和阀门部件均设置在不同的防火小区内。

氢气危险区外易操作的部位设置消火栓和手提式灭火器。

8）核岛安全厂用水系统管廊及冷却塔

每一个管廊–冷却塔构成一个防火分区，管廊和电缆层设水喷雾灭火系统，电气设备间和其他房间采用消火栓灭火。

9）电缆密集区

应采用无卤阻燃电缆或不燃电缆；电缆孔洞进行防火封堵；尽量减少电缆中间接头数量。电缆的弯曲半径应符合要求，避免电缆交叉扭曲；各类电缆应分层敷设，且应按要求敷设在电缆桥架上。

四层及以上的电缆桥架、两列三层及以上的电缆桥架布置于一起时，应设置水喷雾或细水雾灭火系统灭火。

电缆室或较长的电缆沟至少具有两个地点进行人工灭火的可达性。

设有水消防的电缆通道应设置消防排水设施。

10）库房

可燃、易燃液体不应存放在普通库房内，应贮存在专为贮存危险品单独设置的房间内。库房设置自动喷水灭火系统。

（2）地面常规岛及其他辅助厂房

地面常规岛及其他辅助厂房除设置室内、外消火栓系统外，一般还设置固定式灭火系统，如水喷雾灭火系统、细水雾灭火系统、自动喷水灭火系统、泡沫–喷淋灭火系统、干粉灭火装置、二氧化碳灭火系统、七氟丙烷灭火系统、IG–541 灭火系统及热气熔胶灭火系统等。

10.1.5.6　防、排烟系统

结合地下核岛各洞室群、地面常规岛及其他辅助厂房的排风系统，形成完善的排烟系统。

厂内各竖向疏散楼梯间，按防烟楼梯间设计，设置正压防烟系统。

汽轮机房、仓库等火灾危险性较大的房间，设置机械排烟装置；放置冷却与润滑油回路和油箱的房间，或火灾时极难进入的房间应设置机械排烟装置。

不同防火分区内的排烟区各自设置独立的排烟系统。

防排烟系统的控制系统应设在该防火区外。

火灾烟雾需进行处理并经监测符合排放标准后方可向外排放。

10.1.5.7　火灾自动报警系统

核电厂各建筑物均设置火灾自动报警系统，且每个机组的火灾自动报警系统均为独立系统，各机组的火灾集中控制器设在地面主控制室内。

报警分区和探测分区均根据防火分区进行划分，一个报警分区宜由一个或相邻几个防火分区组成；一个探测分区一般是一个防火分区或一个防火小区。

根据地下核电厂各部位火灾及烟气特点选择感烟、感温、火焰、可燃气体、本安防爆型的组合等类型火灾探测器对火灾进行探测和确认；在火灾探测回路采用带地址码的二总线环路形式。

火灾自动报警系统自备直流电源，其主电源由机组应急电源系统供电，备用电源采用蓄电池或不间断电源（UPS）装置。防排烟设施及水喷雾灭火装置的供电电源采用两路馈电在末端自动切换后提供。

各机组的火灾自动报警系统的电缆采用耐火电缆，设有安全重要物项的防火分区内，采用不燃电缆。

10.1.5.8 消防供电

地下核电厂消防用电按一级负荷供电，电源取自核电厂厂用电系统。消防供电电源采用双回专用电源，分别引自厂内公用电系统的两段母线，互为备用。另外，由厂内柴油发电机提供紧急备用电源。

地下核电厂各建筑物的疏散楼梯间、疏散通道、安全出口、电缆夹层等营救、逃生通道处及允许运行人员实施紧急停堆活动等部位，均设置消防应急照明和疏散指示标志，其中，在紧急停堆规定的时间内应急照明时间不应少于 8 h。

10.2 人工环境

10.2.1 引言

人工环境是由人为设置边界面围合成的空间环境。地下核电厂人工环境包括地下厂房围护结构围合成的建筑环境、生产环境和交通运输外壳围合成的交通运输环境等。为营造核电厂良好的人工环境，通风空调系统肩负着重要作用——为运行管理人员提供安全舒适的工作环境，为设备正常运转创造合适的环境条件，对排放气体采取过滤、吸收等净化手段，使之达到国家规定的大气排放标准。

地下核电厂将核岛部分的各个厂房置于地下各洞室，构成了一组大型地下洞室群，深埋于地下。地下核岛的厂房在布局以及建筑构造、环境条件上与地面核岛存在较大差别。对通风空调系统来说，需要研究、解决以下内容及问题：

（1）地下核电厂与地面核电厂通风空调系统设计条件的差别

包括室内温湿度设计参数、污染物排放、散热条件、厂房布置、管道布置、系统其他设计条件。

（2）地下核电厂通风空调系统设计原则

针对地下核电厂厂房的特征，对通风空调系统应采用的设计基本原则、要点分析研究。

（3）地下核电厂通风空调系统需要特别解决的问题及对策

针对地下核电厂与地面核电厂的差别，对其需要特别解决的问题进行深入分析，并研究给出解决方案。

地下核电厂布置特点如下：核岛厂房布置在地下，常规岛布置在山坡外侧的平台，核岛厂房顶部平台布置烟囱、消防泵房、冷却水池等。以阶地平埋式地下核电厂 CUP600 为例，地下核电厂各厂房洞室群的典型布局如图 10.2 和图 10.3 所示，各洞室的尺寸见表 10.2。

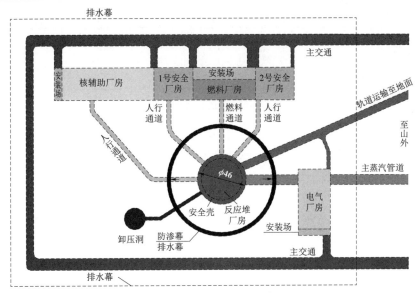

图 10.2　地下核电厂平面布置

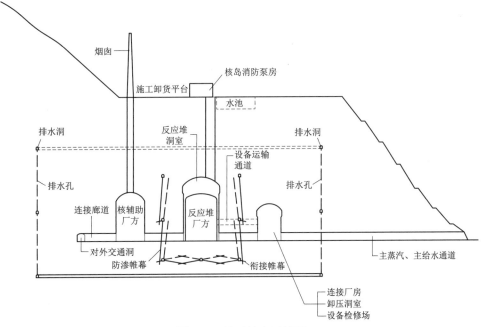

图 10.3　地下核电厂剖面

表 10.2　地下核电厂各厂房洞室尺寸　　　　　　　　　　　　　　　　　　　　m

建筑物	CUP600			备注
	宽/直径	长	高	
反应堆厂房洞室	46		87	圆筒形
核辅助厂房洞室	37	65	62	城门洞形
核燃料厂房洞室	19	55	60.5	城门洞形
核废物厂房洞室	37	44	38.5	城门洞形

建筑物	CUP600			备注
	宽/直径	长	高	
连接厂房洞室	30	67	46	城门洞形
安全厂房洞室	17	88	50.5	城门洞形
电气厂房（地下）	15	60	44	城门洞形

地面核电厂反应堆厂房与核辅助厂房、核燃料厂房、安全厂房、电气厂房等涉核构筑物布局紧凑，各配套用房基本上紧靠反应堆厂房布置，厂房之间距离短，这对通风系统的整体布置设计提供了便利条件，各厂房通风系统可以整体协调布置，共用进风井、排风烟囱。

由于地下核电厂各厂房洞室尺寸较大，在地下洞室群设计时，从结构安全的角度，厂房分为三大部分：安全壳洞室、组合洞室、电气厂房洞室，厂房洞室呈分散布置，组合洞室、电气厂房洞室与反应堆厂房洞室均保持约 50 m 间距，之间通过通道连接，这种布局增加了各厂房的通风系统整体协调设计的难度，共用进风井、排风烟囱就要求增加通风管道，增加空气输送距离。

地下核电厂各厂房之间、厂房与对外交通道之间的连接廊道和对外交通道的总长度超过 1 km，这些通道是地面核电厂没有的，作为地下核电厂与外界、相互之间联系的通道，在日常运行时需要经常使用，因此需要对通道的环境加以控制，使其满足人员使用的卫生健康要求，这是地下核电厂需要增加的控制内容。

地面核电厂的新风口、排风口与服务区（各厂房）距离均较近，空气输送距离短。

地下核电厂核岛厂房埋深很大，如图 10.3 所示，反应堆厂房埋深超过 100 m，其他厂房埋深超过 120 m，加上排风烟囱高出室外地坪的 80 m，从地下厂房屋顶算起，烟囱总高度超过 200 m，如从地下厂房的地面算起，烟囱总高度超过 260 m，比地面核电厂的烟囱实际高度超出约 180 m，这大幅度增加了排风的输送距离。同理，如果为了确保新风洁净，从核岛顶部高处取新风，也会增加新风的输送距离。除了距离的影响，地下核电厂埋于地下部分超过 100 m 的进出风通道，在地震事故时也需要保持安全性，不能被破坏。

10.2.2 设计原则

地下核电厂人工环境设计原则与地面核电厂基本一致，需要遵循适用、经济和美观三大基本原则。

适用性：要求设计人员在遵守我国《工程建设标准强制性条文》各项规范及规程的前提下，合理制订核电厂厂房通风、空调及消防设计方案。通风方面，要满足厂房新风需求、污染物浓度控制及污染物合理排放的要求；空调方面，要满足厂房温、湿度及气流组织的要求；消防方面，要满足厂房防、排烟功能要求。

经济性：要求设计方案在满足适用性的前提下，尽可能做到节约地下核电厂土建成本，综合比较各方案的经济性指标，做到既适用又经济。

美观上：设计方案在满足适用和经济要求的前提下，对风管、空调水管甚至其他管线必须要有合理的规划和布局，使通风空调系统与厂房布局协调、美观。

10.2.3 通风系统

核电厂通风系统是核电厂生产所必需的辅助保障性系统，其主要功能是：

（1）通过包容措施（屏蔽或者适当的压差）以及空气净化过滤措施来控制工作环境的气载放射性污染，以便使工作人员的照射量和放射性核素的吸入量保持在"合理可行尽量低"的水平，确保不超过相应的限值。

（2）提供一定的通风换气次数，结合空调系统控制厂房内部的环境温度、湿度在设计范围内，保证人员的舒适性以及厂房构筑物和设备功能不受损坏。

（3）控制和限制污染空气或气体的排放，避免对核电厂周边环境造成放射污染。

（4）满足消防加压送风、排烟功能。

地下核电厂厂房通风系统设计要求与地上相同，在必须保证以上基本功能要求的基础上，同时尚需根据自身的特点，对地面核电厂的通风设计加以改进。

10.2.3.1 地下与地面核电厂的通风系统需求对比

因为核电厂在基本厂房、功能房间配置上，地下核电厂与地面核电厂并无不同，因此地下核电厂可以采用与地面核电厂相同的通风系统设计思路和方案。但这并不意味着可以完全照搬地面核电厂的系统，在具体设计环节，仍需要根据控制污染物水平、控制气流流向、控制温湿度的角度和地下核电厂的特有条件，进行相应的计算分析，以确定具体的系统规模。概括来说，对通风系统，地下核电厂厂房部分与地面核电厂在设计原则和总体方案上是一致的，二者的差别体现在三个方面：一是地下厂房的边界条件（传热、气密性、湿负荷）有变化，并且增加了厂房间的交通道，因此系统的规模与地上相比可能有变化；二是因为厂房深埋地下，排风到室外和从室外取新风的难度增大；三是不同厂房间距变大，厂房之间通风距离变大。

地下核电厂通风系统设计规模主要取决于控制目标的需求：污染物浓度控制、室内压力分布（控制气流流向）、人员新风要求、排除余热需求、湿度控制需求、消防排烟和正压送风需求。

污染物浓度控制：核电厂所产生的污染物总量只与工艺条件、系统规模、是否正常运行有关，与核电厂位置无关；核电厂对放射污染物要做到受控排放，对污染物排放浓度的控制，取决于厂房内部产生的污染物总量及对污染物的处理，因此对污染物稀释的通风需求，与厂房在地上或者地下无关。

室内压力分布：地下核岛厂房为深埋地下的洞室，各洞室仅有连接通道与外界相通，各个通道之间的通风流向设计及控制相对更简单。同时，因为各个厂房位于地下洞室内，如依托山体建造厂房，厂房的外围护结构基本可以做到完全气密，控制厂房内部的各个房间压力分布时，仅需要考虑房间之间的通道（门），而无须考虑与厂房外界的空气渗透，因此维持厂房正压、负压需要的新风量会更小。

人员新风要求：从运行要求上，地下核电厂并不需要更多的工作人员，人员新风的要求与地上没有差别，同时，人员对新风要求的量远小于其他系统需求，不影响系统规模。

排除余热需求：地下核岛厂房的埋深一般达 100 m 以上，基本处于地表恒温层，山体的基础温度冬暖夏凉，并且隔绝了太阳辐射的影响，在厂房排热方面，系统只需要考虑室内产热，减少了厂房的排热负荷需求，同样在冬季，由于山体温度远高于外温，也减少了厂房加热负荷的需求，因此地下核电厂的排热（加热）对系统的设计规模要求更低。

从全年运行的角度，安全壳每年的排热总量可能会增加，这不影响系统的设计规模。新风经过较长距离的水平或垂直的地下进风廊道，廊道洞壁在夏季会对新风进行预冷，冬季对新风进行预热，这会降低处理新风消耗的能源，也是地下核电厂的一个优势。

　　湿度控制需求：对地下厂房，湿源主要是施工余水和地下水渗透；施工余水主要是砖砌体、混凝土、水泥砂浆中的施工水，总量虽然不少，但是终究有限，在施工完毕，通过排水设施排除积水，通过通风系统运转一段时间就可以基本排完。真正在运行中需要考虑的是地下水渗透，首先地下厂房外围设计了永久排水系统，控制了地下水流向厂房，在洞室群外围形成疏干区；其次对厂房的围护结构采用防渗做法，这样可以降低通过地下洞室壁渗透的散湿量。当对地下洞室散湿表面采用离壁衬砌防潮墙措施时，可以控制渗透到厂房内部的散湿量不超过 1 g/（h·m²）。根据厂房通风系统的规模，可以消除这个散湿量。局部湿度较重的区域可采用小型、可移动的常规除湿机进行移动除湿。总的来说，并不需要为此增加通风系统的规模。

　　消防排烟/正压送风需求：地下核电厂厂房的建筑规模、车间尺寸与地上厂房相比，没有变化，甚至可能更小，因此消防排烟/正压送风的风量及风道尺寸最多与地面厂房持平，不会增大，但进、排风道的长度以及风机的风压要比地面厂房的消防排烟/正压送风系统大一些，可以结合正常运行的送、排风系统合理解决。

　　从地下核岛厂房自身的各方面需求看，地下厂房的通风系统规模，可能有减小规模的因素，没有需要增加规模的因素，具体规模需要在详细设计阶段落实。

　　在通风系统设计思路、系统方案、系统规模方面，地下核电厂厂房部分比地面核电厂厂房没有增加更多要求，因此维持地面核电厂的设计即可，并未增加新的难度。不过不能忽视，地下核电厂在实现以上的设计思路、方案时，仍然需要解决一些问题，如地下交通道（包括厂房和安全壳之间的人行通道）的环境控制问题、厂房通风系统的通风距离问题、热压通风对厂房环境控制的影响等。

10.2.3.2　地下核电厂通风系统方案设计

　　通过对地面核电厂通风系统设计方案研究，可以明确目前核电厂厂房内部采用的通风系统方案总体设计思路如下：

　　（1）安全壳内：正常运行时内部循环排热、净化，控制温湿度，必要时通过净化机组降低安全壳内放射性活度；冷停堆检修期间，新风直流降低放射性污染物浓度。

　　（2）核辅助、核燃料厂房：新风直流系统，控制气流从潜在低污染区流向潜在高污染区，新风经过新风机组进行加热/冷却/除湿，同时控制室内污染物水平、温湿度。

　　（3）其他厂房及主控室：以新风加回风循环机组控制室内卫生环境、温湿度，为工作人员提供舒适的工作条件。

　　基于此原则，根据地下核电厂特点，地下核岛的通风系统原理如图 10.4 所示，各个系统功能如下：

　　安全壳反应堆设备隔间循环冷却系统（KLA10）：按区域，对隔间利用空气循环进行冷却，机组运行时，系统运行，事故工况（安全壳压力达到 0.129 MPa）时，系统停运。包括反应堆堆腔循环冷却系统、蒸汽发生器间循环冷却系统、稳压器间循环冷却系统、主泵电机间循环冷却系统、安全壳大厅循环冷却系统、反应堆上部组件循环冷却系统。

　　安全壳负压系统（KLD10）：该系统从控制区主送风系统（KLE10）取经过过滤、加热或冷却的新风，通过两道安全壳密闭隔离阀，流量经过送风阀根据安全壳负压信号调节后送到楼梯间和主泵间；机组运行时该系统投用，在 LOCA 事故时系统停运。系统具有如下功能：

　　1）建立和维持安全壳负压在 250 Pa 左右，同时建立一定的空气交换。

　　2）建立安全壳内的空气流向由低污染区到高污染区。

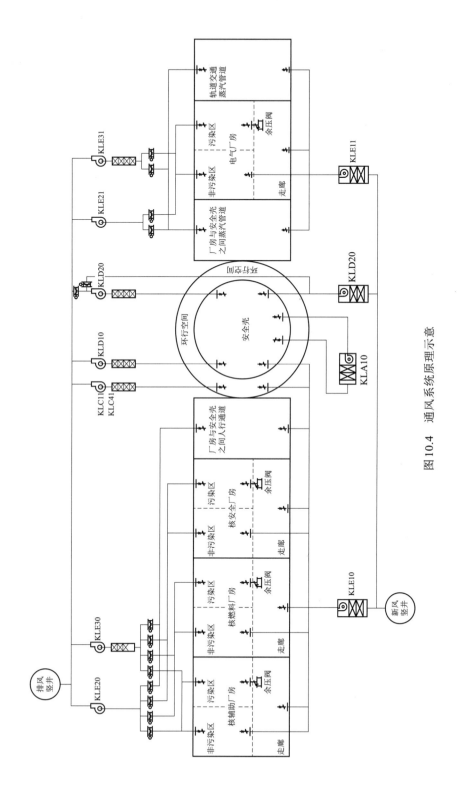

图 10.4　通风系统原理示意

3）净化空气，控制污染向环境的释放。

反应堆厂房应急检修通风系统（KLD20）：该系统在机组紧急停堆或检修状态时保证反应堆厂房内的适于人员工作的环境。该系统由新风空调机组、净化机组、风机和阀门组成。空调机组内设置有水加热器和冷却器，冬季由厂区供热系统提供 60～95 ℃热水，夏季由厂区冷冻水系统提供 7 ℃冷冻水。净化机组内设置前置高效、电加热器、后置高效。系统具有如下功能：

1）在停堆检修和换料前，对安全壳空气进行净化，确保进入人员的辐射安全。

2）在停堆检修期间，保证安全壳内通风换气及适宜的壳内温度。直流式送、排风运行模式。

安全壳环廊负压通风系统（KLC11 和 KLC41）：在正常运行工况和预期事故运行工况下，安全壳环廊通过控制区主送风系统（KLE10）和主排风系统（KLE20、KLE30）维持负压。在设计基准事故和超设计事故工况下，环廊负压有事故工况环廊和安全厂房专设负压通风系统（KLC11 和 KLC41）维持。

主通风系统（KLE10/20/30 和 KLE11/21/31）：由于电气厂房与其他厂房相距较远，因此主通风系统分为两套。KLE10 负责核辅助厂房、核燃料厂房、核安全厂房、安全壳及环行空间的送风，KLE11 负责电气厂房的送风；KLE20 负责非过滤工况核辅助厂房、核燃料厂房、核安全厂房、安全壳环行空间的排风，KLE21 负责非过滤工况电气厂房的排风；KLE30 负责过滤工况核辅助厂房、核燃料厂房、核安全厂房、安全壳环行空间的排风，KLE31 负责过滤工况电气厂房的排风。具体功能包括：

1）保证厂房温度；

2）保证气流由低污染区流向高污染区；

3）维持安全壳负压、维持安全壳环行空间负压、维持各厂房间气闸间正压；

4）由过滤机组对已被污染的空气进行过滤净化后排放。

10.2.3.3　地下核电厂通风系统详细设计思路

通风系统需要解决的基本问题包括：

（1）人员每小时需供应的新鲜空气量（新风量）；

（2）维持厂房正压、负压需要的新风量；

（3）保证厂房的温湿度达到使用要求；

（4）保证稀释放射性废气所需的通风量。

由于地下核电厂与地面核电厂的差别，以上四项基本问题也有所变化：

1）人员所需新风量：地下核电厂与地面核电厂相同，同时人员对新风需求量远小于其他方面对于风量的需求。

2）维持厂房正压、负压需要的新风量：地下核岛相比地面核电厂，通风流向设计及控制相对更简单，维持厂房正压、负压需要的新风量会更小。

3）保证厂房的温湿度达到使用要求所需通风量：地下厂房山体的基础温度冬暖夏凉，供冷（加热）对系统的设计规模要求更低。

4）保证废气放射性浓度稀释所需的通风量：对污染物稀释的通风需求，与厂房在地上或者地下关系不大。

在地下核电厂通风系统详细设计时，需要考虑上述差别，仔细研究确定通风系统的合理通风量。

首先第一项与第二项要求的新风量相比后两项所需的风量比较小，不是确定通风量的关键因素。

第三项：如果由室内发热量确定的空调通风系统的风量比较大，应该采用局部的自循环（部分回风）的空调末端设备，解决厂房的温湿度要求，而不应该增大直流系统换气量。

第四项：如果废气稀释所需的风量较大，可以考虑如下两种方式进行改善、控制系统通风量：一是废气在进入通风系统前，控制其流量，以保证稀释倍数；二是根据含氢废气和含氧废气，分别采用不同的废气处理系统进行再净化处理。如含氢废气可以通过增多滞留床的个数，增加滞留床中活性炭的质量或降低气流速度，以延长放射性核素滞留时间，使放射性核素能充分衰变以降低放射性水平。

综上所述，对于核燃料厂房和核辅助厂房（直流式通风系统）而言，在满足人员基本新风量需求和维持厂区正、负压的情况下，可以考虑适当减少直流式通风系统的风量，而保证厂房的温湿度可以通过局部自循环的空调设备解决，废气稀释可以串联滞留床等方式解决，从而避免地下核岛的通风系统风量过大，减少地下核电厂的空调通风系统设计的复杂性。

10.2.3.4　地下核电厂的通风问题及对策

综合地下核电厂自身特点和地面核电厂通风系统设计要点，以阶地平埋式地下核电厂 CUP600 为例进行分析，通风系统设计需要重点分析以下问题。

（1）地下交通道的通风设计

地下厂房布局分散，并且需要与外界实现便利交通，因此需要设计大量交通通道，包括对外交通道以及各个厂房之间的连接廊道、管线廊道，初步估算，如果厂房区外侧边界与山体边界距离 300 m（如图 10.5 所示），那么对于两个 CUP600 组合布置的地下核岛，10 m×10 m 的对外交通道总长度将超过 1 700 m，7 m×7 m 的交通道长度将达到约 400 m，各厂房与安全壳之间的人行通道总长度近 800 m，廊道的总体积达到约 230 000 m³。

作为核电厂日常生产运行必需的交通通道，考虑到工作人员的健康，地下通道应保持一定的通风换气量。由于通道内无特别的污染物，且人员只是通过不长时间停留，参照人防物资库的换气要求，其换气次数达到 1 次/h 即可。由于交通道规模较大、距离长，采用机械通风，需要有大量的通风设备，通风量大、风机能耗高且不容易实现良好的气流组织。

可以利用地下厂房的地形优势，在通道适当的位置设置自然通风竖井（如图 10.6 所示），通过地下通道与烟囱出口超过 180 m 的高差，同时利用山体冬暖夏凉的蓄热作用，使得通道内维持与室外一定的温差，可实现较大的热压，由于烟囱高度较大，即使温差不大，也能获得较大的通风量，从而在全年绝大部分时间，均能实现热压自然通风，满足地下通道通风换气的要求。

　　各个厂房在运行时保持很高的气密性，因此组合洞室、电气厂房与安全壳之间的人行通道是密闭的空间，实现自然通风非常困难。考虑这个情况，对地下核电厂的通风系统整体规划如图10.5所示，对地下核电厂根据通风情况分为三种类型：一类区域，设机械通风系统，包括各个厂房和之间的密闭通道；二类区域，利用自然通风，包括主要交通道、蒸汽管道廊、轨道运输通道，在蒸汽管道廊、轨道运输通道和主交通道之间，设自然通风洞或者自然通风管；三类区域，为厂房和主交通道之间的短连接通道，设置射流风机，与主交通道之间形成通风换气。按此方案，地下核电厂的机械通风系统增加了人行通道、管道廊等部分的通风换气。

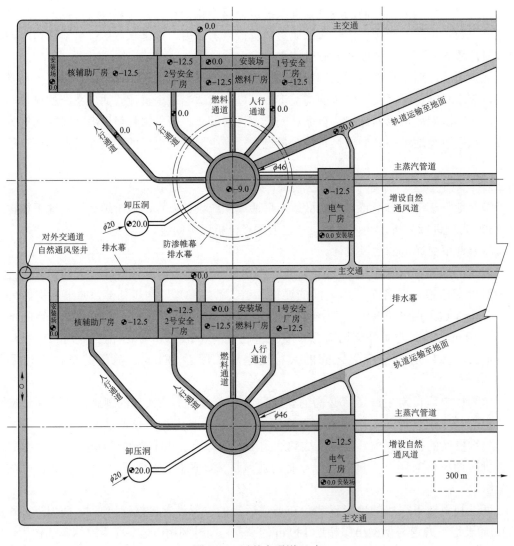

图 10.5　对外交通道尺寸

（2）通风距离远的问题
　　地下核电厂一般将核辅助厂房、核安全厂房、核燃料厂房布置在一起，但与反应堆厂房、电气厂房仍然是分散布置，各个厂房之间、厂房与新风口、厂房与排风口之间距离较远，这会增加新风和排风的输送距离，对风机扬程提出更高要求，同时风管长度大也增加了风管漏风的影响。

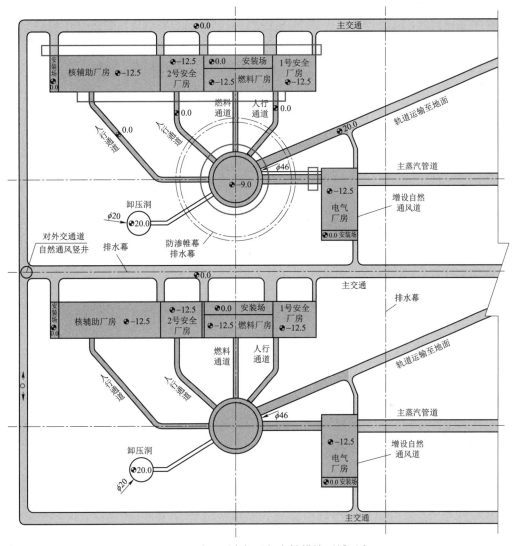

图 10.6　地下厂房加强气密性措施区域示意

对策一：对排风烟囱、新风管井、厂房之间风管尺寸仔细核算，控制风速，降低输送管道风阻，最大限度地控制因为输送距离长造成的风机扬程增加值。对土建排风烟囱，按田湾核电厂的排风量计算（CUP600 的反应堆规模比田湾核电厂小，排风量可能更低），如排风烟囱直径达到 2.5 m，百米管道增加阻力 35 Pa，这对风机扬程影响很小（根据田湾核电厂设计资料看，核岛通风系统的风机扬程大多在 2 500 Pa 以上）。

对策二：所有的可能含放射污染的排风机组，均布置于排风烟囱附近，排风机出口正压风管就近尽快进入排风烟囱，连接各个厂房之间的排风管均为负压段，避免在各厂房连接廊道、工作区内出现正压的排风管道。如类似大亚湾核电厂的安全壳通风换气系统 EBA，其排风机组布置在核辅助厂房的烟囱附近，即可保证在安全壳和核辅助厂房之间的排风管处于负压，避免污染廊道空气。

（3）热压通风影响

深埋于地下的厂房和通道，很容易利用一些穿透山体的通道、竖井、烟囱，形成很大的热压，从而形成热压自然通风，这些热压通风对地下通道等清洁区域的环境控制，无疑有着积极作用，可以替代机械通风。但是对于核岛的各个厂房，则是不希望受到其影响的，以便能够更好地控制污染物扩散。因此对各个厂房来说，应该控制其密封性，避免受到热压通风的影响，避免给控制厂房内部的气流增加难度。

为了实现上述目标，在地下对外交通道的自然通风设计时，应避免使各个厂房成为自然通风的通道，避免形成穿过厂房的"穿堂风"。应对各个厂房主体结构、厂房洞室的施工孔洞进行有效封堵，对图 10.6 矩形框及圆形框内所示的各个厂房出口，必须采取有效的密封措施，保证各个厂房的气密性。

（4）事故工况

对于地下核岛厂房内部一般性生产事故，因地下核岛的通风系统布置、安全监测设施、事故工况的系统设计与地上并无差别，因此可以采用与地面核电厂一致的应对方案。为了发挥地下核电厂自身抗震性能好、山体包容性好的优势，地下核岛的通风系统设计还应该考虑严重事故发生后，在全厂断电工况下以及长时间无其他动力能源干预下地下核电厂通风空调对策研究。可采取以下措施：

维系地下核电厂与室外进行联系的排风烟囱和新风井，应按较高的抗震烈度设计，在地震事故时应能保证安全不被破坏。

核岛的通风系统由于高效过滤器的设置，系统的通风阻力非常高，在断电工况是无法工作的。针对此情况，首先应在通风系统集中的机房内或附近设置备用电源（UPS、厂内备用柴油发电机等），能够依靠备用电源维持通风系统正常运转，为事故抢修创造好的工作环境。如果需要进一步加强安全措施，可考虑将通风系统的设备全部外置到地面上的二阶平台，或者在二阶平台备用一套通风设备，在二阶平台上的设备，供电保障要高得多，事故工况供电恢复条件好、速度快，可极大提高系统运行安全性，此方案需要增加较多的通风管道衔接地面上的设备和地下的厂房，更重要的是需要保证在地震事故中能够确保连接通风设备与地下厂房的管道安全。

10.2.3.5 地下核电厂通风系统详细设计思路

（1）自然通风模拟

以阶地平埋式地下核电厂 CUP600 为例，对该厂的对外交通道、轨道运输道、排风烟囱建立 CONTAMW 自然通风计算模型，如图 10.7 所示，可以对不同排风烟囱尺寸，不同室内外条件下的自然通风量和换气次数进行计算，来研究自然通风控制地下交通道室内环境的可行性。

夏季自然通风模拟计算结果如图 10.8 所示，冬季自然通风模拟结果如图 10.9 所示。在夏季，地下通道内温度低于室外温度时，空气从第二阶平台排风烟囱口进入通道，从第一阶平台对外交通道进出口流出；在冬季，地下通道内温度高于室外温度时，空气从对外交通道进出口进入通道内，从第二阶平台的排风烟囱口流出。

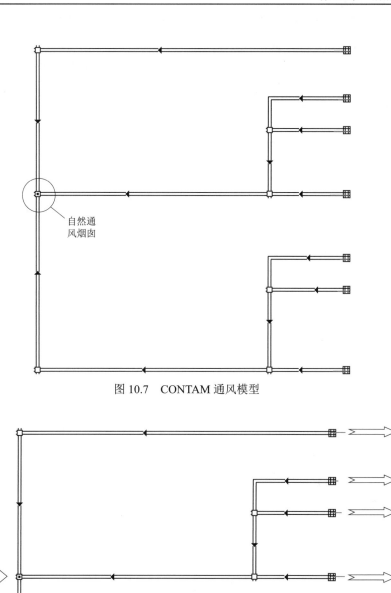

图 10.7 CONTAM 通风模型

自然通
风烟囱

图 10.8 夏季自然通风计算模型

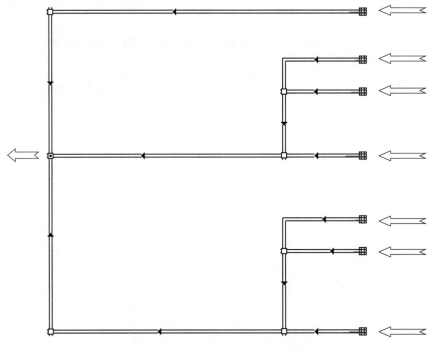

图 10.9　冬季、过渡季自然通风计算模型

以通道内温度为 20 ℃时为例进行分析，并对冬季、夏季两种情况分别计算，当通道内与通道外温差分别为 1 ℃、2 ℃、5 ℃时，对外交通道的换气次数见表 10.3。按照地下核电厂的地下交通道规模（地下厂房洞室距离山体出入口 300 m），即使采用 5 m 直径的排风烟囱，当室内外温差为 1 ℃时，换气量也能达到 0.77 次/h；室内外温差达到 2 ℃时，换气量就能达到 1.1 次/h；室内外温差达到 5 ℃时，换气次数达到 1.7 次/h。

表 10.3　对外交通道自然通风模拟计算

季节	室内外温差/℃	参数	烟囱直径 3 m	烟囱直径 5 m	烟囱直径 10 m
冬季、过渡季（室内温度比室外温度高）	1	风量/（kg/s）	23	78	363
		换气次数/（次/h）	0.22	0.77	3.6
	2	风量/（kg/s）	32	111	514
		换气次数/（次/h）	0.32	1.1	5.1
	5	风量/（kg/s）	52	176	819
		换气次数/（次/h）	0.51	1.7	8.1
夏季（室内温度比室外温度低）	1	风量/（kg/s）	23	78	361
		换气次数/（次/h）	0.22	0.77	3.6
	2	风量/（kg/s）	32	110	510
		换气次数/（次/h）	0.32	1.1	5.0
	5	风量/（kg/s）	51	173	802
		换气次数/（次/h）	0.50	1.7	7.9

由于山体巨大的热惯性，而且通道内没有热源，通道内的空气温度变化较慢，而室外每天的温度波动较大，每天不同时刻通道内外的温差都在变化，因此每天不同时刻的换气次数也有较大的变化，不过因为交通道内换气要求并不高，只要每天平均的换气次数达到 1 次/h 即可。

通过以上的计算，可以明确，利用自然通风完全可以实现地下交通道的通风换气要求。以上模拟可有以下基本结论：

1）自然通风的排风井尺寸为 5 m 直径即可。

2）可在排风烟囱出口处设置电动调节通风窗，在室外湿度过大时，调节或者关闭电动通风窗，避免地下通道凝水；也可以在室内外温差较大时，进行调节，避免过大的通风量。在地下核岛发生火灾时，电动通风窗应关闭，避免影响烟气流向控制。

（2）热湿环境模拟

深埋于山体的地下交通道，基础温度较低，在夏季室外空气湿热时，进入交通道的室外空气会被山体降温，如果交通道洞室的表面温度低于进风空气温度的露点温度，在交通道洞室的表面就有结露的风险。本节模拟分析了自然通风时结露的风险和对策。

对第 10.2.3.5 节所设计的自然通风方案，地下交通道和自然通风竖井，可以简化为一条穿过山体的通道，通道周围的山体厚度非常大，可近似为绝热边界，山体初始温度近似为核电厂选址地区年平均温度，并给定通道的自然通风换气次数为 1 次/h（自然通风量可通过风口的电动窗进行调节，实现固定自然通风量），基于此编制程序动态分析全年的地下交通道表面温度、地下交通道空气温度。

将地下交通道分为三段，图 10.10 分别给出了进口段、中间段、出口段的全年表面温度情况。图 10.11 给出了各段的表面温度与空气露点温度的差值。图 10.12 则给出了各段在不同月份有结露风险的小时数。在夏季，热湿空气通过第二阶平台的高处入口进入自然通风竖井，由第一阶平台的通道口排出，因此进口段为基本自然通风竖井，中间段为地下核岛厂房周边区域，出口段则为从第一阶平台的通道出入口到核岛厂房区域附近部分。

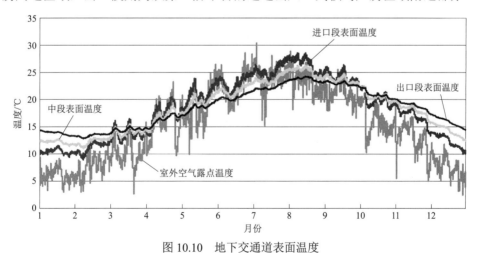

图 10.10　地下交通道表面温度

由于中间段对核岛厂房周边的环境影响最大，以此段为例进行分析。在 6 月、7 月，由于室外湿度大，约 2/3 的时间段有结露风险；在 4 月、5 月、则有近 1/2 的时间有结露风险；随着通风持续，山体表面温度升高，在 8 月以后，随着地下交通道的表面温度升高，结露风险较小。可见，交通道表面发生结露凝水风险较高的时间段为 4 月～7 月，其他月份，结露风险很低；在结露风险最高的 4～7 月，仍有部分时间，室外露点温度较低，能够不结露。

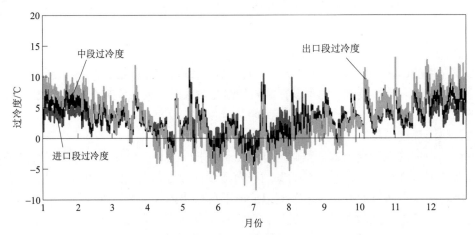

图 10.11　地下交通道表面温度与空气露点温度差

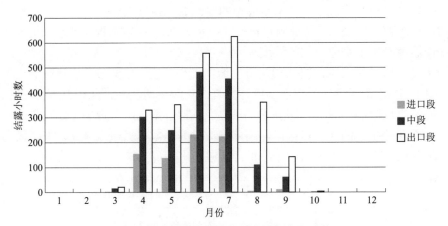

图 10.12　地下交通道表面结露发生小时数

　　针对这种情况，由于地下交通道为人员通过不停留的空间，室内环境可接受范围很大，一方面对通风换气要求较低，另一方面不要求严格不结露，因此，建议采取对自然通风量进行控制的方式，在 4～7 月，当室外空气露点温度高时，关闭自然通风口，停止自然通风，在室外空气露点温度低，无结露风险时，开启自然通风口，适当加大换气次数，采用这种间歇通风的方式，实现避免结露的同时，达到对地下交通道的换气（注：如需要相对严格的控制地下通道环境，则可在第二阶平台出口处配置除湿通风机，在 4～7 月部分时间段，采用除湿机为地下通道通风换气）。

　　图 10.13 给出了在自然通风换气时，交通道内部不同位置的空气温度，计算结果显示，进入地下交通道的室外空气，在冬季会被山体加热，有一定的升温，在夏季被山体冷却，有一定的降温效果，交通道的全年温度处于较舒适的温度区间，完全可以满足使用要求。

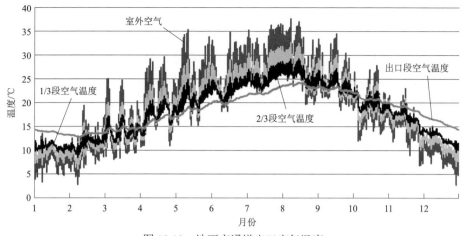

图 10.13　地下交通道出口空气温度

通过地下交通道的模拟，有以下结论：

1）在控制自然通风量的前提下，交通道内的温度处于舒适范围。

2）在 4~7 月，地下交通道结露风险较大，建议采用间歇通风的方式来解决。当室外露点温度高时，关闭自然通风口，停止自然通风，在室外露点温度低、无结露风险时，开启自然通风口，适当加大换气次数，实现避免结露的同时，达到对地下交通道的换气。

10.2.4　空调系统

核电厂的通风、空调系统实际上基本是一套整体，本节单独把空调系统提出来，重点是对通风系统环节涉及的厂房制冷加热系统的冷源、冷媒输送、末端处理方式等能源供应方面进行分析。

10.2.4.1　地下与地面核电厂空调系统方案设计的差别

（1）室内空气设计参数

地下核岛各房间的温湿度参数设计值是由房间的功能决定的，见表 10.4。和地面核电厂相比功能相同的房间，其温湿度参数设计值也是相同的，这一点地下和地面核电厂没有差别。

表 10.4　地下核岛室内空气设计参数

区　　域		温度范围/℃		相对湿度范围/%	
1. 人员长期值守部位	计算机室、电气设备室等	18	25	45	65
	办公室、更衣室、卫生间、局部控制室等	18	25	—	65
	现场实验室、取样室等	22	24	45	65
2. 人员经常性出入（短期停留）		5	35	—	70
3. 人员非经常性出入（短期逗留）		5	40	—	70
4. 人员极少出入	一般区域	5	45	—	95
	反应堆厂房：				
	正常运行	15	40	—	95
	换料期间	15	35	—	95
	其他区域	5	55	—	95

（2）围护结构传热

地面核电厂处于室外环境，受外界天气情况影响，厂房与外界的传热或者散热取决于天气情况，对于一般舒适性区域，冬季厂房会向外散热，夏季会从外界吸热，这会增加室内环境舒适的控制成本；对于安全壳，因室内有较大的余热，在一年的大部分时间，都可以通过混凝土外墙向外释放一定的热量，从而减少内部冷却机组的能耗（双层安全壳除外）。虽然安全壳的钢筋混凝土结构很厚（约 900 mm），但是因为安全壳运行中几乎持续需要散热，冬季和过渡季室内外温差较大，通过安全壳围护还是可以散发相当一部分的热量，从而减少了对制冷的需求。

地下核电厂深埋于 100 m 以下的山体中，基本处于地下恒温层，周边山体的温度比较稳定，而且山体具有极大的热惯性，实现了地下厂房与外界的有效隔离。在核电厂运行之初，山体土壤的温度为该地多年平均温度，低于室内需要控制的温度，这对减小空调运行能耗是有利的。因此地下核电厂空调系统运行之初，空调能耗较低，随着运行时间增长，这一效果逐渐减弱。地下核岛运行多年之后，地下洞室的围护结构可视为绝热边界，地下洞室的得热仅来自于洞室内各类工艺设备产热，地下洞室的得热负荷不会由于室外气象改变而改变，此时安全壳内部的余热则全部需要靠机械制冷负担，相比于地面核电厂，安全壳的制冷能耗要高一些。

以阶地平埋式地下核电厂 CUP600 为例，对 CUP600 的安全壳设计外径 38.8 m，高 66 m，围护结构为 900 mm 钢筋混凝土内衬、6 mm 钢板，运行时安全壳内部余热 800 kW（暂按照其他核电厂冷却机组配置估算），采用建筑热环境动态模拟分析软件 DeST 对安全壳位于地上、地下的制冷量进行全年逐时模拟，当地下核电厂处于多年运行稳定后时，安全壳的年耗冷量比地面核电厂高 132 万 kW，约折合制冷电耗 22 万 kW·h/a。

（3）除湿负荷

对地下厂房，湿源主要是施工余水和地下水渗透；施工余水主要是砖砌体、混凝土、水泥砂浆中的施工水，总量虽然不少，但是终究有限，在施工完毕，通过排水设施排除积水，通过通风系统运转一段时间就可以基本排完。真正在运行中需要考虑的是地下水渗透。首先地下核电厂外围设计了永久排水系统，控制了地下水流向厂房，在洞室群外围形成疏干区；其次对厂房的围护结构做法采用防渗做法，这样可以降低通过地下洞室壁渗透的散湿量。当对地下洞室散湿表面采用离壁衬砌防潮墙措施时，可以控制渗透到厂房内部的散湿量不超过 1 g/（h·m²）。根据地下核电厂厂房规模，厂房和人行通道洞室的总内表面积约 8.9 万 m²，总产湿量不超过 89 kg/h，保守地计算，如果通过机械通风手段为地下室除湿，则增加制冷系统的负荷为 62 kW，全年按照稳定的产湿量，总增加除湿负荷 54 万 kW·h/a。厂房的通风系统设计规模完全满足上述在除湿方面对通风系统的需求，因此将地下核电厂在除湿方面对空调系统的影响，体现在需要为此付出更多的制冷量，折合制冷电耗约 9 万 kW·h/a。

（4）冷冻水、热水输送距离

如 10.2.1 节所述，地下厂房布局分散，同时地下核岛整体与地面常规岛的距离也比地面核电厂远，使得地下核电厂的水系统管网总距离增长。与紧凑布局的地面核电厂相比，地下核电厂空调水系统管网的初投资和运行能耗都会有一定程度的增大。按照图 10.5 所示，如地下核岛距离山体出口 300 m，再考虑地下核岛厂房分散，则单程水系统输送距离比地面核电厂要增加 400 m，往返输送距离增加 800 m，将会造成初投资和运行费的增加。

10.2.4.2　地下核电厂的空调系统特点分析

（1）地下核电厂的空调系统基本方案介绍

对核电厂厂房的空调方案，应根据各个厂房区域不同的环境要求，分别考虑。由于地下核岛可根据人员是否长期值守、短期逗留或极少出入等特征，结合各洞室的基本功能（考虑设备运转环境需求），分为不同的环境控制区域。如反应堆厂房，温度最高要求为 35～55 ℃，需要常年制冷，而人员长期停留区域要求为 18～25 ℃，两者温湿度要求差别很大，对冷源品质的要求也不同，因此需要按照"高质高用、低质低用"的原则设计合理的空调通风系统。比如，反应堆厂房可以利用自然水源（水库水、湖水）经热交换器换热后直接冷却的空调方案；而主控室（人员长期值守部位）环境温度宜在 26 ℃以下，可采用常规冷源方案。

空调系统的一项重要参数是新风量，对于核反应堆厂房这种冷负荷巨大平时无人停留的空间，反应堆正常运行期间采用全回风处理系统的方案；冷停堆期间采用全新风方案达到快速控制室内污染物浓度和室内环境的效果；对于地下核岛的各功能厂房，为防止污染物迅速扩散和达到稀释污染物浓度的目的，空气处理方案主要采用直流式全新风的方案（这点和地面核电厂的风系统方案相同）。地下核岛的新风取风、排风难度均比地面核电厂困难，新风量大本身对系统规模、处理能耗也有较大影响，因此应根据实际厂房布置的控制需求，在尽量加强对局部污染物处理进而减小排放量、充分考虑地下厂房的密封性的前提下，合理计算控制污染物排放稀释浓度的需求、计算控制室内压力分布的需求、计算人员卫生需求，按照计算的实际需求确定系统新风量。对室内排热除湿需求风量超过实际新风量需求的场所（如电气机房），应在局部设置末端循环机组进行处理，不应采用加大直流机组新风量的方式。

（2）地下核电厂各区域空气处理过程设计

表 10.4 把地下核岛需要人工环境控制的区域，按人员逗留时间长短，划分为四个部分：人员长期值守部位、人员经常性出入（短期逗留）、人员非经常性出入（定期巡检）和人员极少出入的部位。下面以阶地平埋式地下核电厂 CUP600 为例，分区域介绍其对应的空气处理方案。

1）人员长期值守部位

这类区域主要包括三类，一是主控室、计算机室、电气设备室等；二是办公室、更衣室、卫生间、局部控制室等；三是现场实验室、取样室等。如采用的是直流式全新风方案，室内设计参数为 N（23.0 ℃，60%），含湿量为 10.5 g/kg。而室温 23 ℃的环境中，办公室人员的产湿量为 89 g/（h·人），若新风量设计为 30 m³/（h·人），则送风含湿量为 8.0 g/kg，若新风量设计为 200 m³/（h·人），则送风含湿量为 10.1 g/kg。

按核电厂所在地为南方典型室外环境考虑，夏季设计日的空气处理的焓湿图如图 10.14 所示。夏季设计日室外新风为 O（35.5 ℃，50%）处理到 L（12.0 ℃，95%）然后送入室内，室内空气设计点为 N（23.0 ℃，60%），如此可用新风去除室内产热产湿。

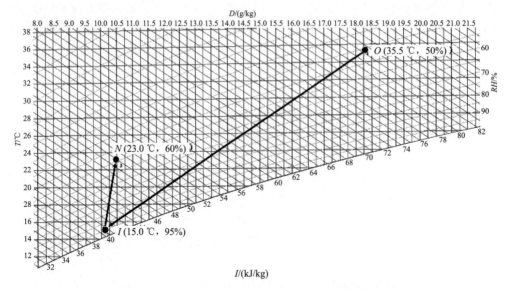

图 10.14　人员长期值守部位夏季设计日空气处理焓湿图

在人员长期值守部位，冬季对新风做预热处理，送入室内带走室内热负荷。冬季设计日空气处理焓湿图如图 10.15 所示。对室外空气 O（2.2 ℃，83%）加热处理到 L（12.0 ℃，42%），然后利用电极加湿器加湿到 M（12.0 ℃，64%）然后送入室内，冬季室内设计参数为 N（22.0 ℃，50%）。

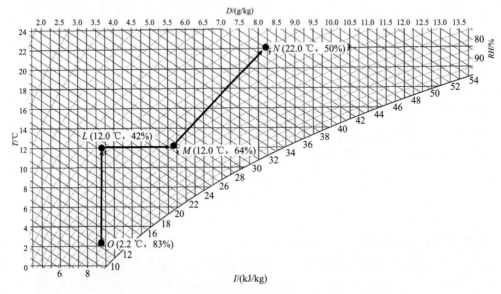

图 10.15　人员长期值守部位冬季设计日空气处理焓湿图

空气处理过程采用如图 10.16 所示的新风处理机组，该机组包括新风过滤器、制冷/加热单元、电极加湿器以及离心风机。

2）人员经常性出入（短期停留）和人员非经常性出入（定期巡检）区域

这类区域对温度要求相对宽松，室内并无产湿源，对于通风空调系统的要求只需去除室内显热，这类区域使用直流式全新风系统。按核电厂所在地为南方典型室外环境考虑，其夏季设计日空气处理过程的焓湿图如图 10.17 所示。室外空气状态为 O（35.5 ℃，50%）处理到 L（22 ℃，95%）送入室内，室内设计参数为 N（35.0 ℃，45%）。新风量的大小则根据室内产热量确定。

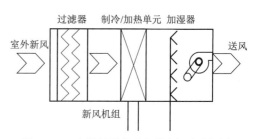

图 10.16　人员长期值守部位新风机组示意

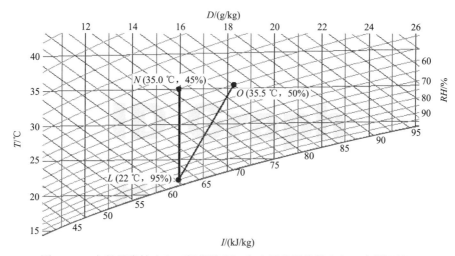

图 10.17　人员经常性出入（短期停留）和人员非经常性出入（定期巡检）区域夏季设计日空气处理过程焓湿图

对于人员经常性出入（短期停留）和人员非经常性出入（定期巡检）区域，冬季只需给室内通新风即可，当室外气温低于 5 ℃时，对新风预热送入室内即可。

空气处理过程采用如图 10.18 所示的新风处理机组。机组包括新风过滤器、制冷/加热单元和离心风机。

3）人员极少出入的部位

这类区域以核反应堆厂房为典型代表，这类区域室内热源发热量巨大，需要全年通风来去除室内显热负荷。出于在冷停堆期间的检修需要，核反应堆厂房需要有及时排除室内污染物和降温的通风系统。所以对于这类区域设计两套独立的空气处理系统，分别为安全壳连续通风系统和安全壳置换通风系统。对于安全壳连续通风系统，为闭式循环的全回风系统，任务为排除室内显热，室内回风经回风机组等含湿量降温到 95%相对湿

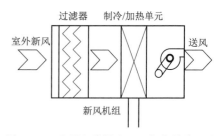

图 10.18　人员经常性出入（短期停留）和人员非经常性出入（定期巡检）区域空气处理设备示意

度后送入室内，其回风量大小由室内冷负荷确定。针对这一空气处理过程，采用如图 10.19 所示的空气处理设备。

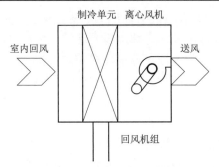

图 10.19　安全壳连续通风系统空气处理设备示意

对于安全壳置换通风系统，其目的为在冷停堆期间，给维修人员营造适宜的工作环境。一方面是热湿环境的营造，另一方面则是利用置换送风的方式，在最短时间内降低安全壳内气体裂变产物的浓度，该系统采用直流式全新风方案。按核电厂所在地为南方典型室外环境考虑，其空气处理过程焓湿图如图 10.20 所示。其空气处理过程：室外新风 O（35.5 ℃，50%）经空调箱降温到 L（22.0 ℃，95%）后送入室内，室内设计参数为 N（30.0 ℃，60%）。

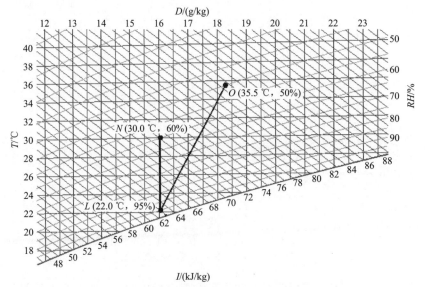

图 10.20　安全壳置换通风系统空气处理过程焓湿图

对于完整的空气处理方案，不仅包括对新风的处理，还包括对排风的处理。对于排风的处理主要是空气净化，包括吸附、过滤等过程。由于每个区域的污染物排放水平不同，所以本设计中，每个区域配备一台排风处理机组，也就是一台新风机组对应一台排风机组。各个区域排风经过预处理后再集中起来经过总排风机组对其净化处理，使之达到国家规定的大气排放标准。从室外新风经处理送入室内，到排风经处理后排到大气的全过程如图 10.21 所示。

（3）冷热源及水系统方案

以阶地平埋式地下核电厂 CUP600 为例，核电厂选址按南方典型室外环境考虑，且均位于河流沿线。

核电厂选址地区属于夏热冬冷气候分区，根据当地历年的气象数据资料，如图 10.22 至图 10.24 所示，核电厂选址地区全年室外气温波动较大，冬季日平均温度最低为 5.5 ℃，夏季日平均温度最高为 31.7 ℃。最热月 7 月的月平均温度为 28.1 ℃，最冷月 1 月的月平均温度为 8.1 ℃，其最热月的日最高温度与日最低温度分别为 37.7 ℃和 28.2 ℃，最冷月的日最高温度与日最低温度分别为 13.6 ℃和 3.4 ℃。

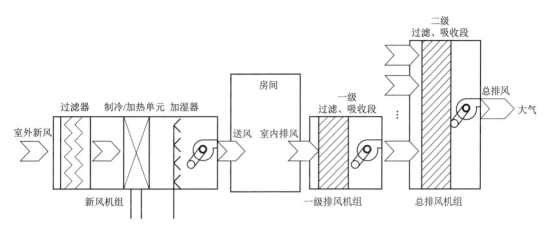

图 10.21　空气处理全过程示意

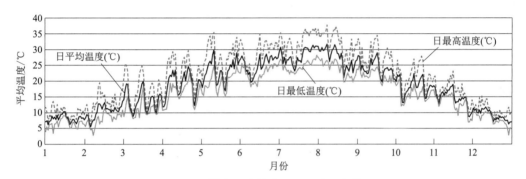

图 10.22　核电厂选址地区日干球温度统计

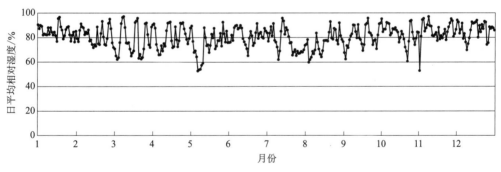

图 10.23　核电厂选址地区日平均相对湿度年变化

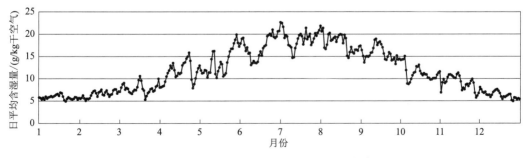

图 10.24　核电厂选址地区日平均含湿量年变化

　　根据相关水文资料，核电厂选址地区河段夏季平均水温约为 23～26 ℃，冬季平均水温约为 9～16 ℃，见表 10.5。冬季也不会出现结冰的情形。根据美国制冷学会 ARI320 标准，这一温度范围是适合于水源热泵运行的。核电厂选址地区水体水温夏季较低，而冬季较高，

表 10.5　核电厂选址地区水体冬、夏季平均水温

月份	11 月	12 月	1 月	2 月	7 月	8 月
温度/℃	15.9	12.2	10.3	11.6	22.9	24.1

　　根据水环境质量监测结果，核电厂选址地区地表水水质良好，易于处理。天然水化学类型属于重碳酸钙水，矿化度不高，平均含量为 100～300 mg/L，总钙镁离子含量为 28.04～84.12 mg/L，属软水。地表水 pH 一般在 7.3～8.1 之间，呈弱碱性；水中含氧量高，溶解氧饱和度均在 80%以上。近年来，虽然水体呈现出一定的有害有机物污染，但相比于其他有关河流，水环境质量总体上仍较优，不会带来过高的取水——水处理成本。虽然汛期含砂量会很高，但持续时间一般不长。综上，核电厂选址地区拥有开展淡水源热泵系统得天独厚的水温和水质基础条件。

　　综合考虑核电厂选址地区室外气象和水资源条件，以及水电站暖通空调设计的经验，地下核岛各洞室群的空调通风系统的冷热源方案可以考虑采用水源热泵的形式。以临近江河的地表水作为水源热泵的冷却水，该水源热泵为冬夏两用型，夏季供冷、冬季供热（冬季热源可结合核电厂排热系统综合考虑）。

　　集中式水源热泵方案其水系统原理如图 10.25 所示，水源热泵机组设置在地面，可与常规岛制冷机组布置在一起。各空气处理机组（新风机组、回风机组）均布置在地下核岛的各洞室群中。夏季，水源热泵机组从临近江河水中取冷，制取冷冻水，冷冻水经供回水主管道送入地下各洞室群各空气处理机组表冷器中，用于制取冷空气。冬季，水源热泵机组从临近江河水中取热，制取热水送给地下核岛各个需要供热的新风机组中。对于人员长期值守区域，要求控制室内温度为 18～25 ℃，对于这类房间，冬季直接通入新风会导致房间过冷，需要对新风加热后送入室内。对于供给这类房间的新风空调机组，需要通入热水。对于人员短期停留和短期逗留的区域，要求控制室内温度为 5～40 ℃，对于这类房间只需要通入新风即可达到控制室内环境的效果。

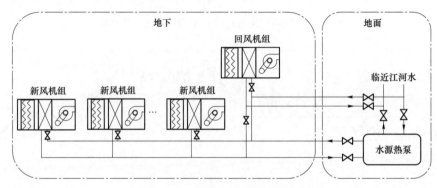

图 10.25　集中式水源热泵原理

对于需要全年供冷的区域，该区域的空气处理机组冬季需要切换水路，直接采用临近江河水作为自然冷源，对所服务的区域室内空气进行冷却。

下面着重分析这种集中式水源热泵方案的优缺点。

集中式水源热泵方案的优点：

1）冬夏两用水源热泵统一供给冷热水，冷机额定制冷量大，能效比相对于小型机组高；

2）冬季，对于需要全年供冷的回风机组，采用地表水作为自然冷源直接供冷。

3）地下核岛只有换热设备，冷热源系统位于地面常规岛，冷、热水集中供应给地下核岛，易于集中管理。

集中式水源热泵方案的缺点：

1）由于地下核岛各区域室内环境控制参数不相同，致使所需的制冷单元表面的机器露点也不相同，使用集中式水源热泵方案，只能统一供应低温冷冻水，致使水源热泵的能效比在较低水平。

2）冬季为了利用临近江河水作为自然冷源，需要铺设两条供水主管道，由于从水库到核岛的距离较远，所以其铺设管道的成本以及水泵运行能耗都会较高。

3）由于空气处理方案采用直流式全新风方案，新风负荷与室外气象参数密切相关，当处于小负荷时，水源热泵的能效比会降低。

虽然核电厂选址地区具备选用地表水源热泵的天然条件，但是在深化设计时，仍需结合选址地区具体情况，考虑取水难度以及两级水泵（地表水需经换热器换热，二次水才可以输送至热泵或者空调箱）的能耗，综合论证方案的合理性，比如取水点距离过远、取水提升高度过大都可能造成方案不经济。

第11章 施工技术

地下核电厂洞室群虽然有自身的布置特点，但其洞室群和单体建筑物规模均与水电站地下厂房洞室群及单体规模相当，处于我国地下工程的实践范围内，目前我国地下洞室施工技术能够保证其成洞可行。经洞室稳定性分析，地下核电厂洞室群宜建设在Ⅲ1类及以上的岩体区域；洞室群宜建设于侧压力系数小于2.0的岩体区域，洞室间距不宜小于50 m。

本章主要针对地下核电厂洞室群的特点，从施工通道布置、土石方施工、混凝土施工、大型核岛设备安装等方面，提出与安全、进度、经济及技术可行性相关的主要施工技术要点。

11.1 施工通道布置

11.1.1 布置原则

地下洞室群施工，必须有行之有效的施工通道。

一般施工通道布置总体原则：

（1）尽量利用永久通道；

（2）综合考虑开挖、混凝土浇筑、设备运输等多种使用需求；

（3）创造关键项目或潜在关键项目平行作业条件，以控制工期；

（4）能维持自身稳定且不危及主体工程稳定，临建工程量小。

11.1.2 施工通道布置需考虑的因素

除上述一般原则外，针对地下核电厂大型洞室群，为保证施工期稳定，在施工通道的布置上还需具体考虑以下因素：

（1）需保证施工通道自身的稳定。采用常规的城门洞型断面，按双车道布置，主干道尺寸9 m×7 m（宽×高），分支尺寸8 m×6 m（宽×高），分岔口夹角尽量不小于45°，支护形式以锚喷支护为主，洞口段和交叉口段加强支护。

（2）从降低地下核岛区域局部采空率方面考虑，尽量少布置施工支洞。具体措施有：一是尽量结合利用设备运输通道、主蒸汽及主给水通道、通风洞、排水洞、人员通道等永久对外通道和内部联络通道，以此来减少施工支洞；二是每条支洞尽量兼顾多个洞室施工工作面，多个分支尽量共用主干道，以此来减少施工支洞；三是对各洞室尽量采用竖井溜渣出渣的开挖方式，以减少常规地下洞室分层出渣所需的多层出渣通道，根据各地下洞室尺寸，其地下洞室出渣通道可由常规的五层左右基本减少为顶拱和底部两层。

（3）为尽量减小施工支洞对各洞室稳定的不利影响，施工通道空间布置需考虑地下核电厂大型洞室群布置的特点，兼顾上下左右的洞室，确定合适的洞室间距，洞室间净间距尽量不小于 1.0～2.0 倍开挖洞径（洞宽）。

（4）地下核电厂洞室群有支护条件和无支护条件下开挖时，围岩稳定对比分析表明，系统支护对围岩稳定状态的改进有明显作用，故总体上加快开挖支护施工进度对地下洞室群稳定有重要意义。为此，在空间条件允许的情况下，需重点保证关键洞室的施工通道条件，一是尽量增加施工通道以增加其工作面，二是综合考虑各施工通道分流，控制其施工通道的使用优先为该洞室服务。

11.1.3　施工通道总体布局

根据施工通道布置原则和需考虑的主要因素，地下核电厂洞室群总体上基本考虑上、中、下三层施工通道：上层支洞主要进行顶高程最高的核反应堆厂房洞室顶拱层开挖，中层支洞主要进行其他各洞室顶拱层开挖，下层支洞主要解决各洞室溜渣出渣问题。施工通道总体布局时，需充分利用消防通道、设备运输通道、人员通道等永久对外交通通道。

环形布置形式地下洞室群三维示意图如图 11.1 所示，其中典型施工支洞分层规划如图 11.2 至图 11.4 所示。

长廊形布置形式典型施工支洞规划如图 11.5 至图 11.7 所示。

L 形布置形式典型施工支洞规划如图 11.8 至图 11.10 所示。

图中：1 为核反应堆厂房洞室，2 为电气厂房，3 为安全厂房，4 为核辅助厂房，5 为核燃料厂房，6 为连接厂房，7 为卸压洞；8～13 为消防通道、设备运输通道、人员通道等永久对外交通通道；21～28 为下层施工通道（通往各洞室底部）；31～39 为中层施工通道（通往各辅助厂房顶拱）；41～43 为上层施工通道（通往核反应堆厂房洞室顶拱）。

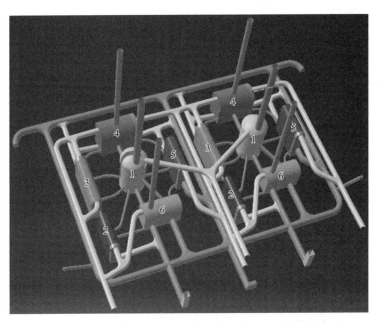

图 11.1　地下核电厂洞室群三维布置示意（环形布置形式）

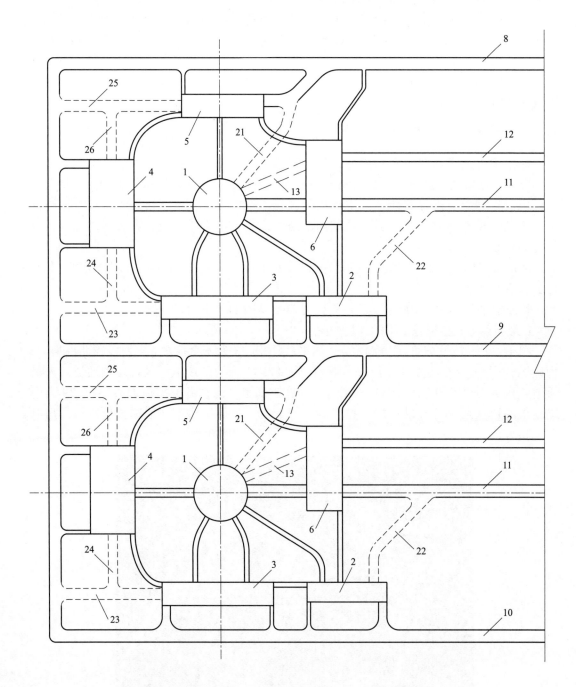

图 11.2　地下厂房下层施工支洞布置示意（环形布置形式）

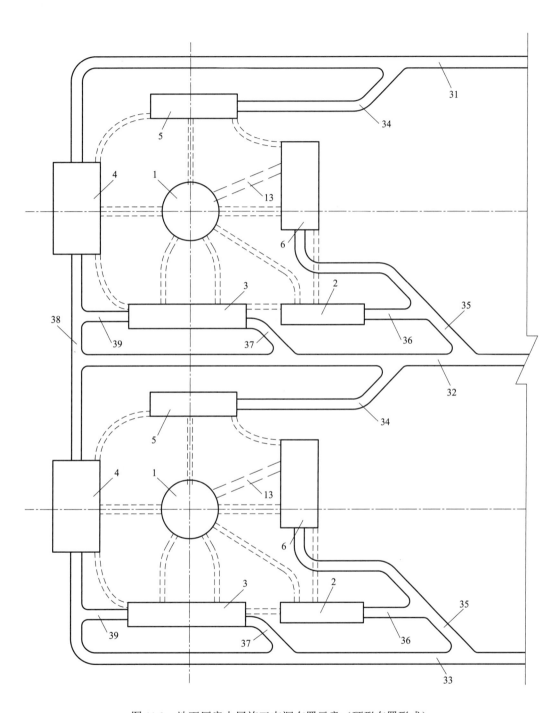

图 11.3　地下厂房中层施工支洞布置示意（环形布置形式）

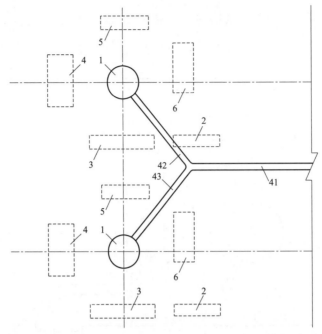

图 11.4　地下厂房上层施工支洞布置示意（环形布置形式）

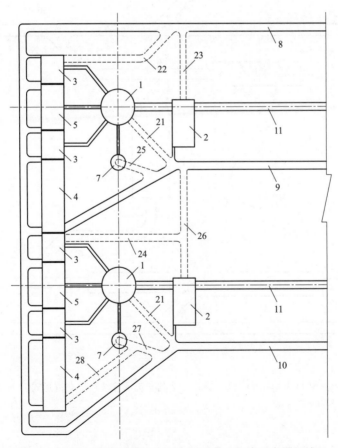

图 11.5　地下厂房下层施工支洞布置示意（长廊形布置形式）

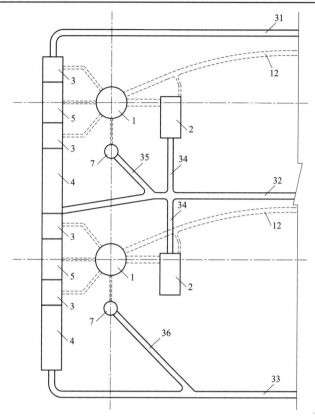

图 11.6 地下厂房中层施工支洞布置示意（长廊形布置形式）

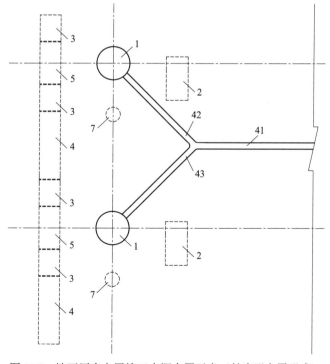

图 11.7 地下厂房上层施工支洞布置示意（长廊形布置形式）

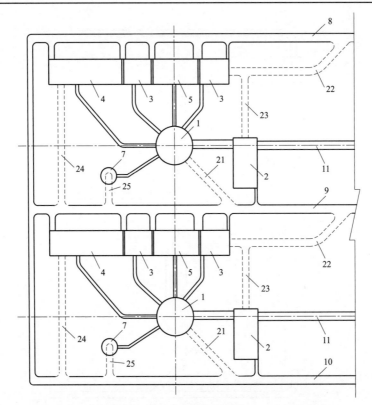

图 11.8　地下厂房下层施工支洞布置示意（L 形布置形式）

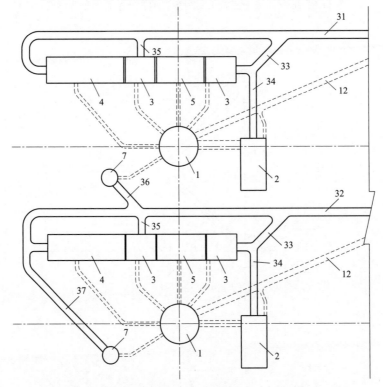

图 11.9　地下厂房中层施工支洞布置示意（L 形布置形式）

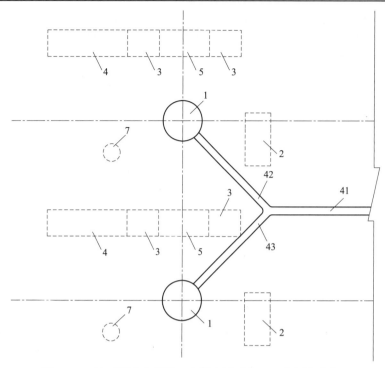

图 11.10　地下厂房上层施工支洞布置示意（L 形布置形式）

11.2　地下洞室群开挖与支护施工

11.2.1　地下洞室大跨度顶拱和高边墙开挖

以规划中的某地下核电厂为例，地下核电厂洞室群中，单体规模较大的洞室有：地下核反应堆厂房洞室，最大开挖直径（跨度）48.4 m，开挖高度 87 m；环形布置形式的核辅助厂房，最大开挖跨度 39.6 m，开挖高度 62 m，开挖长度 65 m。此两洞室施工难度较其他洞室大。虽然其规模在目前地下工程实践范围内，无难以克服的施工技术阻碍，但作为规模较大的单体地下洞室，仍需对其开挖稳定进行重点研究。

根据地下核电厂洞室群有限元计算分析成果，围岩破坏区以塑性区为主，主要集中在洞室交叉口和边墙中下部，多为浅层破坏。地下洞室稳定的本质是关键控制点的应力不超过其允许应力、位移不超过其允许位移，故在开挖和支护工序中需针对计算分析的"关键控制区"重点对待。

11.2.1.1　地下核反应堆厂房洞室开挖施工

（1）大跨度穹顶开挖施工

1）穹顶开挖施工方法

地下核反应堆厂房洞室顶拱为球面型穹顶，这种顶拱形式在国内许多水电站大型尾水调压室顶部均有应用。其开挖施工工艺根据洞室规模、工程地质条件等一般有以下几种：
① 直接由直径一端点向对侧全面推进；② 先沿直径方向打通导洞，再通过导洞两侧扩挖

成形;③ 先沿穹顶内轮廓打向上盘旋的导洞,再通过导洞自上而下扩挖成形。这些开挖工艺主要用于一般跨度穹顶施工,可归纳为两类:垂直向分部向前推进或左右推进,或水平向分层推进。

部分水电站大型尾水调压室穹顶特征及开挖施工技术运用统计见表 11.1。

表 11.1　部分水电站大型尾水调压室穹顶开挖情况

工程名称	开挖尺寸（跨度 m×高度 m）	围岩	开挖成型方法
广蓄电站二期调压井穹顶	22.2×11.1	中粗粒黑云母花岗岩	通过施工通道从调压井一边缘前进,向上和左右侧逐步渐变扩大断面开挖至另一边缘,最后在设计圆弧范围内作折线式扩挖至设计断面
庙林水电站调压井穹顶	24×10	Ⅲ～Ⅳ类弱风化泥质粉砂岩	先通过直径向中导洞挖通上部形成条形顶拱,再两边扩挖。通过水平钻孔深度来控制穹顶轮廓
漫湾水电站二期工程调压室穹顶	28.3×8	流纹岩	先开挖水平中导洞进入调压井中心,然后从调压井中心竖直向上挖中部反导井至球冠顶拱中心,完成顶部喷锚支护,再周边自下而上分层扩挖,每层预留 1～1.2 m 保护层,搭排架从上而下挖除球冠保护层,最后集中进行球冠支护。保护层钻孔沿球冠切线方向,孔深不大于 1 m
小湾水电站调压井穹顶	34×10	黑云花岗片麻岩	通过施工通道在穹顶内打螺旋形上升导洞,然后采用凿岩台车钻水平或倾斜的辐射孔自上而下扩挖,通过钻孔孔斜和孔深来控制穹顶轮廓
锦屏一级水电站调压井穹顶	41×10	Ⅲ～Ⅳ类大理岩	先通过施工支洞朝穹顶中心方向打一中部导洞,导洞开挖至调压井中心,导洞宽度与施工支洞相同,高度则随穹顶弧度逐渐增大,在半径以上形成条形半顶拱,然后两侧分扇区对称扩挖和支护。通过钻孔孔斜和孔深来控制穹顶轮廓

地下核电厂核反应堆厂房洞室穹顶开挖跨度约 48.4 m、高约 13.4 m。根据有限元模拟计算分析结果,穹顶及拱座处均为稳定关注对象。考虑其跨度较大,施工过程中应有足够的支撑系统保持施工期围岩稳定,分步开挖并对开挖部分进行支护,随开挖逐步解除支撑至最后解除关键支撑。据此思路,以下介绍两种针对地下核电厂核反应堆厂房洞室大跨度穹顶开挖的有效施工方法。

① 预留中心岩柱开挖法

大跨度穹顶预留中心岩柱开挖法的核心思想为:预留中部核心岩柱作关键支撑,待周圈开挖支护完成后最后挖除岩柱。预留中心岩柱开挖法如图 11.11 所示。

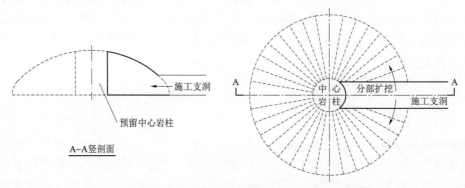

图 11.11　核反应堆厂房洞室穹顶预留中心岩柱法开挖示意

预留中心岩柱开挖法的技术要点为：

——开挖过程中在穹顶中心部位预留中心岩柱，中心岩柱为正方形或者圆形，正方形的边长或圆形的直径约 10 m（以跨度 48.4 m 穹顶为例）。

——沿穹顶所在球面的半径打通施工通道到预留中心岩柱处。

——沿施工通道的左右两侧呈扇形对称扩挖；扇形对称扩挖过程中，对已揭露的穹顶轮廓岩面进行支护，加强对穹顶轮廓拱脚的支护，加强开挖掌子面中部的支护。

——扩挖完成后自上而下挖除中心岩柱，过程中完成穹顶中心部的支护。

② 预留岩墙开挖法

大跨度穹顶预留岩墙开挖法的核心思想为：预留两侧岩墙作关键支撑，间隔分条开挖后逐步挖除岩墙。预留岩墙开挖法如图 11.12 所示。

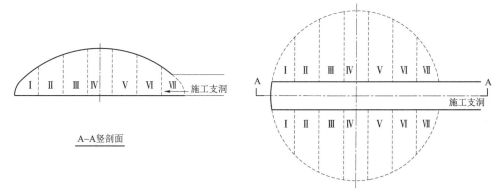

图 11.12　核反应堆洞室穹顶开挖预留岩墙开挖法示意（Ⅰ、Ⅱ…为条块编号）

预留岩墙开挖法的技术要点为：

——沿穹顶投影直径向打通施工通道到穹顶对边。

——在穹顶范围内垂直施工通道两侧对称划分条块，条宽约 7 m（以跨度 48 m 穹顶为例），对各条块对称间隔分批开挖，后挖条块即为预留的支撑岩墙。

——分批开挖次序可有多种组合，如：Ⅰ、Ⅲ、Ⅴ、Ⅶ→Ⅱ、Ⅵ→Ⅳ；Ⅱ、Ⅳ、Ⅵ→Ⅲ、Ⅴ→Ⅰ、Ⅶ；或Ⅱ、Ⅳ、Ⅵ→Ⅰ、Ⅶ→Ⅲ、Ⅴ 等等。

——随开挖应及时对穹顶轮廓面进行支护，同时需关注预留岩墙中上部的临时支护；支护完成后再进行下一序条块的开挖，直至最终的岩墙挖除。

2）穹顶开挖施工三维仿真分析

采用三维数值分析方法对地下核电厂核反应堆厂房洞室穹顶进行 1:1 仿真分析，分别对预留中心岩柱开挖法和预留岩墙开挖法进行施工模拟分析，以了解两种施工方法的围岩稳定特征，供方案选择参考和方案实施时关注重点部位。

模拟围岩环境为巨厚层状灰岩，取变形模量为 15 GPa、泊松比为 0.22、单轴饱和抗压强度为 85 MPa，抗剪强度指标 C 值为 1.15 MPa、f 值为 49。三维模拟取穹顶左右前后山体厚度约为穹顶直径的 3 倍，即 150 m，穹顶覆埋厚度取 80 m，穹顶底部厚度取 150 m。三维分析模型如图 11.13 所示。

考虑计算模拟分析方便，预留中心岩柱开挖法每步扇形开挖施工中心角度取 45°，预留岩墙开挖法岩墙宽度取约 7 m；采用四面体网格单元，分别对预留中心岩柱开挖法和预留岩墙开挖法分析模型进行网格化处理，前者模型单元数 404 048、节点数 64 728，后者模型单元数 285 509、节点数 47 605。两种施工方法的穹顶模拟网格化和典型分步施工相关计算图分别如图 11.14 至图 11.19 和图 11.20 至图 11.25 所示。

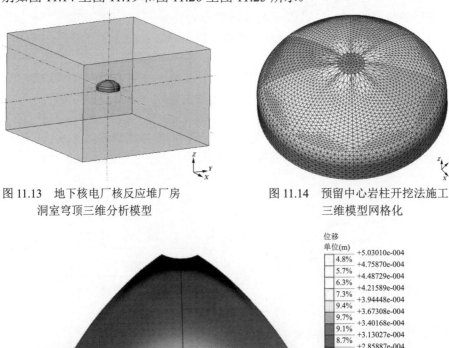

图 11.13　地下核电厂核反应堆厂房　　　　图 11.14　预留中心岩柱开挖法施工
　　　　　洞室穹顶三维分析模型　　　　　　　　　　　三维模型网格化

	位移 单位(m)
4.8%	+5.03010e-004
5.7%	+4.75870e-004
6.3%	+4.48729e-004
7.3%	+4.21589e-004
9.4%	+3.94448e-004
9.7%	+3.67308e-004
9.1%	+3.40168e-004
8.7%	+3.13027e-004
8.2%	+2.85887e-004
7.7%	+2.58747e-004
7.0%	+2.31606e-004
5.4%	+2.04466e-004
3.8%	+1.77326e-004
2.9%	+1.50185e-004
2.4%	+1.23045e-004
1.4%	+9.59045e-005
	+6.87642e-005

图 11.15　预留中心岩柱开挖法施工第一步开挖位移变化云图

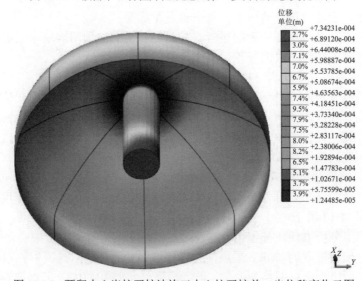

	位移 单位(m)
2.7%	+7.34231e-004
3.0%	+6.89120e-004
7.1%	+6.44008e-004
7.0%	+5.98887e-004
6.7%	+5.53785e-004
5.9%	+5.08674e-004
7.4%	+4.63563e-004
9.5%	+4.18451e-004
7.9%	+3.73340e-004
7.5%	+3.28228e-004
8.0%	+2.83117e-004
8.2%	+2.38006e-004
6.5%	+1.92894e-004
5.1%	+1.47783e-004
3.7%	+1.02671e-004
3.9%	+5.75599e-005
	+1.24485e-005

图 11.16　预留中心岩柱开挖法施工中心柱开挖前一步位移变化云图

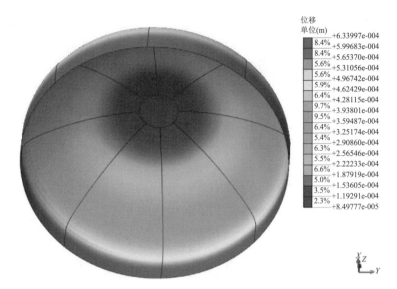

图 11.17 预留中心岩柱开挖法施工最后一步开挖位移变化云图

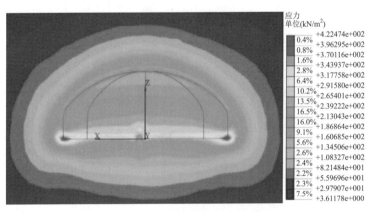

图 11.18 预留中心岩柱开挖法施工典型步应力云图

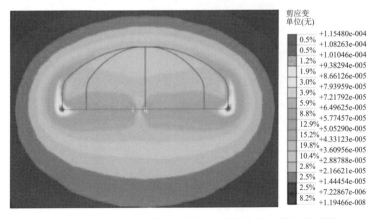

图 11.19 预留中心岩柱开挖法施工典型步最大剪应变云图

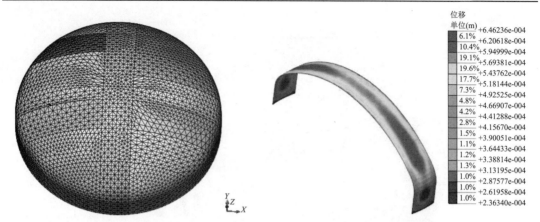

位移
单位(m)

图 11.20 预留岩墙开挖法施工
三维模型网格化

图 11.21 预留岩墙开挖法施工第一步
开挖位移变化云图

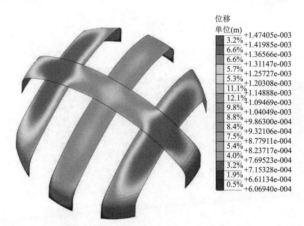

位移
单位(m)

图 11.22 预留岩墙开挖法施工第二步开挖位移变化云图

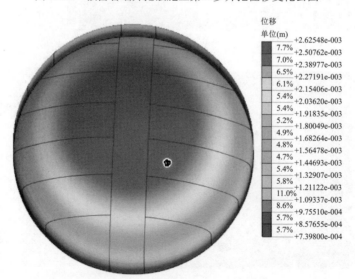

位移
单位(m)

图 11.23 预留岩墙开挖法施工最后一步开挖位移变化云图

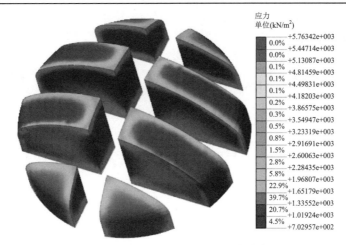

应力
单位(kN/m²)

0.0%	+5.76342e+003
0.0%	+5.44714e+003
0.1%	+5.13087e+003
0.1%	+4.81459e+003
0.1%	+4.49831e+003
0.2%	+4.18203e+003
0.3%	+3.86575e+003
0.5%	+3.54947e+003
0.8%	+3.23319e+003
1.5%	+2.91691e+003
2.8%	+2.60063e+003
5.8%	+2.28435e+003
22.9%	+1.96807e+003
39.7%	+1.65179e+003
20.7%	+1.33552e+003
4.5%	+1.01924e+003
	+7.02957e+002

图 11.24　预留岩墙开挖法施工典型步应力云图

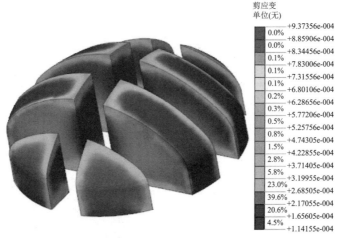

剪应变
单位(无)

0.0%	+9.37356e-004
0.0%	+8.85906e-004
0.1%	+8.34456e-004
0.1%	+7.83006e-004
0.1%	+7.31556e-004
0.2%	+6.80106e-004
0.3%	+6.28656e-004
0.5%	+5.77206e-004
0.8%	+5.25756e-004
1.5%	+4.74305e-004
2.8%	+4.22855e-004
5.8%	+3.71405e-004
23.0%	+3.19955e-004
39.6%	+2.68505e-004
20.6%	+2.17055e-004
4.5%	+1.65605e-004
	+1.14155e-004

图 11.25　预留岩墙开挖法施工典型步最大剪应变云图

对预留中心岩柱开挖法和预留岩墙开挖法，分别设置观测点对其分步施工仿真位移情况进行统计分析，观测点设置如图 11.26 所示，由穹顶拱座底部至穹顶的观测点顺序依次为 A 点、B 点、C 点、D 点、E 点和 F 点。两种施工方法分步施工位移分布云图如图 11.27 至图 11.34 所示。

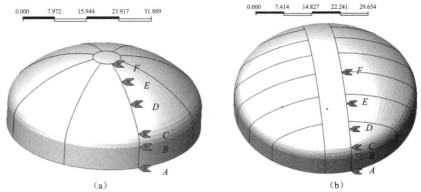

| 0.000 | 7.972 | 15.944 | 23.917 | 31.889 |

| 0.000 | 7.414 | 14.827 | 22.241 | 29.654 |

（a）　　　　　　　　　　　　　　（b）

图 11.26　预留中心岩柱开挖法和预留岩墙开挖法位移观测点布置

（a）预留中心岩柱开挖法；（b）预留岩墙开挖法

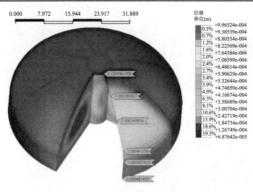

图 11.27 预留中心岩柱开挖法位移云图（1/4）

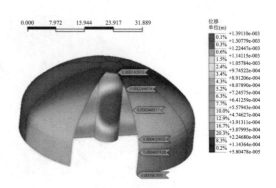

图 11.28 预留中心岩柱开挖法位移云图（2/4）

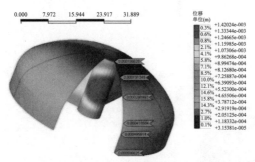

图 11.29 预留中心岩柱开挖法位移云图（3/4）

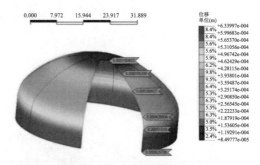

图 11.30 预留中心岩柱开挖法位移云图（4/4）

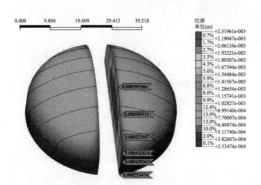

图 11.31 预留岩墙开挖法位移云图（1/4）

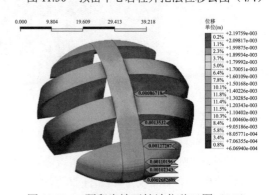

图 11.32 预留岩墙开挖法位移云图（2/4）

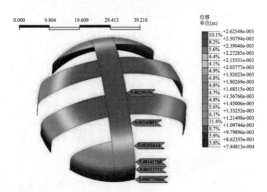

图 11.33 预留岩墙开挖法位移云图（3/4）

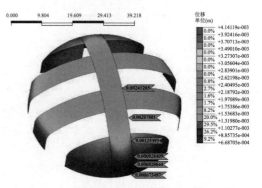

图 11.34 预留岩墙开挖法位移云图（4/4）

由于围岩应力、应变与其位移具有良好的对应性，以下主要以位移指标来分析穹顶预留中心岩柱开挖法和预留岩墙开挖法施工分步过程围岩稳定状态。

① 对于预留中心岩柱开挖法

——根据采用的围岩物理力学参数及开挖模型，分步开挖过程中，围岩最大位移发生在第 3 开挖步的预留临时中心岩柱的中部。

——分步开挖过程中，永久保留围岩面最大位移约为前述临时部位最大位移的 44%，发生在穹顶开挖完成时，即预留中心岩柱挖除后的拱脚处。

——分步开挖过程中，围岩面最大位移发生部位由临时掌子面中部逐渐转移至预留中心岩柱中部，最大位移值逐渐增大。

——永久保留围岩面最大位移的趋势基本保持从拱顶至拱脚的递增趋势，且拱脚处位移基本保持随开挖时程递增的趋势。

——永久保留围岩面最大位移较小，分步开挖完成前的最大位移一直位于临时岩面。

② 对于预留岩墙开挖法

——根据采用的围岩物理力学参数及开挖模型，分步开挖过程中，围岩最大位移比预留中心岩柱开挖法大 85%，发生在穹顶开挖完成时，即预留岩墙全部挖除后的拱顶处。

——上述最大位移，亦为分步开挖过程中，永久保留围岩面最大位移。

——分步开挖过程中，围岩面最大位移发生部位主要位于预留临时岩墙端部的中部，位移值保持较大。

——预留岩墙挖除前，永久保留围岩面最大位移主要发生在拱腰处；预留岩墙挖除后，永久保留围岩面最大位移发生部位迅速向拱顶转移，且保持从拱脚向拱顶递增的趋势。

——永久保留围岩面最大位移在预留岩墙挖除前较小，在预留岩墙挖除后迅速增大。

两种开挖方法局部模型计算出的顶拱最大位移值与同参数条件下地下洞室群整体模型计算结果相当。

3）穹顶开挖方法比较选择

根据上述分析，从围岩稳定角度，穹顶预留中心岩柱开挖法和预留岩墙开挖法施工比较见表 11.2。

表 11.2 预留中心柱法和预留岩墙法施工比较表

序号	比较项	预留中心柱法	预留岩墙法
1	开挖过程中最大位移值	相对小	相对大
2	最大位移发生部位	预留中心柱中部	拱顶
3	最大位移发生部位性质	临时岩面	永久保留岩面
4	永久保留岩面最大位移发生部位	拱脚	拱顶
5	永久保留岩面最大位移值	相对小	相对大
6	永久保留岩面位移变化	相对缓和	相对急骤

从施工组织角度，预留中心柱法施工可以形成两个大工作面同时对称开挖施工，预留岩墙法施工可以有更多的小工作面同时施工。

从分步开挖分步支护角度，因有更多的工作面作调剂，预留岩墙法工序间干扰较小。

从及时支护角度，因拱脚部位比顶拱部位更容易快速到达，预留中心岩柱开挖法对重点部位的支护条件更好。

综合而言，两方法均是可实施的。在同等条件下，从定性上分析，可选用变形较小且变形速率相对缓和、更容易实现重点部位支护施工的预留中心岩柱开挖法作为地下核电厂核反应堆厂房洞室大跨度穹顶开挖的施工方法。

4）保持穹顶施工期稳定关键措施

地下核电厂核反应堆厂房洞室大跨度穹顶施工期稳定关注重点主要在"关键控制区"。

以预留中心岩柱开挖法施工为例，通过开挖模拟分析，可知其"关键控制区"主要为临时掌子面中部、预留中心柱中部和开挖揭露的永久保留岩面的拱脚等部位。故采用预留中心岩柱开挖法施工期稳定关键措施要点在于：

① 严格控制拱脚处的钻爆参数；

② 严格控制预留中心柱临时保留岩面处的钻爆参数；

③ 及时进行已揭露的永久岩面特别是拱脚处的支护结构施工；

④ 加强预留中心柱特别是其中部位置的临时支护；

⑤ 加强拱脚处、预留中心柱处的围岩变形及应力监测，密切关注临时掌子面特别是其中部的稳定表现。

（2）核反应堆厂房洞室井筒开挖

在穹顶开挖支护完成及底部出渣通道形成后，采用导井法进行井筒开挖，即先采用反井钻技术开挖中部溜渣井，然后自上而下钻爆扩挖并通过溜渣井落渣至井底，由底部出渣通道运输出渣。主要采用边墙轮廓预裂或光面爆破、分圈分区小台阶爆破等控制爆破技术。

模拟计算分析结果表明边墙下部塑性区及开裂区有逐渐增大趋势，故对边墙中下部关键控制区应减小开挖分层高度，并及时进行支护。

核反应堆厂房洞室井筒开挖程序如图 11.35 所示，其中Ⅰ，Ⅱ，…为开挖次序。

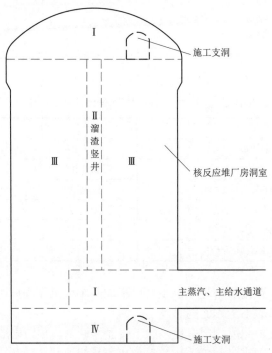

图 11.35 核反应堆厂房洞室井筒开挖程序示意

308

11.2.1.2　核辅助厂房等地下洞室开挖

地下核电厂洞室群中除核反应堆厂房洞室为穹顶圆筒结构外，核辅助厂房等其他各洞室均为城门洞型断面结构。城门洞型断面在水电地下厂房中为最常见的形式，其开挖施工亦有成熟的技术。

以三峡地下电站为例，其地下厂房位于长江右岸白岩尖山体内，区内岩石主要为前震旦系闪云斜长花岗岩和闪长岩包裹体，岩体中尚有花岗岩脉和伟晶岩脉，主厂房围岩属于微新岩体，岩石坚硬，完整性较好，上覆山体一般厚度为 63.0～93.0 m，左侧最薄处仅有32.0 m。主厂房开挖断面尺寸 311.30 m×32.60 m×87.24 m（长×宽×高），主要分九大层开挖，其中顶拱共分五个部位开挖，先挖中间、后挖两边，中下部位亦留边墙保护层，第Ⅷ层为导井法溜渣下部出渣。其开挖程序如图 11.36 所示，其中Ⅰ、Ⅱ、…为开挖次序。

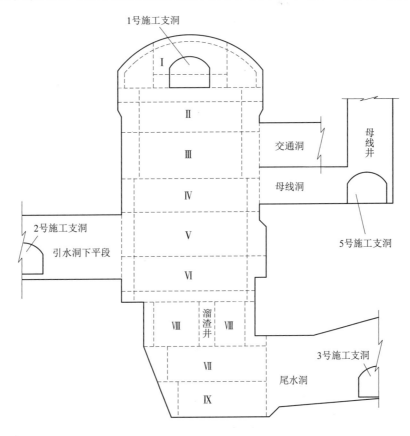

图 11.36　三峡电站地下厂房开挖程序示意

地下核电厂洞室群中核辅助厂房等其他各洞室开挖跨度一般在 16～38 m，开挖高度在30～60 m，开挖长度在 62～90 m。其顶拱开挖技术应用基本同三峡电站地下厂房，只是根据跨度不同，可分别分为二至六个部位开挖，以保证顶拱围岩开挖稳定。其中下部开挖方法同三峡电站地下厂房第Ⅷ层（亦同核反应堆厂房洞室井筒），采用导井法开挖，只是根据开挖长度不同，可设置 1～3 个溜渣井以保证施工进度。同核反应堆厂房洞室一样，主要采用边墙轮廓预裂或光爆、分圈分区小台阶爆破，对边墙中下部关键控制区减小开挖分层高度，及时进行支护。

核辅助厂房开挖程序如图 11.37 所示，其中，Ⅰ，Ⅱ，…为开挖次序。

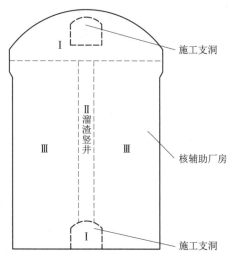

图 11.37　核辅助厂房开挖程序示意

11.2.2　地下洞室群控制爆破技术

大量的工程建设实践，使我国的爆破技术水平已进入了世界前列。我国目前的爆破理论、爆破器材和爆破技术均可满足地下核电厂大型洞室群的安全爆破开挖需求。

控制爆破技术可以从布孔、钻孔、选材、装药结构、起爆网路等各个方面着手进行爆破控制，其实质是控制爆破效果和爆破影响。基于地下核电厂洞室群围岩稳定，需要控制的爆破效果和影响一是开挖成型好，二是不使围岩中原有裂隙张开及不产生新的爆生裂隙（爆破震动速度为常用的测试控制指标），为此需采取的控制爆破技术主要有：

（1）预裂爆破/光面爆破技术

预裂爆破是在主要爆破对象起爆之前，先通过爆破方法在爆破对象和保留体（或保护对象）间形成一个裂面，该预裂面可起到加速衰减爆破震动的作用；光面爆破是在主要爆破对象主爆区先爆后，留下紧邻保留体（或保护对象）的薄层滞后起爆，亦可起到减小爆破震动影响的作用。这两种爆破技术都是通过密集平行炮孔小药量爆破，通过相邻炮孔间的爆轰波叠加与反射来拉裂岩石，故都有较好的轮廓成型效果。地下核电厂洞室岩锚梁部位将采用预裂爆破和光面爆破技术，其他各层开挖保留轮廓处将主要采用光面爆破技术。

（2）非挤压爆破技术

爆区临空面条件好坏对爆破效果有重要影响，临空面条件好时围岩或爆渣的夹制作用小，可减小爆破震动影响。该技术应用要点：每次爆破前，对前次爆破的爆渣清理干净，即不留渣；在爆破网路设计上，使每个爆破结点起爆时其邻近的靠临空面的爆破结点已先期起爆，即先爆孔为后爆孔创造临空面。

（3）最大一段起爆药量控制技术

爆破震动效应与爆区最大一段起爆药量密切相关，控制最大一段起爆药量往往作为控制爆破震动影响的首要措施。该技术应用要点：采用毫秒微差爆破技术，通过爆破网路设计对爆区各炮孔分成若干组，不同组间在时间上间隔起爆；应用高精度雷管，并设计合适的起爆段间时差，控制重段或窜段概率；大规模爆破前，进行爆破器材选型试验和生产性爆破试验，以确定合适的爆破器材和钻孔爆破参数。

（4）小区次序爆破控制技术

在地下核电厂洞室群开挖时，因工期限制，在约 418 m×288 m（双机组布置为例）的地下平面范围内，多时可能会有 14 个爆区需要起爆。若 14 个爆区同时起爆，则爆破震动效应会叠加，对各爆区间岩体稳定不利，故需有计划地控制各爆区按一定的次序间隔起爆。邻近爆区可采用延时雷管实现小区间间隔起爆；分隔较远的爆区可利用施工组织管理技术按次序间隔下达起爆指令。

11.2.3 地下洞室群支护与加固技术

地下核电厂洞室群有支护条件和无支护条件下开挖时的围岩稳定对比分析成果表明，系统支护对围岩稳定状态有着明显改进作用。结合围岩变形及破坏区模拟计算分析成果，地下核电厂洞室群支护与加固技术应用要点主要有：

（1）及时支护。从各洞室顶拱开始，顶拱各开挖部位、下部各层开挖后，均需及时实施系统锚喷支护措施，使支护结构与围岩联合受力，然后再进行下一循环的开挖与支护。此为保证围岩施工稳定的重要措施。

（2）重点支护。重视关键部位和重点部位的支护。顶拱部位，对局部不稳定块体需要进行随机锚固，以保证成拱完整性；拱座部位，需加强锚杆、锚索等的支护措施，以保证拱座能提供足够的反力；如洞室交叉口部位，必须及时锁口，以控制开裂区与塑性区范围。

（3）预加固。对局部软岩部位、小型断层和软弱夹层部位，必要时采取超前锚杆、超前固结灌浆等预处理措施后再开挖；有些洞室交叉口，需先作超前锁口后再开洞等。

11.2.4 地下洞室群快速施工及信息化施工技术

（1）快速施工技术

由于各洞室在开挖与支护间的转换时间对洞室围岩稳定状态有影响，故总体上加快开挖支护施工进度对地下洞室群稳定有重要意义。

1）快速开挖施工技术。通过精确定位仪器快速进行炮孔放样，采用液压凿岩台车钻孔，采用药卷连续装药结构或装药车灌注混装炸药，优选合格的爆破器材等，均可提高钻孔爆破效率；而导井法溜渣底部出渣技术的应用，可以减小传统的出渣方式所占的直线工期，有利于加快从开挖到支护的工序转换，减少围岩自由松弛时间。

2）快速支护施工技术。主要采用锚喷台车进行机械化施工，钻孔、安装、注浆、喷射混凝土等各工序均由自行台车上的遥控机械手（液压支臂）进行。还可通过在砂浆或喷混凝土中掺入合适的速凝剂、早强剂等，以使支护结构及早发挥作用。

（2）信息化施工技术

及时进行地质编录，加强爆破震动安全监测、围岩及支护结构应力与变形安全监测等，并采用地下洞室群围岩稳定反分析，及时反馈围岩稳定信息，指导现场设计与施工。

地质编录需重点加强对不稳定块体、软弱围岩、小型断层和软弱层等的识别与编录，以便及时采取相应的技术措施进行处理。

安全监测布置重点部位：Ⅲ类围岩地段（可能还会有少量Ⅳ类围岩）、受邻区开挖影响较大地段、高地应力区、垂直纵轴线的典型洞室断面、贯穿于高边墙的小型隧洞口及其洞口内段、岩壁梁的岩台（尤其下方有小洞室）部分、相邻洞室间的薄体岩壁及不利地质构造面组合切割的不稳定体。施工安全监测主要内容：围岩收敛位移、围岩应力应变、顶拱下沉、底拱上抬、支护结构受力变形、爆破震动等。

洞室群围岩稳定反分析的重点在于：需根据各洞室的实际开挖形象面貌、揭露的真实地质条件、实际支护措施，以及现场安全监测成果，开展符合现场实际的洞室群围岩稳定反分析，根据反分析结果指导现场设计与施工。

11.3 地下核电厂混凝土施工

11.3.1 地下核电厂混凝土施工特点

对于地下核电厂，由于核反应堆厂房等主要厂房均布置在地下，受地下厂房洞室尺寸和空间的限制，在厂房内不能布置塔吊等固定式起重设备。同时，地下核电厂房洞室跨度和高度均较大，小型移动式起重设备不能满足混凝土施工的要求，而大型起重设备在受限的空间内也很难施展。根据地下厂房的结构特点，考虑在地下洞室上部设置施工桥机，用以吊运厂房的钢筋和模板等，同时可以吊运安装核反应堆厂房环形吊车大梁以及安全壳钢衬里等大型设备。

另外，核电厂房内结构混凝土均具有高标号（C30 及以上标号）、低级配和高流态的特性，地下厂房混凝土施工和地面厂房一样主要采用混凝土泵进行浇筑，局部还可以利用施工桥机进行吊运浇筑。

11.3.2 核反应堆厂房洞室衬砌混凝土施工

为保证核反应堆厂房洞室永久稳定，其一般设有混凝土衬砌，以规划中的某地下核电厂为例，其核反应堆厂房洞室直径为 46 m，尤其是顶拱部位跨度达 48.4 m，洞室高度约87 m，衬砌混凝土施工难度较大。参考国内大型地下水电厂房的施工经验，考虑在厂房洞室上部布置岩锚梁，利用注浆锚杆将钢筋混凝土梁体锚固在岩石上，荷载通过长锚杆和岩石壁面摩擦力传到岩体上。与普通的现浇梁相比，岩锚梁不设立柱，充分利用围岩的承载能力，能缩窄地下厂房的跨度，减少工程量，降低工程造价，增加洞室的稳定。岩锚梁施工在开挖到相应部位即可进行，无需等整个洞室全部开挖完成后再施工，为下一步的施工创造了十分有利的条件，对施工进度有利。在洞室开挖至岩锚梁层下部，并留有一定的安全距离后，采用组合钢模板浇筑顶拱混凝土，同时浇筑布置施工桥机轨道的岩锚梁混凝土，进行施工桥机轨道和桥机大梁的安装；然后，再开挖下部洞室，与国内一些大型地下水电站尾水调压井的施工方法相类似，洞室井身混凝土衬砌可采用滑模施工，混凝土采用泵送入仓。图 11.38 所示为国内某大型地下水电站调压井采用滑模施工的现场情况。

图 11.38 某地下水电站调压井滑模施工现场

11.3.3 核反应堆厂房安全壳混凝土施工

（1）安全壳混凝土施工程序

核反应堆厂房主体土建工程的施工是土建阶段的关键线路，对于布置在地下洞室内的核反应堆厂房安全壳，其主要的施工程序如图 11.39 所示。与地面核反应堆厂房安全壳施工程序对比，两者施工程序基本相同，不同之处在于地面厂房穹顶钢衬里是预制好后采用整体吊装方式，穹顶拼装不占直线工期；而地下厂房穹顶钢衬里需在高空现场拼装组焊，使该工序成为施工关键线路上的项目，需增加直线工期约 6 个月。

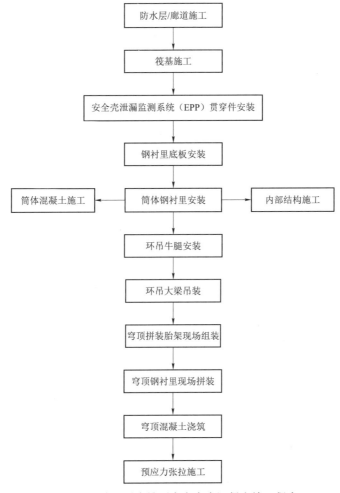

图 11.39　地下反应堆厂房安全壳混凝土施工程序

（2）安全壳混凝土施工方案

以 CUP600 反应堆厂房为例，其安全壳为预应力钢筋混凝土结构，安全壳筒体内径 37 m，壁厚 0.9 m，内衬 6 mm 钢衬里。受地下空间限制，地下核反应堆厂房洞室内无法布置建筑塔机，其安全壳筒体混凝土施工主要由施工桥机承担；施工桥机布置在地下核反应堆洞室上部的岩锚梁轨道上，混凝土入仓、模板形式和预应力施工等基本与地面核电厂相同；筒体内模板利用 6 mm 钢衬里，外模板采用曲面悬臂爬升模板，混凝土采用混凝土泵泵送和施工桥机入仓联合浇筑施工方案。预应力管道穿束、张拉和灌浆等施工均在安全壳外壁及穹顶位置的预应力专项施工平台上进行，由施工桥机辅助施工。图 11.40 所示为地面核电厂安全壳混凝土浇筑施工现场情况。

图 11.40　地面核电厂安全壳混凝土浇筑施工现场

11.4　核岛设备安装

11.4.1　核反应堆厂房设备安装

核反应堆厂房的主要设备有：施工桥机、环形吊车、反应堆压力容器、蒸汽发生器、稳压器和主冷却剂泵、安全壳钢衬里等。本节针对 CUP600 型反应堆的主要设备在地下洞室进行安装的技术要点进行重点介绍，对于百万千瓦级核反应堆的大型设备安装技术与 CUP600 类似，本书不再进行详细论述。CUP600 反应堆厂房主要永久设备尺寸及重量见表 11.3。根据核反应堆厂房内的主要设备尺寸及地下洞室内通道情况，考虑在地下核反应堆厂房洞室顶部设直径为 12 m 的吊物竖井，吊物竖井从厂房洞室顶部联通至地面，用于吊运施工桥机大梁、环形吊电气大梁和安全壳钢衬里等大件设备。

表 11.3　CUP600 反应堆厂房主要设备尺寸和重量

设备名称	最大外径/mm	总宽/mm	总高/mm	干重/kg
环形吊大梁	4 600	3 040	35 320（长）	79 000
反应堆压力容器	4 736	6 200	12 978	322 000
蒸汽发生器	4 487.7	—	20 864	338 000（含汽水分离器）
稳压器	2 342		12 103	81 000
反应堆冷却剂泵	3 646.5	—	8 152	55 542

（1）施工桥机安装

施工桥机的设置主要为解决地下洞室内混凝土浇筑及设备安装问题，但其本身的起重机大梁长度约 46 m，自重也较大，在其安装时地下洞室内尚没有合适的起重设备进行吊装，借鉴大型地下水电站桥机大梁的吊装经验，采用在地下洞室顶拱布置天锚系统的吊装方法可解决地下厂房内大型设备的吊装问题，国内近期数座大型地下厂房水电站 12 000 kN、10 000 kN 的桥机均是用此系统成功吊运安装的。

具体实施方案为：在地下核反应堆厂房洞室岩锚梁层开挖完成后，先浇筑施工桥机的岩锚梁混凝土，等岩锚梁混凝土达到龄期要求，并在其上安装施工桥机轨道后，通过核反应堆厂房洞室顶部的吊物竖井吊入环形施工桥机大梁，利用天锚系统进行施工桥机大梁的吊运安装。

（2）环形吊安装

核反应堆厂房永久环形吊车最重件为电气大梁，重 79 t，外形尺寸为 4.6 m×3.04 m× 35.32 m（高×宽×长）。其吊装过程如图 11.41 所示。环形吊大梁在安全壳筒体及轨道梁安装完成后进行吊装，首先用大型平板车将大梁运至吊物竖井洞口，采用布置在洞口的龙门吊将大梁通过吊物竖井吊入核反应堆厂房洞室内，利用环形施工桥机吊住大梁的另一端，在龙门吊和环形施工桥机的配合下，使环形吊车大梁由竖直状态转至水平，并安装到环形吊车轨道梁上。

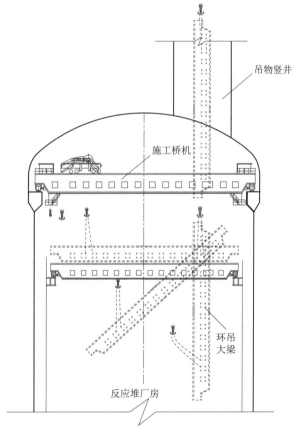

图 11.41　环形吊电气大梁吊装方案

（3）主设备安装

主设备包括反应堆压力容器、蒸汽发生器和稳压器等。主设备安装在核反应堆厂房的穹顶封顶保压后才能吊运安装。对于环形布置形式，大型平板车可以直接将主设备运输到连接厂房内，利用连接厂房内的桥机将设备转至设备运输通道的轨道上，由轨道牵引车将设备通过设备闸门运到厂房内安装平台上，再利用环形吊车进行翻身和安装；对于 L 形和长廊形布置形式，大型平板车将主设备运输到设备通道洞口，由轨道牵引车将设备运至厂房内。

（4）安全壳钢衬里安装

核反应堆厂房安全壳钢衬里是由底板、截锥体、筒体和穹顶四大部分构成的一个密封壳体。底板、截锥体、筒体和穹顶均可采用分瓣分节现场焊接的方式进行安装。洞外通过吊物竖井或水平支洞运至厂房内，再通过施工桥机吊装。

安全壳安装施工难度最大的是穹顶，穹顶直径 37 m，高度 11.05 m，钢板里衬厚度 6 mm，形状为球体，穹顶设计分五层，共 82 个单元块，总重量 173 t。地面核电厂穹顶安装是在胎架上拼装好后，用大型起重设备进行整体吊装。而对于地下核电厂，由于地下洞室空间有限，不能采用整体吊装，需采用分片现场高空焊接安装的方法，即在现场设置高空胎架进行拼装，长江设计院的《一种用于高空封拱的专用移动支撑架及施工方法》这项国家发明专利可成功解决此类问题，并已成功应用于向家坝水电站升船机渡槽段封顶施工，其跨度为 39.5 m，顶拱距地面高 76.8 m。作者根据这项专利的主要技术思路，并结合地下核电厂核反应堆安全壳穹顶安装特点，提出了一种用于地下核电厂核反应堆厂房安全壳穹顶安装的高空胎架结构，已获国家实用新型专利授权。采用该高空胎架进行穹顶安装的施工要点为：利用反应堆厂房内环形吊车的牛腿和大梁作为穹顶胎架的受力支撑点，高空安装钢结构穹顶胎架，穹顶分片在地面按设计尺寸加工好后，最大分片尺寸为 7.7 m×2.7 m，从吊物竖井（直径 12 m）吊入，采用施工桥机在胎架上吊运对位，分层分片焊接拼装。穹顶现场拼装方案如图 11.42 所示。

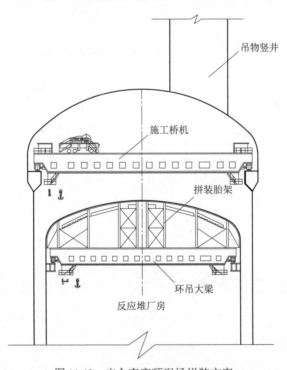

图 11.42　安全壳穹顶现场拼装方案

（5）穹顶钢衬里在地下洞室的现场分块焊接技术的可行性

安全壳设计压力为 0.35 MPa，穹顶钢板衬里形状为球体，分五层，共 82 个单元块，采用厚度 6 mm 的 410 MPa 级高强度钢板，要求所有焊缝均达到 I 级焊缝的要求。与地面核电厂在室外地面胎架上拼装焊接完成后再整体吊装不同，地下核电厂需在洞室内现场焊接，由于钢板材质等级高，焊缝多，在地下洞室现场高空胎架上焊接的施工难度与质量控制难度均大于地面核电厂，其现场高空焊接技术是否可行将直接影响安全壳施工进度和质量。为此，作者结合所参与的地下水电站工程实践经验，对安全壳穹顶与地下水电站蜗壳现场分块焊接难度和质量要求等进行了详细的对比分析。

国内大型地下水电站中水轮机蜗壳尺寸较大，受地下通道尺寸的限制，均采用分片运至蜗壳基坑内现场组焊的施工方案，蜗壳现场焊接的施工要求和难度均大于穹顶地下现场焊接方案。以向家坝地下厂房 800 MW 机组为例，其蜗壳由 32 个管节组成，采用板厚 25～74 mm 的 610 MPa 级高强度钢板，蜗壳平面尺寸达到 31.6 m×27.5 m，建成后需承受的内水压力超过 2 MPa，均在地下洞室内现场焊接（如图 11.43 所示），焊接完成后经 100% 无损检测，所有焊缝均达到 I 级焊缝标准。安全壳穹顶与大型地下水电站蜗壳现场焊接难度比较见表 11.4，可以看出，安全壳穹顶钢衬里焊接的施工难度与质量控制难度均小于国内大型地下水电站水轮机蜗壳，可见，穹顶钢衬里现场焊接方案技术上可行，焊接质量亦有保障。

表 11.4　安全壳穹顶与大型地下水电站蜗壳现场焊接要求比较

工程	尺寸/m	钢板厚/mm	板材材质	设计压力/MPa	焊缝等级
CUP600 安全壳穹顶钢衬里	φ37×11.05	6	410 MPa 级	0.35	I 级
三峡地下电站蜗壳	34.4×30.1	24～58	610 MPa 级	1.43	I 级
向家坝地下电站蜗壳	31.6×27.5	25～74	610 MPa 级	2.0	I 级
小湾地下电站蜗壳	23.2×21.2	30～70	610 MPa 级	2.9	I 级
锦屏二级地下电站蜗壳	22.6×20.8	30～76	610MPa 级	4.1	I 级

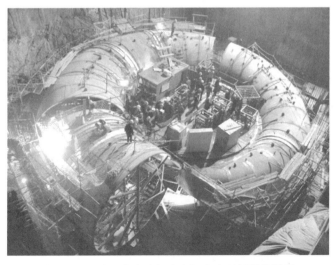

图 11.43　地下水电站蜗壳在洞室内现场焊接场面

11.4.2　汽轮机厂房设备安装

汽轮机厂房的主要设备有：汽轮机、发电机、凝汽器、汽水分离再热器等。由于汽轮机厂房设于地面，其设备安装方法与常规地面核电厂汽轮机厂房设备安装方法相同。

（1）汽轮机

汽轮机的本体部分高压缸、低压缸、前后轴承、转子以及隔板等，均以散件形式供货。在汽轮机厂房内的安装场内进行组装，然后采用汽轮机厂房内的桥机吊运安装。安装分四个阶段，样板架安装、台板安装、低压外缸拼装和本体安装。

（2）发电机定子

发电机定子采用大型平板车运至厂房安装间，采用厂房桥机吊运安装。

（3）凝汽器和汽水分离再热器

凝汽器和汽水分离再热器等均采用厂房内桥机吊运安装。

11.4.3　其他厂房设备安装

其他厂房包括燃料厂房、安全厂房、核辅助厂房、电气厂房、核废物厂房等，厂房内设备较小，可在现场焊接或利用各厂房桥机吊装。

11.5　工期安排

地下核电厂开工之前主要需进行进场公路、重件码头、"三通一平"和地下洞室群的洞挖以及地面厂房的基础明挖等土建工作，一般需要 3 年左右，与地面核电厂开工之前进行进场公路、重件码头、移山填海、"三通一平"和厂房基础开挖等土建工作的施工时间基本相当。

地下核电厂两台机组的施工总工期约为 72 个月（6 年）。其中，第 1 台机组从第一罐混凝土浇筑至投入商业运行施工工期约为 62 个月；第 2 台机组一般较第 1 台机组推后 10 个月投产。每台机组从第一罐混凝土开始浇筑至穹顶封顶约 30 个月（穹顶的现场分片焊接安装和现浇上部混凝土等工作占用约 6 个月的直线工期），设备安装、燃料装卸、核电清洁和试运行等约 32 个月。

地下核电厂主体工程的关键路径为：

土建部分：第一罐混凝土浇筑开始→筏基浇筑→内部结构施工→环吊就位→穹顶钢衬里现场拼装→穹顶混凝土浇筑→预应力张拉；

安装、调试部分：电气/暖通/辅助通道安装开始→环吊安装调试→主设备安装就位→主管道安装焊接→堆内设备安装→一回路水压试验结束→调试。

第12章 概念设计及经济性初步分析

12.1 概　述

核能已被公认为现实的可大规模替代常规化石能源的清洁、经济、安全的现代能源。截至 2014 年 4 月底，全球共有 400 多个核反应堆在运营中，占世界总发电量的 11%。而出于技术水平、核能安全认知水平、建设成本及建设周期等方面的考虑，除了一些用于实验的小型地下核电机组外，目前还没有投入运营的大型地下商业核电厂。目前我国已建、在建和待建的核电厂也均为地面的，在大型地下核电厂建设方面，可借鉴的经验很少。

地下核电厂将核岛部分设置在地下，在提高核安全的同时，也面临地下洞室群的稳定性、地下洞室布置与核电厂工艺系统的要求相适应、地下洞室消防和人文环境的要求等问题。本章结合遴选的具体厂址，进行地下核电厂示范性概念设计，优化地下核电厂洞室布置，并进行投资估算和分析地下核电厂的经济性。

12.2　概念设计厂址

结合"核电厂反应堆及带放射性的辅助厂房置于地下的可行性研究"科研项目，在重庆、湖北两地的山地区，分别选择了一个地点作为地下核电厂科研项目的概念设计厂址。两地下核电概念设计厂址基本情况简述如下。

12.2.1　重庆 A 概念设计厂址条件

本厂址位于重庆市涪陵区，距重庆市、涪陵区的主城区分别为 160 km、60 km，紧邻乌江、国道 319 线、渝怀铁路，交通便利。

厂址区属中低山地貌，为亚热带湿润季风气候；大地构造单元分区上处扬子准地台四川台坳川东平行褶皱带内的一次级背斜的北翼，属于弱震环境，地震活动水平不高，区域构造稳定性较好。根据《中国地震动参数区划图（50 年超越概率 10%）》（GB 18306—2001），本区段地震动峰值加速度为 0.05g，特征周期为 0.35 s，相应地震基本烈度为 6 度。

厂址区位于乌江左岸，为一单面斜坡，边坡走向近南北，坡脚下方为乌江，江水面高程 150 m 左右（三峡水库正常蓄水位 175 m），高程 210～215 m 有公路通行，公路内侧有两个规模较大的采石场分布，坡面地形较完整，坡角 15°～30° 不等，局部呈陡坡状，山顶高程 500～540 m；基岩为三叠系嘉陵江组（T_{1j}）灰岩、白云岩夹角砾状灰岩等，岩层走向 NE、倾 NW、视顺向坡，有岩溶发育迹象，无大的影响场地稳定的滑坡等不良地质现象发育。本厂址旁溪流为乌江一级支流，总体呈 NE 流向，长年流水，河沟深切、两岸均呈陡崖状。

此厂址山体浑厚、斜坡稳定，地形前缓后陡，略加整修可得较大地面厂址和较好的进洞条件；基岩多为厚层灰岩，岩体完整、岩质坚硬，成洞条件好，厂址区内无大的影响场地稳定的滑坡等不良地质现象发育，厂址区工程地质条件较好，边坡局部稳定、围岩局部稳定，地下硐室岩溶防渗与涌水、涌泥等问题，均可采取相应的工程措施进行防护；周边 5 km 范围内无较密集的人口分布，紧邻乌江取水方便，厂址有等级公路直通涪陵、武隆等城市，交通便利，具备作为地下核电厂概念设计厂址的条件。

12.2.2　湖北 B 概念设计厂址条件

B 厂址位于湖北省黄冈市，距武汉市公路里程约 140 km、黄冈市 77 km，直线距离分别为 104 km、65 km。厂址处于长江某一级支流右岸，有等级公路直通，交通便利。

厂址区处于大别山南部低山区，呈剥蚀低山—丘陵地貌；大地构造分区上处于秦岭褶皱系桐柏—大别山中间隆起大别山复背斜之罗田褶皱束，为相对稳定地块，不具备发生强震的构造条件。根据《中国地震动参数区划图（50 年超越概率 10%）》（GB 18306—2001），本区地震动峰值加速度为 0.05g，特征周期为 0.35 s，相应地震基本烈度为 6 度。

本概念设计厂址区位于河流右岸，此研究河段长约 7 km，两岸为中低山、丘陵地貌，山体走向呈北东，右岸山顶高程 220～480 m、左岸 100～300 m，巴河水面高程约 60～65 m。右岸山体地形相对较完整，呈长条山脊状，坡脚沿河有狭长平台分布并有乡村公路通行，民房零星分布其上，山坡坡角 12°～30° 不等，局部呈陡坡状；左岸山体多呈丘状、连续性较差，沿河局部有较大平台分布，并有乡镇公路通行，山坡坡角 12°～30° 不等。两岸均无大的影响场地稳定的滑坡等不良地质现象发育。基岩为扬子期花岗岩和下元古界包头河组（Pt_{1b}^2）混合片麻岩，岩质坚硬、岩体完整。厂址旁河流总体呈 SW 流向，河势平稳、水量较充沛。

此河段内两岸山体较浑厚、斜坡稳定，地形前缓后陡，尤其是右岸略加整修可得较大地面厂址和较好的进洞条件；基岩为花岗岩与混合片麻岩，岩体完整、岩质坚硬，成洞条件好，厂址区内无大的影响场地稳定的滑坡等不良地质现象发育，工程地质条件较好，可能存在的硐室、开挖边坡局部稳定问题可采取工程措施进行防护；周边 5 km 范围内无较大的集镇分布，总体上人口不密集，紧邻河流取水方便，厂址有公路直通县城、武汉等城市，交通便利，具备作为地下核电厂概念设计厂址的条件，有可供地下核电建设所需的发展空间。

12.3　总体方案

厂址总体规划及厂区总平面布置按照"自主知识产权的国产化 CUP600 先进压水堆机型，两台机组一次规划，分期建设"的原则进行设计。厂址总体规划及厂区总平面布置是在重庆 A、湖北 B 概念设计厂址的地形地貌基础上，结合地质条件、工程水文、气象、地下核岛布置原则、工艺系统、开挖工程量等综合确定的。

12.3.1　厂址总体规划

12.3.1.1　重庆 A 厂址总体规划

本厂址位于某江和某河交汇处，地理位置处于重庆市某区 PT 镇南，属 WL 县管辖，距最近的乡政府约直线距离 7 km，距 PT 镇直线距离约 5 km，距某区直线距离约 30 km，距上游最近的 PM 镇直线距离约 13 km、距 WL 县直线距离约 35 km，距重庆市直线距离约 90 km。

如图 12.1 所示，厂址区交通便利，有公路与 PT 镇、某城区等相连，距重庆市、某区的主城区和 PT 镇分别为 160 km、40 km、5 km。

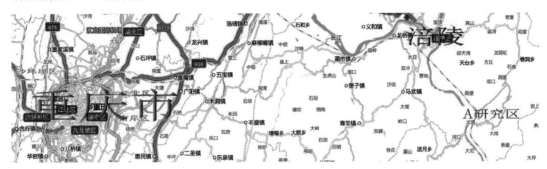

图 12.1　A 研究区地理位置图

本工程以某江作为核电厂水源，采用二次循环供水系统，厂区内设置自然通风冷却塔。自然通风冷却塔的布置考虑我国内陆核电厂主推的"一机一塔"布置方案，即一台机组配置一台大型自然通风冷却塔。参照法国同规模核电厂冷却塔配置情况，初拟地下核电厂 600 MW 压水堆单台冷却塔零米直径为 160 m，塔高约为 230 m。地下核电厂重要厂用水系统采用厂用水机力通风冷却塔实现循环冷却，每台机组也配置一台机力通风冷却塔。

排水口设在厂址东北方向某江岸边取水口下游，远离取水口。冷却塔排水采用排水暗沟或钢管先输送至工作井，而后采用短距离导流明渠将废水排出厂区。

参考海南昌江核电 2×650 MW 机组接入系统，本项目规划的两台机组以 220 kV 电压等级 2 点接入系统，采用一个半断路器，核电厂规划出线 6 回，一期出线 4 回，备用 2 回。主开关站尺寸为 15 m×64 m。

辅助电源采用 220 kV 电压等级，接线为单母线分段，全厂建设 2 回进线，4 回辅助变出线。辅助开关站尺寸为 12 m×30 m。

厂外设置进厂道路、应急道路和施工道路。

重庆 A 厂址地下核电厂非居住区边界范围暂定为 1 000 m。

12.3.1.2　湖北 B 厂址总体规划

本厂址研究区位于湖北某乡某河干流两岸，沿 215 县道约 7 km 范围内，与上游最近的某乡直线距离约 5 km、与最近的某县直线距离约 12 km，与下游最近的 SL 镇直线距离约 9 km、与某市直线距离约 65 km，与武汉市直线距离约 104 km。

如图 12.2 所示，本区交通便利，有公路与某县、某市、武汉市区等相通。

本工程以某河作为核电厂水源，采用二次循环供水系统，厂区内设置自然通风冷却塔。自然通风冷却塔的布置亦考虑我国内陆核电厂主推的"一机一塔"布置方案，即一台机组配置一台大型自然通风冷却塔。冷却塔尺寸参照重庆 A 厂址。地下核电厂重要厂用水系统采用厂用水机力通风冷却塔来实现循环冷却，每台机组也配置一台机力通风冷却塔。

图 12.2　湖北 B 厂址研究区地理位置

排水口设在厂址西南方向某河岸边取水口下游，远离取水口。冷却塔排水采用排水暗沟或钢管先输送至工作井，而采用短距离导流明渠将废水排出厂区。

湖北 B 厂址接入系统形式参照重庆 A 厂址总体规划。

厂外设置进厂道路、应急道路和施工道路。

湖北 B 厂址地下核电厂非居住区边界范围暂定为 1 000 m。

12.3.2　厂区总平面布置

根据地下核岛布置的具体位置，综合考虑配电装置布置、进线方式、冷却塔布置、地下核电厂布置原则等因素，对地面厂房、常规岛和 BOP 主要生产建（构）筑物厂房研究了多种布置方案，并结合概念设计厂址的地形地质条件，参考《核电厂总平面及运输设计规范》和《火力发电厂总图运输设计技术规程》中对各类建筑物布置相对位置和间距的要求，提出两种土石方开挖量相对较小、且针对中等规模山区地形特点具有代表性的布置方案。

12.3.2.1　重庆 A 厂址厂区总平面布置

（1）方案一：阶地平埋布置形式

地下核岛主厂房布置在灰岩上，综合考虑地下水位、反应堆洞室高度、覆盖层厚度等因素后，确定洞室群基准底高程 190 m，地下主厂房建筑群以 L 形布置形式呈西南至东北向在同一轴线上平行布置，1 号机组与 2 号机组反应堆厂房中心间距为 184 m，如图 12.3 所示。

汽轮机厂房布置在地下核岛洞室群东南方向的地面第一阶平台上，就近布置在主蒸汽、主给水管道洞室旁。

将主变压器布置在汽轮机厂房东南侧，紧挨汽轮机厂房布置。开关站和网控楼布置在核岛区的东北面，便于出线。

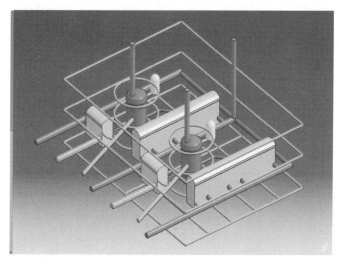

图 12.3　两台机组环形布置方案布置效果

冷却塔在汽轮机厂房东侧就近布置，每台机组的冷却塔与汽轮机厂房之间各设一座循环水泵房。净水站位于厂前区的东侧，靠近布置自然通风冷却塔及补给水管廊。核岛重要厂用水按机力通风冷却塔进行冷却布置，每台机组设置一个机力通风冷却塔和一个水池，布置在地面第一阶平台西南侧，靠近地下核岛区。

厂区辅助生产区按照两台机组连续建设的原则考虑，将两台机组辅助设施尽量合并，按功能区分别布置在第一阶平台和第二阶平台。

如图 12.4 所示，第二阶平台主要布置各台机组的核岛地面厂房、三个高位水池和两根烟囱。其中核岛地面厂房包括电气厂房（地面）、应急柴油发电机厂房、运行服务厂房、应

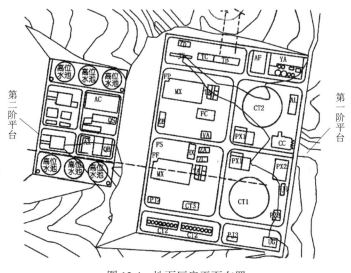

图 12.4　地面厂房平面布置

急空压机房、厂址后备柴油机厂房、移动应急电源和移动泵储存库、核岛消防泵房。

如图 12.4 所示，第一阶平台主要布置汽轮机厂房、冷却塔、厂区高压配电装置以及其他辅助生产设施。

CUP600 地面厂区（含第一阶和第二阶平台）主要建（构）筑物见表 12.1。

表 12.1　CUP600 地面厂区（含第一阶和第二阶平台）主要建（构）筑物

编号	建（构）筑物名称	编号	建（构）筑物名称
TD	220 kV 辅助开关站	AY	移动应急电源、移动泵储存库
JX	辅助变压器	TE	配电站
TC	网控楼	TA	主变压器平台
TB	220 kV 开关站	MX	汽轮发电机厂房
AF	非放射性机修及仓库	FC	润滑油及油脂库
YA	除盐水生产厂房	FS	含油生产废水油水分离池
FF	汽轮机事故排油坑	PX1	中央水泵房
AL	厂区实验楼	CT2	自然通风冷却塔
CC	排水建筑物	PX2	循环水补给水取水泵房
ZB	制氢站	PJ1	消防泵房
HX	制氯站	PX3	厂用水补给取水泵房
VA	辅助锅炉房	CT2	厂用水机力通风冷却塔
ZA	氮气贮存区	PJ3	消防站
ZC	空气压缩机房	PJ2	消防水池
	高位水池	UG	保卫办公中心大楼
	烟囱	DF	厂址后备柴油发电机厂房
	应急柴油发电机厂房		核岛消防泵房
	电气厂房（地面）	QB	常规岛废液排放厂房
	运行服务厂房		重件道路
	应急空压机房		

厂前区设在主厂房区的固定端，由第一阶平台的东南侧进厂公路进入第一阶平台厂区。第二阶平台厂区由第二阶平台西北侧进厂公路进入。第一阶平台、第二阶平台分别通过交通竖井与地下核岛厂房区相连通。

电厂第一阶平台进厂公路由厂址东南侧接入厂区，厂前区在保卫办公中心大楼前设置停车广场，结合进厂公路可综合进行入口景观设计。施工运输由厂址东北侧接入。

全厂道路采用城市型道路形式。路面路拱均采用直线型双面坡，横坡坡度为 1.5%。路面宽度为 7 m、10 m；重件道路路面内缘转弯半径为 20 m；轻型路路面内缘转弯半径为 9 m。设计荷载等级公路 I 级。道路路面结构：重型路（面层厚 250 mm）和轻型路（面层厚 220 mm）上层面板的水泥混凝土弯拉强度不低于 4.5 MPa，均采用 C35 水泥混凝土；重型路和轻型路下层面板以及基岩区整平层均采用 180 mm 厚的 C30 水泥混凝土；基层采用 200 mm 厚的 6%水泥稳定石屑，底基层采用 150 mm 厚的 4%水泥稳定石屑。

根据核电厂各种设施的重要程度，将厂区划分成控制区、保护区和要害区三个区域，各种保卫区域的保安等级逐渐加强，并在各区域设置大门和武警保安亭。

根据厂址区域的基准洪水位、土石方开挖量、年提水费用等因素综合确定第一第二平台地坪高程，第一阶平台厂区室外场地地坪设计标高为 260 m，第二阶平台厂区室外场地地坪设计标高为 370 m。

场地平整后厂区第一阶平台与第二阶平台、第二阶平台与山顶之间都会出现人工开挖边坡，其中第一阶平台与第二阶平台边坡平均高差为 110 m，长度约为 500 m；第二阶平台与山顶形成的边坡平均高差约为 80 m，长度分别为 200 m 和 290 m。

厂区主要技术指标：

1）两台机组主要生产区用地面积

第一阶平台面积 19 万 m^2；

第二阶平台面积 5.8 万 m^2。

2）两台机组土石方开挖工程量

地下洞室土石方开挖 192.71 万 m^3，地面厂坪土石方开挖 1 017.32 万 m^3，开挖量总计：1 210.03 万 m^3。

（2）方案二：阶地下埋布置形式

地下核岛主厂房布置在灰岩，洞室群底面基准高程 190 m，地下主厂房建筑群呈西南至东北向在同一轴线上平行布置，1 号机组与 2 号机组反应堆厂房中间间距为 184 m，与方案一大致相同。

常规岛和 BOP 主要生产建（构）筑物均布置在位于地下核岛洞室群正上方的 370 m 高程地面平台上，即采用阶地下埋布置形式。

将两座冷却塔以塔群的形式布置在上部平台西南侧，循环水管线走线相对较容易，且靠近其中一座汽轮机厂房布置。每台机组的冷却塔与汽轮机厂房之间各建设一座循环水泵房。核岛重要厂用水按机力通风冷却塔进行冷却布置，每台机组设置一个机力通风冷却塔和水池，布置在三个高位水池南侧。

由于 370 m 高程平台离水源距离约 700 m，将循环水补给水泵房、重要厂用水补给水泵房、除盐水生产厂房等布置在某江水源附近，便于取水，如图 12.5 中取水建筑物平台布置所示。

厂区辅助生产区按照两台机组连续建设的原则考虑，将两台机组辅助设施尽量合并，按功能区分别布置在 370 m 高程平台上，如图 12.5 中 370 m 高程平台布置所示。其中，位于两座汽轮机厂房上下两侧的公用辅助设施应尽量避开汽轮发电机组飞射物的影响区域。

厂前区位于上部平台的东北侧，由厂址东北侧环山而上的进厂公路进入上部平台厂区。另在厂址西南侧设置一条环山而上的出厂公路，特殊条件下也可以兼作进厂公路。

场地平整后，厂区上部台阶平台与山顶之间都会出现人工开挖边坡，边坡平均高差约为 50 m，长度分别为 590 m 和 380 m。

其他布置情况大致同方案一。

厂区主要技术指标：

1）两台机组主要生产区用地面积

上部平台面积 22.42 万 m^2；

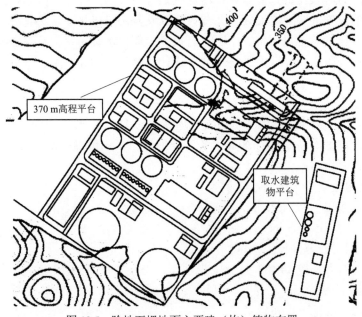

图 12.5　阶地下埋地面主要建（构）筑物布置

靠近水源平台面积 2.1 万 m^2。

2）两台机组土石方工程量

地下洞室土石方开挖 192.71 万 m^3，地面厂坪土石方开挖 693.97 万 m^3，开挖量总计：886.68 万 m^3。

（3）方案比较

1）主要厂区指标

厂区用地包含主厂房区、现场办公区、辅助设施区等。施工用地包含施工生产区和施工临时生活区。

地下核电厂两种布置方案（两台机组）土石方开挖工程量均较大。

因此，为减小概念设计厂址的土石方开挖量，节约成本，应充分利用概念设计厂址周边两个采石场平台，或利用厂址周边特点，开挖简单的中小型地下洞室，经处理后，作为地下核电厂部分现场办公区、施工生产区和施工临时生活区等所用。同时，将地下核电厂员工生活区、专家村等建在离厂址交通便利、距离适中的城镇里。

地下核电厂两种布置方案（两台机组）厂区面积基本相当，阶地下埋土石方开挖量比阶地平埋小，见表 12.2。

表 12.2　核电厂主要厂区指标比较

核电厂		地面生产区面积/（万 m^2/两台机组）	现场办公区面积/（万 m^2/两台机组）	全厂地面总面积/万 m^2	土石方开挖工程量/万 m^3	备注
地下核电厂	阶地平埋	24.8	0.5	24.8	1 210.03	含洞挖192.71 万 m^3
	阶地下埋	24.52	1	24.52	834.6	含洞挖192.71 万 m^3

2）开挖支护工程量及投资估算

如表 12.3 所示，根据概念设计厂址当地的价格情况对方案一阶地平埋、方案二阶地下埋土石方开挖支护工程量进行了初步估算，方案一阶地平埋费用约为 13.58 亿元（人民币，下同），方案二阶地下埋布置费用约为 11.15 亿元。

表 12.3　开挖支护工程量及投资估算

方案	部位	开挖土石方/万 m³		地面平台开挖支护费用/亿元	L 型方案地下洞室开挖支护费用/亿元	总费用/亿元
		明挖	洞挖			
阶地平埋	370 m 平台	224.02	—	6.84	6.74	13.58
	260 m 平台	793.3	—			
	合计	1 017.32	192.71			
阶地下埋	370 m 平台	693.97	—	4.41	6.74	11.15
	合计	693.97	192.71			

3）循环水补水年提水费用估算

核电厂电力生产的费用包括三个主要部分，即投资费、运行费和燃料费。这三种费用所占比例分别为 61%、18% 和 21%。运行费用是核电厂电力生产的主要费用之一。对内陆核电厂来说，在运行费用当中，补充循环冷却水所耗费的电费占了相当大一部分。因此循环水补水年提水费用主要考虑循环水补水费用。

计算参数如下：

根据参考资料，600 MW 核电厂需要提水量为 0.6 m³/s，加上余量取 1 m³/s。两台机组共计提水 2 m³/s。

电机效率：0.95；

水泵效率：0.85；

电价：取最新核电上网电价 0.43 元/（kW·h）；

年运行时：取 7 000 h/a；

提水高度：阶地平埋提水高度为 120 m；阶地下埋提水高度为 230 m。

假设：提水泵扬程中考虑 30% 的沿程阻力、局部阻力（水生物捕集器、泥沙过滤器、冷却塔内部阻力等）。

① 阶地平埋，从 140 m 标高（枯水期水位）向 260 m 标高提水，提水高度 120 m。

② 阶地下埋布置，从 140 m 标高（枯水期水位）向 370 m 标高提水，提水高度 230 m。

两套方案仅提水高度不同，阶地下埋布置提水高度（即扬程）230 m，阶地平埋提水高度 120 m。根据以上分析算得年提水费用见表 12.4。

表 12.4　地下核电厂循环水补水费用估算　　　　　　　　　　　　　　　　　　　a⁻¹

扬程/m	电价/元	电机效率	水泵效率	流量/（m³/s）	重力加速度/（m/s）	密度/（t/m³）	运行时间/h	功率/kW	补水提水费用/（万元/a）
230	0.43	0.95	0.85	2	9.81	1	7 000	5 866.38	2 187
120	0.43	0.95	0.85	2	9.81	1	7 000	3 060.72	1 141

在整个核电厂 60 年寿期内，根据国家发展改革委员会、建设部颁发的《建设项目经济评价参数》取 0.08 的折现率进行财务净现值计算，整个寿期内补水提水费用见表 12.5。

表 12.5 A 厂址地下核电厂循环水补水费用估算（60 年寿期内）

方　　案	运行年限	折现率	补水提水花费/（万元/a）	60 年折现后总费用/亿元
阶地平埋	60	0.08	1 141	1.53
阶地下埋	60	0.08	2 187	2.93

阶地平埋布置方案 60 年寿期折现后费用为 1.53 亿元，阶地下埋布置方案 60 年寿期折现后费用为 2.93 亿元。

（4）综合比较

对概念设计厂址两种布置方案主要费用比较见表 12.6。

表 12.6 两种布置方案主要费用比较

方案	土石方开挖量/万 m³	土石方开挖及支护费用/亿元	放射性废水地下迁移防护工程费用/亿元	循环水补水年提水费用/万元	寿期内循环水补水费用折现额/亿元	总费用/亿元
阶地平埋	1 210.03	13.58	2.37	1 141	1.53	17.48
阶地下埋	886.68	11.15	2.37	2 187	2.93	16.45

基于本厂址条件，两种布置方案主要影响因素对比见表 12.7。

表 12.7 两种布置方案主要影响因素对比

影响因素	取水可靠性	道路及运输成本	洞室稳定性影响因素	主蒸汽管道长度	施工附加成本
阶地平埋	高	低	少	长	低
阶地下埋	低	高	多	短	高

1）阶地平埋布置方案中汽轮机厂房和冷却塔等取水建筑物离水源的直线距离比阶地下埋布置方案短，扬程减小近一半，因此，阶地平埋布置方案比阶地下埋布置方案取水可靠性要高。

2）阶地下埋布置方案中 370 m 高程平台比阶地平埋布置方案中 260 m 高程平台离厂址周边公路远，且施工难度大，因此阶地平埋布置方案比阶地下埋布置方案施工道路等交通运输通道的成本以及施工附加成本要低。

3）阶地下埋布置方案中常规岛和 BOP 等主要建（构）筑物都布置在地下洞室群上部平台，在地下洞室群上覆盖层中需要设置相较于阶地平埋布置方案更多的工艺管线通道、交通连接竖井等，因此阶地下埋布置方案对地下核电洞室群的稳定性影响因素比阶地平埋布置方案要多。

4）阶地平埋布置中主蒸汽管道长度比阶地下埋布置方案要长，但通过对主蒸汽管道的蒸汽参数进行计算分析可知，阶地平埋布置中主蒸汽管道长度在地下核电厂布置核岛与常规岛可接受的距离范围内。

如果仅考虑以上两种主要费用，阶地平埋布置方案与阶地下埋布置方案总费用相差不大，但综合考虑取水可靠性、道路及运输成本、洞室稳定性影响因素、主蒸汽管道长度、施工等因素，本阶段重庆厂址拟推荐阶地平埋方案，效果图如图 12.6 所示。地下核电厂示范性概念设计等将基于阶地平埋布置方案展开相关研究。

图 12.6　重庆 A 概念设计厂址地下核电厂阶地平埋效果图

12.3.2.2　湖北 B 厂址厂区总平面布置

由于湖北 B 研究区厂址山体斜坡稳定，山体规模适中，地形上陡下缓，经整修在山体外侧可获得较大的地面平台和较好的进洞条件，且开挖工程量较小；核岛洞室群顶部可形成中小面积平台，因此宜选择阶地平埋布置形式。湖北 B 研究区厂址取排水条件较好，因此暂对湖北 B 研究区厂址按照阶地平埋布置形式开展了总平面布置研究。

（1）地下核岛洞室群布置

湖北 B 研究区地下核岛主厂房布置在花岗岩上，综合考虑地下水位、反应堆洞室高度、覆盖层厚度等因素后，确定洞室群基准底高程 100 m，地下主厂房建筑群以 L 形布置形式呈西南至东北向在同一轴线上平行布置，1 号机组与 2 号机组反应堆厂房中心间距为 184 m，布置图与重庆 A 厂址一致。

重庆 A 厂址总体布置形式为：地面第二阶平台位于地下核岛洞室群正上方，地面第一阶平台与第二阶平台相对较近。湖北 B 厂址为了减少地面第一阶平台土石方开挖工程量和主蒸汽管道长度，在满足地下核岛洞室群覆盖层要求的前提下，将地面第一阶平台布置在地势相对较缓的地面上，地面第二阶平台布置在相对较陡的山顶，位于核岛洞室群斜上方。

（2）阶地平埋

地面第二阶平台底高程为 300 m，地面第一阶平台底高程为 100 m，与地下洞室群基准底高程相同。其中地面第一阶平台、第二阶平台上布置的建（构）筑物与重庆 A 厂址阶地平埋地面第一阶平台、第二阶平台相一致。

厂区主要技术指标：

第一阶地面积 19 万 m²；

第二阶地面积 5.8 万 m²。

两台机组土石方工程量：

地下洞室土石方开挖 176.21 万 m^3，地面厂坪土石方开挖 537.92 万 m^3，开挖量总计：714.13 万 m^3。

（3）土石方开挖工程量费用估算

根据概念设计厂址当地的价格情况对阶地平埋土石方开挖支护工程量进行了初步估算，阶地平埋布置方案费用约为 10.51 亿元，见表 12.8。

表 12.8　开挖支护工程量及投资估算

方案	部位	开挖土石方/万 m^3		地面平台开挖支护费用/亿元	L 形方案地下洞室开挖支护费用/亿元	总费用/亿元
		明挖	洞挖			
阶地平埋	300 m 平台	321.06	—	3.77	6.74	10.51
	100 m 平台	216.86	176.21			
	合计	714.13				

（4）循环水补水年提水费用估算

湖北 B 厂址阶地平埋循环水补水年提水费用估算相关参数与重庆 A 厂址一致，计算参数如下：

与重庆 A 厂址相同，600 MW 核电厂需要提水量为 0.6 m^3/s，加上余量取 1 m^3/s。两台机组共计提水 2 m^3/s。

电机效率：0.95；

水泵效率：0.85；

电价：取最新核电上网电价 0.43 元/（kW·h）；

年运行时：取 7 000 h/a；

提水高度：阶地平埋提水高度为 40 m。

假设：提水泵扬程中考虑 30% 的沿程阻力、局部阻力（水生物捕集器、泥沙过滤器、冷却塔内部阻力等）。

阶地平埋，从 60 m 标高（枯水期水位）向 100 m 标高提水，提水高度 40 m。

根据以上数据算得年提水费用见表 12.9。

表 12.9　地下核电厂循环水补水费用估算

扬程/m	电价/元	电机效率	水泵效率	流量/（m^3/s）	重力加速度/（m/s）	密度/（t/m^3）	运行时间/h	功率/kW	补水提水费用/（万元/a）
80	0.43	0.95	0.85	2	9.81	1	7 000	1 020.24	380

在整个核电厂 60 年寿期内，取 0.08 的折现率，整个寿期内补水提水费用见表 12.10。

阶地平埋方案 60 年寿期折现后补水提水费用为 0.5 亿元。

表 12.10　B 厂址地下核电厂循环水补水费用估算（60 年寿期内）

方案	运行年限	折现率	补水提水花费/（万元/a）	60 年折现后总费用/亿元
阶地平埋	60	0.08	380	0.5

（5）小结

在湖北 B 厂址以阶地平埋形式布置的地下核电厂，主要费用见表 12.11。可以看出，在丘陵地区建设地下核电厂有以下优势。

表 12.11　阶地平埋布置方案主要费用

方案	土石方开挖量/万 m³	土石方开挖及支护费用/亿元	放射性废水地下迁移防护工程费用/亿元	循环水补水年提水费用/万元	寿期内循环水补水费用折现额/亿元	总费用/亿元
阶地平埋	714.13	10.51	2.37	380	0.5	13.38

1）更容易获得比较大的地面平台且土石方开挖工程量小；
2）循环水补水扬程低，提水费用低，取水可靠性相对较高；
3）道路施工相对简单，运输成本低。

12.4　投资估算

地下核电厂投资估算是设计文件的重要组成部分，是工程项目方案经济性比选和分析、技术经济指标计算、投资控制的基本依据。地下核电厂投资估算由设计单位编制，编制人员应具备全国注册造价工程师执业资格或核工程建设概预算资格。

地下核电厂投资估算编制依据、编制方法、定额标准、费用构成和项目划分，原则上按常规地面核电厂相应规定和要求执行。但基于地下核电厂的特点，对常规地面核电厂定额标准、投资估算指标等缺项的部分可参照类似行业的有关定额标准、编制方法进行计算和确定。

12.4.1　投资估算组成

地下核电厂投资估算按费用类别划分一般由建筑工程费、安装工程费、设备购置费、其他费用、预备费、建设期贷款利息组成。按工程项目划分通常由以下几个部分组成：

（1）前期准备工程

主要包括场地准备工程，施工用电、水、道路、通信工程以及进场和应急道路工程等。

（2）核岛工程

主要包括核蒸汽供应系统、核辅助系统、专设安全设施，核岛部分移至地下后新增加的地下洞室工程、放射性废水地下迁移防护工程，以及核岛其他配套设施等。

（3）常规岛工程

主要包括汽轮发电机组、蒸汽系统、凝结水及给水系统、发变电系统等。

（4）BOP 工程

主要包括为保证地下核电厂正常安全运行的核电厂配套设施等。

（5）首炉核燃料费

核反应堆工程中首次装入核燃料所需费用。一般根据换料周期不同确定列入基本建设投资的首炉核燃料费。

（6）其他费用

主要包括从工程筹建至工程竣工验收交付使用的整个建设期间，为保证工程建设顺利完成和交付使用后能够正常发挥效用而发生的除工程费用以外的各项费用。按其内容大体可分为建设用地费用、工程管理类费用、设计和技术服务类费用、调试和生产准备类费用以及其他等。

（7）预备费

包括基本预备费和价差预备费。基本预备费主要指用以解决相应设计阶段范围内的设计变更（含工程量变化、设备改型、材料代用等）而增加的费用，弥补一般自然灾害所造成的损失和预防自然灾害所采取的临时措施费用，以及其他不可预见因素可能造成的损失而预留的工程建设资金。价差预备费主要指建设项目在建设期间由于人工、材料、设备价格以及汇率波动引起工程造价变化的预留费用。

（8）建设期利息

主要包括向国内银行和其他非银行金融机构贷款、出口信贷、外国政府贷款、国际商业银行贷款以及在境内外发行债券等在建设期间应计的借款利息。

12.4.2　投资估算编制依据

（1）国家和上级主管部门颁发的有关法令、制度、规程。
（2）核行业投资估算编制规定、费用构成及计算标准。
（3）核行业投资估算指标、概算定额。
（4）设计文件、图纸、土建工程量及设备材料清单。
（5）工程所在地区的设备、材料市场价格信息。
（6）有关合同协议。
（7）其他。

12.4.3　投资估算编制程序

（1）熟悉工程概况，编写工作大纲

1）熟悉工程位置、规模、总体布置、地形地质情况；主要建筑物的结构形式和主要技术数据；施工场地布置、对外交通条件、施工进度及主体工程施工方法等。

2）编写工作大纲。确定编制原则和依据；确定计算基础价格的基本条件和参数；确定编制估算单价所采用的定额、标准和有关数据；编制人员分工、编制进度安排等。

（2）调查研究、搜集资料

1）深入现场了解工程布置及施工场地布置情况，料场位置及储量以及场内外交通运输条件、运输方式等。

2）收集工程所在地区劳资、材料、税务、交通、设备等价格资料。

3）新技术、新工艺、新材料的有关价格、定额资料的搜集与分析。

（3）计算基础价格及单价

基础价格应根据搜集到的各项资料和设计文件，按工程所在地编制年的价格水平分析计算。

根据工程项目设计和施工方案，以及现行定额、估算指标、费用标准和有关设备价格，分别编制主要工程单价，计算设备价格。部分项目可参照类似工程实际造价指标进行确定。

（4）编制各部分投资估算、汇总估算

根据设计工程量、设备材料清单和已计算好的工程单价、设备价格，分别编制前期准备工程、核岛工程、常规岛工程以及 BOP 工程投资估算表。

各单项工程估算编制完成后，根据行业现行有关规定计算其他费用、基本预备费、价差预备费、建设期利息，汇总形成总投资估算。

12.4.4　地下核电厂投资估算编制应注意的问题

地下核电厂将与核安全密切相关的核岛重要设施布置于地下相应厂房构筑物中，其投资估算编制与常规地面核电厂相比应注意以下几点：

（1）地下核电厂洞室群开挖中应充分考虑为减小爆破震动影响而采取的控制爆破措施所增加的费用。

（2）根据地下核电厂洞室群围岩地质情况，合理确定因防止放射性废水地下迁移所采取的灌浆、排水等措施费用。

（3）应充分考虑由于布置需求，主蒸汽管道、燃料传输管道等加长以及置于地下后，设备安装难度有所加大需增加的材料费、安装费等投资。

（4）与地面核电厂安全壳穹顶整体吊装的安装方法不同，地下核电厂安全壳穹顶需采用分片现场焊接安装的方法，所采用的施工设备、安装效率均与地面核电厂有所不同，应根据施工方案拟定的安装设备、安装程序、安装进度等合理计算该项费用。

12.4.5　概念设计投资估算

结合概念设计工程量、施工方案，按上述原则、依据和方法编制投资估算，重庆 A 厂址地下核电厂工程基础价（静态投资）折合人民币 2 108 906 万元，基础价单位投资 17 574元/kW；湖北 B 厂址地下核电厂工程基础价（静态投资）折合人民币 2 069 930 万元，基础价单位投资 17 249 元/kW。

12.5　财务分析

（1）财务分析方法

建设项目经济评价是项目前期研究的重要内容，是项目投资主体和国家相关部门进行项目决策时的重要参考依据。早在 1987 年，国家建设部就颁布了《建设项目经济评价方法与参数》用于指导和规范我国建设项目经济评价工作。2006 年，国家发改委和建设部根据我国经济社会发展情况，联合发布了新版的《建设项目经济评价方法与参数》。

自 1987 年版的方法与参数颁布以来，各行业都结合自身实际编制了本行业建设项目经济评价规范，在使用过程中，还会根据行业发展情况适时对规范进行修订。目前，国内核电厂经济评价适用规范为国家能源局 2011 年发布的《核电厂建设项目经济评价方法》（NB/T 20048—2011）。

核电具有初始投资大、财务费用高的特点，但同时具有运行寿命长、负荷因子高、燃料成本所占份额相对较小等特点。财务评价是从企业角度出发，根据国家现行财税制度和现行价格体系，分析计算核电厂直接发生的财务效益和费用，计算财务评价指标，考察项目的盈利能力，清偿能力等财务状况，借以判别核电厂的财务可行性。核电厂的经济性指标一般涉及三个方面内容：① 项目投资，包括固定资产投资、建设期利息和流动资金；② 上网电价；③ 项目收益率，包括全部投资财务内部收益率、资本金财务内部收益率和投资回收期等指标。这三个方面相互联系、相互影响，根据项目投资和上网电价情况，通过费用、效益分析，可计算出项目收益率指标，据此判别项目的经济性。以下列出主要财务分析指标的计算。

1）财务内部收益率

财务内部收益率是指项目在计算期内各年净现金流量现值累计等于零时的折现率。计算公式为：

$$\sum_{t=1}^{n}(CI-CO)_t \times (1+FIRR)^{-t}=0$$

式中：CI——第 t 年的现金流入量；

CO——第 t 年的现金流出量；

FIRR——财务内部收益率；

n——计算期。

全部投资财务内部收益率通过编制整个项目的财务现金流量表计算，资本金财务内部收益率通过编制资本金现金流量表计算，以求出的 FIRR 应与基准收益率（ic）比较，当 FIRR≥ic 时，认为项目在财务上是可行的。

核电行业还可通过给定财务内部收益率，测算项目的上网电价，与政府主管部门发布的当地标杆上网电价对比，判断项目的财务可行性。

2）投资回收期

项目投资回收期指以项目的净收益回收项目投资所需要的时间，是考察项目财务上投资回收能力的重要静态评价指标。投资回收期一般以年为单位，宜从建设开始年算起，计算公式为：

$$\sum_{t=1}^{P_t}(CI-CO)_t=0$$

投资回收期可根据项目投资财务现金流量表计算，表中累计净现金流量由负值变为零时，该时点即为项目的投资回收期。计算公式为：

$$P_t=T-1+\frac{\left|\sum_{i=1}^{T-1}(CI-CO)_i\right|}{(CI-CO)_T}$$

式中：T——各年累计净现金流量首次为正值或零的年数。

投资回收期短，表明项目的盈利能力强，投资回收快，抗风险能力强。

3）总投资收益率

总投资收益率（ROI）表示总投资的盈利水平，是指项目达到设计能力后正常年份的年息税前利润或运营期内平均息税前利润（EBIT）与项目总投资（TI）的比率。计算公式为：

$$ROI = \frac{EBIT}{TI} \times 100\%$$

式中：EBIT——项目正常年份的年息税前利润或运营期内年平均息税前利润；

TI——项目总投资。

总投资收益率高，表明单位总投资的盈利能力强。

（2）实例财务指标

1）重庆 A 厂址

重庆 A 厂址工程静态总投资 2 108 906 万元，基础价单位投资 17 574 元/kW，单位电能投资 2.31 元/（kW·h），工程总投资为 2 484 932 万元。

按资本金财务内部收益率 9%测算，工程主要财务指标如下：

① 上网电价：0.484 元/（kW·h）；

② 全部投资财务内部收益率（所得税前）：8.4%；

③ 回收期：15.4 年；

④ 项目总投资收益率：5.2%。

2）湖北 B 厂址

湖北 B 厂址工程静态总投资 2 069 330 万元，基础价单位投资 17 249 元/kW，单位电能投资 2.27 元/（kW·h），工程总投资为 2 431 871 万元。

按资本金财务内部收益率 9%测算，工程主要财务指标如下：

① 上网电价：0.477 元/（kW·h）；

② 全部投资财务内部收益率（所得税前）：8.4%；

③ 投资回收期：15.4 年；

④ 项目总投资收益率：5.2%。

以上两个地下核电厂的上网电价比目前实行的核电标杆电价［0.43 元/（kW·h）］高约 10%，以后随着地下核电后续研究的深入，设计上进一步优化，地下核电的经济性还将进一步提高。

12.6　经济性初步分析

根据重庆 A 和湖北 B 概念设计厂址的投资估算和财务分析可知，地下核电厂静态投资仅考虑内部成本，增加幅度在 12%以内，是可以接受的。重庆 A 和湖北 B 概念设计厂址的上网电价比目前实行的核电标杆电价［0.43 元/（kW·h）］高约 10%。国家发改委在发布核电标杆上网电价时强调，承担核电技术引进、自主创新、重大专项设备国产化任务的首台或首批核电机组或示范工程，其上网电价可在全国核电标杆电价基础上适当提高。地下核电是目前核电研究的一个新方向，对内陆核电安全发展具有重要意义，其工程成本也略高于地面核电，可以争取国家相应的优惠政策。

随着地下核电后续研究逐步开展，还能够在地下洞室布局、堆型工艺流程等方面进一步优化，降低工程投资；地下核电的单机容量还可进一步大型化，单机容量若由 600 MW 提高到 1 000 MW，核电厂单位千瓦投资可大幅下降；而且随着规模化的应用，一个地下核电厂可以建设 4～6 台机组，地下核电的经济性将显著提高。

地下核电厂涉核设施与外界仅有有限的几个出入口，核安保只需要在这几个有限的出入口附近做好警卫与守护即可极大地提高整个核电厂的核安保能力，地下涉核设施内部的核安保措施也可根据情况简化或取消，可节省核安保投入；地下核电厂具备简化或取消场外应急的技术条件，可减少应急准备相关费用；地下核电厂地下洞室可作为中低水平放射性废物处置场，可减少退役的费用；同时地下核电厂可有效利用山地国土资源。因此地下核电厂可有效降低外部成本，综合经济效益可预期优于地面核电厂。

第13章 水电核电组合分析

13.1 水电和核电特点

水电是供应安全、经济性好的可再生能源，因其巨大的经济效益和社会效益而有着广阔的应用前景。水电资源作为常规能源在我国能源结构中具有非常重要的作用，已探明能源储量中原煤、原油、天然气和水电资源的构成比例约为50%、3%、0.3%、45%。我国政府在《应对气候变化的政策与行动（2011）》中，提出要"加快水能、风能、太阳能等可再生能源开发"，一直把优先发展（包括抽水蓄能在内的）水电作为国家能源发展的重要方针。截至2014年年底，我国水电装机3.018亿kW，年发电量10 661亿kW·h；按照技术可开发的发电量计算，开发程度为39%。根据国家能源局颁发的《水电发展"十二五"规划》，到2020年我国的水电总装机容量将达到4.2亿kW（抽水蓄能0.7亿kW）。

水电运行费用低，便于承担调峰、调频等任务，也有利于发挥水资源综合利用效益，然而水电的开发带来的移民问题、生态环境问题正逐渐成为制约水电开发的重要因素。水电站机组设备运行灵活，启动迅速，可根据系统要求快速大幅度增加或减少功率，是电力系统中优秀的调峰、调频和事故备用电源，对提高电网运行安全具有重要作用。在常规水电站中，无调节性能的水电站适合承担电力系统基荷；有调节性能的水电站可承担系统调峰、调频和事故备用等任务。抽水蓄能水电站是承担系统调峰、调频、事故备用最理想的电源，具有调峰填谷作用。水电受气候和天然来水影响很大，其丰枯期出力差别大，水电比重过大会对电网的枯期用电产生影响，致使电网丰期电力剩余、枯期电力不足。

核电是经济性好、可规模化发展的重要绿色能源之一，具有巨大的应用潜力，对满足电力需求增长、保障能源供应安全具有重要意义。我国2007年核能发电量621亿kW·h，2011年为863亿kW·h，年均增长9.7%。根据国务院通过的《核电安全规划（2011—2020年）》和《核电中长期发展规划（2011—2020年）》，我国计划到2020年核电装机规模将达到5 800万kW，占届时总装机容量的4%，在建规模约3 000万kW。核电不排放二氧化硫、烟尘、氮氧化物和二氧化碳，大力发展核电工业，有利于调整我国的能源供应结构，减少煤炭的开采、运输和燃烧总量，改善大气环境。

由于核安全的考虑，核电厂建设在环境影响、应对突发事故方面有着非常严格的要求，尤其是选址方面，要求厂址周围人口密度相对较低。1979年的三哩岛核电厂事故、1986年的切尔诺贝利核电厂事故和2011年日本的核电危机等不断警示核电的巨大风险。受此类安全事故的影响，各国对核安全问题更加重视，我国对核电发展的指导性思想也由"十一五"时期的"积极发展""加快发展"演变为"十二五"规划中的"安全高效""安全第一"。

在投资方面，核电建设成本较高而运行成本相对较低。特殊的监管体系决定了核电项目工程造价和投资成本的固有特性：专用设备制造成本高、建造安装工程量大、施工和验收规范要求高、难度大、前期准备工作以及建造工期长。这些固有特性反映在经济性指标上就是单位千瓦造价高、投资成本高。燃料成本较低是核电在全球范围内得到大规模商业化应用和推广的关键推动因素之一。铀资源能量密度高、体积小、燃料费用所占发电成本比重低，投入 200 亿美元、以 50 美元/磅的价格从全球市场采购铀，可保障我国现有核电厂稳定运行 60 年，折合 20 亿吨标煤。

在调度运行方面，由于核反应堆的运行特点，机组不宜频繁变动负荷运行，可作为电网中重要的基荷能源。核电参与调峰主要的弊端包括：运行操作困难，人为失误及违反技术规范风险大；温度变化多、瞬态多，金属疲劳影响设备寿命；硼化稀释操作多，产生更多废气、废液和固体废弃物，增加环境负担和社会风险；功率频繁变化影响燃耗分布，给燃料设计和后处理造成困难等。从保障核电厂运行安全和提高核电经济性来考虑，核电宜带基荷运行，不宜参与调峰。

水电、核电联合运行可充分发挥互补作用。从技术上看，核电的运行特性决定其适合带基荷运行，水电是一种运行灵活的调峰电源，兼具调频调相等多种功能，随着电力系统负荷峰谷差日渐增大，水电、核电二者联合运行，可扬长避短、互相补偿、相得益彰，以适应电力系统负荷需求。

13.2　水电、核电统筹规划

随着全球能源消费不断增加，传统能源供应日趋紧张，气候变化形势严峻，开发利用清洁能源和可再生能源，妥善处理经济发展、能源消费增长的问题和抑制全球气候变暖，是国际社会面临的共同任务。

2009 年 9 月，时任中国国家主席胡锦涛在联合国气候大会提出，"大力发展可再生能源和核能，争取到 2020 年非化石能源占一次能源消费比重达到 15%左右"。同年 12 月，中国政府时任总理温家宝在哥本哈根气候变化大会上向全世界宣布，到 2020 年，我国单位 GDP 二氧化碳排放比 2005 年下降 40%～45%。

在落实以上两个目标关键期的"十二五"期间能源发展的基本设想是：采取有效措施加大节能力度，提高传统能源清洁化利用水平，同时推进替代产业发展，加大天然气等清洁能源利用规模。非化石能源产业步入发展期。通过加快建设水电、核电项目，加强推进风能、太阳能和生物质能等可再生能源的转化利用，推进能源结构的优化调整。电力发展也应加快转变电力发展方式，着力推进电力结构优化和产业升级，始终坚持节约优先，优先开发水电、积极有序发展新能源发电、安全高效发展核电、优化发展煤电、高效发展天然气发电，推进更大范围内电力资源优化配置。

目前技术较为成熟的清洁能源和可再生能源中，风能和太阳能具有广阔的发展前景。不过，由于风能时断时续难以控制、对电网稳定运行冲击较大，太阳能利用效率低、成本昂贵，按照现有的技术水平，风能和太阳能等新能源还不能作为电力系统的必需容量，需要有配套的火电、水电等其他电力能源作为备用，才能保障电力系统的供应。电力系统接纳风能、太阳能的能力也有所限制。

水电、核电是目前技术上比较成熟的、可以进行大规模开发的可再生能源，在今后较长的一段时间里，大力发展水电、核电仍然是全球应对气候变暖、减少二氧化碳排放的重要措施。

尽管我国新能源利用增长很快，但煤炭依然是我国的主要能源，这种能源格局在短期内很难改变。受全球经济形势影响，且我国尚处于经济结构调整时期，目前我国非化石能源发展状况与承诺目标之间还有较大差距。据统计，2014 年我国能源消费总量为 42.6 亿吨标准煤，非化石能源占一次能源消费总量的比重约为 11%，我国节能减排的任务还相当艰巨。

2014 年统计数据显示，全国电力总装机达到 13.6 亿 kW，其中火电装机 9.16 亿 kW，水电装机 3.02 亿 kW（含抽水蓄能 2 183 万 kW），核电装机达 1 988 万 kW，并网风电装机 9 581 万 kW，并网太阳能发电装机 2 652 万 kW，占电力总装机的比重分别为 67.3%、22.2%、1.5%、7.0% 和 1.9%。

预计到 2020 年中国能源消费总量将达到 45 亿吨标准煤，按照非化石能源占 15% 的承诺目标，非化石能源消费要达到 6.75 亿吨标准煤。为实现到 2020 年非化石能源占一次能源消费比重达到 15% 的目标，必须大力发展可再生能源和核能。到 2020 年，水电装机有望达 3.5 亿 kW，风电装机 2 亿 kW，光伏装机 1 亿 kW，生物质能 3 000 万 kW，这些装机对非化石能源消费比重能够贡献 11%，而剩余的 4% 必须得靠核电来完成。

根据目前的技术水平与发展趋势，水电、核电仍是非化石能源的主力军，大力发展水电、核电是我国能源战略的需要。从两者运行特点来看，水电供应安全、经济性好，水电机组具有启停迅速、运行操作灵活的特点，可根据系统要求快速大幅度增加或减少功率，是电力系统中优秀的调峰、调频和事故备用电源；核电由于核电反应堆运行的特点，机组不宜频繁变动负荷运行，不宜参与调峰，但是核电机组功率大，宜带基荷运行。水电站与核电厂联合运行，核电厂承担电力负荷基本负荷，水电站承担电力负荷曲线中的腰荷和峰荷，从而构成强大的、零排放的清洁电源。

水电、核电各自具有鲜明的特点，具有一定的互补性，两者统筹规划并结合建设有利于核电厂日常安全运行和极端事故的应急处理，可减少两者共用建设部分的投资并有利于核电厂的选址。

13.2.1 统筹规划必要性

水电、核电统筹规划有利于资源优化配置，提高电站运行安全性。核电厂的安全是核电厂建设的首要问题。除了从技术上、工艺上要力图消除大量放射性物质释放的可能性外，在规划选址、建设运行时还要考虑在出现极端事故情况下，使造成的损失最少以及对周围环境的影响最小。一般情况下，核电厂要选在人口密度低、易隔离的地区，要求周围有丰富可靠的供水水源，当核反应堆自身冷却系统出现故障不能运行时，可通过外来水源进行冷却，避免发生熔堆的严重事故。

从水电和核电的特点上可以看出，水电和核电是可以互补和兼容的，在规划阶段统筹考虑水电、核电，将有利于增加核电厂运行的安全性，优化配置输电线路，其有利性主要体现在以下几个方面：

（1）有利于核电厂选址。从核安全的角度来看，除了要从工艺上、流程上减少核事故发生的概率，考虑公众和环境免受放射性事故释放所引起的过量辐射影响，在核电厂选址时还要考虑发生极端事故时的可控性和可处理性，故核电厂必须选在人口密度低、易隔离的地区。水电站一般位于人口密度较低的地区，其形成的水库可作为核电厂的水源，易于找到满足核电厂关于人口密度、水源等要求的建设地点。

（2）有利于核电厂日常安全运行和极端事故的应急处理。核电厂在运行过程中要产生巨大热量，选址必须靠近水源。若核电厂址选择在水电站附近，水电站形成的巨大水库可为核电厂的安全运行提供充足的水源，水电机组运行调度灵活、启动迅速，为核电厂运行再增加一个可靠的备用电源，有利于保障核电厂的安全运行和对极端事故的应急响应。日本福岛核事故中，由于备用电源被毁，无法为核反应堆提供冷却水，福岛核电厂产生了熔堆危险。核电、水电组合建设，可考虑采取工程措施，利用有利地形通过隧洞自流引水至核反应堆安全壳上面，在发生极端事故时利用自流水进行冷却，避免发生熔堆事故。

（3）可共用输电走廊。如果在规划阶段对水电、核电的输电进行统筹规划，共用输电走廊，可充分利用专用输电线路的输电容量，减少重复用地，提高输电线路的利用率和经济性。

核电厂与水电站组合建设宜选择相对靠近负荷中心的水电站。若核电厂远离负荷中心，就需要新增输电工程投资，同时由于长距离输电的电量损失，核电厂的经济性受到影响。假设核电厂距离负荷中心 1 200 km，考虑到输电线路 3 000 元/kW 的输电投资和约 6%的输电损失，初步估算核电厂到负荷中心的输电电价约为 0.10 元/（kW·h），即核电厂输送至目标电网的落地电价将比上网电价增加 0.10 元/（kW·h），与在负荷中心附近建设核电厂相比，核电厂的经济性和竞争能力会下降。

水电和核电合理组合，一方面可以共用前期准备工作中的"三通一平"等基础设施；另一方面，可以充分发挥水电的调峰能力，使水电和核电更好地适应电力需求，同时在水少时充分利用输电线路的输电容量，提高发电、输电的总体效益。

13.2.2 统筹规划原则

（1）核电规划布局

2012 年 3 月，我国《政府报告》重申了在能源结构中安全高效发展核电的政策。10月 24 日，国务院常务会议再次讨论并通过《核电安全规划（2011—2020 年）》和《核电中长期发展规划（2011—2020 年）》，会议对当前和今后一个时期的核电建设作出部署：

1）稳妥恢复正常建设。合理把握建设节奏，稳步有序推进。

2）科学布局项目。"十二五"时期只在沿海安排少数经过充分论证的核电项目厂址，不安排内陆核电项目。

3）提高准入门槛。按照全球最高安全要求新建核电项目。新建核电机组必须符合三代安全标准。

根据《核电中长期发展规划（2011—2020 年）》提出的目标，2015 年前我国在运核电装机达到 4 000 万 kW，在建 1 800 万 kW。到 2020 年我国在运核电装机达到 5 800 万 kW，在建 3 000 万 kW。我国大陆核电厂分布见图 13.1 所示。

但随着"十三五"规划的编制，核电机组技术、安全的发展，环境问题日益严峻及减排任务加重，内陆核电又提上了议事日程，未来核电将具有广阔的市场发展空间。

我国核电布局将根据安全环保要求，能源、电力需求，能源资源与布局条件综合考虑，从沿海、东部、向内地发展，向中部推进。总体趋势是：沿海、东部是核电布局主体，是中国核电基地；中部崛起需要核电，特别是缺能、缺电省份；西部是水能、风能、太阳能的主体,核电、火电作为基本负荷,是水能、风能、太阳能的支撑保证能源。内蒙古、新疆、四川、重庆、甘肃、陕西、贵州、西藏等省市需要综合利用火电、水电、风电、太阳能,四川、重庆等省市需要核电。西部在利用风电、水电、太阳能发电时,核电、火电为基本负荷电源,保证清洁能源的稳定供应。

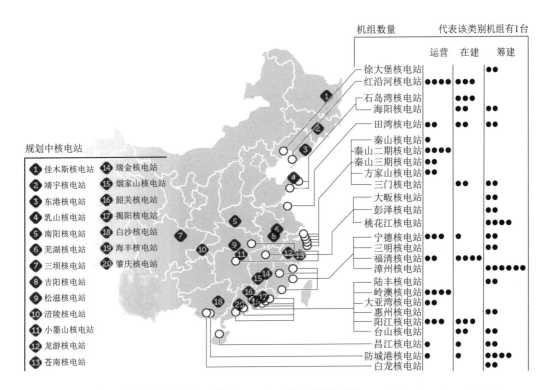

图 13.1　中国大陆核电厂分布(截至 2016 年 1 月,数据来源:World Nuclear Association)

(2)水电规划布局

我国水电资源总量的四分之三集中在经济相对落后、交通不便的西部地区。按照技术可开发装机容量统计,我国经济相对落后的西部云、贵、川、渝、陕、甘、宁、青、新、藏、桂、蒙等 12 个省(自治区、直辖市)水力资源约占全国总量的 81.46%,特别是西南地区云、贵、川、渝、藏就占 66.70%;其次是中部的黑、吉、晋、豫、鄂、湘、皖、赣等8 个省占 13.66%;而经济发达、用电负荷集中的东部辽、京、津、冀、鲁、苏、浙、沪、粤、闽、琼等 11 个省(直辖市)仅占 4.88%,而且开发程度较高。

目前,全国十三大水电基地中,中东部水电基地已基本开发完毕,主要流域在建水电工程主要集中在雅砻江干流、金沙江下游、大渡河干流、澜沧江干流河段。有关方面已经完成或基本完成怒江上游(西藏段)水电规划、澜沧江上游(西藏段)水电规划、金沙江上游(西藏段)水电规划(上述河段又称藏东南“三江”)。黄河上游湖口—尔多段水电规划和雅鲁藏布江中游水电规划基本完成。雅鲁藏布江下游及其支流水电规划工作正在进行之中。新建、待建水电项目越来越向边远地区集中。从水电开发形势看,未来水电重点开发区域将逐步转向西南地区的金沙江中上游、澜沧江和怒江上游及雅鲁藏布江流域。

根据2015年5月，北京世界水电大会披露的资料，中国大中型常规水电将采取"三步走"的发展战略。第一步，到2020年，实现规划的西部地区大中型水电基地水电开发初具规模，各河流龙头水库全面开工，部分投产，实现常规水电（包括小水电）装机容量达到3.5亿kW的目标。第二步，到2030年，在2020年基础上新增水电装机容量7 000万kW左右，西南地区规划水电基地全面形成，各河流龙头水库全部投产运行，澜沧江、金沙江等主要河流干流水电开发基本完毕。第三步，到2050年，实现在2030年基础上新增水电装机容量7 000万kW，雅砻江、大渡河和怒江等大江大河的水电资源基本开发完毕。

此外，为配合西部风电等清洁能源外送，解决日益严重的电网调峰问题，国家能源局于2009年启动了全国抽水蓄能选点规划工作（2020年水平）。截至2014年年底，我国已建抽水蓄能装机为2 181万kW，在建抽水蓄能装机为2 114万kW，规划装机9 385万kW。

我国抽水蓄能发展的原则和思路为：坚持"统一规划、合理布局、有序开发、完善体制、创新机制、强化监管"的原则，结合新能源开发及电力系统安全稳定运行要求，着力完善火电为主区抽水蓄能电站布局，适度加快风电配套区抽水蓄能电站建设，有序推进水电丰富区抽水蓄能电站选点规划工作。

其中，在着力完善火电为主区抽水蓄能电站布局方面，华北电网、华东电网、华中电网、南方电网（广东）接收区外送电比重高和煤电、核电比重大，同时海南、福建等省核电发展较快，辽宁、河北、山东、江苏省，内蒙古、新疆维吾尔族自治区等将大规模开发风电，迫切需要合理布局一批抽水蓄能电站，应加快前期论证、核准审批及开工建设，保障电网安全稳定经济运行；风电等新能源丰富地区因自身电力系统规模较小，大规模开发时需要适度加快建设一批条件成熟的抽水蓄能电站，与当地火电打捆后远距离外送至华北电网、华东电网、华中电网进行消纳，提高风电的利用率，保障大规模远距离打捆外送风电直流输电线路的稳定性和经济性；在有序推进水电丰富区抽水蓄能电站选点规划方面，在水电丰富的省（市、自治区），2020年前后的调峰问题可通过加快龙头水库建设、优化西电东送方式等途径解决，远景需要根据经济社会及电力系统的发展，进一步研究抽水蓄能电站建设必要性，择机启动抽水蓄能电站的选点规划工作。抽水蓄能装机规划2020年、2025年、2030年和2050年分别达到7 000万kW、1亿kW、1.5亿kW和3亿kW。

（3）统筹规划原则

根据我国水电、核电规划布局，在中、东部地区可以进行已建水电或抽水蓄能与核电的统筹规划，在西部地区负荷中心附近，可结合地形地质和水文气象条件进行水电（抽水蓄能）、核电的统筹规划，统筹规划应遵循以下原则：

1）安全第一的原则。安全是核电的生命线，统筹规划必须满足国家核安全规划和核电中长期规划（调整）的要求，确保环境安全、公众健康及社会和谐。

2）合理布局原则。统筹规划应科学布局水电核电结合项目，综合考虑负荷中心与产业发展的需求。

3）经济性原则。统筹规划应考虑满足电力系统电力电量平衡要求，保障核电、电网、电力消费等全过程各环节的经济性要求。

4）系统优化运行原则。统筹规划应以全社会电力供应总成本最低为目标，科学合理利用水电、核电联合运行的互补能力，优化电力系统运行方式，提高整体能源的利用效率。

13.3　施工设施结合

目前水电建设大都处于高山峡谷之中，水电站一般规模较大，建设周期长，临建和永久设施较多。建设水电站的临建和永久设施一般有承包商营地和业主营地、油库、炸药库、水厂、物资仓库、变电所、施工供电线路、砂石加工系统、混凝土骨料场、混凝土生产系统、施工道路、桥梁、大件码头和对外交通等。

核电建设与水电建设有许多相同之处，土建工程和设备运输等也需要临建设施，因此水电建设的临建和永久设施很大部分能被核电建设所利用或结合利用。具体如下：

（1）对外交通、桥梁和大件码头的利用

水电建设一般会修建对外交通、桥梁和大件码头，而且对外交通、桥梁均为永久设施，标准也较高，核电施工和运行基本可以利用。但是核电设备的重大件运输尺寸和重量较水轮发电机组更大，如果采用公路运输，原有的交通设施需要局部改建或桥梁加固，但如果采用水路运输核电大件设备，只需对码头起吊设备进行复核即可满足要求。因此，核电建设完全可以利用水电建设过程中修建的对外交通、桥梁和码头等设施。

（2）施工工厂设施的利用

水电建设过程中主要以土建为主，建设过程中需要的施工工厂为砂石加工系统、混凝土生产系统、油库、炸药库，水厂、物资仓库以及施工变电所等，而地下核电土建工程量也较大，土石方开挖、混凝土浇筑、钢筋加工、设备焊接等也需要这些施工工厂，加上水电土建量大、强度高、需要的施工工厂规模、容量、占地面积等较核电大，因此，水电的这些施工工厂设施基本都可以作为核电的施工工厂设施加以利用。

（3）承包商营地和业主营地等的使用

大型水电项目的建设周期长，管理人员（业主、设计、监理人员）和承包商劳动力多，需要的施工营地和业主营地建筑面积大。水电建设完成后运行人员较少，一部分营地改建成水电站运行的办公室和宿舍，其他的营地基本都空置。核电建设不像水电建设受洪水期和枯水期施工的影响，劳动力的需求相对平衡，因此，水电建设空置的营地基本都可以作为核电建设的营地使用。

（4）混凝土骨料料场的利用

水电和核电建设过程中都需要大量的混凝土人工骨料或天然骨料，而水电工程尤其是主体工程对混凝土骨料和混凝土配合比要求高，品种也多。因此，相对来说，水电主体工程混凝土使用的骨料基本都可以作为核电混凝土的骨料，这样，可以利用水电工程的混凝土人工骨料场，减少混凝土骨料料源勘探和料场剥离等费用和周期。

总体上，水电和核电施工结合，可以很好地利用水电建设的临建和永久设施。

13.4　联合运行

13.4.1　引言

我国总体能源资源不足，而以煤炭为主的能源消费方式将带来严重的环境污染和温室气体排放问题，"节能优先、效率为本"将是我国能源发展长期坚持的原则。经济的高质量、高速度发展和人民生活水平的提高，对电力发展提出了较高的要求，要求电力既要快速发展来满足经济发展和人民生活水平提高对电力增长总量的需求，也要求不断提高供电质量和供电可靠性。电力需求的快速增长，第三产业用电和城乡生活用电的增长，必将带来峰谷差的进一步增大。

我国能源资源分布不均衡，全国电网仍然以火电为主，火电在全国电力系统中的比例接近70%。但不同区域电网电源构成有较大差异，西南地区水电较丰富，"三北"地区风能资源较好，东南沿海一带核电配置较多，而我国负荷中心主要在中东部经济发达地区。同时，我国电网普遍存在负荷率低、峰谷差大、高峰电力短缺的问题，需要根据区域电源结构考虑不同类型电力资源互补运行，以保障电网安全、经济、高效地运行。

我国特殊的能源资源布局和结构，以及能源资源与电力需求呈逆向分布的情况，决定了未来我国电力发展必须坚持"一特四大"的发展战略，即：积极发展以特高压电网为骨干网架的坚强电网，促进大水电、大煤电、大核电、大可再生能源基地的建设。大型核电、太阳能和风电基地的集约化开发，将带来电网调峰和电网运行调控方面的一系列问题。

风电是种随机性、间歇性的能源，不能提供持续稳定的功率，发电稳定性和连续性较差，这就给风电并网后电力系统实时电力电量平衡，保持电网安全稳定运行带来巨大挑战，电力系统在吸纳风电的同时，需配置相应的具有低谷储能等特点的调峰电源。同样，太阳能发电存在占地面积大、能源效率低及成本高等缺点，其并网运行时受气象条件影响较大，电力供应不稳定。

作为非化石能源主力之一的核电，具有运行费用低，环境污染小等优点，但核电运行的安全性一直是全社会公众甚为关注的热点。核电机组所用燃料具有高危险性，一旦发生核燃料泄漏事故，将对周边地区造成严重的后果。核电厂机组出力一般要求在平稳状态下运行，承担电网的基荷，不参与调峰运行。而且核电机组单机容量较大，并网规模较大时，会增加系统的调峰压力，将对其所在电网造成很大的冲击，甚至会影响系统的安全稳定运行，严重时可能会造成整个电网的崩溃。因此在电网中必须要有强大调节能力的电源与之配合，建设一定规模的具有调峰调频作用的电站配合核电机组运行，对核电厂的安全、经济运行以及电力系统的稳定有着重要意义。

13.4.2 联合运行必要性

电网日负荷的谷峰特点，从技术上要求并网运行的各个发电机组都要有一定的跟踪负荷的性能。

水力发电机组是最佳的调峰、调频电源，它启停机速度快、负荷加减操作简捷、对安全性和机组寿命几乎无影响，且成本低、零排放，对环境无影响。

现在的大型火电机组都具有长年参加日负荷跟踪运行的能力，汽轮机组具有适应长期调峰运行的能力，但是，大型火电机组频繁参与调峰，产生的交变热应力对机组设备的损耗是较大的，低负荷下机组热效率的降低也十分明显，此外，火电机组调峰运行会使煤耗增加，且大量排放废渣、烟尘和 CO_2、SO_2、N_xO_y 等废气，带来温室效应、酸雨、环境污染等负面影响，与减排措施不符，是应该减少调峰出力的机组。

日本福岛核电事故后，我国核安全规划规定，新开工的核电厂必须是三代核电机组，虽然该类型机组具备一定的调峰能力，国际上也存在核电机组适当参与电网调峰的情况，但是大型压水堆存在技术难题，不宜频繁、快速、深度地参加电网调峰。核电机组参与负荷调节主要有以下几点技术性和安全性的限制：

（1）频繁的升降功率必然伴随着频繁的稀释和硼化操作，在这个过程中会产生大量的废水，增加三废系统的负担，如果三废系统处理能力不够，则必然有一定量的放射性物质排放到环境中。

（2）频繁的升降功率会增加设备的损耗，尤其是控制棒与控制棒导向管之间磨损容易引发控制棒落棒事故、弹棒事故和一回路破口；频繁的升降功率会导致一回路压力边界的疲劳，尤其是对稳压器波动管的完整性构成了威胁。

（3）长期低功率运行使机组可靠性降低，由于频繁的负荷变化，芯块对包壳的局部应力总是集中地随功率的变化而变化。这种芯块与包壳的机械相互作用（PCMI）有可能导致包壳局部疲劳破损。

（4）频繁的负荷变化使操纵员对机组的控制变得非常困难，在负荷变化的过程中，跳机、跳堆的风险比基本负荷运行时大很多。采用核电负荷调节频繁的法国比采用基荷运行的美国和韩国人因失误导致的停堆小时数要高很多。

综上，若核电机组频繁参与电网调峰，会在一定程度上增加核电机组出现运行事件或事故的概率。而核电安全性问题相当敏感，尤其在日本福岛核事故后，社会公众对核电运行安全性问题非常关注，一旦出现核电运行安全问题，对社会、环境及核电发展将是沉重甚至是毁灭性的打击。因此，电力系统应尽量避免核电机组长期、快速、频繁、深度地参加电网调峰。

此外，因核电机组具有容量大、核安全要求高、燃料周期限制等特点，机组接入电网后将对电网产生重大影响。核电机组的扰动会造成电网的波动。核电机组的突然甩负荷或者切机将导致系统失去较大功率，对系统稳定、电压和频率都会造成冲击。同时，核电机组对系统电压和频率的波动非常敏感。电网故障扰动可能导致核电机组切机，而核电机组切机后导致的有功和无功的缺口，将使系统故障进一步恶化。电网需配备较好的调峰调频电源，配合核电机组安全稳定运行。

核电厂承担电力系统的基荷，水电站承担腰荷峰荷，两者具有一定的互补性，从而形成一个理想的电力组合。水电站有足够的水源保证核电厂正常运行和事故工况下的用水，有利于核电厂日常安全运行和极端事故的应急处理。水电与核电组合技术上是可行的也是必要的，可提高电站的安全性和经济性。

13.4.3　联合运行实例分析

水电、核电是安全、高效的清洁能源，为电力系统的重要构成部分，具有鲜明的特点，且有一定的互补性。

根据水电与核电的特点，在电力系统中配备适当的水电、核电进行联合运行，对提高电力系统运行的经济性与灵活性有积极作用。以下以假设的 X 水电站和 Y 核电厂为例，简述水电、核电联合运行的有利作用。

X 水电站和 Y 核电厂位于我国中西部地区，X 水电站装机容量 10 000 MW，设计年发电量 400 亿 kW·h，装机年利用小时 4 000 h；Y 核电厂装机容量 4 000 MW，设计年发电量 314 亿 kW·h，装机年利用小时 7 850 h。

（1）两电站单独运行的劣势

X 水电站：① 丰枯出力差别大，对电力系统供电保障性产生影响，与电力系统的需求特性不一致，丰水期电力供应富余，电力不能全部吸收，产生弃水，枯水期电力供应不足，造成系统拉闸限电；② 水能资源利用不充分、不合理，从电站本身的经济性来看，电站具备适当增加装机容量的条件，但由于电站长距离输电，输电线路经济利用小时（4 500 h 左右）的要求限制了电站的装机，造成水能资源利用不充分。

Y 核电厂：由于安全性问题，核电厂只能在系统的基荷运行，不宜调峰，需要电力系统中有配套的电源来担任调峰任务，否则会造成系统调峰能力不足，影响供电质量。

（2）两电站联合运行的优势

1）改善电力系统枯水期电力供应问题

X 水电站单独运行，丰枯出力比例达 2.2:1，影响电力系统枯期供电保障，如图 13.2 所示。两电站联合运行时，由于 Y 核电厂出力稳定，核电机组检修可安排在丰水期，则两电站总的丰枯出力比例可降低至 1.4:1，大大改善了系统枯水期电力供应问题，如图 13.3 所示。

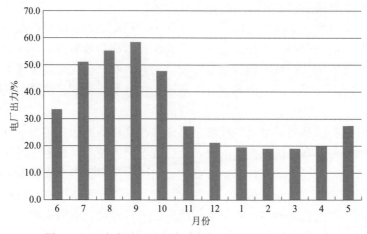

图 13.2　X 水电站逐月出力过程（6 月至 11 月为丰期）

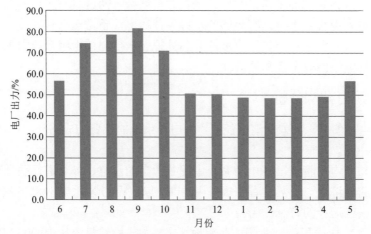

图 13.3　两电站总的逐月出力过程（6 月至 11 月为丰期）

2）有利于适应电力系统用电需求

目前电力系统中峰谷差在逐渐加大，系统中最小负荷率约 0.6，系统需要的调峰容量达 40%。系统安全运行既需要稳定的基荷电源，也需要灵活的调峰电源。

基荷电源是发电主力电源，长期为电力系统提供稳定的电力供应，这对电力系统的稳定运行是十分必要的。核电运行成本低、出力稳定，承担基荷运行符合其自身特点，具有一定的优势，是电力系统供电的基本保障。

调峰电源需要根据系统中的负荷变化，随时、迅速地调整出力供应。水电站机组反应快速、启停灵活，能在电力系统中担任紧急事故备用和黑启动等任务，能跟踪负荷迅速适应负荷的急剧变化，保证并提高供电质量，有效减少电网拉闸限电次数，减轻对企业和居民等广大电力用户生产和生活的影响。

X 水电站和 Y 核电厂联合运行，由 Y 核电厂承担基荷，X 水电站承担系统调峰调频任务，调峰幅度可达 71%，可较好地适应电力系统的用电需求。而且两电站联合运行，X 水电站还可适当扩机，进一步增加调峰容量，X 水电站再扩机 1 000 MW，其补充单位 kW 投资约 2 000 元/kW，经济性较好。

3）提高输电线路的经济性

一般情况下，输电线路经济利用小时要达到 4 500 h 左右。X 水电站装机年利用小时 4 000 h，输电经济性略差。若两电站捆绑运行，两电站总的装机年利用小时为 5 100 h，满足输电线路经济性要求。X 水电站若再扩机 1 000 MW，两电站总的装机年利用小时也可达 4 760 h。

参考文献

［1］ 钮新强，等. 建设大型地下核电站 开创核电安全发展新途径［J］. 人民长江，2015，46（18）：1–5.

［2］ 钮新强，等. 地下核电研究现状［J］. 核动力工程，2015，36（5）：1–5.

［3］ 钮新强，等. 大型地下核电站关键技术研究［J］. 核动力工程，2015，36（5）：6–11.

［4］ 查显顺，喻飞，张涛，等. 地下核电厂通风问题探讨［J］. 人民长江，2016，47（4）：33–36.

［5］ 李茂华，吴永锋，潘霄，等. 地下核电厂选址中的地质因素初探［J］. 人民长江，2016，47（3）：41–44.

［6］ 张志国，钮新强，陈胜宏，等. 地下核电站裂隙岩体中核素运移分析［J］. 人民长江，2016，47（3）：49–55.

［7］ 张治军，苏利军，李锋. 地下核反应堆洞室大型穹顶施工三维模拟研究［J］. 人民长江，2016，47（3）：59–62.

［8］ 李锋，刘立新，苏利军，等. 地下核电厂混凝土施工及大型设备安装技术研究［J］. 人民长江，2016，47（3）：63–67.

［9］ 赵鑫，喻飞，刘海波，等. 地下核电站概念设计厂址总平面布置方案比选［J］. 人民长江，2016，47（2）：42–45.

［10］ 韩前龙，周述达，张风，等. 地下核电站总体布置形式研究［J］. 人民长江，2016，47（2）：46–50.

［11］ 陈莉，马兴均，高峰，等. 地下核电站放射性废物处理浅析［J］. 地球，2015（12）：278–280.

［12］ Kunze J F, Mahar J M, Giraud K M, et al. Underground Nuclear Energy Complexes: Technical and Economic Advantages [C]//ASME 2010 International Mechanical Engineering Congress and Exposition. American Society of Mechanical Engineers, 2010: 493–498.

［13］ Forsberg C W, Kress T. Underground reactor containments: An option for the future? [R]. Oak Ridge National Lab., TN (United States), 1997.

［14］ Duffaut P. Safe Nuclear Power Plants Shall Be Built Underground [C]//11th ACUUS Conference. 2007: 207–212.

［15］ Myers W, Elkins N. Siting nuclear power plants underground: Old idea, new circumstances [J]. Nuclear News, 2004, 47 (13): 33–38.

［16］ Pinto S. A survey of the underground siting of nuclear power plants [M]. Swiss Federal Institute for Reactor Research, 1979.

［17］ Oberth R C, Lee C F. Underground siting of a CANDU nuclear power station [C]//ISRM International Symposium-Rockstore 80. International Society for Rock Mechanics, 1980.

［18］ 李满昌，李翔，李庆. 地下核电站研发现状及我国 CUP600 概念［J］. 中国核电，2015 年增刊，Vol.8 Suppl.2：817–826.

［19］ 刘忠. 溪洛渡右岸电站机电安装工作进展顺利［EB/OL］. 2016，04，27. http://www.cnwep.com/bencandy.php?fid=32&id=20422.

［20］ 李涌. 中国核电经济性的特点及提高方法浅析［J］. 核动力工程，2010（3）：132–135.

［21］ 康晓文. 论我国核电发展的战略地位［J］. 中国能源，2014，36（10）：27–29.

［22］ 佟贺丰，曹燕，张静. 全球核电发展态势分析［J］. 高技术通讯，2013，23（7）：762–766.

［23］ 白建华，梁芙翠，王耀华，等. 核电站与抽水蓄能电站联合运营研究［C］// 中国水力发电工程学会 2007 年抽水蓄能专业学术年会. 2007：36–39.

［24］ 潘金钊，浅议福岛核电事故对我国核电发展的影响及借鉴［J］. 核动力工程，2012，33（4）：131–134.

［25］ 马习朋，大型压水堆核电机组参与电网中间负荷调峰的探讨［J］. 山东电力技术，2007（6）：35–40.

［26］ 贾德香 韩净. 中国东部地区核电发展研究［J］. 中国电力，2013，46（12）：151–153.

［27］ 任德曦，肖东生，胡泊. 世界核电布局走向及对我国核电布局的启示［J］. 南华大学学报：社会科学版，2013，14（5）：1–10.

［28］ 高字，圣国龙，曹光辉. 核电机组负荷调节制约因素分析［J］. 科技创新导报，2012（34）：2–3.

［29］ 俞冀阳，俞尔俊. 核电厂事故分析［M］. 北京：清华大学出版社，2012.

［30］ 叶根耀. 核辐射事故的医学处理新进展［J］. 国外医学：放射医学核医学分册，2003，27（3）：123–128.

［31］ UNSCEAR 2008 Report to the General Assembly with Scientific Annexes, Vol II, Scientific Annexes C, D and E, Source and Effects of Ionizing Radiation, 2011.

［32］ General U N S. Optimizing the international effort to study,mitigate and minimize the consequences of the Chernobyl disaster［J］. Report of the Secretary-General, UNGA, 2003.

［33］ UNSCEAR 2013 Report to the General Assembly, Vol I, Scinetific Annex A: Levels and effects of radiation exposure due to the nuclear accident after the 2011 great east-Japan earthquake and tsunami, Source, Effects and Risks of Ionizing Radiation, 2013.

［34］ 刘长安，尉可道. 福岛核事故中的撤离和隐蔽［J］. 中华放射医学与防护杂志，2011，31（5）：610–613.

［35］ Authority S R S. European stress tests for nuclear power plants. The Swedish National Report［R］. Swedish Radiation Safety Authority, Stockholm (Sweden), 2011.

［36］ Jacquemain D, Guentay S, Basu S, et al. OECD/NEA/CSNI Status Report on Filtered Containment Venting［R］. Organisation for Economic Co-Operation and Development, Nuclear Energy Agency-OECD/NEA, Committee on the Safety of Nuclear Installations-CSNI, Le Seine Saint-Germain, 12 boulevard desIles, F–92130 Issy-les-Moulineaux (France), 2014.

［37］ 钮新强，周述达，赵鑫，等. 核岛洞室群环形布置地下核电厂［P］. ZL 2014 20316579.8，2014–12–03.

[38] SL 378–2007, 水工建筑物地下开挖工程施工规范 [S]. 北京：中国. 水利水电出版社，2008.

[39] 熊学玉，黄鼎业. 预应力工程设计施工手册 [K]. 北京：中国建筑工业出版社，2003.

[40] 蒋译汉编著. 预应力混凝土实用施工技术 [M]. 成都：四川科学技术出版社，2000.

[41] 刘百兴，刘立新，苏利军，等. 地下核电站核岛洞室群呈环形结构的施工布置 [P]. ZL 2014 10265965.3，2015–03–11.

[42] 刘立新，刘百兴，苏利军，等. 地下核电站核岛厂房地下洞室群垂直于山体纵深方向的施工布置 [P]. ZL 2014 102644520.3，2015–05–06.

[43] 苏利军，刘百兴，刘立新，等. 地下核电站组合洞室群沿山体纵深方向的施工布置[P]. ZL 2014 10264204.6，2015–05–06.

[44] 王烈恩. 广蓄电站二期工程深埋式高大型尾水调压井快速施工技术 [J]. 云南水力发电，2002，18（3）：73–77.

[45] 邓挺，余自新，等. 庙林水电站大跨度调压井开挖与支护施工 [J]. 云南水力发电，2011，27（2）：60–62.

[46] 丁宗海. 漫湾水电站尾水调压井球冠型顶拱施工技术[J]. 湖北水力发电，2008，（6）：50–52.

[47] 乐其泽，周华. 小湾水电站引水发电系统尾水调压室开挖综述 [J]. 水力发电，2009，35（9）：64–66.

[48] 胡香伟，张开雄. 锦屏一级水电站尾水调压室穹顶施工技术 [J]. 隧道建设，2008，28（6）：704–706.

[49] 吴永锋，刘立新，刘百兴，等. 地下核反应堆洞室超大跨度穹顶预留中心岩柱施工布置 [P]. ZL 2014 20316785.9，2014–11–26.

[50] 李锋，苏利军，杨学红，等. 一种地下核电站大件吊装运输方法 [P]. ZL 2014 10264483.6，2015–05–06.

[51] 刘百兴，李锋，苏利军，等. 一种地下核电站核反应堆洞室安全壳穹顶安装结构 [P]. ZL 2014 20316829.8，2014–11–26.

[52] 龙慧文，易晶萍，陈蓉强，等. 一种用于高空封拱的专用移动支撑架及施工方法 [P]. ZL 2011 10255184.2，2012–4–25.

[53] 刘海波，赵鑫，杨家胜，等. 地下核电站严重事故下安全壳卸压系统 [P]. ZL 2014 20103060.1，2014–3–7.

[54] 柯洪. 工程造价计价与控制 [M]. 5 版. 北京：中国计划出版社，2009.

[55] 国家能源局. 国务院关于印发能源发展"十二五"规划的通知 [EB/OL]. 2016，04，27. http：//www.nea.gov.cn/2013–01/28/c_132132808.htm.

[56] 国务院办公厅. 温家宝主持召开国务院常务会议讨论通过《能源发展"十二五"规划》再次讨论并通过《核电安全规划（2011—2020 年）》和《核电中长期发展规划（2011—2020 年）》[EB/OL]. 2016，04，27. http：//www.gov.cn/ldhd/ 2012–10/24/content_2250357.htm.

[57] BP. BP Statistical Review of World Energy June 2015 [EB/OL]，2016，04，27. http://www.bp.com/en/global/corporate/energy-economics/statistical-review-of-world-energy.html

［58］Красноярький Горно-Химический комбинат. World Data Centers in Russia [EB/OL]. 2016, 04, 27. http://www.wdcb.ru/mining/krasn/krasn26.html. (俄文)

［59］OECD/NEA. OECD/NEA/CSNI Status Report on Filtered Containment Venting, OECD Nuclear Energy Agency draft report, 2014.

［60］Olof Nilsson. FILTRA-MVSS (Multi Venturi Scrubber System), Presentation to U.S. NRC [EB/OL]. 2016, 04, 27. http://pbadupws.nrc.gov/docs/ML1231/ML12312A111.pdf.

［61］上海市经济和信息化委员会. 中国核电概况［EB/OL］. 2016，04，27. http：//www.sheitc.gov.cn/zghdgk.htm.

［62］中国核建. 国内 EPR 核电首堆穹顶吊装前内安全壳施工完成［EB/OL］. 2016，04，27. http://www.cnecc.com/g338/s995/t8316.aspx.

［63］四川日报. 世界最大调压井工程 锦屏二级 1 号井混凝土浇筑完成［EB/OL］. 2016，04，27 http://www.sc.xinhuanet.com/content/2012–02/18/content_24731166.htm.

［64］中国工程院. 我国核能发展的再研究［R］. 北京：清华大学出版社，2015.

［65］孙汉虹，等. 第三代核电技术 AP1000［M］. 北京：中国电力出版社，2010.

［66］林诚格，等. 非能动安全先进核电厂 AP1000［M］. 北京：原子能出版社，2008.

［67］林诚格，等. 非能动安全先进压水堆核电技术［M］. 北京：原子能出版社，2010.

［68］赵汉中. 工程流体力学［M］. 武汉：华中科技大学出版社，2001.

［69］夏延龄，等. 核电厂核蒸汽供应系统概述［M］. 北京：原子能出版社，2010.

［70］赵郁森，等. 核电厂辐射防护基础［M］. 北京：原子能出版社，2010.

［71］俞尔俊，于宏，周红，等. 核电厂核安全基础［M］. 北京：原子能出版社，2011.

［72］邬国伟. 核反应堆工程设计［M］. 北京：原子能出版社，1997.

［73］中国工程建设标准化协会化工分会. 工业设备及管道绝热工程设计规范［M］. 北京：中国计划出版社.2013.

［74］电力工业部东北电力设计院. 火力发电厂汽水管道设计技术规定［M］. 北京：中国电力出版社.1996.

［75］中国核工业总公司. 核电厂总平面及运输设计规范［M］. 北京：中国计划出版社.1999.

［76］马明泽，等. 核电厂概率安全分析及其应用［M］. 北京：原子能出版社.2010.

［77］广东核电培训中心. 900 MW 压水堆核电站系统与设备［M］. 北京：原子能出版社.2004.

［78］邹正宇，苏鲁明编译. 三哩岛事故和切尔诺贝利事故（核电史上两起严重事故详情）［M］. 北京：原子能出版社.2008.

［79］肖岷. 压水堆核电站燃料管理、燃料制造与燃料运行[M]. 北京：原子能出版社. 2008.

［80］朱继洲. 压水堆核电厂的运行［M］. 北京：原子能出版社. 2000.

［81］HAF 002/01. 核电厂核事故应急管理条例实施细则之一——核电厂营运单位的应急准备和应急响应. 国家核安全局. 1998.

［82］HAD 102/11. 核电厂防火. 国家核安全局. 1996.

［83］HAD 102/12. 核电厂辐射防护设计. 国家核安全局. 1990.

［84］HAF 102. 核动力厂设计安全规定. 国家核安全局. 2004.

［85］李永江、刘明涛、叶奇蓁，等. 秦山核电二期工程建设经验汇编（综合管理卷）［M］. 北京：原子能出版社，2004.

［86］李永江、刘明涛、叶奇蓁. 秦山核电二期工程建设经验汇编（设计卷Ⅰ）［M］. 北京：原子能出版社，2004 年 6 月.

［87］李永江、刘明涛、叶奇蓁. 秦山核电二期工程建设经验汇编（设计卷Ⅱ）［M］. 北京：原子能出版社，2004 年 6 月.

［88］李永江、刘明涛、叶奇蓁. 秦山核电二期工程建设经验汇编（设计卷Ⅲ）［M］. 北京：原子能出版社，2004 年 6 月.

［89］李永江、刘明涛、叶奇蓁. 秦山核电二期工程建设经验汇编（施工卷Ⅰ）［M］. 北京：原子能出版社，2004 年 6 月.

［90］李永江、刘明涛、叶奇蓁. 秦山核电二期工程建设经验汇编（施工卷Ⅱ）［M］. 北京：原子能出版社，2004 年 6 月.

［91］李永江、刘明涛、叶奇蓁. 秦山核电二期工程建设经验汇编（设备卷）［M］. 北京：原子能出版社，2004 年 6 月.

［92］李永江、刘明涛、叶奇蓁. 秦山核电二期工程建设经验汇编（调试卷Ⅰ）［M］. 北京：原子能出版社，2004 年 6 月.

［93］李永江、刘明涛、叶奇蓁. 秦山核电二期工程建设经验汇编（调试卷Ⅱ）［M］. 北京：原子能出版社，2004 年 6 月.

［94］李永江、刘明涛、叶奇蓁. 秦山核电二期工程建设经验汇编（生产准备卷）［M］. 北京：原子能出版社，2004 年 6 月.

［95］朱继洲主编. 核反应堆安全分析［M］. 西安：西安交通大学出版社，2000.

［96］US NRC, 10 CFR part 50 Appendix A General Design Criteria for Nuclear Power Plants ［S］，1985.

［97］NB/T 20066—2012，核电厂应对全厂断电设计准则［S］，2012.

［98］焦峰，侯秦脉，等. 核电厂丧失厂外电源的经验反馈［J］. 中国核电，2013（2）：186-189.

［99］张迅，顾颖宾. 田湾核电站失去厂外电源事故处理［J］. 中国核电，2009（4）：341-347.

［100］宋洋. "后福岛"时代秦山核电一厂应对 SBO 事故分析［J］. 科技传播，2013，（7）：106-107；

［101］周克峰，郑继业，等. 全厂断电情景下 M310 核电厂缓解措施分析［J］. 原子能科学技术，2014.8，vol.48.

［102］张龙飞，张大发，徐金良. 压水堆核电厂全厂断电事故及其缓解措施［J］. 原子能科学技术，2008.11，vol.42.

［103］杨鹏，郭新海，赵丹妮. 国内二代改进型核电机组应对双机组全厂断电事故的可行性分析［J］. 2014.9，vol13.

［104］Michel Courtaud，R.D. LUC GROS D'Aillon, The French thermal-hydraulic program addressing the requirements of future pressurized water reactors. Nuclear Technology, 1988, 80: 73-82.

［105］F.F.Cadek, D.P.D., R.H.Leyse. PWR FLECHT (full length emergency cooling heat transfer) FINAL REPORT. WCAP-7665, 1971.

［106］G.P.Lilly, H.C.Y., L.E.Hochreiter. PWR FLECHT cosine low flooding rate test series evaluation report. WCAP–8838, 1977.

［107］F.F.Cadek, D.P.D., R.H.Leyse. PWR FLECHT group II test report. WCAP–7544, 1970.

［108］J.O.Cermak, A.S.K., F.F.Cadek. PWR full length emergency cooling heat transfer group I test report. WCAP–7435, 1970.

［109］L.E.Hochreiter. FLECHT SEASET program final report. NUREG/CR–4167, 1985.

［110］L.Nalezny, C. Summary of the Nuclear Regulatory Commission's LOFT Program Research Findings. NUREG/CR–3005, EGG–2231, 1985.

［111］L.E.Hochreiter, F.–B.C., T.F.Lin. Dispersed flow heat transfer under reflood conditions in a 49 rod bundle. PSU ME/NE-NRC–04–98–041 Report 1, Revision 1, 2000.

［112］史明哲，许国华. 棒束再淹没传热试验研究［J］. 原子能科学技术，1993，27：348–352.

［113］郎雪梅，黄彦平. 垂直圆管内顶部骤冷过程骤冷温度特性实验研究［J］. 工程热物理学报，2000，21：85–88.

［114］Holowach, M.J. A physical model for predicting droplet entrainment in transient two-phase flow and heat transfer systems analysis computer codes. Ph.D. Thesis, The Pennsylvania State University, 2002.

［115］F.Barre. CATHARE 2 VI–2, VI–2E, VI–3 and VI–3E 1 dimensional two fluid model – Volume M1. STR/LML/–EM/91–12, 1992.

［116］G. Yadigaroglu, R.A.N., V. Teschendorff. Modeling of reflooding. Nuclear Engineering and Design, 1993, 145: 1–35.

［117］Donne，M.D. Evaluation of critical heat flux and flooding experiments for high conversion PWRs. IAEA-TECDOC–638，1990：213–226.

［118］Lee，N.，Wong.S.，Yeh, H.C., Hochreiter, L.E. PWR FLECHT-SEASET Unblocked Bundle, Forced and Gravity Reflood Task Data Evaluation&Analysis Report. WCAP–9891, NUREG/CR–2256, EPRI NP–2013，1981.

［119］Warren M. Rohsenow, J.P.H., Young I. Cho. Handbook of Heat Transfer. 1998.

［120］M. E. Nissley, C.F., K. Ohkawa, K. Muftuoglu. Realistic large-break LOCA evaluation methodology using the automated statistical treatment of uncertainty method （ASTRUM）. WCAP–16009–P Revision 0, 2003.

［121］J.C.Chen, R.K.S., F.T.Ozkaynak. A phenomenological correlation for post-CHF heat transfer. NUREG–0237, 1977.

［122］Dreler, R.C., N.Rouge, S.Yanar. The NEPTUN experimenta on LOCA thermal hydraulics for tight lattice PWRs. IAEA-TECDOC–638, 1990.

［123］Safety Goals for the Operations of Nuclear Power Plants. 51 FR 28044, 1986.

［124］Safety of Nuclear Power Plants：Degisn. IAEA SSR–2/1, rev.1, 2016.

［125］SECY–93–087, Policy, Technical, and Licensing Issues Pertaining to Evolutionary and Advanced Light Water Reactor (ALWR) Designs, 1993.

［126］T.G.Theofanous, C.Liu, S.Additon, etc. In-Vessel Coolability and Retention of a Core Melt. DOE/ID–10460, October 1996.

［127］J.L.Rempe, D.L.Knudson, etc. Potential for AP600 In-Vessel Retention throught Ex-Vessel Flooding, INEEL/EXT–97–00779, 1998.

［128］H.Esmaili, M.Khatib-Rahbar. Analysis of In-Vessel Retention and Ex-Vessel Fuel Coolant Interaction for AP1000, NUREG/CR–6849, 2004.

［129］Bal Raj Sehgal. Nuclear Safety in Light Water Reactors-Severe Accident Phenomenology. 2012.

［130］Severe Accident Management Guidance Technical Basis Report. EPRI 1025295, 2012.

［131］10 CFR Part 50.44, Combustible gas control for nuclear power reactors, 2003.

［132］Mitigation of Hydrogen Hazards in Severe Accidents in Nuclear Power Plants, IAEA-TECDOC–1661, 2011.

［133］SECY–11–0093, Recommendations for Enhancing Reactor Safety in the 21st Century-the Near-Term Task Force Review of Insights from the Fukushima Daiichi Accident, 2011.

［134］John Tabak 著，王辉，胡云志译. 核能与安全［M］. 北京：北京商务印书馆，2011.